SI단위

건축환경의 이해

이철구 · 김정중 · 이응직 · 방승기 · 함흥돈 공저

세진사
Since 1976

머 리 말

건물이 단순히 비바람을 막아주는 셸터(shelter)의 개념에 불과하던 원시시대부터 시작해서 지금으로부터 그리 오래지 않은 최근에 이르기까지 건축설비의 개념은 매우 희박했다. 그러나 과학기술의 발달과 더불어 인간의 활동무대가 점점 실내로 되어가고 있는 시대적 추세에 따라, 보다 건강한 생활을 위하여 또 보다 능률적인 생산활동을 위하여 건축설비 및 건축설비의 이론적 근간이 되는 건축환경공학의 필요성은 지속적으로 커지고 있다.

비나 바람과 같은 외부의 환경으로부터 인간을 보호하는 울타리라는 근본적인 건축의 의미는 오늘날에도 전혀 변함이 없다. 그러나 현대의 건축물은 실내환경을 쾌적하게 만들어 거주성과 생산성을 극대화시켜야 하는 역할 또한 만족시켜야 한다. 건축물에서의 건축환경의 역할이 지속적으로 증대되는 이유가 여기에 있다.

본서는 건축환경공학의 개요에 해당하는 총론과 함께, 건축환경의 주요 구성요소인 열환경, 공기환경, 빛환경, 음환경으로 분류하고, 각 환경요소별로 다시 몇 개의 장으로 나뉘어진 구성으로 되어 있다. 한편 일조·일사의 경우는 열환경 및 빛환경에 동시에 해당될 수 있으나 본서에서는 열환경에 포함시켰다.

인텔리전트빌딩이 사무소 건물에서부터 시작해 거주용 건물에까지 도입되고 있듯이 건축설비 및 건축환경이 점점 우리들 주변으로 와 닿고 있는 오늘날에 있어서, 그 기술을 사람에게도 지구에게도 편안하게 해주는 기술로 발전시키기 위해 이 책이 일조를 했으면 하는 마음이다.

끝으로 본서의 출간을 위하여 많은 노력을 기울여 주신 문형진 사장님을 비롯한 세진사 임직원 여러분께 깊은 감사를 드리는 바이다.

저 자

차　　례

제1편 총　론

제1장 건축환경공학의 개요 ······ 23

1. 건축환경공학의 의의 ······ 23
(1) 건축환경공학의 의미 ······ 23
(2) 수동적(passive) 환경과 능동적(active) 환경 ······ 23
(3) 건축환경과 건축설비 ······ 24

2. 인간 · 환경 · 에너지 ······ 25
(1) 지구단위의 환경문제 ······ 25
1) 오존층 파괴 / 26
2) 지구온난화 / 28
3) 산성(酸性)비 / 30
4) 사막화 / 32
(2) 생태건축 ······ 33
1) 생태건축의 의미와 구성 / 33
2) 친환경건축(환경친화건축) / 34
(3) 친환경건축을 위한 건축설비의 역할 ······ 37
1) 부하의 경감 / 38
2) 실내의 쾌적성 향상 / 40
3) 설비기기의 효율 향상 및 에너지절약적 설비시스템 / 43
4) 자연에너지의 이용 / 47
5) 배열(폐열)의 회수 / 50

3. 건축환경 요소와 인체 ······ 51
(1) 물리적 환경조건과 인체의 반응 및 평가 ······ 51

(2) 실내환경에 영향을 미치는 외부 조건 ········· 54
1) 공기의 온도 및 습도 / 55
2) 바람 / 56
3) 일사(日射) / 56
4) 비와 눈 / 57

제2편 열환경

제2장 실내 열환경 ········· 63
1. 인체의 열평형 ········· 63
2. 인체의 열감각 ········· 65
(1) 인체 자신의 요소 ········· 65
(2) 실내환경에 관한 요소 ········· 67
3. 열환경 지표 ········· 68
4. 열환경의 측정 ········· 73
(1) 온도계 ········· 73
1) 액체온도계 / 73
2) 자기(自記)온도계 / 74
3) 열전대(熱電對)온도계 / 74
4) 전기저항온도계 / 75
5) 글로브(globe)온도계 / 76
6) 적외선온도계 / 78
7) 적외선 열화상장치 / 79
(2) 습도계 ········· 79
1) 건습구온도계 / 79
2) 모발(毛髮)습도계 / 81
3) 자기(自記)습도계 / 81

4) 전기저항습도계 / 82

(3) 풍속계 ········ 82

제3장 전열과 단열 ········ 87

1. 건축물에서의 전열 ········ 87

(1) 열전도에 의한 전열 ········ 88

1) 열전도의 의미 / 88
2) 열전도에 의한 전열량 / 89

(2) 열전달에 의한 전열 ········ 95

1) 대류 및 열전달의 의미 / 95
2) 열전달에 의한 전열량 / 96

(3) 복사에 의한 전열 ········ 98

1) 복사의 의미 / 98
2) 복사에 의한 전열량 / 99

(4) 열관류에 의한 전열 ········ 102

1) 열관류의 의미 / 102
2) 열관류에 의한 전열량 / 103

2. 건축물에서의 단열 ········ 105

(1) 단열의 의미와 필요성 ········ 105

(2) 단열방법의 종류 ········ 106

1) 단열원리에 따른 종류 / 106
2) 단열재 설치위치에 따른 종류 / 109

(3) 열교(熱橋, heat bridge) ········ 111

제4장 습기와 결로 ········ 115

1. 공기의 상태 ········ 115

(1) 습공기 ········ 115

(2) 습도의 표현방법 ········ 117

1) 절대습도 / 117
2) 수증기분압 / 117
3) 상대습도 / 117
4) 비교습도(포화도) / 119
5) 노점온도 / 120
6) 습구온도 / 120

(3) 공기선도 ········ 120

2. 결로 ········ 124

(1) 결로의 의미 ········ 124

(2) 표면결로 ········ 125

(3) 내부결로 ········ 129

1) 습기전도율(투습률), 습기전달률(투습계수), 습기관류율 / 129
2) 수분의 이동 / 130
3) 내부결로 방지조건 / 132

제5장 일조·일사 ········ 147

1. 일조 · 일사와 건축환경 ········ 147

(1) 태양으로부터의 복사 ········ 147

1) 자외선 / 147
2) 가시광선 / 148
3) 적외선 / 148

(2) 일조와 일사 ········ 148

2. 태양위치와 시각 ········ 149

(1) 지구의 움직임과 태양의 움직임 ········ 149

(2) 천구(天球)상에서의 태양의 위치 ········ 150

(3) 시각과 시차 ········ 153

1) 진태양일과 평균태양일 / 153
2) 시각과 시차 / 154

(4) 태양위치도 ……… 156

3. 일영곡선과 그 응용 ……… 159

(1) 일영곡선 ……… 160

1) 일영의 방위와 길이 / 160
2) 일영곡선과 일영곡선도 / 161

(2) 건물의 음영 ……… 163

1) 일영도 / 163
2) 종일음영, 영구음영 / 164
3) 인동간격 / 165

4. 일사 ……… 167

(1) 일사의 종류 ……… 167

1) 직달일사(直達日射) / 167
2) 천공일사(天空日射, 산란일사) / 167

(2) 일사량 ……… 168

1) 태양정수 / 168
2) 직달일사량 / 168
3) 천공일사량 / 173

5. 일조(일사)조절 ……… 174

(1) 조절의 목적 ……… 174

(2) 조절 방법 ……… 175

1) 장치에 의한 방법 / 175
2) 건축계획에 의한 방법 / 176
3) 조경계획에 의한 방법 / 177

(3) 일사의 이용 ……… 178

1) 자연형 태양열설비 / 179

2) 설비형 태양열설비 / 179

6. 일조 · 일사의 측정 ········· 180

(1) 일조계 ········· 181

1) 캠벨-스토크스일조계 / 181
2) 조르단일조계 / 181

(2) 일사계 ········· 182

1) 직달일사계 / 182
2) 전천일사계 / 183

제3편 공기환경

제6장 실내 공기환경 ········· 191

1. 실내공기의 오염 ········· 191

(1) 오염의 원인 ········· 191

1) 재실자(인체) / 193
2) 연소기기 / 194
3) 건축재료, 가구, 기기 / 196
4) 기타 / 196

(2) 오염물질 ········· 196

1) 이산화탄소(탄산가스) / 196
2) 일산화탄소 / 197
3) 미세먼지(부유분진) / 198
4) 냄새 / 198
5) 포름알데히드 / 199
6) 휘발성 유기화합물 / 200

2. 공기환경 기준 ········· 200

3. 공기환경의 측정 ········· 204

제7장 환기 ······ 207

1. 환기와 환기설비 ······ 207

2. 환기방식 ······ 208

(1) 자연환기 ······ 208

1) 풍력환기 / 209
2) 중력환기 / 214

(2) 기계환기 ······ 219

1) 제1종, 제2종, 제3종 환기방식 / 220
2) 치환환기 / 221
3) 전반환기와 국소환기 / 222
4) 주거시설에서의 환기설비 / 223

3. 필요환기량 ······ 227

(1) 법률에 의한 환기량 ······ 227

1) 건축법 / 227
2) 주차장법 / 229

(2) 설계자의 판단에 의한 환기량 ······ 229

1) 실내 유해가스 허용농도에 의한 환기량 / 229
2) 실내 발열에 의한 환기량 / 231
3) 수증기 배출에 의한 환기량 / 232
4) 환기횟수 방법에 의한 환기량 / 233

제4편 빛환경

제8장 실내 빛환경 ······ 239

1. 빛환경 지표 ······ 239
   (1) 복사속(輻射束), 광속(光束) ······ 239
   (2) 광도(光度) ······ 240
      1) 단위입체각 / 240
      2) 광도 / 241
   (3) 조도(照度) ······ 242
      1) 입사각 여현(코사인)의 법칙 / 243
      2) 거리의 역제곱의 법칙 / 244
   (4) 광속발산도(光束發散度) ······ 245
   (5) 휘도(輝度) ······ 246

2. 시각(視覺), 시지각(視知覺) ······ 246
   (1) 시각기구 ······ 247
   (2) 순응 ······ 248
   (3) 시력과 시야 ······ 249
   (4) 시감도(視感度) ······ 251
   (5) 글레어(glare, 눈부심) ······ 252
      1) 직접글레어와 반사글레어 / 252
      2) 불능글레어와 불쾌글레어 / 253
   (6) 조도분포와 휘도분포 ······ 254
      1) 조도분포 / 254
      2) 휘도분포 / 254

3. 색채환경 ······ 255
   (1) 색의 표시 ······ 255
      1) 색의 3속성과 색입체 / 256

2) 먼셀표색계 / 256

(2) 색채효과 ········· 260

1) 색의 개별적 작용 / 261
2) 대비효과 / 263
3) 면적효과 / 266

(3) 색채계획 ········· 266

1) 색채계획의 일반적 순서 / 267
2) 주택 / 267
3) 공동주택(아파트) / 268
4) 사무소 / 268
5) 학교 / 268
6) 병원 / 269

4. 빛환경의 측정 ········· 269

(1) 조도계 ········· 269

(2) 휘도계 ········· 270

제9장 채광 ········· 275

1. 채광과 창 ········· 275

2. 주광과 주광률 ········· 275

(1) 주광(晝光) ········· 275

1) 직사일광과 천공광 / 275
2) 조도 / 276

(2) 주광률(晝光率) ········· 278

1) 의미 / 278
2) 직접주광률과 간접주광률 / 279
3) 주광률의 계산 / 280

3. 채광계획 ········· 292

(1) 채광방식 ···································· 292

1) 측창채광 / 293
2) 천창채광 / 294
3) 정측창채광 / 295
4) 특수채광 / 296

(2) 법적 규제 ···································· 297

제10장 조명 ···································· 301

1. 조명의 의의 ···································· 301

2. 조명기구와 조명방식 ···································· 302

(1) 조명기구의 특성 ···································· 302

1) 광색(光色, 색온도) / 302
2) 연색성(演色性) / 303

(2) 조명기구의 종류 ···································· 304

1) 형광등 / 304
2) 수은등 / 306
3) 메탈핼라이드램프(metal halide lamp) / 307
4) 나트륨램프 / 307

(3) 조명방식 ···································· 307

1) 기구 배치별 방식 / 307
2) 기구 배광별 방식 / 309
3) 건축화 조명 / 311

3. 조명설계 ···································· 311

(1) 조도 ···································· 312
(2) 조명률 ···································· 313
(3) 실지수 ···································· 313
(4) 보수율, 감광보상률 ···································· 315

제5편 음환경

제11장 실내 음환경 ········ 321

1. 음환경과 음향학 ········ 321

2. 음의 물리적 성질 ········ 322

(1) 파동과 음의 전파 ········ 322

1) 횡파와 종파 / 322
2) 음의 발생, 전파, 인식 / 323
3) 음의 속도 / 324
4) 음의 회절과 굴절 / 325

(2) 음의 특성 ········ 328

1) 음의 높이 / 328
2) 음의 크기 / 329
3) 음색 / 329
4) 주파수대역(周波數帶域, 옥타브밴드(octave band)) / 330

(3) 음의 크기 지표 ········ 331

1) dB(데시벨) / 331
2) 음의 세기레벨(Sound Intensity Level) / 331
3) 음압레벨(Sound Pressure Level) / 332
4) 음향파워레벨(Sound Power Level) / 332

(4) 음의 종류 ········ 333

1) 순음(pure tone) / 333
2) 복합음(complex tone) / 334
3) 광대역음(broad noise), 대역음(band-pass filtered noise) / 334

(5) 음의 합성과 분해 ········ 336

1) 음의 합성 / 336
2) 음의 분해 / 338

3. 음의 주관적 성질 및 음향효과 ········· 339

(1) 청각기구 ········· 339

1) 외이(外耳) / 340
2) 중이(中耳) / 340
3) 내이(內耳) / 340

(2) 음의 크기레벨(Loudness Level) ········· 340

1) 폰(phon) / 341
2) 손(sone) / 342

(3) 청감보정회로 ········· 342

(4) 음향효과 ········· 344

1) 마스킹효과(masking effect) / 344
2) 바이노럴효과(binaural effect) / 344
3) 하스효과(hass effect) / 345
4) 도플러효과(doppler effect) / 345
5) 칵테일파티효과(cocktail party effect) / 345

4. 음환경의 측정 및 평가 ········· 345

(1) 측정기기 ········· 345

1) 소음계 / 345
2) 주파수분석기 / 347

(2) 외부소음의 평가 ········· 348

1) 등가(等價)소음레벨(equivalent sound level) / 348
2) 평가(評價)소음레벨(rating sound level) / 349
3) 주야(晝夜)등가소음레벨(day-night equivalent sound level) / 350
4) 교통소음지수(TNI, Traffic Noise Index) / 351
5) 항공기소음 / 351

(3) 내부소음의 평가 ········· 352

1) NC(Noise Criteria) / 352
2) 바닥충격음 / 355

제12장 흡음과 차음 ········· 361

1. 음의 입사, 반사, 흡수, 투과 ········· 361

2. 흡음 ········· 362

(1) 흡음률(sound absorption coefficient) ········· 362

(2) 흡음재료 ········· 364

1) 다공질형 / 365
2) 판(막)진동형 / 365
3) 공명기형 / 366

(3) 특수 흡음구조 ········· 367

3. 차음 ········· 368

(1) 투과율(transmission coefficient) ········· 368

(2) 투과손실 ········· 369

1) 투과손실(transmission loss) / 369
2) 단일벽체의 투과손실 / 369
3) 이중벽의 투과손실 / 370
4) 종합투과손실 / 371
5) 설비소음 / 372

4. 진동 ········· 374

(1) 진동평가 ········· 375

(2) 기기의 방진 ········· 376

제13장 실내음향계획 ········· 381

1. 실내음향계획의 의미 ········· 381

2. 실내음향의 특징 ········· 382

(1) 직접음과 반사음 ········· 382

(2) 음향장애 ········· 382

1) 에코(echo) / 383
2) 플러터에코(flutter echo) / 383
3) 음의 초점 / 383
4) 속삭이는 회랑(whispering gallery) / 384

(3) 실내음향의 평가요소 ······ 385

1) 잔향시간(殘響時間, reverberation time) / 385
2) 명료도(distinctness, clarity) / 390

3. 실내음향계획 ······ 391

(1) 계획에서 완성까지의 흐름 ······ 391

(2) 실의 계획 및 설계 ······ 392

1) 평면계획 / 393
2) 단면계획 / 394

찾아보기 ······ 397

참고문헌 ······ 403

제 1 편

총 론

제1장 건축환경공학의 개요

제1장 건축환경공학의 개요

1. 건축환경공학의 의의
2. 인간·환경·에너지
3. 건축환경 요소와 인체

제1장 건축환경공학의 개요

1. 건축환경공학의 의의

(1) 건축환경공학의 의미

건축물은 주거시설, 사무시설, 상업시설, 의료시설, 교통시설 등과 같이 그 용도에 따라 다양한 종류로 분류될 수 있으나, 어떠한 용도의 건물이든 각각의 기능이 충분히 만족되도록 완성되어야 함은 말할 필요도 없다. 건물이 갖추어야 할 조건을 크게 나누면, ① 아름다움 및 편리성, ② 안전성, ③ 재실자의 쾌적성 및 작업성의 세 가지라 할 수 있다.

건물의 배치계획과 같은 사용의 편리함과 함께 아름다움을 추구하는 분야가 건축계획학이고 지진, 바람 및 건물 내에 설치하는 중량물의 무게와 같은 외력(外力)에 대한 안전성을 다루는 분야가 건축구조공학이며, 건물 내 재실자가 쾌적하면서도 건강하게 거주할 수 있고 또 높은 작업효율이 가능한 실내환경의 창출을 목적으로 하는 것이 건축환경공학이다. 이와 같이 건축환경공학은 계획학, 구조공학과 함께 건축학의 세 개의 기둥 중 하나임과 동시에 건물의 기능 및 성능의 우수성을 좌우하는 요소로서 그 중요성이 지속적으로 증대되고 있다.

(2) 수동적(passive) 환경과 능동적(active) 환경

각종 실내환경에 대한 설정기준은 그 시대 인간 활동의 종류와 수준 및 이용 가능한 기술수준에 따라 변하게 된다. 연중 온화한 지역의 실내에서는 냉방 및 난방을 하지 않아도 충분히 쾌적한 상태를 유지할 수 있으나, 그 내부에서 활발한 업무활동을 하거나 내부발열이 발생하게 되면 거주자는 더위를 느끼면서 창문을 열고, 그것으로도 부족하면 더 적극적인 방법인 냉방을 하게 된다. 여기에서 창문을 여는 것은 에너지를 거의 사용하지 않는 상태이며, 냉방을 하는 것은 에너지를 사용하여 실내환경을 보다 쾌적하게 유지하는 상태를 의미하는데, 전자의 경우를 수동적 환경(자연적 환경이라고도 함), 후자의 경우를 능동적 환경(설비적 환경이라고도 함)이라 하며, 능동적 환경을 창조하는 메커니즘을 능동적 시스템이라 한다.

기술개발과 생활수준 향상이 이루어지면서 건축물의 실내환경에 대한 인간의 요구도 점차 고도화되어 왔고, 그로 인해 건축물의 실내환경 또한 고도의 능동적 환경이 되어 왔다. 이 과정에서 필연적으로 다량의 에너지소비가 수반되었으며, 그 결과로서 생성된 지구환경 파괴는 거꾸로 인간의 삶을 피폐하게 만들 수 있는 가능성까지 내포하기에 이르렀다. 따라서 건축물을 창조하거나 운용하는 사람들은, 단지 생활 활동의 장으로서의 건축물이 아니라 자원의 낭비 없이 또 환경의 오염 없이 건축물이 본연의 기능을 발휘할 수 있도록 건축환경과 자연환경과의 생태적 조화를 이루는 데 힘써야 한다.

(3) 건축환경과 건축설비

건축환경공학에서는, 먼저 건축물의 평면 및 입면으로부터 생성되는 수동적 환경을 해석하게 되며, 각 건물에 적합한 환경상태를 보다 적극적으로 창출하기 위해 에너지를 공급하는 시스템을 상정하여 능동적인 환경을 해석한다. 능동적 환경을 적극적으로 창출하는 수단으로서 에너지를 필요로 하는 장치의 용량이 결정되고, 부하변동에 대응하여 출력을 제어하는 메커니즘을 부가시킨 능동적 시스템이 건축설비의 각 분야, 즉 공조설비, 급배수위생설비, 전기·조명설비 등이다.

건축환경공학의 실용분야로서의 건축설비는 건물의 기능을 더욱 향상시켜 우리가 보다 건강하고 보다 쾌적하게 실내생활을 영위할 수 있도록 해주는 것으로, 산업의 고도화와 함께 이루어지는 건물의 고급화와 더불어 그 중요성이 더해지고 있다. 즉, 건물이 단순히 비바람을 막아주는 셸터(shelter)의 개념에 불과하여 인간의 주된 활동이 실외에서 이루어졌을 때는 건축설비의 의미도 거의 없었고,

따라서 과거에는 단지 건축의 부대시설이라는 예속적인 개념에 불과했지만, 과학기술의 발달과 더불어 인간의 활동무대가 점점 실내로 되어 가고 있는 시대적 추세에 따라, 보다 건강한 생활을 위해 또 보다 능률적인 생산활동을 위해 건축설비의 필요성이 점점 커지고 있는 것이다. 인텔리전트빌딩, 아트리움 및 대공간의 출현 등 현대의 건축물은 보다 풍요롭고 다양한 실내 생활공간을 제공하고 있으나 이러한 공간은 더욱 고도화된 건축설비 기술을 필수적으로 요구하고 있으며, 따라서 건축설비 기술의 이론적 바탕이 되는 건축환경공학은 향후에도 기술적 발전이 크게 기대되고 있다.

2. 인간 · 환경 · 에너지

건강 유지, 쾌적성 추구 또는 업무효율 및 생산성의 향상 등 건물 내 거주에 대한 어떠한 목적이든지 인간 및 인간 활동이 원인이 되어 에너지가 필요하게 되며, 에너지를 소비함으로써 어느 단계까지는 집단 및 개인의 쾌적 환경이 크게 향상되지만 정도가 지나치면 외부환경을 오염시키게 된다. 건물의 에너지소비에 가장 큰 비중을 차지하는 것은 건물의 실내환경을 쾌적하게 유지하기 위해 소비되는 에너지이다. 보다 지능화된 건물, 보다 쾌적한 실내환경을 창출하기 위해 건물에서의 에너지소비량은 점점 커질 것이며 그에 따라 외부환경은 더욱 악화될 것이다.
현재의 지구촌은 환경적으로도 에너지적으로도 과부하(過負荷) 상태라고 할 수 있다. 이러한 상태가 심화되어 인간이 파국을 맞지 않기 위해서는 비록 경제성면에서 난점이 있다 하더라도 신재생에너지(실무적으로는 미활용에너지라는 표현도 많이 이용되고 있다)와 같은 자연에너지 이용기술을 적극 활용해야 할 것이며, 또 자원 재활용 등과 같은 환경친화적 기술을 보다 적극적으로 개발 및 보급하는 노력을 경주해야 할 것이다. 건물에서의 에너지소비와 밀접한 관련이 있는 분야인 건축환경공학의 중요성이 지속적으로 강조되어지는 이유가 여기에 있다고 할 수 있다.

(1) 지구단위의 환경문제

20세기는 눈부신 기술개발의 시대였으며 인간은 기술개발로 인한 생활의 편리함을 만끽한 시대이기도 했다. 그러나 환경의 면에서 본다면 20세기는 환경을 이용만

했을 뿐 환경친화적인 또는 환경보전적인 생각은 하지 않았던 시대이기도 했다. 20세기 말엽에 그에 따른 문제점들이 심각하게 발생되었으며, 그중 특히 프레온가스에 의한 지구오존층 파괴, 이산화탄소 증가에 따른 지구온난화, 대기오염에 따른 산성(酸性)비 문제 및 토지의 과다 사용 등에 의한 사막화 등은 우리의 생활에 심각한 영향을 미치는 주요 폐해로 대두되었다. 20세기 말엽은 이러한 문제점에 대한 대책이 마련되기 시작한 시기이기도 했으며, 21세기에 들어서서는 각국별로 또는 국제적으로 이러한 문제점에 대해 적극적 대처 방안을 마련하고 있다.

1) 오존층 파괴

① 오존층 파괴

건축물 및 교통기관의 냉방용으로 또 건축물의 단열재 제조용으로 널리 이용되어 온 물질로 프레온가스(화학명 염화불화탄소, CFCs)가 있다.

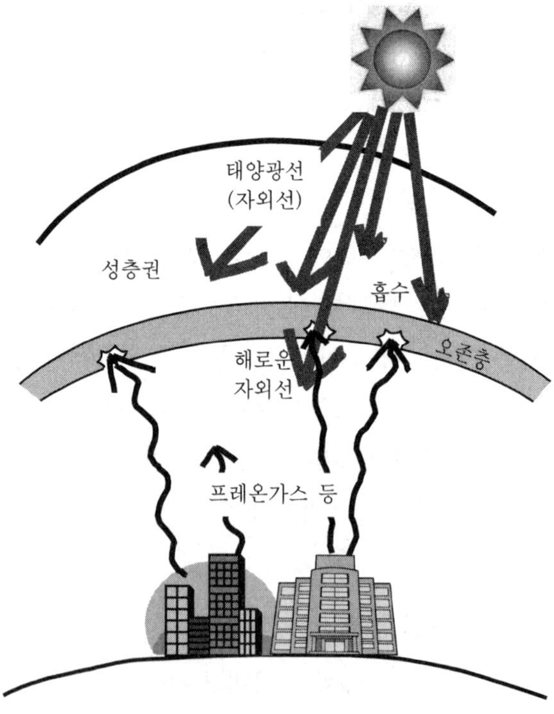

그림 1.1 오존층 파괴 개념도

프레온가스(CFC)는 그 종류가 많기 때문에 종합적으로 CFCs라고도 표현하고 있는데, 이 프레온가스가 오존층을 파괴한다는 주장이 1974년에 처음 제기되었으며, 그 후 많은 후속 연구와 과학적 검증이 이루어져 프레온가스를 비롯한 몇 가지 물질이 지구 성층권의 오존층을 파괴하는 메커니즘이 확인되었다. 오존층은 태양에서 발산되는 빛 중에서 인체 및 지구환경에 해로운 자외선을 흡수하여 인간을 포함한 지구의 생물을 보호해 주는 역할을 하고 있다. 따라서 오존층이 파괴되면 지구의 생존에도 악영향을 미치게 되므로 프레온가스 등의 사용 규제에 의한 오존층 파괴 방지 노력이 국제적으로 이루어지고 있다. 그림 1.1에 오존층 파괴의 개념도를 나타낸다.

② 해결 노력

오존층 파괴에 대한 과학적 검증이 이루어짐에 따라, 그에 대한 국제적인 대응책으로 1985년 오스트리아의 빈에서 「오존층 보호를 위한 빈 조약」이, 1987년에는 캐나다 몬트리올에서 「오존층을 파괴하는 물질에 관한 몬트리올 의정서」가 채택되었고, 이에 따라 1989년부터 오존층을 파괴하는 특정 물질에 대한 국제적인 규제가 이루어져, 프레온가스(CFCs)의 경우 선진국은 1996년, 개발도상국은 2010년 사용이 금지되었다. 규제 대상 물질도 처음에는 프레온가스와 할론가스에 국한되었으나 점차 그 범위가 확대되어 많은 물질이 규제 대상이 되고 있다.

③ 대체물질

CFCs 등은 오존층을 상당히 파괴하는 물질로서 이것을 대체하는 중간물질로 HCFC가 사용되었으나, 오존층 파괴의 영향이 상대적으로 작을 뿐 전혀 파괴하지 않는 것은 아니므로, 오존층을 전혀 파괴하지 않는 최종 대체물질인 HFC로의 전환이 국제적으로 협약되어 있다. 한편 HFC는 오존층 파괴 방지에는 매우 효과적이나, 뒤에 설명하는 지구온난화에 좋지 않은 영향을 미치고 있다는 것이 밝혀져 점진적으로는 HFC에서 HFO로의 전환이 이루어질 것으로 예상된다.

2) 지구온난화

① 온실효과

우리가 흔히 말하는 비닐하우스란 겨울철 태양으로부터의 복사열은 통과시키고 내부의 공기가 외부의 공기와 섞이는 것은 차단시킴으로써 내부의 온도를 높여서 겨울철에도 작물 재배가 가능하도록 하는 것인데, 이와 같은 현상은 지구 전체에서도 발생한다.

즉, 지구를 둘러싼 대기는 태양으로부터의 복사열은 통과시키고 지표면에서 방출하는 적외선을 흡수 또는 반사시켜 내부의 온도가 높아지게 하는데, 이와 같은 현상을 온실효과라 한다.

태양으로부터의 열, 즉 햇빛은 바다와 지표면의 온도를 올려주고 따뜻해진 지표면은 복사열을 대기권 밖으로 방출하게 되며, 이 과정에서 약간의 열이 대기 중에 있는 수증기나 이산화탄소 등 여러 기체에 흡수되어 대기의 온도가 따뜻해져서 생물이 살아가기에 적당한 온도가 유지된다. 따라서 온실효과는 지구상에 생물이 존재하게 되는 근본적인 원인 중 하나이지만 그 정도가 지나치면서 지구환경에 큰 문제점을 야기하게 되었다. 그림 1.2에 온실효과의 개념도를 나타낸다.

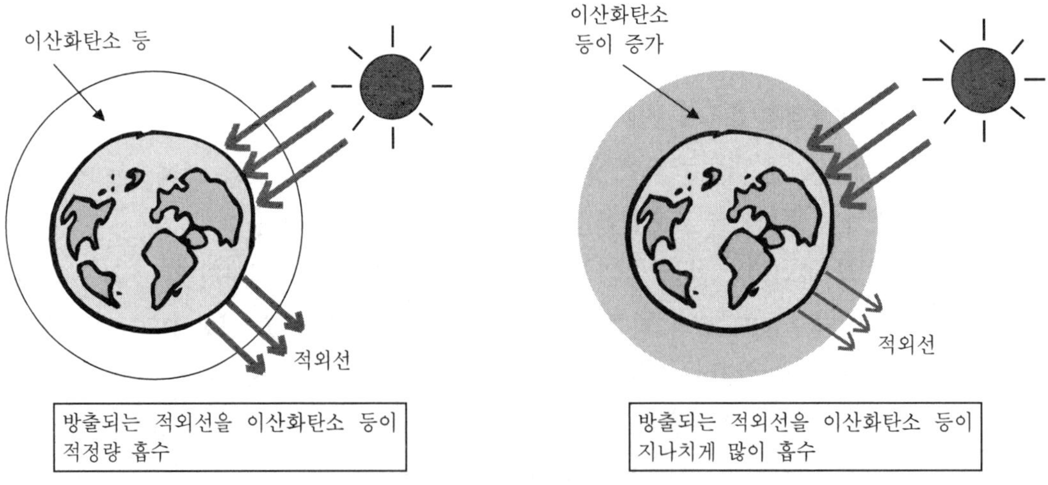

그림 1.2 온실효과 개념도

② 원인 및 피해

지구의 온실효과를 생성시키는 주요 기체는 이산화탄소와 수증기이며, 이 중 이산화탄소의 급격한 증가가 지나친 온실효과를 일으키면서 지구온난화 문제를 야기하고 있다. 18세기에 시작된 산업혁명으로 인해 화석연료의 연소가 본격화되었으며, 그에 수반된 산림의 파괴 등으로 인해 대기 중의 이산화탄소가 막대한 수준으로 증가되었다. 최근의 이산화탄소 증가비율은 매년 0.4% 정도를 기록하고 있어, 아무런 대책을 강구하지 않을 경우 향후 100년간 지구의 온도증가는 2~5℃에 이를 것이라는 예측이 나오고 있다.

지구온난화가 진행되면서 기후의 이상변화, 해면 수위의 상승, 토양 속 수분량의 변화 등을 초래하여 농림수산업의 생산, 나아가 생태계에까지 커다란 영향을 미치고 있어 범세계적 차원의 대책이 절실히 요망되고 있다.

③ 해결 노력

범국제적인 문제로 떠오른 지구온난화를 막고자 1992년 6월 리우 유엔환경회의(UNEP, United Nations Environment Program)에서 기후변화협약(UNFCCC, United Nations Framework Convention on Climate Change)이 채택되었으며, 이를 이행하기 위해 1997년 국가 간 이행 협약인 교토의정서(Kyoto Protocol)가 채택되었다. 교토의정서는 온실가스, 특히 공장과 자동차가 방출하는 이산화탄소를 2012년까지 1990년 대비 평균 5.2% 이상을 줄이는 것을 목표로 하였다. 한편 주요 선진국을 대상으로 한 교토의정서 협약은 2020년 만료되기 때문에, 후속 조치를 위해 유엔 회원국 195개국 대표가 파리에서 파리기후협약을 맺었으며, 주요 내용은 지구 평균온도 상승폭을 산업화 이전에 비해 1.5℃까지 제한하는 것이다.

3) 산성(酸性)비

① 원인 및 피해

산성비란 빗물의 화학적 성질이 pH5 이하를 나타내는 것을 의미한다. 비나 눈은 대기 중의 오염물질을 제거하는 중요한 자연정화 작용이고, 또한 자연의 비는 pH5~6 정도의 약산성을 띠지만 석유·석탄 등의 화석연료를 대량으로 사용하면서 대기 속 오염물질이 강한 산성화가 되어 pH2~4의 산성비가 내리는 경우가 늘고 있다. 그림 1.3에 산성비의 생성과정을 나타낸다.

그림 1.3 산성비의 생성

산성비의 피해 형태는 많은 범위에 걸쳐 나타나고 있는데, 사람에 대해서는 눈·목·피부를 자극시키며, 금속이나 건축물을 녹슬게 하여 고대 유적을 붕괴시키는 원인이 되기도 한다. 또 산성비가 흙 속에 스며들면서 토양이 산성화되고, 그로 인해 식물과 토양 중에 있는 미생물의 상호작용이 저해되어 식물이 자라지 못하는 한편, 하천이나 호수를 산성화시키면서 물고기 등의 생육이 불가능해지기도 한다. 그림 1.4에 독일의 카첸코프산(山)의 정상에서 산성비에 의한 삼림피해가 발생한 모습을 나타낸다.

그림 1.4 산성비에 의한 삼림피해(독일 카첸코프산 정상)

② 피해 범위의 국제화

노르웨이나 스웨덴 같은 북유럽 국가에서 산성비의 영향으로 호수가 죽어가고 있지만, 실제 대기오염 물질은 다른 유럽 국가에서 발생하여 바람을 타고 넘어오는 것으로 알려져 있다. 또 미국의 북동부 지역에서 배출된 대기오염 물질이 수백km 떨어진 캐나다의 동부지역에까지 이동해 산성비를 내리게 함으로써 캐나다 지역의 많은 호수들이 산성화를 일으켜 이웃 국가 간에 분쟁을 일으킨 사례가 있다. 이처럼 산성비는 오염물질의 국가 간 이동이라는 점에서 매우 중요하다.

산성비에 관한 국제적 문제는 우리나라에도 관계가 있다. 급속한 경제개발을 서두르고 있는 중국의 대기오염물질 확산과 황사현상은 우리나라와 일본에 걸친 광범위한 지역의 산성비 원인이 되고 있다. 바람에 의해 원거리 이동이 가능하다는 산성비의 특성상 그 피해를 감소시키기 위해서는 국제적인 협력이 필요하다.

③ 해결 노력

앞에서도 설명했듯이 산성비의 원인이 되는 물질이 방출된 후에 산성비가 내릴 때까지 국경을 넘어 수백km, 경우에 따라서는 수천km까지 이동하기도 하므로 그 움직임을 감시하기 위해 국제적으로 협력하여 세계 각국에서 많은 관측 및 분석이 이루어지고 있다. 관측 및 분석의 구체적인 내용으로는 세계기상기구(WMO, World Meteorological Organization)가 추진하는 지구대기감시(GAW, Global Atmosphere Watch) 계획에 의거하여 전세계적으로 수백 개소의 관측점에서 빗물의 화학성분을 측정하는 것 등이 있다.

4) 사막화

① 원인 및 피해

사막화란 건조 지역 또는 반건조 지역에서 기후변동이라는 자연적 요인과 그 외의 인위적 요인에 의해 땅이 메말라지면서 식물이 자라나지 못하고 결국에는 사막처럼 되는 것을 말한다. 일단 사막화가 되면 막대한 노동력 및 비용을 들이지 않고는 원래대로의 모습을 찾지 못하게 된다고 일컬어지고 있다.

사막화의 원인이 되는 것으로는 두 가지를 생각할 수 있다. 먼저, 지구적 규모의 대기 순환이 변동되는 등의 이유로 토지가 건조해지면서 사막화가 진행되는 자연적 요인이 있다. 또 하나는, 과도한 벌채를 하거나 또는 초원의 재생능력을 초과하는 속도로 가축을 방목하여 산림이 황폐해지고 토지가 메말라져 가는 인위적 요인이다. 이와 같은 두 가지 요인 중 인위적 요인이 보다 큰 원인으로 여겨지고 있어 이에 대한 국제적 협력이 절실히 필요해지고 있다.

사막화가 진행되면 경작면적이 줄어들게 되므로 식량부족으로 인한 사회적 혼란 및 생활환경의 악화를 일으키게 되며, 심한 경우에는 기아 및 국가 간의 대립도 발생할 수 있다. 그림 1.5에 빠른 속도로 사막화가 진행되고 있는 지역을, 그림 1.6에는 사막화가 빠르게 진행되고 있는 지역 중 사하라 남부 사헬지역의 모습을 각각 나타낸다.

그림 1.5 사막화가 진행되고 있는 지역

그림 1.6 사막화 진행 모습(사헬지역)

② 해결 노력

토지의 무리한 개발과 오남용으로 인한 사막화 방지를 위해 1992년 유엔 환경개발회의(UNCED, United Nations Conference on Environment & Development, 일명 Earth Summit)에서 사막화방지협약이 체결되었으며, 그 목표는 국제적 노력을 통한 사막화 방지와 심각한 한발 및 사막화, 토지 황폐화 현상을 겪고 있는 개발도상국(특히 아프리카 국가)을 재정적, 기술적으로 지원하고자 하는 것이다. 공식 명칭은 「심각한 한발 또는 사막화를 겪고 있는 아프리카지역 국가 등 일부 국가들의 사막화 방지를 위한 국제연합협약(United Nations Convention to Combat Desertification in Those Countries Experiencing Serious Drought and/or Desertification, Particularly in Africa)」이다.

(2) 생태건축

1) 생태건축의 의미와 구성

생태건축이란 자연을 훼손하지 않고 지구상의 모든 생물이 함께 공존하며 살아갈 수 있도록 주거환경을 구성한다는 점에서 생태환경을 파괴하던 기존의 건축문화에 대한 대안운동이라 할 수 있다. 생태건축이 궁극적으로 추구하는 것은 인간의 주된 생활공간인 건축물을 자연의 생태계와 조화를 이루는 인위적인 생태계로 구성하는 것이며, 이러한 목표를 달성하기 위해 생태건축은 다음과 같은 조건들을 갖출 필요가 있다.

① 건축물의 구성 재료는 순환 가능한 것이어야 한다. 즉, 자연적으로 분해되기 어려운 플라스틱, 철근콘크리트 등의 사용을 가급적 억제하고 흙벽돌, 나무, 짚과 같은 재료를 사용하여 재활용할 수 있도록 하거나 폐기물을 최소화한다.

② 건물의 운용에 이용되는 에너지는 가능한 한 태양열, 지열 등과 같은 자연에너지를 이용하여 화석연료의 사용을 억제한다.

③ 집 주변에 소생태계(小生態系)를 설계해 건물에서 배출되는 오수가 자연적으로 정화되도록 한다.

④ 빗물이 자연스럽게 땅으로 스며들도록 하고, 대기와 토양을 오염시키지 않는 재료와 시공방법을 지향하며, 집 안팎으로 식물을 가꾸어 산소가 충분히 생산되도록 배려한다.

2) 친환경건축(환경친화건축)

생태건축이 친환경건축(환경친화건축)에 비해 자연과의 공생을 보다 더 강조하는 의미를 내포하고 있으나 실제적으로 이 두 용어는 거의 비슷한 의미로 사용되고 있으며, 친환경건축은 친환경건물이라고도 불리어지는 것에서 알 수 있듯이 건축 실무적으로는 친환경건축이라는 용어가 보다 많이 이용되고 있다.

친환경건축을 창조하기 위해서는 건물이 생산되고 운용되고 또 마지막으로 폐기되는 전 과정에 걸쳐서 자연환경에 유해한 환경부하가 작아야 하며, 동시에 건물 내에서 생활하는 거주자에게 건강성 및 쾌적성을 부여할 수 있어야 한다. 친환경건축을 달성하기 위한 주요한 요소로 다음과 같은 것들이 있다.

① 환경부하의 절감(low impact)

② 자연과의 많은 접촉(high contact)

③ 건강성과 쾌적성(health and amenity)

① 환경부하의 절감(low impact)

「지구환경의 보전」이라고도 일컬어지고 있는 요소이다. 건물이 건설될 때 많은 자원과 에너지가 소비되고, 준공 후 사용하는 기간 동안 냉난방, 조명 등의 용도로도 많은 에너지가 소비된다. 또 중간에 수리를 하거나 최종적으로 건물을 철거할 때에도 에너지가 필요해지는데, 이렇게 소비되는 에너지는 모두 환경에 대한 부담, 즉 환경부하로 작용하므로 건물의 라이프사이클(건설, 운용, 갱신, 폐기)을 통해 자원 및 에너지의 소비를 최대로 억제하면서 자연환경의 파괴가 최소화되도록 노력해야 한다.

건축설비 분야에서는 자원절약, 에너지절약, 프레온가스의 미사용, 폐기물 삭감 및 적정 처리 등이 주요 고려사항이 되는데 건축설비 분야뿐 아니라 건설기술 전체로서의 관련성을 의식할 필요가 있다.

② 자연과의 많은 접촉(high contact)

「자연환경과의 친화」라고도 일컬어지고 있는 요소이다. 「1. (2) 수동적 환경과 능동적 환경」에서 설명했듯이, 기술개발과 생활수준 향상이 이루어지면서 건축물의 실내환경에 대한 인간의 요구도 점차 고도화되어 왔고, 그로 인해 건축물의 실내환경 또한 고도의 능동적 환경이 되어 왔다. 이 과정에서 필연적으로 다량의 에너지소비가 수반되었으며, 그 결과로서 생성된 지구환경 파괴는 거꾸로 인간의 삶을 피폐하게 만들 수 있는 가능성까지 내포하기에 이르렀다. 따라서 건축물을 창조하거나 운용하는 사람들은 단지 생활활동의 장으로서의 건축물이 아니라 자원의 낭비 없이 또 환경의 오염 없이 건축물이 본연의 기능을 발휘할 수 있도록 건축환경과 자연환경과의 생태적 조화를 이루는 데 힘써야 한다.

건축물 주변의 녹화는 본래 경관상의 이유로 진행된 것이 다수였으나 지역 생태계에 적합한 생물서식지 조성 및 거주자와 초목 간의 친밀한 관계 등을 고려한 식재 및 옥상녹화 등이 활발히 검토되고 있다.

자연과의 접촉이 이루어지는 대표적인 것 중 하나가 비오톱(biotope)이다. 비오톱이란 그리스어로 생명을 의미하는 「비오스(bios)」와 땅 또는 사는 곳이라는 의미의 「토포스(topos)」가 결합된 독일어의 용어로 인간과 동식물 등 다양한 생물종의 공동 서식장소를 의미한다. 비오톱은 야생생물이 서식하고 이동하는 데 도움이 되는 숲, 가로수, 습지, 하천, 화단 등 도심에 존재하는 다양한 인공물이나 자연물로 지역 생태계 향상에 기여하는 작은 생물서식공간이다. 도심 곳곳에 만들어지는 비오톱은 단절된 생태계를 연결하는 징검다리 역할을 한다. 한편, 비오톱은 도시나 마을 단위 규모로서의 공간만을 의미하는 것은 아니고 건축물 단위로서의 작은 공간도 비오톱이라 하고 있으며, 따라서 앞에서 언급한 건축물 주변 및 옥상의 녹화 등도 작은 규모의 비오톱이라 할 수 있다. 그림 1.7에 하천 비오톱의 예를, 그림 1.8에 건물 옥상 비오톱(옥상녹화)의 예를 각각 나타낸다.

그림 1.7은 독일의 핀쯔천(川)으로, 예전에는 콘크리트 구조물이 있던 부분이었으나 가급적 자연의 상태로 회복시키고자 하는 노력이 이루어지고 있는 곳이다. 직선형태의 하천이었던 것을 곡선형태로 변형시키고 곳곳에 웅덩이를 만들어 둠으로써 그 형태에 적응하는 풀과 나무가 생기고, 잠자리와 같은 곤충이 돌아오게 되었다. 그림에 있는 대부분의 풀과 나무는 자연적으로 생성된 것이고, 일부 나무는 사람이 심은 것이라 한다. 그림 1.8은 국내의 옥상 비오톱의 한 예로, 환경에 대한 관심이 지속적으로 증대되고 있는 만큼 옥상녹화 또한 지속적으로 늘어날 것으로 기대된다.

그림 1.7 하천의 비오톱

그림 1.8 건물 옥상의 비오톱

③ 건강성과 쾌적성(health and amenity)

세계보건기구(WHO, World Health Organization)에 의하면, 건강이란 단지 병에 걸리지 않았다든가 신체적으로 허약하지 않다든가 하는 범위를 넘어 정신적으로도 사회적으로도 매우 양호한(well-being) 상태를 의미한다. 건축물에 대해서 WHO의 정의에 의한 건강성을 적용시킨다면 건강성만으로도 쾌적성까지 포함시킬 수 있으나, 일반적으로는 신체적 의미와 정신적 의미를 각각 고려하여 건강성 및 쾌적성이라는 용어를 동시에 표현하고 있다.

실내에 먼지를 극소량으로 제한하는 클린룸이 주거공간이 된다면 우리의 신체적 건강에 도움이 될 수는 있으나 이를 위해 다량의 에너지를 소비해야 하며 더욱이 자연과의 접촉은 극도로 제한될 수밖에 없으므로 주거공간의 클린룸화는 결코 바람직한 대안이라고 할 수 없다. 건축물 및 그 주변은 거주자에게 신체적 건강은 물론 정신적 건강(쾌적성)을 부여할 수 있는 공간이 되어야 한다.

(3) 친환경건축을 위한 건축설비의 역할

앞에서도 설명했듯이, 친환경건축을 창조하기 위해서는 건축설비 분야뿐 아니라 건설기술 전체로서의 관련성을 의식할 필요가 있다. 예를 들어 국내 학계 및 기술계에서는 친환경건축을 위한 구체적인 기술요소를 다수 제시하고 있는데, 이들 요소들은 각기 독립적으로 건축물에 작용하는 것이 아니라 서로 유기적인 관계를 이루고 있으므로 각각을 종합적으로 고려할 필요가 있다.

한편, 건축물의 생애비용(LCC, Life Cycle Cost) 중 냉난방이나 조명과 같이 건물의 운용을 위한 에너지비용은 대단히 큰 비중을 차지하고 있으며 또 그로 인해 발생하는 환경오염물질을 고려할 때, 건물의 관리비용 및 환경부하를 줄이면서 실내의 쾌적성을 향상시킬 수 있는 친환경건축을 실현하기 위해 건축설비의 역할이 매우 크다는 것을 알 수 있다.

건축설비에 관련된 친환경건축의 주요 기술요소 중 일부를 다음에 나타낸다.

1) 부하의 경감

쾌적한 실내를 창출하고 유지하기 위해 에너지 사용이 필요해지는데, 에너지 사용이 이루어지도록 하는 근본적 요소인 건물의 부하를 줄이는 것이 친환경 건축을 위한 가장 합리적인 방법이라 할 수 있다. 이를 위해서는 친환경건축을 위한 건축환경공학적 요소가 건축계획에 반영될 필요가 있다. 건축물에 대한 냉난방부하 경감의 예를 아래에 나타낸다.

① 차양

그림 1.9에 건축환경공학적 요소가 건축계획에 반영되어 에너지절감을 이루는 간단한 예를 나타낸다. 그림은 E연구원 그린빌딩 중앙연구동의 서쪽 창에 설치되어 있는 루버를 나타낸 것으로, 루버가 고정되어 있는 것이 아니고 회전이 가능하도록 되어 있다. 이렇게 함으로써 계절별로 태양으로부터의 복사열을 건물 안으로 들여올 수도 차단할 수도 있으며, 그로 인해 겨울철 난방부하 및 여름철 냉방부하를 경감할 수 있게 된다.

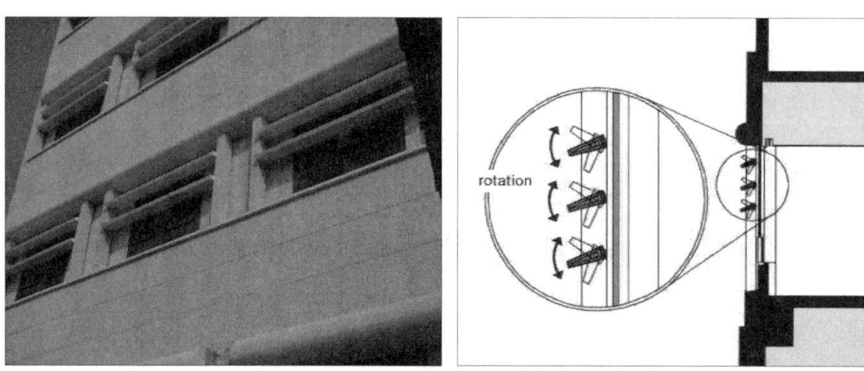

그림 1.9 일사조절 루버(E연구원 그린빌딩 중앙연구동)

② 더블스킨

건축물에서 냉난방부하를 경감시키는 또 하나의 유력한 방법으로 더블스킨(double skin, 이중외피(外皮))이 있다. 더블스킨이란 건물 외벽의 일부 또는 전면(全面)을 유리로 감싼 형태를 나타내는 것으로, 원래의 외벽과 그것을 에워싼 유리와의 공간을 계절에 따라 이용형태를 달리 함으로써 에너지절약 효과를 기대할 수 있는 시스템이다.

더블스킨이 고안된 배경에는 커튼월(curtain wall) 구조가 있다. 커튼월 구조란, 건물의 무게를 지지하는 것은 기둥과 보가 담당하고 외벽은 단지 건물의 내부와 외부라는 공간을 칸막이하는 커튼의 구실만 하도록 한 구조라는 의미에서 그 이름이 붙었다. 건물의 무게를 지지하지 않아도 되므로 외벽을 유리로 구성할 수 있으며, 그 반짝이는 유리로 인해 건물이 보석과 같은 고급 이미지를 가지기 때문에 많은 건물에 적용되었다. 그러나 유리는 일반적인 벽체보다 열관류율이 높아서 에너지절약에 불리할 뿐 아니라 특히 태양열 차단이 매우 어렵기 때문에 여름철의 에너지소비를 증가시키는 원인이 되며, 이러한 점을 보완한 것이 더블스킨 구조이다.

그림 1.10에 더블스킨 구조의 계절별 활용을 나타낸다. (a)는 여름철의 경우로, 더블스킨 내의 공기는 일사에 의해 가열되며 그로 인해 생성되는 부력으로 자연환기가 이루어지면서 일사부하가 경감된다. 건물 하부로부터 들어오는 외기는 자연의 힘만으로는 부족하기 때문에 환기장치에 의한다. (b)는 봄이나 가을과 같은 중간기에 약간 더울 때의 경우로, 기계에 의한 냉방을 하지 않고 실내의 창을 열어 실내와 더블스킨 부분을 서로 개방시켜 공기가 통하게 하면서 외기가 실내로 들어와 외기냉방이 이루어지도록 하고 있다. 이때 환기장치에 의해 건물 하부로부터 들어오는 외기는, 창을 통해 들어오고 나가는 외기를 촉진시키는 역할을 하기도 한다. (c)는 겨울철의 경우로, 더블스킨을 집열기(集熱器)로 이용하여, 도입되는 외기의 예열(豫熱)을 행하는 열회수 효과와 함께 단열성 벽체의 역할을 통한 난방부하 감소에도 도움이 되고 있다.

그림 1.11은 더블스킨이 적용된 건물의 외관과 더블스킨 부분을 나타내고 있다.

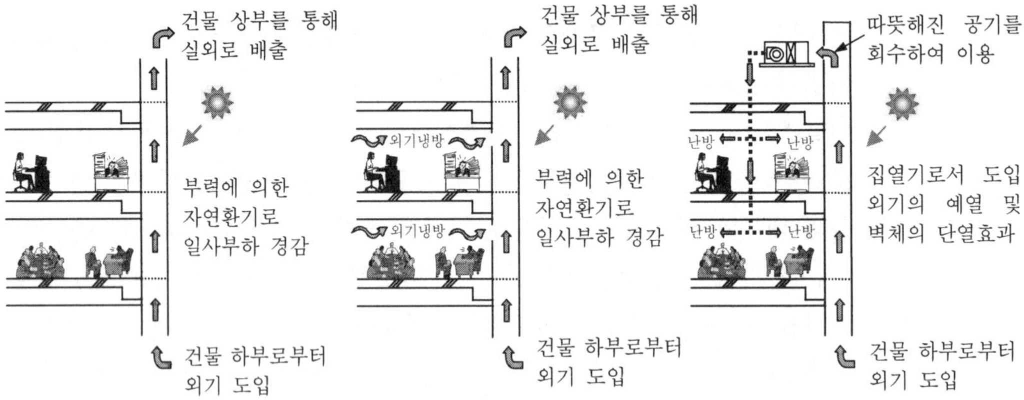

(a) 여름철 (b) 중간기 (c) 겨울철

그림 1.10 더블스킨의 계절별 활용

그림 1.11 더블스킨이 적용된 건물의 외관과 더블스킨 부분

2) 실내의 쾌적성 향상

쾌적한 실내환경을 창출하고 유지하는 것은 재실자의 건강은 물론 업무 및 작업효율에 도움을 주기 때문에 기업의 생산성 향상에도 매우 큰 영향을 미친다. 생활수준이 향상되고 과학기술이 발달함에 따라 건축물의 실내환경에 대한 재실자의 요구는 더욱 증대되고 다양화되어, 실내환경에 대한 연구도 열환경을 비롯, 공기환경, 빛환경, 음환경 등 다방면에 걸쳐 활발하게 이루어지고 있다. 실내 쾌적성 향상을 위한 몇 가지 사례를 아래에 제시한다.

① 아트리움

최근의 건물 특히 대형 건물에는 규모의 차이는 있으나 아트리움이 많이 마련되어 있다. 건축물에서의 아트리움의 매력은 그것이 비록 건물 내에 위치해 있다 하더라도 옥외의 상쾌함을 느낄 수 있어 거주자들의 쾌적성을 크게 향상시킬 수 있다는 것이다. 예를 들어 사무소건물이라면 사무원들의 업무효율 증대에 크게 공헌하게 되며, 병원건물이라면 의사와 간호사와 같은 병원 종사자는 물론 환자들의 심신을 달래는 데도 매우 큰 역할을 하게 된다.

그림 1.12 천장이 높은 공간의 취출구 설치 모습

그림 1.13 바닥하부 설치형 팬컨벡터

한편, 실내의 쾌적성이 크게 향상되는 환경을 조성한다고 해도 그로 인해 상당한 비용 및 에너지소비가 필요해진다면 결코 바람직한 건축물이라 할 수는 없다. 아트리움은 건축적 성격상 유리창으로 되어 있고 천장도 매우 높으므로 여름철 일사에 의한 냉방부하가 상당히 커지고 공간도 많이 차지하게 된다. 따라서 에너지절약을 위해 아트리움 전체를 냉방하지 않고 하부의 거주역만을 냉방하는 것이 바람직하며, 이 때문에 냉난방을 위한 취출구와 흡입구가 아트리움의 천장이 아닌 하부의 벽 등에 집중하게 되므로 건축디자인과 조화를 이루면서 합리적인 취출구·흡입구 계획이 되도록 해야 한다. 또 태양광은 투과하되 열투과율은 비교적 작은 반투명의 특수유리를 아트리움 천장에 사용하는 것도 바람직한 방법이라 할 수 있다. 그림 1.12에 아트리움과 같이 천장이 높은 공간의 벽에 취출구가 설치된 모습을 나타낸다. 한편, 유리면은 일반적인 벽체에 비해 단열성능이 떨어지므로 겨울철 차가운 외기의 영향을 받아 콜드 드래프트(cold draft)가 발생할 수 있으며, 따라서 이것을 방지할 수 있는 방법을 고려할 필요가 있다. 그 대표적인 방법으로는 그림 1.13과 같이 바닥 하부에 컨벡터 등의 난방기기를 설치하여, 하강하는 차가운 기류를 가열시켜 상승하도록 만드는 것이 있다.

② 실내 조도

실내의 쾌적성 향상을 위한 연구 중 사무실 내 조도에 관한 것이 있다. 그림 1.14는 책상 앞에서 일을 할 때의 조도에 대한 피로감 및 작업효율의 관계를 나타낸 것으로, 세로축이 조도, 가로축이 작업자의 작업효율과 피로감을 나타낸다. 그림에 의하면 작업자의 작업효율은 조도 30 lx를 100으로 가정하고 점차 조도를 올려갈 때 포물선 형태로 상승하게 된다. 한편, 조도를 올리면 피로감은 줄어들게 되며 피로감이 가장 적은 조도는 약 800 lx가 되는데, 조도를 더욱 올리면 작업효율은 상승하지만 거주자의 피로감 역시 서서히 상승하게 됨을 알 수 있다.

조도의 구성은 천장에 있는 조명기구에서 50%, 작업위치조명(태스크(task) 조명)에서 50%씩 확보하는 것이 이상적이라고 여겨지고 있다. 최근의 임대건물에서는 에너지절약의 관점에서 조도를 600 lx 정도까지 낮추는 경향이 있는데, 이 수치로는 태스크조명 50%, 천장조명 50%라는 병용조명은 용이하지 않다고 한다. 그러나 자사(自社)빌딩이라면 작업효율을 생각해서 조도 800~1,000 lx로 하고 있으므로 상기와 같은 비율로서의 병용조명이 가능하다고 일컬어지고 있다. 또 태스크조명의 경우는 작업자가 자리를 뜰

때 스위치를 꺼서 절전할 수 있다는 장점이 있어 에너지절약에도 도움을 주고 있다.

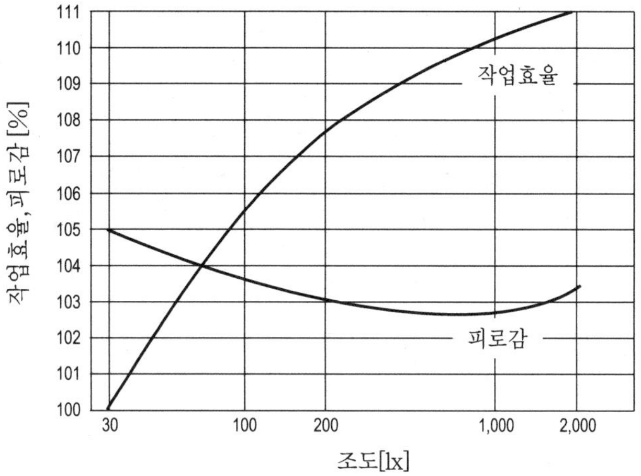

그림 1.14 조도에 대한 작업효율 및 피로감

3) 설비기기의 효율 향상 및 에너지절약적 설비시스템

건축물 내 냉난방, 조명 등을 위해 설치되는 각종 기기의 효율을 향상시키고, 냉난방을 비롯한 설비시스템을 개선하여 보다 적은 에너지로 쾌적한 실내환경을 창출함으로써 친환경건축을 이룰 수 있다. 예를 들어, 냉난방을 위한 열원기기 중 흡수식냉온수기는 초기에는 1중효용이었지만 현재는 1중효용에 비해 효율이 향상된 2중효용이 대부분이며 최근에는 2중효용의 개량형인 3중효용 흡수식냉온수기가 개발되고 있다. 또 조명기구도 LED와 같이 종래에 비해 효율이 대폭 향상된 기구가 꾸준히 개발되어 실용화되고 있다. 흡수식냉온수기의 1중효용 및 2중효용의 의미 등에 대해서는 관련문헌을 참고하기 바란다. 이와 같이 기기 자체의 효율을 향상시키고자 하는 노력을 지속적으로 행하는 것은 기기 제조업체의 몫이지만, 건물의 설계자는 보다 에너지절약적인 설비시스템을 설계하고 시공자는 정밀시공을 통해 건물의 운용과정에서 에너지의 낭비가 없도록 힘써야 한다. 에너지효율을 향상시키는 설비시스템의 예를 아래에 나타낸다.

① 열병합발전(코제너레이션, co-generation)시스템

여름철에 선풍기 코드를 콘센트에 꽂고 단추를 누르면 날개가 회전하면서 바람이 나오게 된다. 이와 같이 선풍기란 전기의 힘을 빌려 날개를 회전시키는 기기로, 달리 말하면 전기에너지를 운동에너지로 전환시키는 작용을 하는 기기라 할 수 있다. 그런데 선풍기가 가동되고 잠시 후에 선풍기 날개 뒤에 있는 모터 부분을 만져 보면 뜨거워져 있음을 알 수 있다. 이는 선풍기가 공급받은 전기에너지의 100%가 운동에너지로 전환되는 것이 아니고 그중 일부는 열에너지로 전환된다는 것을 의미한다. 어떤 기기에 대한 입력에너지가 그 목적으로 하는 형태의 에너지로 변환되는 정도를 효율이라 하며, 각 기기 제조업체는 효율을 조금이라도 높이기 위해 끊임없이 기술개발에 힘쓰고 있는 것이다.

앞서 설명한 선풍기에서의 열에너지와 같이, 어떤 기기에서 그 목적으로 하는 형태로 변환되지 않은 나머지 형태의 에너지를 손실이라 하는데, 현재 대부분의 손실에너지는 이용되지 않고 그대로 버려지고 있는 실정이다. 그러나 우리가 이용하고자 하는 에너지에는 많은 형태가 있으며 지금까지 손실이라고 생각해 온 에너지 중에서도 이용 가능한 에너지가 있다.

화력발전설비에서 전력을 생산할 때는 전력이 생산되는 과정에서 열이 발생되며 더욱이 이 열의 양이 상당히 많아서 발전설비에서의 에너지효율은 30~40%에 불과하다고 일컬어지고 있다. 흔히 전기를 생산할 때 100이라는 연료를 가지고 30~40 정도의 전기를 생산하게 된다고 하는데 이 나머지 60~70이 열로 버려지게 된다. 이 60~70의 열은 기계를 식히기 위해 사용되는 냉각수 등을 통해 버려지거나 기계를 가동할 때의 연소과정에서 생성되는 배기가스를 통해 버려지게 된다. 따라서 이 과정에서 뜨거워진 냉각수 등을 난방, 급탕 등에 사용하게 되면 유용한 에너지절약 방식이 되는 것이다. 이와 같이 화력발전설비에서 생산된 전력을 이용함과 동시에, 전력이 생산되는 과정에서 발생되는 열을 난방 등에 사용하는 방식을 열병합발전(co-generation)시스템이라 한다. 열병합발전시스템은 가스와 같은 1차 연료를 난방, 냉방, 급탕 및 전기용 에너지 등으로 다목적으로 사용한다는 의미에서 토탈에너지시스템(total energy system)이라고도 불리고 있다.

이 방식은 열과 전기가 동시에 생산되는 것이므로 열과 전기의 소비량이 유사한 건물에서 특히 유효한 시스템이다. 그림 1.15에 가스엔진을 사용한 열병합발전시스템의 예를 나타낸다.

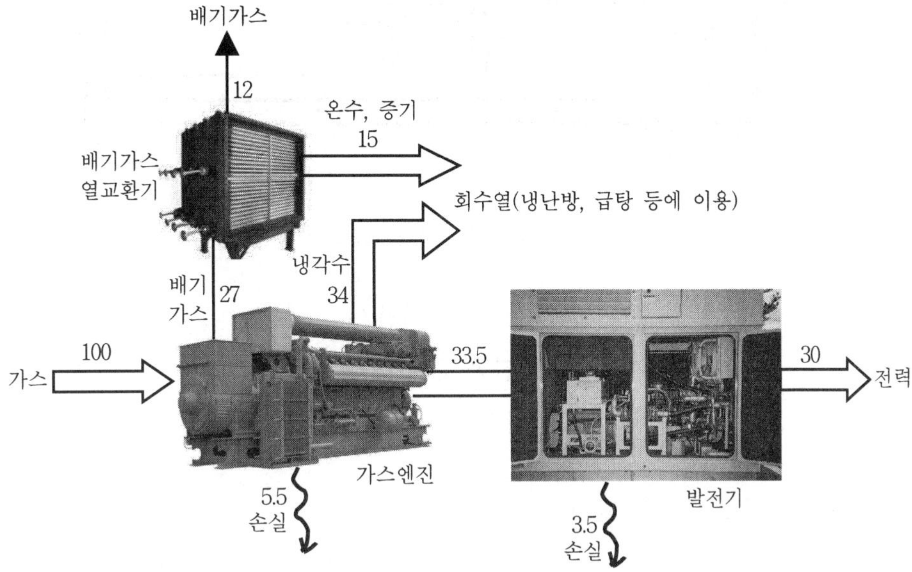

그림 1.15 가스엔진 열병합발전시스템의 예

② 지역냉난방

일정 지역 내의 모든 건물을 대상으로 냉온수 및 증기를 공급하여 냉난방을 행하는 방식으로, 일본 등지에서는 지역냉난방으로 보급되어 있으나 국내에서는 분당·일산과 같은 신도시를 중심으로 지역난방으로서 이루어지고 있다. 예전에 많은 아파트 단지에서 이루어지던 중앙난방의 규모를 크게 한 것이라고도 할 수 있다. 그림 1.16에 지역냉난방의 개념도를 나타낸다.

그림 1.16에 나타나 있듯이, 지역냉난방은 건물마다 냉동기, 보일러 등이 있는 것이 아니라 중앙플랜트라고 하는 곳에 각 건물의 공조설비를 집중시켜 대용량화함으로써 다음과 같은 장점을 기대할 수 있다.

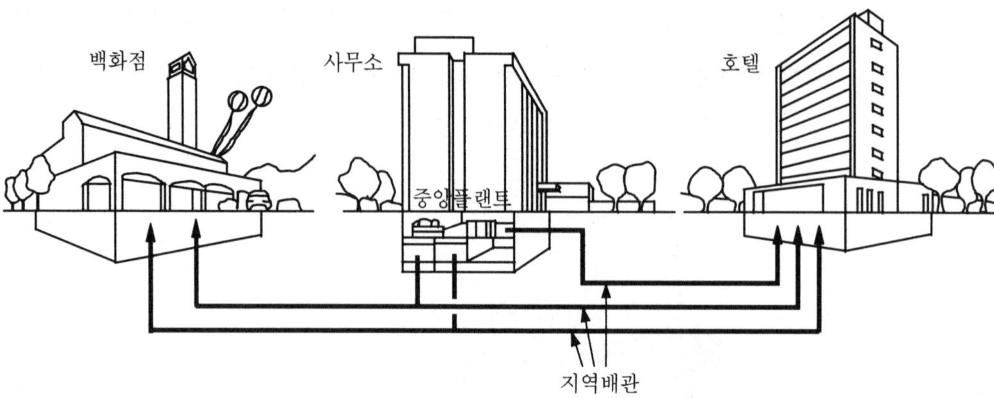

그림 1.16 지역냉난방 개념도

㉮ 대기오염 방지 등 환경 개선

대기오염, 소음, 진동 등에 대해 집중적인 관리가 가능하며, 양질의 연료를 대량으로 싸게 구입할 수 있으므로 대기오염면에서의 환경 정화에 크게 이바지한다.

㉯ 경제적 운영

공급대상이 광범위하므로 평균적 부하운전이 가능하여 효율저하를 경감시킬 수 있다. 또 기계실의 집중화로 인해 보일러 등의 기기가 대형화됨으로써 기기효율이 높아진다.

㉰ 인적자원의 절약

설비의 운전, 보수 요원이 적어지므로 인건비에 관한 관리비의 절감이 가능하다.

㉱ 설비를 위한 공간 감소

각 건물에는 각종 열원기기를 위한 공간이 불필요하므로 이 공간을 유용하게 활용할 수 있다.

㉲ 도시방재

보일러를 비롯한 각종 장비를 집중화함으로써 위험물의 저장 및 취급 장소도 집중화되어 안정성이 높아진다. 또 화재예방시설, 소화설비로 인한 비용도 절감된다.

㉶ 도시미관

각 건물마다 있어야 하는 굴뚝 및 냉각탑 등이 필요 없게 되므로 미관상 유리하게 되며, 옥상을 정원 등으로 활용하기가 용이하다.

한편, 지역냉난방은 각 건물마다 공조설비를 갖추는 것에 비해 중앙플랜트로부터 각 건물에 이르기까지의 거리가 길기 때문에 건물이 밀집되어 있지 않으면 배관설치를 위한 비용이 증대되어 비경제적이 된다.

4) 자연에너지의 이용

건축물에서 필요로 하는 에너지로서 태양열, 지열, 풍력 등의 자연에너지를 활용하고자 하는 연구가 선진 외국에서는 오래 전부터 이루어져 왔으며 자원빈국인 국내에서도 매우 큰 관심을 기울이고 있다. 석유, 석탄과 같은 화석연료는 매장량에 한계가 있어 언젠가는 고갈될 것이기 때문에 그에 대한 대비가 필요하며 더욱이 화석연료는 연소과정에서 자연환경을 크게 해치는 오염물질을 배출하는 점을 고려하면 자연에너지의 활용 의미는 더욱 커지게 된다. 한편, 자연에너지를 건축물의 냉난방, 조명 등에 활용하기 위해서는 높은 초기투자비를 부담해야 하는 문제와 함께, 비용 대비 에너지절감량에 관한 경제성면에서 매우 불리하여 아직 본격적인 실용단계까지는 이르지 않고 있다.

자연에너지 중 현재 가장 활발한 연구 및 실용화가 이루어지고 있는 것은 태양에너지이다. 태양에너지는 지역에 관계없이 비교적 고르게 취득이 가능하며, 더욱이 다른 자연에너지에 비해 건축물에 적용하기가 용이하기 때문이다. 태양에너지의 이용에 관한 최근의 연구는 기존의 개념인 열원(熱源)은 물론 전원(電源)의 개념까지 확대되고 있어, 태양열을 이용한 난방 및 급탕과 함께 태양광발전을 통한 전기까지 직접 주택에서 생산해서 사용하는 단계에 이르고 있다. 우리나라의 평균일사량은 태양에너지의 연구 및 활용이 활발하게 이루어지고 있는 중부유럽보다 20% 이상 높은 것으로 알려져 있어 태양에너지 이용의 활성화를 위한 기본조건은 매우 양호하다고 할 수 있으며, 따라서 이 분야에 대한 보다 적극적인 관심이 요망되고 있다. 아래에 태양에너지를 이용한 태양광발전에 대해 간단히 설명한다.

① PV와 태양전지

흔히 PV(Photovoltaic)라 불리어지고 있는 태양광발전 기술은 현재 태양에너지 이용의 가장 선진적 기술로, 이것은 태양전지(solar cell)를 이용하여 태양광을 직접 전기로 바꾸는 기술을 일컫는 것이다. PV기술은 초기에는 시계나 전자계산기와 같은 작은 전기기구의 전원으로부터 시작하여 전기시설이 없는 지역의 통신소나 등대 등으로 확산되었으며, 1990년대 들어 건축적 응용에까지 확대되면서 활용범위가 급격히 증가하고 있는 추세이다.
앞에서 언급했듯이 PV기술의 모태는 두 개의 반도체 층으로 구성되어 있는 태양전지이다. 태양전지 표면에 빛이 입사되어 내부로 투과되면 이 빛과 태양전지의 구성요소 사이에 광기전력(光起電力, photovoltaic)효과라는 상호작용에 의해 전기가 발생되는 구조로 되어 있다.

② PV모듈

태양전지 한 장으로 얻어지는 출력은 매우 미약하기 때문에 우리의 일상생활에서 사용할 수 있는 전력을 얻기 위해서는 여러 장의 태양전지를 연결해서 사용하게 되며, 이렇게 몇 장 또는 몇십 장의 태양전지를 하나로 묶은 판을 모듈(module) 또는 태양전지판이라고 한다.

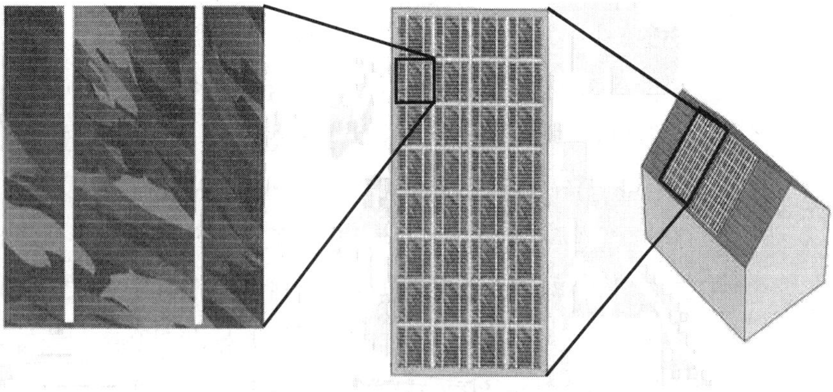

(a) 태양전지 (b) 모듈 (c) 어레이

그림 1.17 태양광 발전장치 구성과정

이 모듈을 다시 여러 장 연결하면 어레이(array)라고 하는 태양광 발전장치(PV-plant)가 된다. 이 과정을 그림 1.17에 나타낸다.

③ 설치장소

PV시스템의 전제조건 중 하나는 PV모듈의 설치장소가 확보되어야 한다는 점이다. 설치장소의 필요조건으로는 충분한 면적과 직달일사의 도달이며, 이러한 점에서 현재 PV시스템의 설치장소로 적용되고 있는 곳으로는 지붕, 외벽, 차양 등이 있다.

지붕은 건물의 최상부에 위치하고 그 면적도 충분한 경우가 많아 초기부터 PV모듈의 설치장소로 이용되어 왔다. 특히 남향으로 경사진 지붕은 구조적으로 PV 설치조건에 부합되므로 발전량을 극대화시킬 수 있다.

외벽에 모듈을 설치하면 사람들 눈에 잘 띄기 때문에 독특한 디자인 요소로도 활용될 수 있다. 이 경우에도 지붕과 마찬가지로 남향의 외벽이 가장 바람직하며, 동향 및 서향의 외벽도 남향에 비해 효율은 감소되지만 설치 가능하다.

한편, 여름철 일사부하 감소에 효과가 있는 p.38의 그림 1.9와 같은 차양을 PV모듈로 이루어지게 하면 여름철 일사부하 감소와 함께 PV시스템으로서 전기 생산까지 이루어지면서 이중의 에너지절약 효과를 얻을 수 있어 매우 바람직한 시스템이라 할 수 있다.

그림 1.18 주택 지붕 및 건물 외벽에 태양광 발전장치(태양전지)가 설치된 모습

그림 1.17에 나타낸 태양광 발전장치가 주택의 지붕 및 건물의 외벽에 설치된 예를 그림 1.18에 나타낸다.

5) 배열(폐열)의 회수

건물의 냉난방이나 급탕 등을 위해 열이 사용되며, 이 열 중 일부는 건물 외부로 버려지게 된다. 예를 들어 여름철 냉방이나 겨울철 난방을 위해 건물 내에서 차가운 공기 또는 따뜻한 공기를 제조하게 되는데, 건물의 냉난방 과정에서 환기를 위해 외부 공기가 들어오고 그만큼 실내공기가 밖으로 버려지게 되며, 따라서 건물 내에서 제조된 열 중 일부가 건물 밖으로 버려지는 결과가 된다.

건물 안에서 밖으로 배출되는 열을 회수해서 사용할 수 있다면 그만큼 에너지 절약이 되며 이는 친환경건축 기술의 하나로서 유용한 활용이 된다. 건물 밖으로 버려지는 열을 회수하기 위해서는 공기와 공기 간에 열을 교환하는 열교환기, 또는 물과 물 사이에 열을 교환하는 열교환기 등이 이용되고 있다.

그림 1.19는 다량의 온수를 사용하는 공중목욕탕 등에서 사용 후 밖으로 버려지는 따뜻한 배수로부터 열을 회수하여 건물 내 급탕에 다시 이용하는 개념도를 나타내고 있다. 그림에서 급탕이 제조되는 곳은 저탕탱크이며 이곳에서는 수돗물과 같은 급수가 들어가서 별도의 입구로부터 들어오는 증기의 열을 이용하여 온수가 제조된다. 이 과정에서 수돗물이 바로 저탕탱크로 들어가지 않고 건물 안에서 밖으로 버려지는 따뜻한 배수와 열교환하여 어느 정도 따뜻해진 상태로 저탕탱크로 들어가게 되면 온수 제조를 위해 필요로 하는 증기의 양이 그만큼 적어도 되므로 에너지절약이 되는 것이다. 물론, 밖으로 버려지는 배수와 저탕탱크로 들어가는 급수가 폐열회수기(열교환기)에서 섞이게 되면 급수가 더러워져 아무런 의미가 없으므로 폐열회수기의 내부는 두 물이 서로 섞이지 않으면서 열교환이 이루어지도록 구성되어 있다.

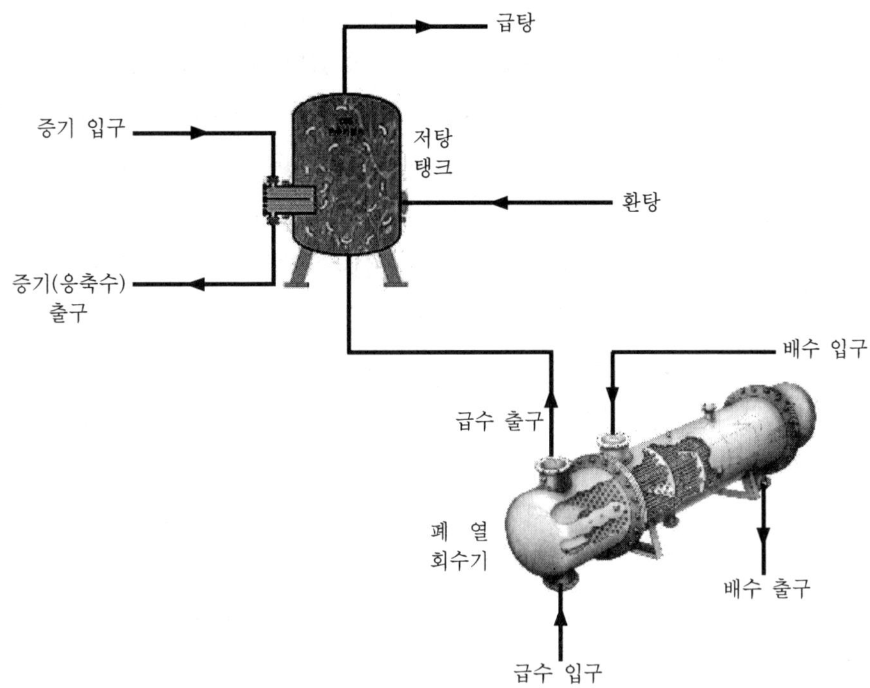

그림 1.19 배수로부터의 폐열회수 개념도

3. 건축환경 요소와 인체

(1) 물리적 환경조건과 인체의 반응 및 평가

열, 빛, 음과 같은 자극을 받을 때, 인체는 피부, 눈, 귀와 같은 감각기관을 통해 인식을 하게 된다. 자극의 물리적 크기와 그에 따른 인체 감각과의 관계에 대해서는 물리학적 및 심리학적으로 많은 연구가 이루어져 왔는데, 인간이 변화를 느낄 수 있는 최소한의 자극차(刺戟差)는 원래의 자극의 크기에 비례한다는 웨버(Weber)의 법칙과, 웨버의 법칙을 확장한 것으로 인간이 느끼는 감각의 크기는 자극량의 대수(對數, log)에 비례한다는 페크너(Fechner)의 법칙과 같이 오늘날에도 실내환경의 평가에 중요한 기초를 이루는 성과물이 나타났다.

실내환경을 평가할 때의 평가요소에는 두 가지 종류가 있다. 먼저 열환경과 같이, 더위와 추위라는 서로 상반되는 양 극단이 있어 인체가 느끼는 쾌적조건은 양 극단의 중간에 존재하게 되는 것이 있다. 또 하나는 소음이나 공기오염과 같이, 그 크기가 클수록 쾌적조건과는 거리가 멀어져서 쾌적조건의 설정이 용이하지 않은 경우가 있다. 따라서 전자의 경우에는 쾌적값(쾌적조건)이라는 용어가 사용되지만, 후자의 경우에는 허용값(허용조건) 또는 한계값(한계조건)이라는 용어가 일반적으로 사용된다. 즉 소음이나 공기오염은 그 정도가 작으면 작을수록 좋지만, 그 실의 용도에 따라 어느 정도는 허용될 수 있다는 의미로 열환경에서의 쾌적조건과는 그 의미가 약간 다르다.

표 1.1은 건물의 냉난방을 설계할 때 기준값으로 주로 적용하고 있는 온습도를 나타내고 있다. 앞에서 설명했듯이, 이들 값은 쾌적조건으로 제시되어 있는 것이므로 이들 값보다 가급적 높거나 낮지 않도록 설계가 이루어지는 것이 바람직하다.

표 1.1 건물 용도별 실내 온습도 기준값

구 분	여 름	겨 울
일반 건물(사무소, 주택 등)	26℃, 50%	22℃, 50%
영업용 건물(백화점, 은행 등)	27℃, 50%	21℃, 50%
생산 공장 등	28℃, 50%	20℃, 50%

표 1.2는 건물의 용도 및 각 실의 용도에 따라 허용되는 소음에 대한 기준값을 나타내고 있다. 앞에서도 설명했듯이 소음이나 공기오염은 그 값이 작을수록 좋기 때문에 모든 실에 대해서 NC값이 0에 근접하는 것이 바람직하지만, 그렇게 하기 위해서는 상당한 공사비가 필요하게 되므로 어떤 면에서는 낭비적 요소가 될 수도 있다. 따라서 건물 및 실의 용도에 따라 허용조건을 설정하고 그 이상이 되지는 않도록 설계하는 것이 일반적이다. 표 1.2에 나타낸 NC값에 대해서는 「제11장 실내 음환경」에서 상세히 설명하기로 한다.

한편, 쾌적조건이든 허용조건이든 실내환경의 조건에 대한 평가는 사람마다 상당한 차이가 있을 수 있다. 예를 들어 일반적인 건물에서의 여름철 실내온도는 26℃가 기준으로 되어 있으나, 더위에 강한 사람은 더 높은 온도를 선호할 수 있고, 반면 더위에 약한 사람은 더 낮은 온도를 희망할 수 있다는 것이다. 이것은 소음에 대해서도 마찬가지로, 소음에 매우 민감한 사람은 약간의 소리에도 불쾌감을 느끼게 되지만, 그렇지 않은 사람은 오히려 약간의 소음이 더 자연스럽다고 생각할 수도 있다. 이러한 의미에서 흔히 어느 실내환경을 평가할 때 90%의 거주자가 만족스럽다고 하면 그 실내의 환경은 적절하다고 판단하는 것이 일반적 평가방법이다.

표 1.2 건물 및 실 용도별 허용소음의 NC값

건물 및 실의 용도	NC값	건물 및 실의 용도	NC값
방송스튜디오	15~20	주 택	25~35
음 악 홀	20	영 화 관	30
극 장	20~25	병 원	30
교 실	25	도 서 관	30
회 의 실	25	중소규모 사무실	30~35
아파트・호텔	25~30	대규모 사무실	45

그림 1.20은 Fanger가 인간의 열환경에 대한 감각을 조사한 것으로, 가로축은 예상평균신고(PMV, Predicted Mean Vote)를, 세로축은 예상불만족률(PPD, Predicted Percentage of Dissatisfied)을 나타내고 있다. 예상평균신고란 인체가 느끼는 열감각을 7단계로 수치화시킨 것으로, 인체가 쾌적하다고 느끼는 상태를 '0'으로 하고, '−3'은 매우 춥다고 느끼는 상태, '+3'은 매우 덥다고 느끼는 상태를 의미한다. 또 예상불만족률이란 거주자 중 어느 정도의 비율의 사람들이 실내 열환경에 대해 쾌적하지 않다고 느끼는가를 나타내는 것이다.

그림에서, 매우 쾌적한 상태라고 여겨지는 PMV '0'인 조건에서도 수%의 거주자는 불만족을 느끼고 있음을 알 수 있다. 이와 같이 모든 사람에 대해서 만족감을 부여할 수 있는 실내환경을 창출하는 것은 현실적으로 매우 어렵고, 따라서 90% 정도의 사람들이 만족을 느낀다면 그 실내의 거주환경은 만족스러운 상태라고 할 수 있으며, 그림 1.20에서 $-0.5 < PMV < +0.5$인 실내조건이라면 이러한 조건을 만족시키는 실내환경이라고 판단할 수 있다.

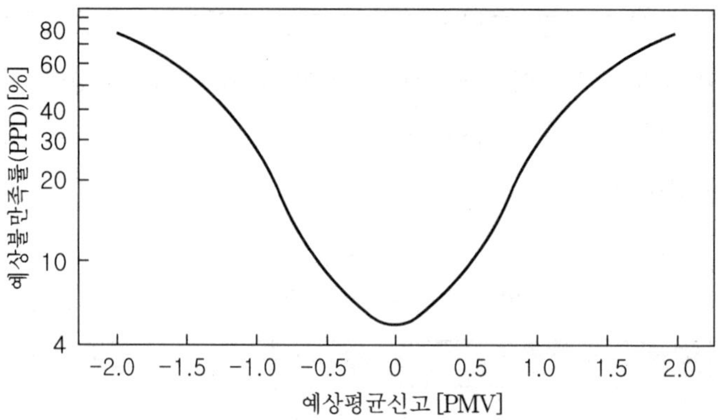

그림 1.20 예상평균신고와 예상불만족률과의 관계

현재, 실내의 냉난방과 같은 열환경, 공기청정도와 같은 공기환경, 조도와 같은 빛환경, 소음과 같은 음환경 등에 대해 설계목표가 설정되어 있으나, 이들은 절대불변인 것은 아니고 그 사회의 생활수준이나 의식수준이 향상되면 그에 따라 환경 목표값도 달라진다. 예를 들어, 실내조명의 조도기준은 과거에 비해 수 배나 높아졌다고 한다. 다시 말해 과거의 조도기준은 인간에게 있어서 최적의 기준이 아니고 그 당시 사회상황에서는 타당하다고 인정되는 기준이었다고 생각할 수 있는 것이며, 따라서 조도의 경우 어느 기준을 최적조도라 하지 않고 기준조도라 하는 것이 일반적이다.

(2) 실내환경에 영향을 미치는 외부 조건

실내환경을 쾌적조건 또는 허용조건으로 유지하기 위한 조건에 큰 영향을 미치는 것은 외부환경이다. 여기에서 외부환경이란 외기온습도, 바람의 방향 및 세기, 일조 · 일사 등이며 이러한 외부환경의 조건을 명확히 파악하는 것이 건축환경공학에서의 중요한 과제 중 하나이다. 예를 들어, 냉난방과 같은 실내 열환경을 계획하기 위해서는 온습도, 일사, 바람 등 모든 요소를 고려해야 하며, 바람은 환기와 같은 공기환경을 계획할 때 중요한 요소가 된다.

한편, 이러한 외부환경은 지역에 따라 각각 다르며 또 동일한 지역이라 해도 연간 시시각각 그 값이 변화하므로, 관련 기상데이터를 장기간에 걸쳐 확보하면서 필요한 설계조건을 설정하는 것이 건축환경공학에서는 매우 중요한 요소 중 하나이다. 국내의 관련학계 등에서 이러한 자료의 필요성을 인식하여 제반 연구활동이 이루어지고 있으나 아직 충분하다고는 할 수 없는 실정이다.

본 절에서는 각 외부환경의 개략적인 내용만을 설명하고, 건축물을 설계할 때 이들 외부환경을 어떻게 고려하는가에 대한 내용은 제2장 이후에 상세히 설명하기로 한다.

1) 공기의 온도 및 습도

환경공학적 건축계획 및 건축설비계획에서 가장 큰 영향을 미치는 것으로, 각 지역의 온도와 습도는 지역별 위도에 따라, 또 해안지역인가 내륙지역인가에 따라 다양하게 나타난다. 따라서 건축물을 설계할 때는 해당 건축물이 세워질 지역의 수 년간 또는 수십 년간의 기상데이터를 참고로 해서 건축물의 실내환경을 쾌적하게 하기 위한 기기용량을 정하게 된다.

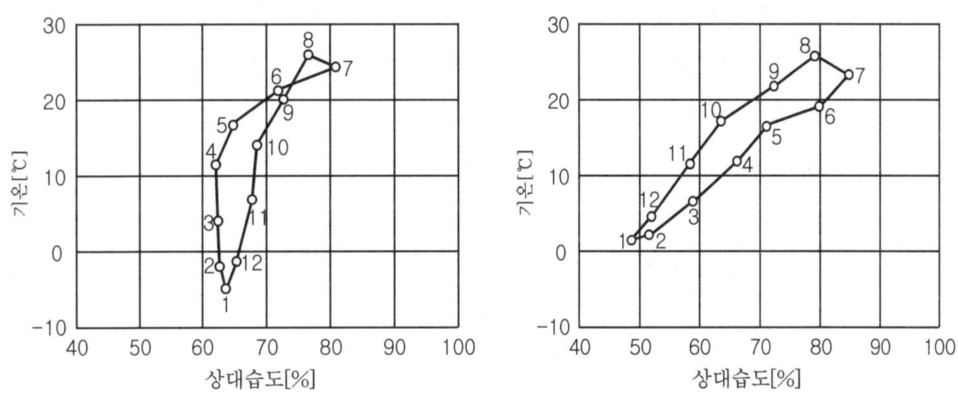

(a) 서울 (b) 부산

그림 1.21 클라이모그래프

지역마다의 온습도분포를 특징적으로 나타내는 것으로 클라이모그래프(climograph)가 있다. 이것은 가로축에 상대습도, 세로축에 기온을 나타내고, 점으로 표시한 월별 평균기온 및 습도를 서로 연결한 것으로 지역별 연간 온습도분포의 형태를 쉽게 이해할 수 있도록 만들어진 것이다. 그림 1.21에 서울 및 부산 지역의 클라이모그래프를 나타낸다. 그림에서 오른쪽 상부는 고온고습을 나타내고 왼쪽 하부는 저온저습을 나타내고 있는데, 서울과 부산은 정도의 차이는 있으나 양쪽 다 여름철에는 고온고습, 겨울철에는 저온저습임을 알 수 있다. 우리나라 대부분의 지역은 이러한 형태로 되어 있어, 여름철에는 높은 습도로 인해 더 불쾌감을 느끼고 겨울철에는 낮은 습도 때문에 정전기가 빈번히 발생하는 환경이 형성되고 있다.

2) 바람

강한 바람의 영향으로 건물의 지붕이 날아가는 모습을 TV 등을 통해 가끔 볼 수 있는데, 이와 같이 건물의 구조설계에서 바람의 영향은 매우 크다. 따라서 구조설계자는 해당 지역의 바람의 영향(풍하중)을 면밀히 검토하여 설계를 진행해야 한다.

건축환경 및 건축설비 분야에서는 건물의 창틀이나 문의 틈새를 통해 들어오는 틈새바람의 양과 건물 벽체의 열관류율을 계산하는 요소 중 하나인 표면열전달률을 산정할 때 바람의 세기가 영향을 미친다. 냉방 또는 난방을 하고 있는 실내에 창틀의 틈새를 통해 바깥 바람이 들어오면 그만큼 냉방 또는 난방의 효과가 떨어지고, 또 바람이 강할수록 표면열전달률 값이 커지기 때문이다. 한편, 바람의 세기는 1년 365일 시시각각으로 변하고 또 건물의 틈새는 시공의 정밀도에 영향을 받기 때문에 건축설비에서의 바람의 영향을 세밀히 고려하는 것은 현실적으로 매우 어렵다. 따라서 실무적으로는 겨울철 7.0m/s, 여름철 3.5m/s를 풍속의 기준으로 삼아 틈새바람의 양 및 표면열전달률을 제시하고 있다.

3) 일사(日射)

겨울철 일사는 난방에 대한 부담을 덜어 주는 좋은 요소인 반면, 여름철 일사는 냉방에 대한 부담을 더해 주는 요소가 되어 여름철에는 가급적 일사를 차단시키는 것이 좋다. 여름철 일사를 막는 방법 중 하나로 차양이 있는데, 차양은 여름철뿐 아니라 겨울철에도 일사를 차단시키는 효과를 가져오므로 태양위치의 계절적 변화를 고려하여 적절한 차양을 선택하거나 차양을 조절할 수 있는 시스템이 이루어지도록 할 필요가 있다. p.38의 그림 1.9에 나타낸 일사조절 차양은 여름철에는 일사를 효과적으로 차단하고 겨울철에는 일사를 적극적으로 도입하는 좋은 방법이 될 수 있다.

일사를 보다 적극적으로 활용하는 방법으로는 태양에너지를 이용하여 건물 내 급탕, 난방, 냉방 및 발전을 하는 것이며 이에 대해서는 현재 세계적으로 연구가 활발히 진행되고 있다. 태양에너지를 이용한 예가 앞서 그림 1.18에 제시되어 있다.

4) 비와 눈

건물의 지붕(옥상)에는 우수관(雨水管)이나 홈통이 있어 지붕에 떨어진 빗물이 그대로 건물 주위로 떨어지지 않도록 하고 있다. 그러나 우수관이나 홈통이 처리를 할 수 없을 정도로 짧은 시간에 많은 비가 내리면 지붕으로부터 건물 주위로 물이 떨어져 주변 통행자나 건물의 외관에 좋지 않은 영향을 미치게 된다. 따라서 설계자는 기상데이터를 통해 해당 지역의 강우량을 확인하여 빗물이 건물 주변으로 떨어지지 않도록 설계를 진행해야 하며, 이때 옥상 등에서 빗물이 넘치는 것은 하루 동안 많은 비가 내리는 것보다 단시간에 많은 비가 내릴 때 발생되므로 기준이 되는 강우량은 1시간당 최대강우량이다. 표 1.3에 우리나라 주요 도시에 대한 1시간 최대강우량을 나타낸다.

표 1.3 각 지역 1시간 최대강우량[mm]

지 역	1시간 최대강우량	기록된 시기	지 역	1시간 최대강우량	기록된 시기
서 울	118.6	1942. 8. 5	원 주	79.5	1976. 8. 13
부 산	89.0	1970. 9. 10	청 주	64.0	2005. 8. 19
대 구	80.0	1941. 7. 6	포 항	93.4	1998. 9. 30
인 천	103.3	1953. 8. 13	전 주	109.6	1951. 5. 26
광 주	70.3	1997. 8. 4	마 산	86.6	1999. 7. 30
대 전	79.1	1969. 7. 31	목 포	64.5	2004. 7. 3
울 산	76.7	1993. 8. 21	제 주	105.0	1927. 9. 11
강 릉	100.5	2002. 8. 31	서귀포	92.5	1995. 7. 7
수 원	92.5	2000. 7. 22	춘 천	62.0	1988. 7. 13

눈은 건축환경 및 건축설비 면에서의 설계를 진행하는 데 크게 고려할 요소는 되지 않고 건축구조 설계에서 매우 큰 영향을 미친다. 건물 지붕에 비가 내리면 우수관이 홈통을 통해 바로 내려오기 때문에 지붕 위의 하중으로 작용하지 않으나, 내리는 눈은 바로 없어지지 않고 쌓이게 되므로 중량물로 작용하게 되며, 이것을 적설하중(積雪荷重)이라 한다. 눈으로 인해 비닐하우스가 주저앉는 것을 TV 등을 통해 보게 되는데, 적설하중이 크게 되면 일반 건물의 지붕이 내려앉을 수도 있으므로 건축물의 구조설계자는 해당 지역에 어느 정도 눈이 오는가를 사전에 확인할 필요가 있다.

제 2 편

열 환 경

제2장 실내 열환경

제3장 전열과 단열

제4장 습기와 결로

제5장 일조 · 일사

제2장 실내 열환경

1. 인체의 열평형
2. 인체의 열감각
3. 열환경 지표
4. 열환경의 측정

제2장 실내 열환경

1. 인체의 열평형

인간은 체온이 일정하게 유지되어야 하는 정온(定溫)동물이기 때문에 체내에서 생성되는 발열과 인체 주변(공기, 실내 벽체 등)과의 열교환(흡열 및 방열)이 평형을 이루어야 한다. 인체와 인체 주변과의 열교환은 주로 대류, 복사, 증발현상에 의해 이루어지며 다음의 식 2.1로 나타낼 수 있다.

$$S = M \pm C \pm R - E \quad \cdots\cdots (2.1)$$

S : 인체 내 축열량[W]

M : 대사량[W]

C : 대류에 의한 흡열량 또는 방열량[W]

R : 복사에 의한 흡열량 또는 방열량[W]

E : 증발에 의한 방열량[W]

식 2.1 우변의 각 요소에서 그 값이 +인 경우는 인체가 열을 취득하는 경우이고, −인 경우는 인체로부터 열이 방출되는 경우이다.

대사(metabolism)는 인체가 음식물을 섭취하면서 인체 내부에서 열을 생성하는 과정을 의미하는 것이므로 항상 +가 되며, 증발은 인체로부터 땀이 나오면서 열을 방출시키는 과정이므로 항상 −가 된다.

대류현상이란 액체 또는 기체의 운동에 의해 열이 이동하는 현상을 의미하는 것으로, 이 대류현상에 의해 난방기기로부터 가까운 곳에 있는 인체뿐 아니라 멀리 떨어져 있는 인체도 난방감을 느낄 수 있는 것이다. 따라서 대류현상에 의한 열교환이란 인체 표면과 인체 주위를 둘러싸고 있는 공기와의 열교환을 나타내는 것이며, 실내공기의 온도가 인체 표면온도보다 높을 경우에는 인체가 열을 받게 되므로 +가 되고, 실내의 공기온도가 인체 표면온도보다 낮을 경우에는 인체로부터 열이 나가게 되므로 −가 된다.

복사현상이란 열을 가지고 있는 물체(고체)가 주변의 물체(고체)를 향해 그 열을 방출하는 현상을 의미하는 것으로, 뜨거운 표면의 난방기기에 가까이 접근하면 따뜻함을 느끼게 되는 것은 이 복사현상에 의해서이다. 따라서 복사현상에 의한 열교환이란 인체 표면과 인체 주변의 벽체(바닥 및 천장 포함)와의 열교환을 나타내는 것이며, 실내 벽체의 온도가 인체 표면온도보다 높을 때는 인체가 열을 받게 되므로 +가 되고, 반대로 실내 벽체의 온도가 인체 표면온도보다 낮을 때는 인체가 열을 빼앗기게 되므로 −가 된다.

이와 같이 대류 및 복사에 의한 열교환은 경우에 따라 +가 되기도 하고 −가 되기도 하는데, 우리나라의 전통적인 온돌난방방식으로 실내에서 난방을 하고 있다면, 대부분 실내 공기온도는 인체 피부온도보다 낮으므로 대류에 의한 열교환은 −가 되고, 바닥온도는 인체 피부온도보다 높기 때문에 인체와 바닥 간의 복사에 의한 열교환은 +가 되는 것이 일반적이다. 여름철에 냉방을 할 때도 이와 같은 대류와 복사의 개념은 동일하게 적용된다. 그림 2.1에 대류에 의한 열교환의 개념도를, 그림 2.2에 복사에 의한 열교환의 개념도를 각각 나타낸다.

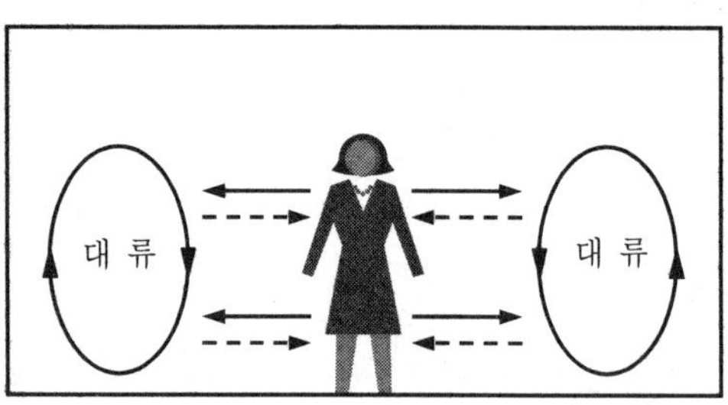

인체 표면온도 > 공기온도 ———→
인체 표면온도 < 공기온도 - - - →

그림 2.1 대류에 의한 열교환

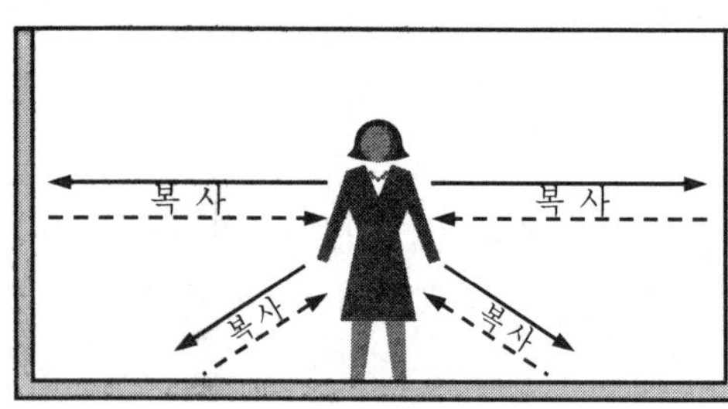

인체 표면온도 > 주위벽체(바닥)온도 ———→
인체 표면온도 < 주위벽체(바닥)온도 - - - →

그림 2.2 복사에 의한 열교환

위의 설명과 같은 방법으로 계산된 우변의 값에 의해 식 2.1의 S값이 결정되는데, $S>0$일 때 우리는 더위를 느끼게 되며, $S<0$이 되면 추위를 느끼게 된다. 물론 인체는 고도의 체온조절 기능을 가지고 있으므로 반드시 $S=0$이 되어야만 쾌적감을 느끼는 것은 아니고 S값의 비교적 넓은 범위에 걸쳐 쾌적감을 느끼게 되며, 또 그 범위에 대해서는 사람에 따라 각각 다르게 된다. S값이 0보다 상당히 커지거나 상당히 작아지면 누구나 더위나 추위를 느끼게 되므로 실내를 냉방 또는 난방함으로써 쾌적한 실내환경을 유지할 필요가 있게 된다. 그림 2.3에 인체의 열평형에 관한 개념도를 나타낸다.

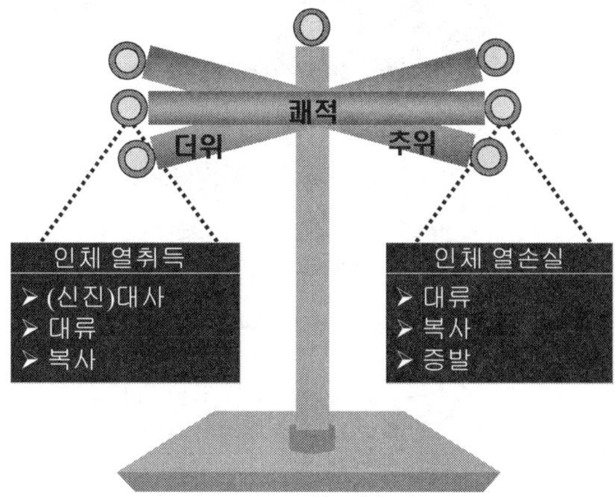

그림 2.3 인체의 열평형 개념도

2. 인체의 열감각

(1) 인체 자신의 요소

인체의 열감각에 영향을 미치는 요소로는 먼저 인체 자신의 요소로서 대사량과 착의(着衣)량이 있다.

「1. 인체의 열평형」에서도 설명했듯이, 인체의 대사란 인체가 체온을 일정하게 유지하기 위해 체내에서 이루어지는 현상으로, 그 양은 그림 2.4와 같은 인체의 활동 내용에 따라 달라진다. 우리가 아무런 활동도 하지 않는 수면 상태에서도 대사는 이루어지며, 수면상태에서의 대사와 같이 생명 유지를 위한 최소한의 대사량을 기초대사량이라 한다.

그림 2.4 인체의 활동 내용

대사량의 단위로는 met가 이용되고 있으며 1met는 의자에 앉아서 휴식을 취하고 있는 상태로서 열량 단위로는 약 58W/m^{2}이다.

표 2.1 각종 활동 상태별 대사량

활 동 상 태	대 사 량 [met]
침대에 누워서 휴식	0.7
의자에 앉아서 휴식	1.0
서있는 상태	1.2
보행(3.2km/h)	2.0
앉아서 컴퓨터 작업	1.1
사무실에서 걸어 다님	1.7
자동차 운전	1.0~2.0
청소	2.0~3.4
테니스	3.6~4.0
농구	5.0~7.6

표 2.1에 각종 활동에 대한 대사량을 나타낸다. 표에서 알 수 있듯이 몸의 움직임이 활발할수록 대사량이 많아지므로 결과적으로 인체의 열취득량이 많게 된다. 운동을 하면 휴식을 취하고 있을 때보다 대사량이 많아지고, 따라서 체내에서의

열취득량이 많아지므로 더위를 느끼게 되는 것이다.

착의량은 의복의 종류에 따른 단열성을 나타내는 clo값(1clo≒0.15m²℃/W)으로 표현하고 있으며, clo값이 클수록 인체의 열이 많이 보존되므로 결과적으로 인체의 열손실량이 적어진다. 그림 2.5와 표 2.2에 clo값이 다른 의복 종류의 예를 나타낸다.

그림 2.5 clo값이 다른 의복 종류의 예

표 2.2 clo값의 예

의 복 상 태	clo값
팬티, 반팔 셔츠, 얇은 바지, 얇은 양말, 구두	0.5
팬티, 스타킹, 반팔 셔츠, 스커트, 샌달	0.55
팬티, 셔츠, 바지, 쟈켓, 양말, 구두	1.1
팬티, 스타킹, 브라우스, 롱스커트, 쟈켓, 구두	1.1

(2) 실내환경에 관한 요소

인체의 열감각에 영향을 미치는 요소로서, 인체 주변 즉 환경에 관련된 요소로는 공기의 온도와 습도, 기류, 주위벽체온도(복사온도)의 네 가지가 있다. 이 중 주위벽체온도에서의 주위벽체란 실내의 벽은 물론 천장, 바닥까지 포함한다.

공기의 온도가 적정값을 벗어날 정도로 높아지거나 낮아지면 더위나 추위를 느끼게 된다는 것은 우리가 잘 알고 있는 사항이며, 여름철에 습도가 매우 높을 때는 '푹푹 찐다' 라는 표현을 할 정도로 높은 습도로 인한 고통이 크고, 반면에 겨울철에 습도가 지나치게 낮아지면 정전기 발생으로 인한 불쾌감 또한 우리가 일상적으로 체험하고 있는 내용이다.

겨울철 난방기기로부터의 온풍은 실내를 쾌적하게 해주는 근본적인 요인이지만 이 온풍의 속도가 지나치게 커지면 오히려 불쾌감이 생길 수 있으므로 실내환경을 쾌적하게 하기 위해서는 적절한 기류속도를 유지해야 한다. 또 여름철에 에어컨과 같은 냉방기기만큼은 아니지만 선풍기만으로도 웬만한 더위는 해결을 할 수 있어 기류가 우리의 열감각에 영향을 미치고 있음을 알 수 있다.

주위벽체온도에 대해서는 우리나라의 전통적 난방방식인 온돌을 대표적인 예로 들 수 있다. 즉, 바닥을 따뜻하게 함으로써 우리가 쾌적한 난방감을 느끼게 해주고 있는데, 이 예에서 알 수 있듯이 주위벽체의 온도 또한 인체의 열감각에 영향을 미치는 요소로서 이해할 수가 있다.

건물에서 열환경계획 즉 냉난방계획을 할 때는 냉난방방식에 따라서 상기 4가지 요소 중 상대적으로 비중이 크게 작용하는 것과 작게 작용하는 것이 있다. 설계자는 건물의 특성에 따라 냉난방방식이 정해지면 상기 요소들이 적절하게 그 역할을 할 수 있도록 설계를 하게 되는 것이다.

3. 열환경 지표

실내의 열환경을 나타내는 가장 대표적인 요소로는 기온을 들 수 있다. 우리가 TV, 라디오, 신문 등을 통해 매일 접하고 있는 일기예보에서도 거의 모두 기온만을 언급하고 있는 것에서 알 수 있듯이 인체의 열감각은 실내이든 실외이든 공기의 온도에 가장 큰 영향을 받고 있다. 그러나 건조한 지역에서는 기온이 아무리 높아도 나무 그늘에만 들어가면 시원함을 느낀다든가, 겨울철에 바람이 강하게 불면 체감온도가 훨씬 낮아진다든가, 건물의 최상층은 여름철에 태양으로부터의 일사열을 직접적으로 받아 천장이 뜨거워지므로 하부층에 비해 상당히 덥다든가 하는 일상적인 경험에서 알 수 있듯이 공기의 습도, 기류의 속도, 주위벽체온도(복사온도) 등도 우리의 열감각에 많든 적든 영향을 미치게 된다. 따라서 실내 열환경을 보다 정확히 표현하기 위해서는 기온뿐 아니라 습도, 기류, 복사까지 포함시킨 지표가 필요하게 된다.

인체의 열감각에 영향을 미치는 상기 요소들을 동시에 고려한 지표에는 다음과 같은 것들이 있으며, 이들 지표는 하나로서 여러 요소의 영향을 동시에 나타낼 수 있어 매우 편리하다.

① 유효온도(effective temperature - ET)

어느 온도, 습도, 풍속을 지닌 열환경과 동일한 열감각을 부여하는 상대습도 100%, 풍속 0m/s에서의 온도를 말한다. 복사열은 고려되어 있지 않다. 연구결과에 의하면 그림 2.6의 (a), (b), (c)와 같은 실내환경조건에서 거주자가 느끼는 열감각은 거의 동일하다고 한다. 이와 같이 온도, 습도, 기류가 각기 다른 실내환경에서도 동일한 열감각을 느낄 수 있으므로 이 세 가지 요소가 모두 반영된 지표로서 유효온도가 규정되었다. 유효온도의 정의는 앞에서 언급한 바와 같이 상대습도 100%, 풍속 0m/s이므로 그림 2.6에서 (c)의 경우가 이에 해당되며, 따라서 그림 2.6의 (a), (b), (c)는 모두 유효온도 23℃인 실내환경이라고 한다.

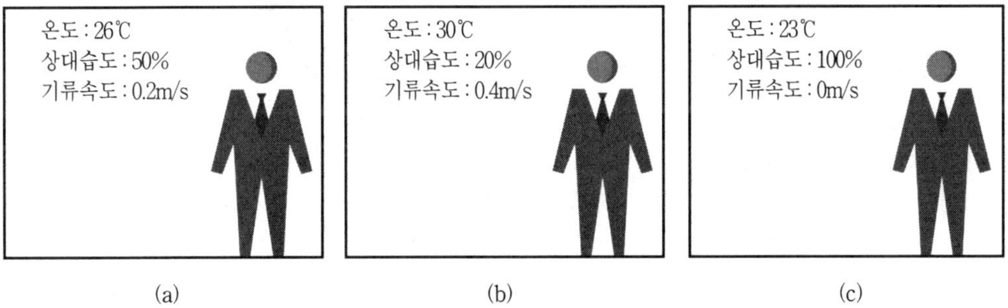

그림 2.6 유효온도의 의미

그림 2.7에 일반적인 실내복장을 했을 경우의 유효온도도를 나타낸다. 그림에 나타나 있듯이, 유효온도도는 건구온도, 습구온도, 기류속도로 구성되어 있으며, 이 세 가지 요소에 의해 유효온도가 산정된다. 그림에서 건구온도는 우리가 일상생활에서 사용하고 있는 온도를 나타내는 것이며, 습구온도는 공기의 습도를 나타내는 요소이다. 습구온도의 의미에 대해서는 「

4. (2) 1) 건습구온도계」에 자세히 설명되어 있다.

유효온도도의 사용방법은, 먼저 건구온도와 습구온도가 정해지면 두 온도의 눈금을 서로 연결하고, 그 연결된 선 위에 실내 기류속도의 해당되는 점을 찾아 그 위치에서의 유효온도의 눈금을 읽으면 된다. 예를 들어, 건구온도 28℃, 습구온도 21℃, 기류속도 1.0m/s인 실내의 유효온도는 그림 2.8과 같이 하여 약 23.2℃가 되는 것을 알 수 있다.

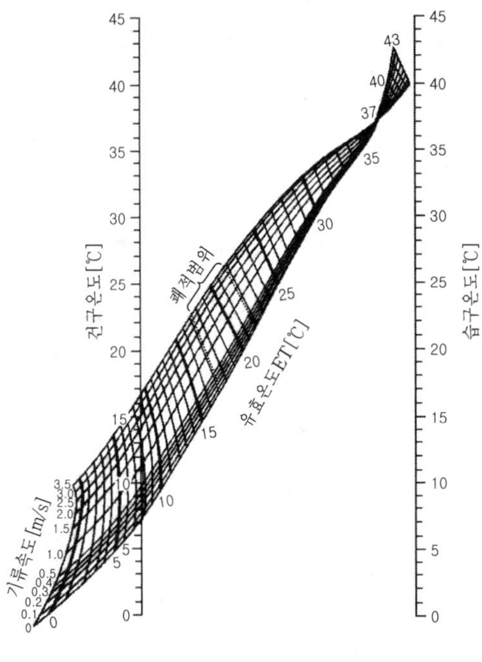

그림 2.7 유효온도도

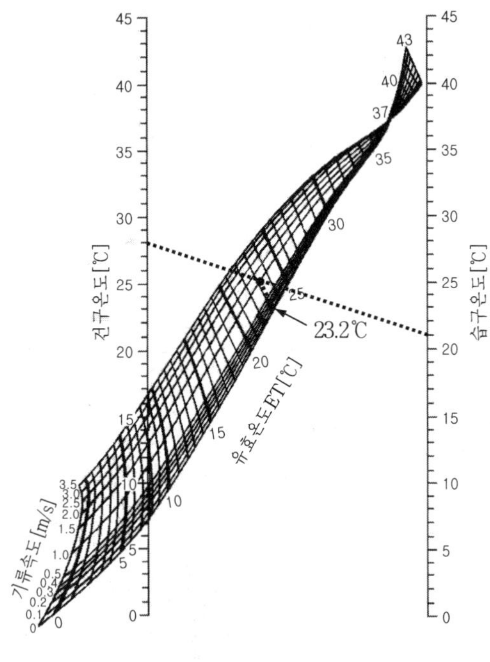

그림 2.8 유효온도도의 활용

② 수정유효온도(corrected effective temperature - CET)

유효온도에는 고려되지 않은 주위벽체온도(복사온도)의 효과를 도입한 것이다. 따라서 일상생활에서 일반적으로 사용하고 있는 공기온도(건구온도) 대신에 복사열의 효과를 반영하고 있는 글로브(globe)온도를 적용한다. 또 습구온도 대신에 상당습구온도를 사용하게 되는데, 상당습구온도란 공기온도가 글로브온도로 되었다고 가정했을 때의 동일한 수증기압(절대습도)에 대한 습구온도이다. 글로브온도에 대해서는 「4. (1) 5) 글로브온도계」에서 설명하기로 한다.

③ 신유효온도(new effective temperature - ET*)

인체의 생리적인 온도조절 작용을 모델화하여, 인체표면으로부터의 방열량이 같아지는 열환경은 동일한 열감각을 부여한다고 가정하고 계산에 의해 구한 것이다. 인체의 피부온도와 피부의 수분상태를 지표로 하고 있으며 실내의 상대습도는 50%를 기준으로 하여 계산한다. 가벼운 복장으로 안정상태에 있고 풍속이 작을 경우에만 적용되는 단점이 있으나 실제의 환경조건에 잘 대응하고 있어 널리 이용되고 있다. 신유효온도에 의해 ASHRAE(American Society of Heating, Refrigerating, and Air-Conditioning Engineers)에서 작성한 쾌적범위를 그림 2.9에 나타낸다.

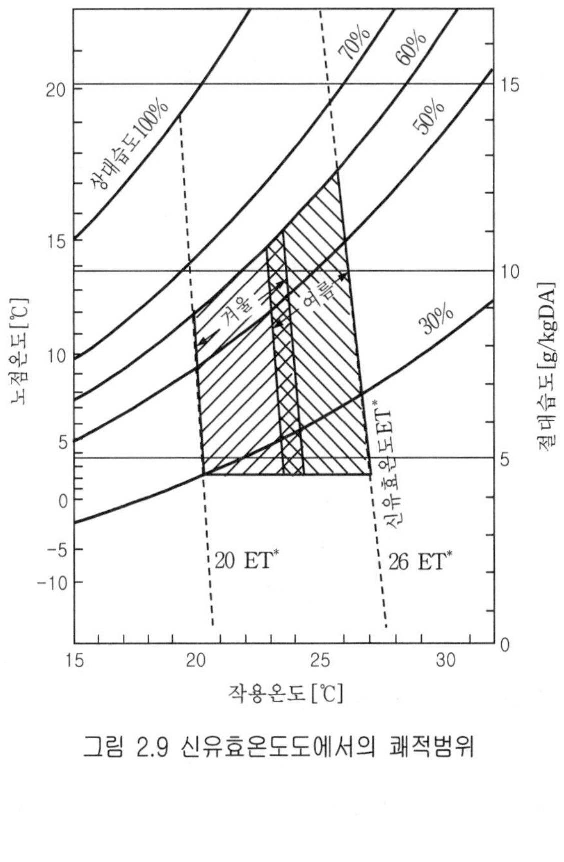

그림 2.9 신유효온도도에서의 쾌적범위

④ 신표준유효온도(new standard effective temperature - SET*)

신유효온도에서 발전된 쾌적지표로, 신유효온도와 마찬가지로 평균피부온도와 피부가 젖는 정도(피부의 수분상태)에 의해 구한다. 신유효온도는 대사량과 착의량의 요소가 없기 때문에, 동일한 대사량 및 착의량이 아니면 신유효온도의 값만으로 냉온감 및 쾌적감의 비교를 할 수가 없다. 신표준유효온도는 이 점을 고려하여 미약한 기류속도, 평균복사온도=공기온도, 상대습도 50%, 대사량 1 met, 착의량 0.6 clo라는 조건에서 정의된 신유효온도를 신표준유효온도라고 정의했고, 대사량과 착의량은 상호 연산이 가능하도록 했다. 인체의 열감각에 관련된 여러 가지 조건에 적용이 가능하며, 실제의 감각과 비교적 좋은 일치를 나타낸다. 신표준유효온도 및 앞에서 설명한 신유효온도 계산방법에 대해서는 관련문헌을 참고하기 바란다.

⑤ 작용온도(operative temperature - OT)

인체는 대류와 복사에 의해 주위공간과 열교환을 하고 있는데 이 교환량과 같은 양의 열을 교환하는, 균일온도의 폐쇄공간(기온과 평균복사온도가 같은 공간)에서의 온도를 말한다. 습도의 영향은 고려되어 있지 않다. 실내 기류의 속도가 그다지 크지 않은, 일반적인 난방을 하고 있는 실내의 작용온도는 다음의 식 2.2와 같이 실내의 공기온도와 뒤의 ⑦에서 나타내고 있는 평균복사온도와의 평균값이 된다.

$$OT = \frac{T_a + MRT}{2} \quad \cdots\cdots (2.2)$$

OT : 작용온도[℃]

T_a : 공기온도[℃]

MRT : 평균복사온도[℃]

⑥ 불쾌지수(discomfort index - DI)

외부 기후의 쾌적도를 단일 척도로 표시한다. 온도와 습도의 조합으로 산출하며 다음 식으로 나타낸다. 불쾌지수가 80 이상이 되면 거의 모든 사람이 불쾌감을 나타내게 된다고 일컬어지고 있다.

$$DI = 0.72(\text{건구온도} + \text{습구온도}) + 40.6 \quad \cdots\cdots (2.3)$$

⑦ 평균복사온도(mean radiant temperature - MRT)

복사패널면(예를 들어 온돌에서의 바닥면)을 포함한 모든 실내표면의 가중(加重)평균온도를 말하며 주로 난방 시의 온열환경 지표에 적용한다.

⑧ 예상평균신고(predicted mean vote - PMV)

인체의 열환경에 영향을 미치는 요소(온도, 습도, 기류, 복사, 착의량, 활동량 등)에 대한 복합적인 인체의 감각을 정량적으로 나타낸 것으로, 일반적으로 −3(매우 춥다)부터 +3(매우 덥다)까지 7단계로 열감각을 표현하고 있다. PMV의 산출식은 수계산(手計算)으로는 복잡하지만 컴퓨터를 이용하면 간단히 계산할 수 있어 최근 사용빈도가 높아지고 있으며, 통상 −0.5 < PMV < +0.5의 열환경이 바람직하다고 여겨지고 있다. PMV의 산출방법에 대한 구체적인 내용은 관련문헌을 참고하기 바란다.

4. 열환경의 측정

「3. 열환경 지표」에서 설명했듯이, 실내의 열환경을 나타내는 지표로는 가장 일반적인 온도 외에도 습도, 기류속도, 주위벽체온도(복사온도) 등이 있으며, 이들 요소들은 각각 별도의 지표로 나타내어지기도 하고, 2~3가지 요소가 결합되어 새로운 지표로 나타내어지기도 한다. 따라서 이와 같은 열환경 요소를 측정하는 기기도 온도나 습도와 같은 한 가지 요소를 측정하는 것도 있고, 여러 가지 열환경 요소를 동시에 고려한 새로운 지표를 측정하는 것도 있다.

(1) 온도계

1) 액체온도계

주변의 온도에 따라 팽창과 수축이 이루어지는 액체를 이용하여 온도를 측정하는 것으로, 예전부터 벽에 걸어놓고 실내의 공기온도를 측정하는 용도로 널리 이용되어 왔다. 이용되는 액체로는 수은이 일반적이나, 수은은 영하 39℃ 정도가 되면 얼게 되므로 한랭지의 실외온도를 측정하고자 할 때는 더 낮은 온도에서도 얼지 않는 알코올온도계를 이용하고 있다.

2) 자기(自記)온도계

온도의 시간적 변화가 자동적으로 자기 스스로 기록된다고 하여 자기(自記)온도계라 불리어지고 있다. 자동기록온도계라고도 한다. 스프링장치에 의해 천천히 회전하는 드럼(drum) 표면에 기록용지를 붙이고, 온도에 따라 팽창하는 정도가 서로 다른 두 종류의 금속을 접속시킨 바이메탈의 움직임과 연동시킴으로써, 움직이는 펜에 의해 온도변화가 기록용지에 자동적으로 기록되도록 한 것이다. 기록용지는 1일용, 7일용, 30일용 등이 있다. 자기온도계는 일반적으로 자기습도계와 하나의 세트로 구성되어 있어 온도와 습도를 동시에 기록할 수 있으며, 따라서 명칭도 자기온습도계인 경우가 일반적이다. 그림 2.10에 자기온습도계를 나타낸다.

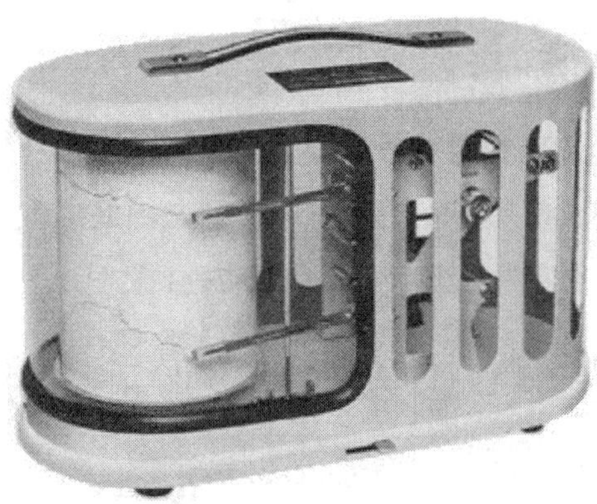

그림 2.10 자기(自記)온습도계

3) 열전대(熱電對)온도계

전기가 통하는 두 종류의 서로 다른 도체(導體)의 양쪽 끝을 접합하고 양쪽

두 끝이 서로 다른 온도를 유지할 때 그 사이에는 전기가 흐르게 되는데 이것을 기전력(起電力)이라 하며, 양쪽 끝의 온도차가 클수록 기전력이 크게 되므로 흐르는 전기의 양을 측정하면 양쪽 끝 부분의 온도차를 알 수 있다.

열전대온도계는 다른 종류의 금속 간에 발생하는 이러한 기전력을 이용하여 온도를 측정하는 것으로, 접합된 양쪽 끝 중 어느 한쪽의 온도를 알면 온도차에 의해 다른 한쪽의 온도도 알 수 있게 되는 구조로 되어 있다. 어느 한쪽의 온도는 온도계 본체 내에서 설정이 되므로 측정하고자 하는 부분에 다른 한쪽을 설치하면 그 부분의 온도가 계산된다.

열전대온도계에 이용되는 두 종류의 금속 중 대표적인 것으로는 구리-콘스탄탄(copper-constantan)이 있다. 열전대온도계의 감온부(感溫部, 센서)는 앞서 설명한 바와 같이 두 금속을 접합시킨 것으로, 공중에 매달아 공기온도를 측정하는 것은 물론이고 테이프 등으로 고체 표면에 부착시키면 고체의 표면온도도 측정할 수 있으므로 벽체의 표면온도 등을 측정하는 용도로도 널리 이용되고 있다. 그림 2.11에 공기온도와 벽체 표면온도를 측정하는 열전대온도계의 감온부를 나타낸다.

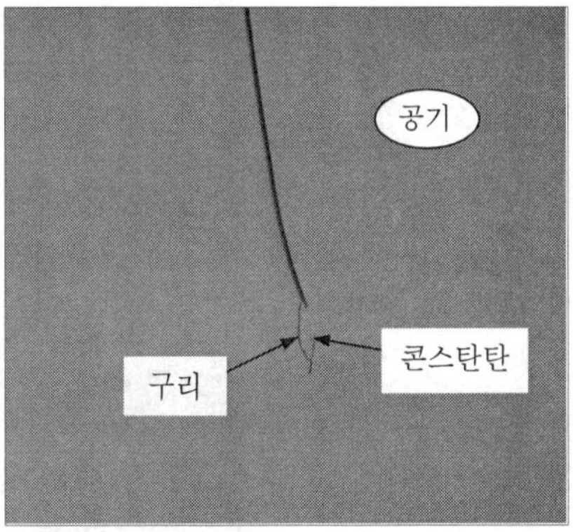

(a) 공기온도 측정

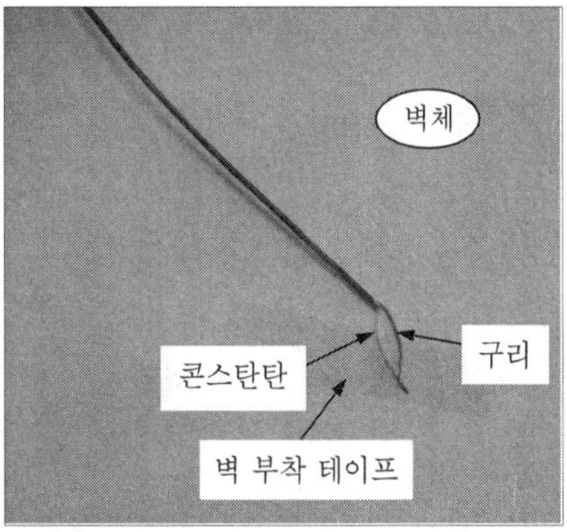

(b) 벽체 표면온도 측정

그림 2.11 열전대온도계의 감온부(센서)

4) 전기저항온도계

금속의 전기저항이 온도에 따라 변화하는 것을 이용한 온도계로, 온도측정에 이용되는 금속으로는 백금을 비롯하여 니켈, 구리 등이 있다. 온도를 측정하는 센서 부분(백금 등)과 온도를 나타내는 지시(指示) 부분은 도선(導線)으로 연결되어 있으며, 센서 부분의 저항값을 도선을 통해 지시 부분에 전달하면 지시 부분에서는 저항의 변화를 온도 눈금으로 나타내거나 기록하게 된다. 또 온도변화에 따라 전기저항이 현저하게 변화하는 반도체 소자(素子, device)로 서미스터(thermistor)라는 것이 있는데, 최근에 널리 이용되는 디지털온도계는 주로 이 서미스터를 이용하여 온도를 측정하고 있다.

5) 글로브(globe)온도계

앞에서 설명한 온도계는 오직 온도만을 측정하는 요소임에 비해, 글로브온도계는 온도, 기류 및 복사열의 효과를 종합적으로 측정한다. 따라서 글로브온도계는 실내공기의 온도, 기류속도 및 주위벽체(바닥 및 천장 포함)의 온도에 의한 인체의 열감각을 나타내는 것으로, 인체의 열적 모형이라 할 수 있다. 그림 2.12에 글로브온도계의 내부구조 및 측정모습을 나타낸다.

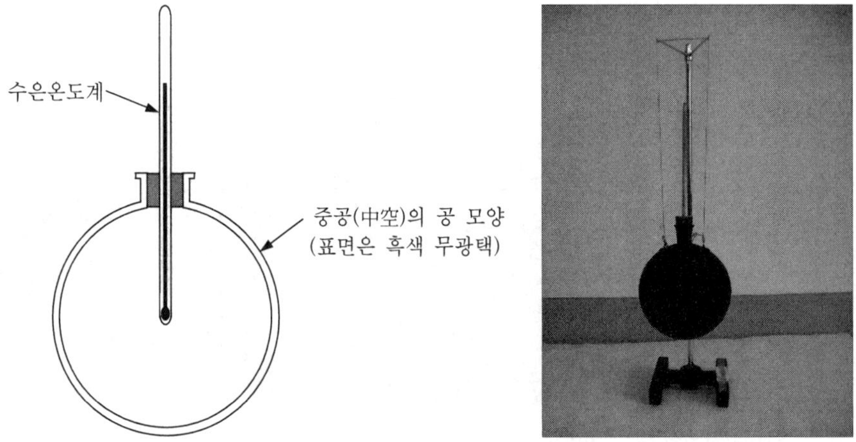

(a) 내부구조 (b) 측정모습

그림 2.12 글로브온도계

글로브온도계는 얇은 구리를 재료로 직경 약 15cm의 둥근 공 모양으로 만든 것으로, 내부는 비어 있으며 표면은 광택이 없는 검은 색으로 칠해져 있다. 이러한 외형 및 표면의 색깔로 인해 글로브온도계는 흑구(黑球)온도계라고도 불리어지고 있다. 또 그림과 같이 수은온도계가 글로브온도계 내부의 중심에 오도록 넣어져 있어 글로브온도계의 내부 온도를 밖에서 쉽게 알아볼 수 있도록 되어 있는데, 이 수은온도계가 가리키는 온도를 글로브온도 또는 흑구온도라 한다.

글로브온도계는 실내의 공기 중에 설치되며, 따라서 온도계의 모든 부분을 실내공기가 감싸고 있고, 또 온도계 내부에서의 발열도 없으므로 글로브온도계를 실내에 설치할 때의 표면온도는 실내공기의 온도와 동일하게 된다. 실내공기 및 주위벽체온도 그리고 실내기류에 따라 글로브온도가 어떻게 변화하는가를 살펴보기로 하자.

먼저, 실내공기의 온도와 주위 벽체의 온도가 동일하다면 앞에서 설명한 바와 같이 글로브온도계와 실내 벽체의 온도가 동일하므로 글로브온도계와 실내벽체와의 복사열교환은 없게 된다. 따라서 공기온도와 글로브온도와는 동일한 값을 나타낸다.

다음으로, 그림 2.13에 나타낸 경우와 같이 주위벽체의 온도가 실내공기의 온도보다 높을 때에는 주위의 벽체로부터 글로브온도계를 향해 복사열이 전달되므로 글로브온도계의 표면 및 내부온도는 서서히 올라가게 된다. 한편, 글로브온도계의 표면온도가 올라가면서 온도계 표면온도가 실내공기의 온도보다 높아지므로 글로브온도계로부터 공기를 향해 대류에 의한 열의 전달이 이루어진다. 즉, 이번에는 글로브온도계의 표면 및 내부온도가 서서히 내려가게 되는 것이다. 복사와 대류에 의한 열교환으로 인해 글로브온도계의 온도 상승과 하강이 이루어지며 이 상승과 하강의 평형이 이루어지는 점이 글로브온도가 되는 것이다. 전체적으로는 주위벽체로부터 글로브온도계를 향해 전달되는 열의 양 중에서 일부가 글로브온도계로부터 실내공기로 전달되는 것이므로 글로브온도가 실내공기온도보다 높게 된다. 이 과정 중에, 글로브온도계로부터 실내공기로의 대류에 의한 열전달량에는 기류속도도 영향을 미치게 되며(기류속도가 클수록 열전달이 활발히 이루어짐), 따라서 글로브온도는 실내공기의 온도, 실내 벽체(지붕 및 바닥 포함)의 온도 및 기류속도의 영향이 동시에 고려된 값이 된다.

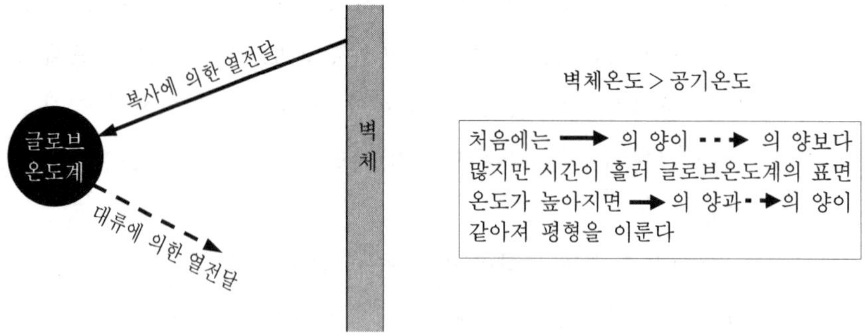

그림 2.13 글로브온도의 원리

주위벽체의 온도가 실내공기의 온도보다 낮을 경우에는 상기와 동일한 원리에 의해 글로브온도가 실내공기온도보다 낮은 값이 된다.

6) 적외선온도계

높은 온도이든 낮은 온도이든 온도 즉 열을 가지고 있는 물체로부터는 적외선이 방출되며, 방출되는 적외선에너지의 크기(양)는 그 물체의 표면온도와 관계가 있다. 따라서 어느 물체로부터 방출되는 적외선에너지의 크기를 측정함으로써 그 물체의 표면온도를 알 수 있도록 만들어진 것이 적외선온도계이다. 어떤 물체에 접촉을 시키지 않고 그 물체의 온도를 측정하는 것을 비접촉온도계라 하는데, 적외선온도계는 물체로부터 방출되는 적외선의 양에 의해 온도를 측정하는 것이므로 그 물체에 온도계를 접촉시키지 않아도 측정이 가능한 대표적인 비접촉온도계의 일종이다. 적외선온도계는 이러한 특징으로 인해 실내 열환경의 측정보다는 움직이는 물체, 대단히 고온의 물체, 먼 거리에 있는 물체 등의 표면온도를 측정하는 데 널리 이용되고 있다. 그림 2.14에 적외선온도계의 형상을 나타낸다.

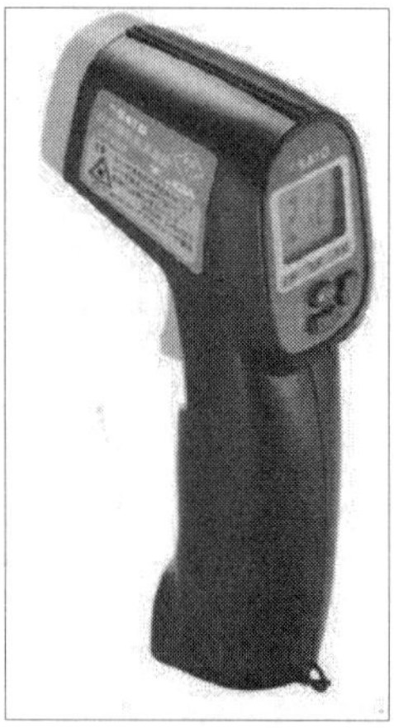

그림 2.14 적외선온도계 형상의 예

7) 적외선 열화상장치

적외선온도계와 마찬가지로 어떤 물체에서 방출되는 적외선에너지의 크기(양)에 의해 그 물체의 표면온도를 측정하는 장치이다. 단순한 온도계가 아닌 카메라의 특성을 가지고 있어 넓은 범위의 온도분포를 색깔을 이용해 상대적으로 표현할 수 있다. 예를 들어, 어느 건물의 단열성을 측정하고자 할 때 그 건물의 밖에서 열화상장치로 건물 벽체를 찍으면 건물 부위별 표면온도에 따라 서로 다른 색깔로 비추어지므로 단열이 취약한 부분을 확인할 수 있다. 적외선 열화상장치는 적외선카메라 또는 적외선촬상기(撮像機) 등으로 불리어지기도 한다. 그림 2.15에 적외선 열화상장치의 형상 및 촬영 모습의 예를 나타낸다.

그림 2.15 적외선 열화상장치의 형상 및 촬영모습의 예

(2) 습도계

1) 건습구온도계

건습구온도계는 건구온도계와 습구온도계가 하나의 쌍으로 이루어진 온도계로, 온도와 습도를 동시에 측정할 수 있는 기기이다. 건구온도계 및 습구온도계 모두 「(1) 1) 액체온도계」에서 설명한 수은온도계로 이루어져 있으며, 특히 습구온도계는 온도계의 감온부(感溫部)가 물에 적신 거즈로 둘러싸여 있다. 그림 2.16에 건습구온도계를 나타낸다.

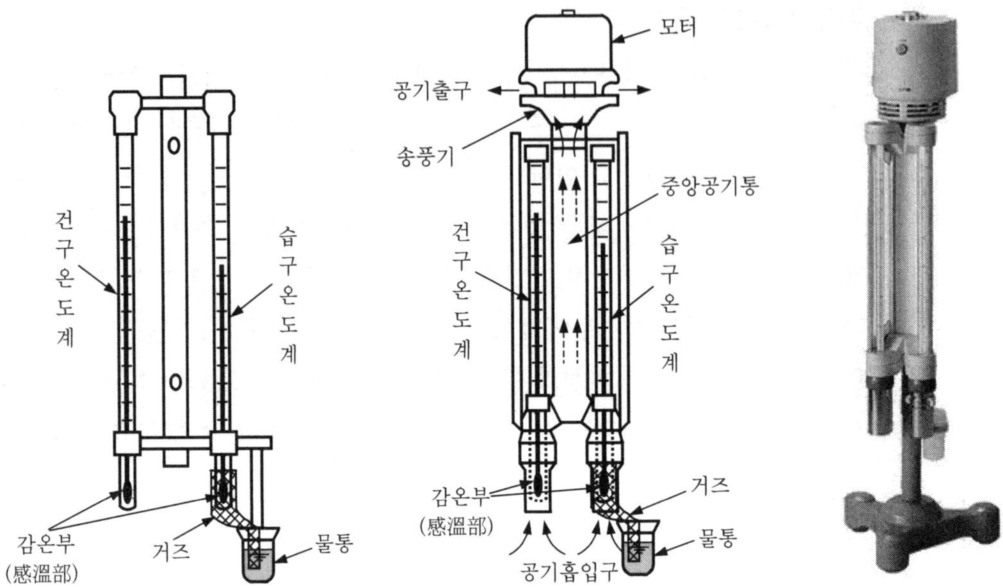

(a) 오거스트 건습구온도계

(b) 아스만 건습구온도계

그림 2.16 건습구온도계

습구온도는 그림 2.16에 나타나 있는 바와 같이 온도계 하부의 공처럼 생긴 둥근 부분(감온부, 感溫部)을 물에 젖은 천(거즈)으로 둘러싼 상태에서 측정한 온도로, 천을 적시고 있는 물이 증발하면서 둥근 부분으로부터 증발열을 빼앗게 되며, 그로 인해 온도계 눈금이 내려가는 구조이다. 따라서 수분의 증발이 전혀 일어나지 않는 상대습도 100%인 공기를 제외하고는 습구온도가 건구온도보다 낮게 되며, 습도가 낮아 공기가 건조할수록 습구에서의 물의 증발이 활발히 이루어지므로 그만큼 습구온도가 낮아져 건구온도와 습구온도의 차가 크게 된다. 건구온도와 습구온도를 알면 관련 식에 의해 습도를 산정할 수 있으나, 보다 손쉬운 방법은 제4장의 그림 4.3에 나타내고 있는 공기선도를 이용하는 것이다. 공기선도를 이용하여 습도를 산정하는 방법은 제4장에서 설명하기로 한다.

공기가 건조할수록 습구에서의 물의 증발이 활발해지는 것은 앞에서 설명한 바와 같으나, 습구에서의 증발량은 감온부에서의 풍속에도 영향을 받는다. 빨

래를 말릴 때 바람이 잘 불면 더 빨리 마르는 것과 마찬가지로, 실내공기의 습도가 동일해도 기류속도가 클수록 증발량이 커지므로 습도를 측정할 때는 감온부에서의 풍속을 일정하게 하여 그 기준을 명확히 할 필요가 있다. 따라서 기류가 거의 없는 곳에서는 그림 2.16의 (a)와 같은 오거스트 건습구온도계를 사용할 수 있지만 기류가 있는 곳에서는 일정 풍속을 강제적으로 부여하는 (b)의 아스만 건습구온도계를 사용해야 한다. 이 두 온도계는 같은 온습도의 공기를 측정해도 기류에 의해 서로 다른 습구온도를 나타내므로 계산식에 의해 습도를 산정할 때는 서로 다른 계산식을 사용하게 된다. 일반적으로는 일정 풍속을 강제적으로 부여하여 습도를 측정하는 아스만 건습구온도계가 널리 이용되고 있다.

2) 모발(毛髮)습도계

습기를 흡수하면 늘어나고 건조하면 줄어드는 머리털(모발)의 성질을 이용하여 습도를 측정할 수 있도록 고안된 것이다. 모발습도계의 종류로는 폴리미터(polymeter)와 아래에 설명하는 자기습도계가 있는데, 폴리미터는 일반적인 온도계나 습도계와 마찬가지로 어느 시점에서의 습도를 측정하는 것이며, 자기습도계는 일정 기간 동안의 습도의 변화를 연속적으로 기록할 수 있도록 한 것이다.

3) 자기(自記)습도계

온도계의 종류 중에서 바이메탈의 원리를 이용하여 온도의 변화를 자동적으로 기록하는 자기(自記)온도계가 있었는데, 이것에 해당되는 것이 모발의 신축을 이용하여 습도의 변화를 자동적으로 기록하는 자기(自記)습도계이다. 즉, 습도변화에 따른 모발습도계의 신축을 기계적으로 확대하고, 눈금이 기입된 종이를 감은 원판(드럼)을 회전시키면서 그 위에 연결된 펜으로 습도가 기록되도록 한 것이다.

「(1) 2) 자기(自記)온도계」에서 설명했듯이, 자기습도계는 자기온도계와 하나의 세트로 구성되어 온도와 습도의 변화를 동시에 측정하도록 되어 있는 것이 일반적이다.

4) 전기저항습도계

「(1) 4) 전기저항온도계」에서 백금, 니켈 등은 온도에 따라 전기저항이 달라진다고 했는데, 흡습성(吸濕性)이 있는 금속 중 염화리튬과 같은 경우는 습도에 따라 전기저항이 달라지며, 이 달라지는 전기저항을 이용하여 습도를 측정하는 것을 전기저항습도계라 한다. 전기저항온도계가 디지털온도계에 주로 이용되는 것과 마찬가지로, 습도계에서도 전기저항습도계가 디지털습도계의 대부분을 차지하고 있다.

(3) 풍속계

실내에 생성되는 기류는 순간적인 풍속 및 방향의 변화가 심하기 때문에 순간값보다는 평균값이 의미가 있으며, 따라서 지향성(指向性)이 없는 기기 즉 방향에 관계없이 평균적 풍속을 측정하는 기기가 일반적으로 이용되고 있다. 풍속을 측정하는 방법으로는 열식, 초음파식 및 피토관식 등이 있는데 현재 널리 이용되는 것은 열식이며 이 원리를 이용한 풍속계를 그림 2.17과 같은 열선(熱線)풍속계라 한다.

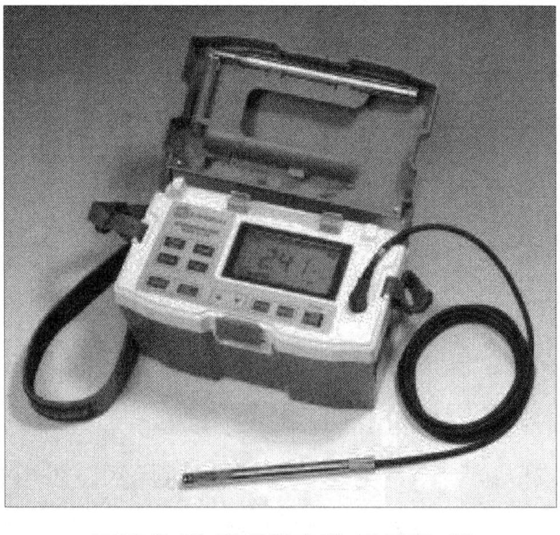

그림 2.17 열선풍속계 형상의 예

열선풍속계는 다음과 같은 원리로 풍속을 측정하게 된다. 열을 가지고 있는 어떤 물체를 공기 중에 노출시키면 열이 주위 공기로 방출되면서 점차 냉각되어 공기 온도와 근접해지는데, 이때 바람이 불게 되면 냉각되는 속도는 더 빨라진다. 따라서 바람의 속도와 그에 따른 냉각력과의 관계를 알고 있다면 냉각력을 측정함으로써 바람의 속도 즉 풍속을 측정할 수 있게 되는 것이다.

열선풍속계 중 현재 이용되는 것은 대부분 정온도형(定溫度型) 열선풍속계로, 이것은 풍속센서가 바람에 의해 냉각되는 만큼 그 센서에 열을 공급하여 센서가 항상 일정온도를 유지하도록 하면서 그때 공급되는 열량에 의해 풍속을 측정하는 원리이다. 즉, 바람이 강할수록 센서의 냉각량이 커지며, 냉각량이 커지는 만큼 센서에 공급되는 열량이 많아야 센서의 온도가 일정값을 유지하게 되므로 공급열량을 측정함으로써 풍속을 알 수 있게 되는 것이다. 그림 2.17의 아랫부분에 있는 봉과 같은 부분이 센서이다.

제3장 전열과 단열

1. 건축물에서의 전열
2. 건축물에서의 단열

제 3 장 전열과 단열

1. 건축물에서의 전열

지형의 고저차(高低差)가 있으면 높은 곳에서 낮은 곳으로 물이 흐르듯이, 어느 공간 사이에 온도차가 있게 되면 고온부에서 저온부로 열의 이동이 있게 된다. 제2장의 그림 2.1과 2.2에 대한 설명에서 언급했듯이, 인체 표면의 온도가 주변 공간의 온도보다 높으면 인체로부터 주변으로 열의 이동이 있게 되며, 반대로 인체 표면의 온도가 주변 공간의 온도보다 낮으면 열의 이동 방향은 주변 공간에서 인체 표면으로 이루어진다. 이와 같은 열의 이동 과정 즉 전열현상에는 전도, 대류, 복사가 있으며, 이들 각 현상은 궁극적으로는 열의 전달이라는 동일한 내용이지만 그 과정은 전혀 다른 물리적 법칙에 의해 이루어진다.

한편 건축물 내에서의 전열을 비롯하여, 일반적으로 물체와 물체 사이에 열이 이동할 때 전도, 대류, 복사현상이 각각 단독으로 이루어지는 경우는 거의 없고 둘 또는 세 현상이 동반하여 발생하며, 전열량을 계산할 때에는 이들 전열과정을 전도, 전달, 복사 및 관류의 네 형식으로 구분하여 고려하는 것이 일반적이다. 또 이들 전열과정의 명칭이 본 장에서와 같이 열에 관해서 사용될 경우 그 성격을 보다 명확히 하기 위해 열전도, 열전달, 열복사, 열관류라고도 하는데, 본서에서는 이들 명칭을 혼용하기로 한다.

(1) 열전도에 의한 전열

1) 열전도의 의미

하나의 물체 내부에 온도차가 있을 때, 그 물체 내부를 통해 고온부에서 저온부로 열이 이동하는 현상을 전도 또는 열전도라 한다. 예를 들어, 우리가 금속성의 막대 한쪽 끝을 손에 쥐고 다른 쪽 끝을 불에 갖다 대면 잠시 후 우리의 손도 매우 뜨거워짐을 느낄 수 있는데, 이것은 불에 닿아 있는 막대 한쪽 끝에서부터 손으로 잡고 있는 다른 쪽 막대 끝까지 막대 내부를 통해 열이 전달되었기 때문이며, 이것이 우리가 열전도를 쉽게 이해할 수 있는 현상이다. 그림 3.1은 겨울철 실내를 난방하고 있을 때, 고온부인 실내로부터 저온부인 실외로 열이 이동되고 있는 현상을 나타내고 있다. 그림에서 실내 측 벽체표면에서부터 실외 측 벽체표면까지, 즉 벽체 내부에서의 열의 이동이 열전도현상에 의한 전열이 되는 것이다.

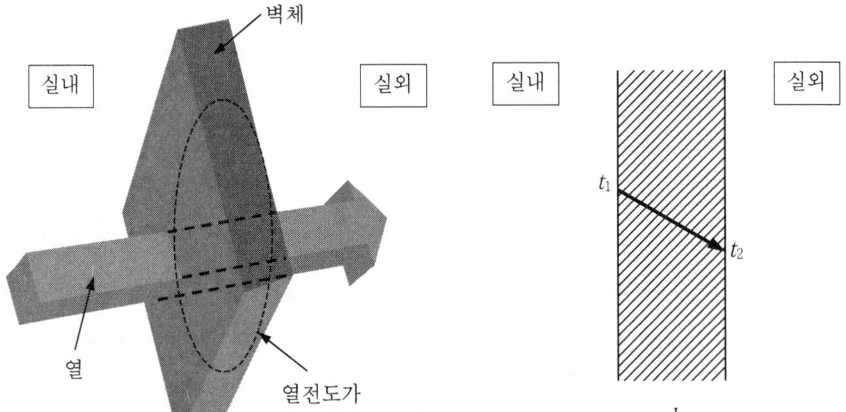

그림 3.1 열전도에 의한 벽체 내에서의 열 이동

2) 열전도에 의한 전열량

① 단일 벽체에서의 전열량

그림 3.1의 오른쪽 그림과 같이 단일 재료로 되어 있는 벽체의 실내 측(고온부) 표면온도를 t_1, 실외 측(저온부) 표면온도를 t_2, 벽체의 두께를 l, 그리고 벽체의 면적을 A라 할 경우, 실내 측 벽면에서 실외 측 벽면으로 전달되는 열의 양은 다음과 같은 푸리에(Fourier) 식에 의해 산정할 수 있다.

$$q = \lambda \frac{t_1 - t_2}{l} A = \frac{\lambda}{l}(t_1 - t_2)A \quad \cdots\cdots (3.1)$$

q : 벽체 내 전열량[W]

λ : 벽체의 열전도율[W/m℃]

t_1 : 고온부 표면온도[℃]

t_2 : 저온부 표면온도[℃]

l : 벽체 두께[m]

A : 벽체 면적[m^2]

식 3.1에서 열전도율이란 고체 내부에서 열이 전달되는 정도를 나타내는 것이다. 예를 들어 우리가 고기를 구울 때, 쇠를 불판으로 이용할 때가 돌을 불판으로 이용할 때보다 훨씬 빨리 달구어지는 것을 경험할 수 있는데, 이것은 불에 접촉하고 있는 부분으로부터 고기를 굽는 부분까지 열이 전달되는 속도는 쇠가 돌보다 훨씬 빠르다는 것을 의미하며, 따라서 열전도율은 쇠가 돌보다 크다는 것을 알 수 있다.

이렇게 모든 물질은 열전도율이 각각 다르며, 건축물에서는 벽체에 열전도율이 낮은 단열재를 삽입함으로써 난방 또는 냉방 때 실내와 실외 간에 가급적 열의 이동이 일어나지 않도록 하고 있다. 표 3.1에 건축물에 이용되는 각종 재료의 열전도율을 나타낸다.

표 3.1 각종 건축재료의 열전도율 [W/m℃]

건 축 재 료	열 전 도 율	건 축 재 료	열 전 도 율
강 판	45	타 일	1.3
알 루 미 늄	210	빨 간 벽 돌	0.62
동 판	390	목재(무거운것)	0.19
대 리 석	2.8	목재(가벼운것)	0.14
화 강 암	3.8	합 판	0.19
흙 (모래질)	0.93	아 스 팔 트	0.1
흙 (점토질)	1.5	카 펫	0.08
자 갈	0.62	리 놀 륨	0.19
콘 크 리 트	1.4	방 습 지	0.21
경량콘크리트	0.78	텍 스	0.15
PC 콘크리트	1.5	유리면 (24K)	0.042
모 르 타 르	1.5	유리면 (32K)	0.04
플 라 스 터	0.79	암 면	0.042
석 고 보 드	0.17	발포폴리스틸렌	0.05
유 리	0.78	발포폴리우레탄	0.028

표에서 알 수 있듯이 강판, 알루미늄, 동판과 같은 금속재료는 열전도율이 매우 크므로 전열이 매우 활발하게 이루어짐을 알 수 있는 반면, 건물의 단열재로 이용되는 유리면, 암면, 발포폴리스틸렌, 발포폴리우레탄 등은 열전도율이 매우 작아 전열이 쉽게 이루어지지 않게 하는 재료임을 확인할 수 있다.

열전도율의 단위는 식 3.1 및 표 3.1에 나타나 있듯이 W/m℃이며, 이것은 어떤 고체의 두께가 1m이고 그 고체 양면의 온도차가 1℃라고 가정할 때, 1초 동안 고체의 한쪽 면에서 다른 쪽 면으로 이동되는 열의 양을 의미하고 있다. 즉, 1초 동안 이동하는 열의 양이므로 W는 다른 물리적 표현인 J/s와 동일한 값을 갖는다. 표 3.1에서 콘크리트의 열전도율이 1.4로 되어 있는데, 예를 들어 콘크리트 벽체의 한쪽 면 온도가 20℃, 다른 쪽 면의 온도는 10℃, 두께 20cm에 면적이 $5m^2$라고 한다면 $1.4 \times \frac{20-10}{0.2} \times 5 = 350$ 이므로 콘크리트로 되어 있는 벽체를 통해 전달되는 열의 양, 즉 전열량은 350W라고 산정할 수가 있게 된다. 한편, 식 3.1을 이용할 때 주의해야 할 것은, 우리는 벽체의 두께를 통상 cm 또는 mm로 부르고 있으나, 식 3.1에서는 그 단위가 m로 되어 있다는 것이며, 따라서 전열량을 계산할 때 벽체의 두께를 m로 환산해야 한다는 점이다.

또 t_1과 t_2는 각각 실내와 실외의 벽체 표면온도를 나타내는 것으로, 실내 측 벽면과 실외 측 벽면의 온도차, 즉 t_1과 t_2의 값의 차이가 클수록 벽체를 통해 전달되는 열의 양은 많아진다. 예를 들어, 여름철이나 겨울철에 실내와 실외의 온도차가 크면 그만큼 실내 측 벽체와 실외 측 벽체의 온도차도 커지면서 벽체를 통한 열의 이동이 많아지므로 냉방 및 난방을 더 세게 해야 쾌적한 실내환경을 유지할 수 있게 되는 것이다.

식의 분모에 있는 l은 벽체의 두께를 나타낸다. 우리가 먼 거리를 걷거나 달릴 때는 가까운 거리를 걷거나 달릴 때보다 힘이 더 들듯이, 열도 얇은 벽체를 통과할 때보다 두꺼운 벽체를 통과할 때가 이동거리가 더 길므로 힘이 더 빠지면서 전열량은 작게 된다. 따라서 벽체의 두께는 다른 요소와 달리 식의 분모에 있게 된다.

② 다중(多重) 벽체에서의 전열량

일반적인 건물에서 벽체는 그림 3.2와 같이 단일 재료가 아닌 여러 종류의 재료(예를 들어 콘크리트, 타일, 벽돌, 단열재 등)로 구성되어 있다.

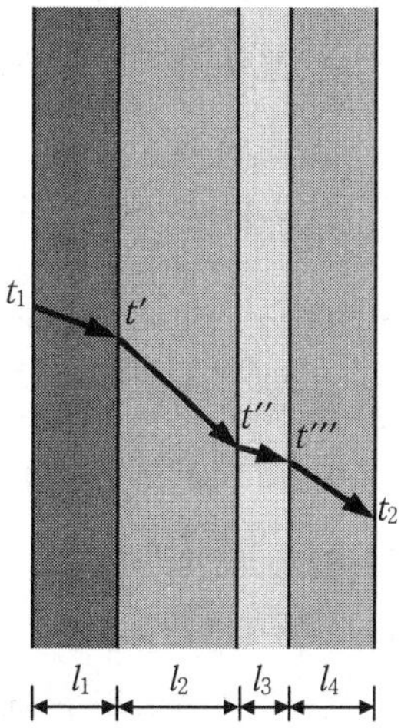

그림 3.2 다중 벽체에서의 열전달에 의한 열 이동

이러한 경우에는 식 3.1의 λ(열전도율)와 l(벽체 두께)은 벽체를 구성하는 모든 재료에 대해 고려해야 한다.

그림의 네 재료에 대해서 각각 식 3.1과 같이 벽체 내 전열량을 계산하면 $\frac{\lambda_1}{l_1}(t_1 - t')$, $\frac{\lambda_2}{l_2}(t' - t'')$, $\frac{\lambda_3}{l_3}(t'' - t''')$, $\frac{\lambda_4}{l_4}(t''' - t_2)$ 가 되며 벽체 두께에 따라 각 벽체 간 열 이동의 형상은 모두 다르지만 그 값은 모두 동일하다.

그 이유를 고속도로를 일정한 속도로 주행하고 있는 자동차를 예로 들어 생각해 보자.

어떤 자동차가 서울에서 부산까지 가고자 하는데 교통 상황이 좋아 100km/h의 속도를 꾸준히 유지하면서 주행하고 있다면, 서울에서 대전까지 갈 때도 1시간당 주행거리는 100km일 것이고, 대전에서 대구까지도 1시간당 주행거리는 100km가 될 것이다. 마찬가지로 대구에서 부산까지도 1시간당의 주행거리는 100km가 될 것이며, 서울에서 부산까지를 생각해 보더라도 1시간당의 주행거리는 100km가 될 것이다. 이렇게 자동차가 일정속도로 주행하고 있다면 주행거리에 관계없이 1시간당의 주행거리는 모두 동일한 값을 나타내게 된다.

그림 3.2에서도 각 재료마다 열 이동이 이루어지는 위치는 모두 다르지만 각 재료마다 열 이동이 이루어지는 정도를 수치로 나타낼 때의 단위는 모두 W(=J/s), 즉 1초당의 열의 양이므로 실내에서 실외로의 열의 이동이 지속적으로 같은 정도로 이루어지고 있다면 각 재료마다의 전열량은 아래의 식 3.2와 같이 모두 동일하다고 할 수 있는 것이다.

$$q = \frac{\lambda_1}{l_1}(t_1 - t')A = \frac{\lambda_2}{l_2}(t' - t'')A = \frac{\lambda_3}{l_3}(t'' - t''')A = \frac{\lambda_4}{l_4}(t''' - t_2)A \quad \cdots\cdots (3.2)$$

q : 벽체 내 전열량[W]

λ_1, λ_2, λ_3, λ_4 : 각 재료의 열전도율[W/m℃]

t_1 : 고온부 표면온도[℃]

t_2 : 저온부 표면온도[℃]

l_1, l_2, l_3, l_4 : 각 재료의 두께[m]

A : 벽체 면적[m^2]

식 3.2에서 벽체 내부의 온도인 t', t'', t'''를 소거하면 다음의 식 3.3이 되어 식 3.1과 같은 형식이 된다. 따라서 벽체 내에서의 열전도에 의한 전열량은 그 벽체가 단일 벽체이든 다중 벽체이든 벽체의 양쪽 표면온도와, 벽체를 구성하는 재료의 열전도율 및 벽체 두께에 영향을 받게 된다는 것을 알 수 있다.

$$q = \frac{t_1 - t_2}{\frac{l_1}{\lambda_1} + \frac{l_2}{\lambda_2} + \frac{l_3}{\lambda_3} + \frac{l_4}{\lambda_4}} A = \frac{t_1 - t_2}{\Sigma \frac{l}{\lambda}} A \quad \cdots\cdots (3.3)$$

식 3.3이 도출되는 과정 중에 벽체 내부온도인 t', t'', t'''가 소거되는 과정을 살펴보기로 한다. 식 3.2에 나타나 있는 5개의 항은 모두 같으므로 다음과 같이 분리하여 나타낼 수 있다.

$$q = \frac{\lambda_1}{l_1}(t_1 - t')A \quad \cdots\cdots (3.4)$$

$$q = \frac{\lambda_2}{l_2}(t' - t'')A \quad \cdots\cdots (3.5)$$

$$q = \frac{\lambda_3}{l_3}(t'' - t''')A \quad \cdots\cdots (3.6)$$

$$q = \frac{\lambda_4}{l_4}(t''' - t_2)A \quad \cdots\cdots (3.7)$$

식 3.4의 좌변과 우변에 $\frac{l_1}{\lambda_1} \times \frac{1}{A}$을, 식 3.5의 좌변과 우변에 $\frac{l_2}{\lambda_2} \times \frac{1}{A}$을, 식 3.6의 좌변과 우변에 $\frac{l_3}{\lambda_3} \times \frac{1}{A}$을, 식 3.7의 좌변과 우변에 $\frac{l_4}{\lambda_4} \times \frac{1}{A}$을 각각 곱하면 식 3.4~3.7은 다음과 같이 된다.

$$\frac{l_1}{\lambda_1}\frac{q}{A} = t_1 - t' \quad \cdots\cdots (3.8)$$

$$\frac{l_2}{\lambda_2}\frac{q}{A} = t' - t'' \quad \cdots\cdots (3.9)$$

$$\frac{l_3}{\lambda_3}\frac{q}{A}=t''-t''' \quad \cdots\cdots (3.10)$$

$$\frac{l_4}{\lambda_4}\frac{q}{A}=t'''-t_2 \quad \cdots\cdots (3.11)$$

식 3.8~3.11의 좌변과 우변을 각각 더하면,

$$(\frac{l_1}{\lambda_1}+\frac{l_2}{\lambda_2}+\frac{l_3}{\lambda_3}+\frac{l_4}{\lambda_4})\frac{q}{A}=t_1-t_2$$

따라서 다중 벽체에서의 전도에 의한 전열량 q는 다음과 같이 식 3.3과 동일한 식이 된다.

$$q=\frac{t_1-t_2}{\frac{l_1}{\lambda_1}+\frac{l_2}{\lambda_2}+\frac{l_3}{\lambda_3}+\frac{l_4}{\lambda_4}}A=\frac{t_1-t_2}{\Sigma\frac{l}{\lambda}}A \quad \cdots\cdots (3.12)$$

한편, 식 3.12의 분모에 있는 $\Sigma\frac{l}{\lambda}$은 그 값이 클수록 전열량이 작아지므로 열전도저항이라 한다. 따라서 벽체를 구성하는 재료의 두께(l)가 클수록 또 열전도율(λ)이 작을수록 열전도저항은 큰 값이 되면서 벽체 내에서의 전열량은 작게 된다.

【예제 3.1】

콘크리트와 벽돌로 구성되어 있는 벽체의 건물 안쪽 면에서 바깥쪽 면으로 이동되는 열의 양을 구하시오. 벽체 안쪽 면의 표면온도는 20℃, 바깥쪽 면의 표면온도는 5℃이며, 콘크리트와 벽돌의 두께는 각각 150mm와 10mm로 가정한다. 또 벽체의 면적은 10m²로 한다.

풀이 식 3.12를 이용하며, 이때 주의해야 할 점은 벽체 및 벽체 재료의 두께를 통상 mm로 표시하지만 식 3.12에서는 재료의 두께가 m로 되어 있으므로 이 두 단위 간을 환산해 주어야 한다는 것이다. 재료의 열전도율은 표 3.1을 이용한다.

$$q=\frac{t_1-t_2}{\sum\frac{l}{\lambda}}A=\frac{20-5}{\frac{0.15}{1.4}+\frac{0.01}{0.62}}\times 10 \fallingdotseq 1,217[\mathrm{W}]$$

(2) 열전달에 의한 전열

1) 대류 및 열전달의 의미

가열된 유체(액체 및 기체)가 움직이면서 열이 전달되는 것을 대류라 하며, 일상생활에서 볼 수 있는 대류현상으로는 주전자에 물을 넣고 끓이는 과정에서 나타나는 것을 들 수 있다. 주전자에 물을 넣고 데울 때, 주전자 아랫부분의 물은 윗부분의 물보다 먼저 데워지면서 열팽창으로 인해 밀도가 내려가 그 부분이 가벼워지고, 그로 인해 생성되는 부력에 의해 아랫부분의 물이 상승함과 동시에 주위의 차가운 부분의 물이 그곳으로 들어가게 되는데, 이러한 작용이 반복되면서 주전자의 물 전체가 데워지게 된다.

건축물에서는 다음과 같은 경우에 대류에 의한 열전달이 발생한다. 겨울철 실내를 난방하면 실내공기는 따뜻하지만, 외기에 면해 있는 벽체는 차가운 외기의 영향을 받아 벽체의 실내 측 표면도 실내공기보다는 온도가 낮게 된다. 따라서 벽체에 근접해 있는 실내공기는 벽체로부터 떨어져 있는 실내공기보다 그 온도가 낮게 되고, 이러한 온도차에 의해 대류현상이 발생하면서 실내공기로부터 벽체를 향해 열이 전달되는 것이다. 공기와 벽체는 이와 같이 주로 대류현상에 의해 열이 전달되고 있다.

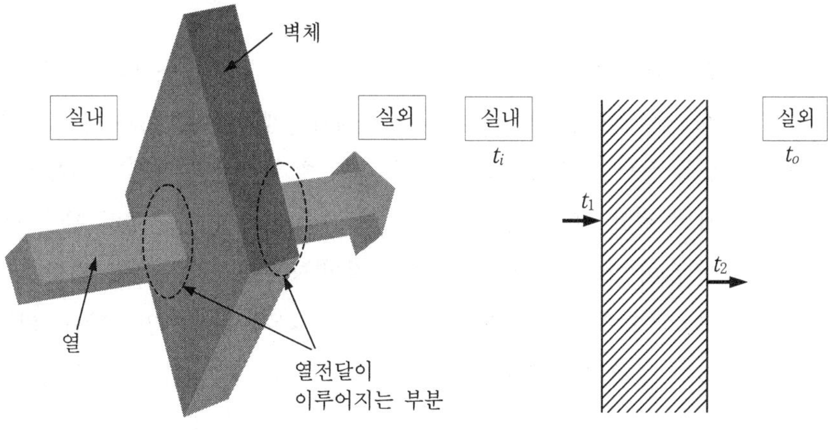

그림 3.3 열전달에 의한 벽체와 공기 간의 열 이동

이러한 현상은 실내 측 벽체뿐 아니고 실외 측 벽체에서도 똑같이 발생된다. 즉, 겨울철 난방을 할 때 그림 3.3과 같이 실내에서는 실내공기로부터 벽체를 향해서 열이 전달되며, 실외에서는 벽체로부터 외기를 향해 열이 전달된다. 한편, 공기와 벽체와의 전열과정은 실제로는 대류뿐 아니고 전도 및 복사현상도 수반되는 매우 복잡한 열 이동 현상이며, 따라서 벽체와 같은 고체와 이 고체에 접하고 있는 유체(공기)와의 전열과정은 여러 현상이 복합적으로 작용하고 있기 때문에 일괄적인 의미로 열전달이라 부르고 있다.

2) 열전달에 의한 전열량

고체 표면과 그 표면에 접하고 있는 유체와의 전열량은 뉴턴(Newton)의 냉각법칙으로 나타낼 수 있으며, 그림 3.3과 같은 경우에서의 뉴턴의 냉각법칙은 다음과 같이 나타낼 수 있다.

$$q = \alpha_i(t_i - t_1)A = \alpha_o(t_2 - t_o)A \quad \cdots\cdots (3.13)$$

q : 벽체와 공기와의 열전달량[W]

α_i, α_o : 내표면열전달률, 외표면열전달률[$W/m^2℃$]

t_1, t_2 : 고체(벽체) 표면온도[℃]

t_i, t_o : 고체에 접하고 있는 유체(실내공기 및 외기)의 온도[℃]

A : 벽체 면적[m^2]

고체와 유체 사이의 열전달량의 정도를 나타내는 열전달률은 유체의 물리적 성질(열전도율, 비열, 비중, 점성계수, 팽창계수 등)과 유체 흐름의 상태(층류, 난류 등), 고체 표면의 매끈한 정도, 형상, 크기, 표면의 기울기 등에 따라 복잡하게 변화하는 요소로서 이론적 및 실험적으로 정밀한 값을 구하기가 용이하지 않아, 건물에 대해서는 일반적인 것으로서 통상 표 3.2의 값을 적용하고 있다. 식 3.13 및 표 3.2에서 α_i와 α_o를 각각 내표면열전달률, 외표면열전달률이라고 구별하고 있다.

표 3.2 벽체(지붕, 바닥 등 포함)의 표면열전달률 [W/m²℃]

표면 위치	표면 형태	여름(냉방 시)	겨울(난방 시)
실내면(α_i)	수직면(벽체)	8.3	
	수평면(바닥, 천장) 상향열류	9.3	
	하향열류	6.2	
실외면(α_o)	수직면(벽체)	23	33
	수평면(지붕)	35	49

표 중에 상향열류와 하향열류가 나오는데, 상향열류란 예를 들어 여름철 냉방하고 있는 실의 하부 층이 비냉방실이라면 비냉방실로부터 그 실을 향해 열이 상향 이동하므로 그 실의 바닥면과 하부 층의 천장면에 상향열류가 존재하게 되며, 마찬가지로 하향열류란 냉방하고 있는 실의 상부 층이 비냉방실이라면 비냉방실로부터 그 실을 향해 열이 하향 이동하므로 그 실의 천장면과 상부 층의 바닥면에 하향열류가 존재하게 된다. 따라서 열전달량을 계산할 때, 해당 실의 상부 층이나 하부 층이 냉방 및 난방을 하지 않는 실일 경우에는 열의 이동방향을 잘 파악해서 계산해야 한다.

한편, 실무적으로는 표 3.2와 같이 여름과 겨울 또는 수직면과 수평면 등의 구별을 하지 않고 실외면은 **23W/m²℃**, 실내면은 **9.3W/m²℃**로 하기도 한다.

【예제 3.2】

난방을 하고 있는 실내에서 실내공기로부터 벽체 표면으로 이동되는 열량을 구하시오. 실내의 공기온도는 22℃, 벽체 표면온도는 20℃라 하고 벽체의 표면열전달률은 9.3W/m²℃로 가정한다. 또 벽체 면적은 15m²로 한다.

풀이 식 3.13을 이용한다.

$$q = \alpha_i (t_i - t_1) A = 9.3 \times (22 - 20) \times 15 = 279[\mathrm{W}]$$

(3) 복사에 의한 전열

1) 복사의 의미

복사란 어떤 물체가 전자파(電磁波)의 형태로 표면으로부터 에너지를 방출하거나 흡수하는 현상을 말하는 것으로, 이 전자파가 어떤 물체와 떨어져 있는 다른 물체의 표면에 도달한 후 다시 열로 변환되는 형식으로 복사에 의한 전열이 이루어지게 된다. 우리가 전기스토브 근처에 있을 때 뜨거움을 느끼게 되거나, 대단히 먼 거리에 있는 태양열을 우리가 느낄 수 있는 것은 이러한 복사현상에 의해서이다.

복사는 이와 같이 고체와 고체 간에 열이 전달되는 현상으로, 고체 사이의 온도차가 클수록 더 멀리까지 열이 전달된다. 앞에서 말했듯이 대단히 먼 거리에 있는 태양으로부터의 열을 우리가 느낄 수 있는 것은 태양 표면이 6,000℃ 정도로 우리의 피부 표면온도와는 비교할 수 없을 정도로 높은 온도이기 때문이다. 또 더운 여름날 실외에서 파라솔을 쓰고 걸으면 따가운 햇살을 조금은 피할 수 있는데, 이것은 파라솔이 태양으로부터의 전자파를 어느 정도 막아주기 때문이다.

건축물에서 적용되는 복사현상으로는 우리나라의 전통적 난방방식인 온돌난방을 들 수 있다. 즉, 고체인 바닥면을 가열하여 인체 표면온도보다 높게 함으로써 그림 3.4와 같이 바닥면으로부터 우리 피부로 열이 전달되도록 하는 것이다.

그림 3.4 바닥과 인체 간의 복사에 의한 열 이동

2) 복사에 의한 전열량

① 물체로부터 방출(복사)되는 열량

절대온도 0K(−273℃) 이상의 모든 물체는 복사현상으로 열을 방출하는데, 방출되는 열량은 그 물체 표면온도(절대온도)의 4제곱에 비례하며, 이것을 다음의 식으로 나타내어지는 스테판−볼츠만(Stefan-Boltzmann)의 법칙이라 한다.

$$E_b = \sigma_b T^4 \quad \cdots\cdots (3.14)$$

E_b : 복사발산도 [kcal/m²h]

σ_b : 스테판-볼츠만의 정수(=5.67×10^{-8}, 완전흑체의 복사정수) [W/m²K⁴]

T : 물체의 표면온도(절대온도) [K]

식 3.14에 대한 설명에서 σ_b는 완전흑체의 복사정수라고 되어 있는데, 완전흑체란 그 물체에 도달한 복사열을 완전히 흡수하는 성질을 갖는 물체를 의미하는 것으로, 건축물의 재료를 비롯한 일반적인 물체는 완전흑체가 아니므로 식 3.14는 다음과 같은 형태로 변형된다.

$$E_b = \epsilon \sigma_b T^4 \quad \cdots\cdots (3.15)$$

ϵ : 각 물체의 복사율

또 식 3.14 및 3.15에서의 σ_b는 그 값이 매우 작아서 계산이 번잡하므로 다음의 식 3.16과 같이 나타내는 것이 일반적이다.

$$E_b = \epsilon C_b \left(\frac{T}{100}\right)^4 \quad \cdots\cdots (3.16)$$

C_b : 완전흑체의 복사정수(=5.67) [W/m^{2}K^4]

표 3.3에 각종 재료의 복사율을 나타낸다. 표에서 알 수 있듯이, 건축재료를 비롯한 일반적인 물체는 대부분 복사율이 0.9 정도이다. 한편, 알루미늄박(箔)과 같이 물체에 따라서는 복사율이 매우 작은 것이 있어 복사로 인한 열전달을 가급적 억제하고자 할 때는 그 물체의 표면을 이러한 재료로 처리하기도 한다.

표 3.3 각종 재료의 복사율

표 면 재 료	복 사 율
완전흑체	1.00
흑색 비금속(아스팔트, 슬레이트, 페인트, 종이)	0.90~0.98
흑색이 아닌 벽돌, 타일, 콘크리트, 돌, 녹슨 철판, 페인트, 점토, 종이	0.85~0.95
유리창	0.90~0.95
광택 알루미늄페인트	0.40~0.60
구리, 알루미늄, 철판	0.20~0.30
광택 구리	0.02~0.05
광택 알루미늄, 니켈, 크롬	0.02~0.04

② 복사에 의한 전열량

앞에서 설명했듯이 절대온도 0K(−273℃) 이상의 모든 물체는 복사현상으로 열을 방출하게 되며, 따라서 어떤 두 물체가 근접해 있을 때 이 두 물체는 각각 서로를 향해 복사열을 방출하게 된다. 물체가 방출하는 복사열량은 그 물체의 표면온도가 높을수록 커지므로 결과적으로 고온의 물체가 방출하는 열량에서 저온의 물체가 방출하는 열량을 뺀 열량만큼이 고온의 물체로부터 저온의 물체로 전달된다고 생각할 수 있다. 온도차가 있는 두 물체 간에 이루어지는 복사열 전달량은 식 3.16을 응용한 다음의 식 3.17로 나타낼 수 있다.

$$q = \epsilon_1 \epsilon_2 C_b [(\frac{T_1}{100})^4 - (\frac{T_2}{100})^4] \psi_{12} A \quad \cdots\cdots (3.17)$$

q : 두 물체 간의 전열량[W]

ϵ_1, ϵ_2 : 물체 1과 물체 2의 복사율

C_b : 완전흑체의 복사정수(=5.67) [W/m²K⁴]

T_1, T_2 : 물체 1과 물체 2의 표면온도(절대온도) [K]

ψ_{12} : 형태계수

A : 저온 물체의 면적 [m²]

복사에 의한 열 이동은 고온의 물체에서 저온의 물체 방향으로 이루어지므로 물체의 면적은 실제로 열을 받는 물체인 저온 물체의 면적을 적용한

다. 또 식의 구성요소 중 형태계수란 두 물체 간의 상대적 위치관계를 나타내는 것으로 그 값은 0에서 1 사이가 된다. 물체가 방출하는 복사열은 물체 주위의 모든 방향을 향해서 퍼져나가게 되는데, 퍼져나가는 전체 열량 중에서 어느 정도의 열량이 다른 물체로 전달되는가를 나타내는 것이 형태계수이다. 형태계수의 구체적 의미는 다음과 같이 설명할 수 있다.

먼저 그림 3.5에서는 (a)에서의 물체 1과 (b)에서의 물체 1의 크기, 그리고 (a)에서의 물체 2와 (b)에서의 물체 2의 크기가 서로 같지만 떨어져 있는 거리가 다르게 나타나 있는데, 물체 1로부터 모든 방향으로 퍼져나가는 복사열 중 물체 2에 도달하는 비율은 물체 간의 거리가 가까운 (a)가 더 크다는 것을 그림에서 확인할 수 있다. 한편 그림 3.6에서는 (a)에서의 물체 1과 물체 2 사이의 거리와 (b)에서의 물체 1과 물체 2 사이의 거리는 같지만 (a)와 (b)에서의 물체 2의 크기가 다르게 나타나 있는데, 물체 1로부터 모든 방향으로 퍼져나가는 복사열 중 물체 2에 도달하는 비율은 물체 2의 크기가 더 큰 (b)의 경우가 더 크다는 것을 그림에서 확인할 수 있다.

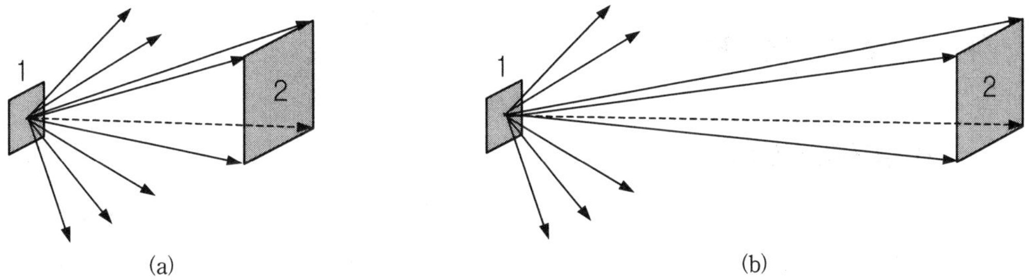

(a) (b)

그림 3.5 형태계수의 의미 (1)

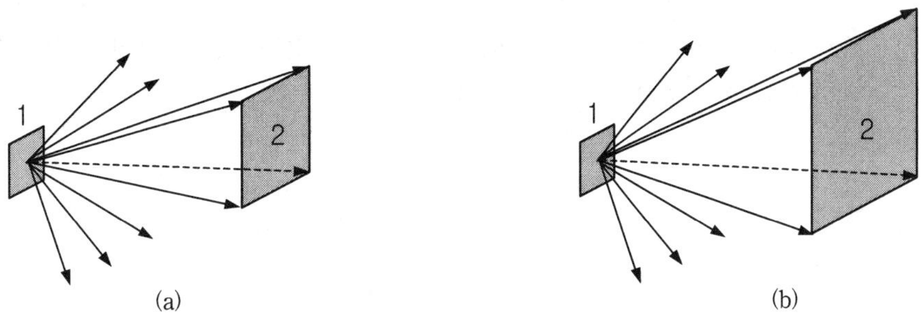

(a) (b)

그림 3.6 형태계수의 의미 (2)

이와 같이 두 물체 간에 전달되는 복사열량의 크기는 두 물체 표면의 온도차 외에 두 물체 간의 상대적 위치관계를 나타내는 형태계수에도 영향을 받게 된다. 형태계수의 구체적인 산정방법에 대해서는 관련문헌을 참고하기 바란다.

【예제 3.3】

온돌난방을 하고 있는 실내에서 가열면인 바닥으로부터 비가열면인 다른 벽체로 복사에 의해 전달되는 열량을 구하시오. 바닥면 온도는 35℃, 비가열면 온도는 24℃로 하고, 실내 모든 면의 복사율은 0.9라 가정한다. 또 가열면인 바닥면적은 $10m^2$, 나머지 비가열면의 총면적은 $30m^2$로 한다.

풀이 식 3.17을 이용한다. 실내에서는 바닥면으로부터의 복사열이 100% 다른 다섯 면으로 전달되므로 형태계수는 1이 된다.

$$q = \epsilon_1 \epsilon_2 C_b [(\frac{T_1}{100})^4 - (\frac{T_2}{100})^4] \psi_{12} A$$

$$= 0.9 \times 0.9 \times 5.67 \times [(\frac{273+35}{100})^4 - (\frac{273+24}{100})^4] \times 1 \times 30$$

$$\fallingdotseq 1{,}679[W]$$

(4) 열관류에 의한 전열

1) 열관류의 의미

열관류는 위에서 설명한 전도, 대류, 복사 또는 전달과 같은 어떤 단독적인 현상을 나타내는 것이 아니고, 열전도 및 열전달의 의미를 나타내기 위한 그림 3.1과 3.3을 그림 3.7과 같이 동시에 나타낸 것과 같은 현상을 의미한다. 예를 들어 겨울철 난방을 하고 있다면, 열관류는 그림과 같이 열전달→열전도→열전달의 과정을 거치면서 실내공기와 외기라는 두 유체 간에 열의 이동이 이루어지는 현상이라고 할 수 있다.

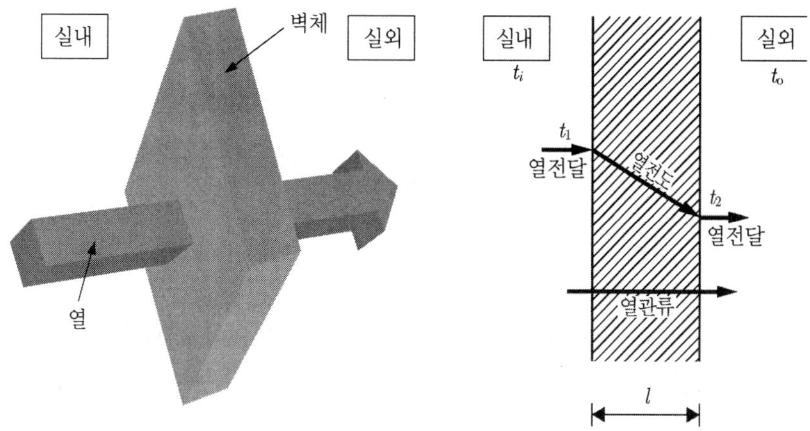

그림 3.7 열관류에 의한 실내와 실외 간의 열 이동

2) 열관류에 의한 전열량

어떤 물체의 열전도성을 나타내는 요소가 열전도율이고, 열전달성을 나타내는 요소가 열전달률이었는데, 열관류는 열전도와 열전달을 동시에 고려한 요소이므로 건물의 벽체를 비롯한 어떤 물체의 열관류성을 나타내는 열관류율에는 식 3.18과 같이 열전도율과 열전달률이 함께 표현된다.

$$K=\frac{1}{\frac{1}{\alpha_i}+\Sigma\frac{l}{\lambda}+\frac{1}{\alpha_o}} \quad \cdots\cdots (3.18)$$

K : 벽체의 열관류율 [W/m²℃]

α_i : 내표면열전달률 [W/m²℃]

α_o : 외표면열전달률 [W/m²℃]

λ : 벽체를 구성하는 재료의 열전도율 [W/m℃]

l : 벽체를 구성하는 재료의 두께 [m]

그림 3.7과 같이 겨울철 실내를 난방하고 있을 때의 열관류에 의한 전열량은 상기 열관류율과 실내공기와 실외공기의 온도차, 그리고 벽체의 면적에 의해 다음의 식 3.19와 같이 나타내어진다.

$$q = K(t_i - t_o)A \quad \cdots\cdots (3.19)$$

q : 벽체를 통한 전열량[W]

K : 벽체의 열관류율[W/m²℃]

t_i, t_o : 실내온도와 실외온도[℃]

A : 벽체 면적[m²]

여름철에 냉방을 하고 있는 곳에서는 실외온도가 실내온도보다 높으므로 상기 식에서 $t_i - t_o$는 $t_o - t_i$로 바뀐다.

【예제 3.4】

아래와 같이 구성되어 있는 벽체의 열관류율과 이 벽체를 통해 손실되는 열량을 다음 조건에 의해 산정하시오.

<조 건>

(1) 표면열전달률[W/m²℃]
- 내표면 : 9.3
- 외표면 : 23

(2) 열전도율[W/m℃]
- 콘크리트 : 1.4
- 유 리 면 : 0.04
- 타 일 : 1.3

(3) 벽체 면적 : 10m²

(4) 실내온도 20℃, 실외온도 0℃

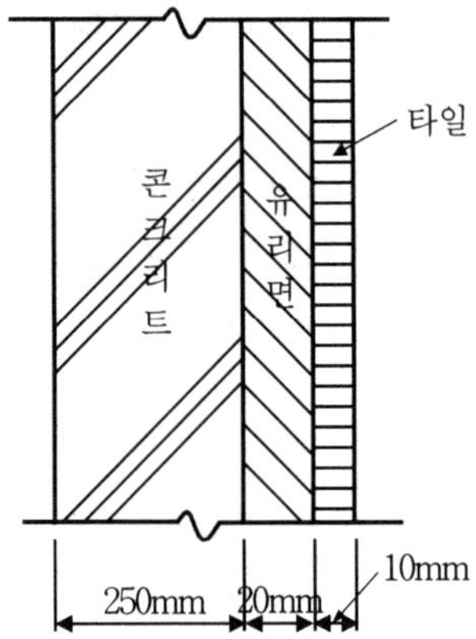

풀이 식 3.18과 3.19를 이용한다.

(1) 열관류율

$$K = \frac{1}{\frac{1}{\alpha_i} + \sum\frac{l}{\lambda} + \frac{1}{\alpha_o}} = \frac{1}{\frac{1}{9.3} + \frac{0.25}{1.4} + \frac{0.02}{0.04} + \frac{0.01}{1.3} + \frac{1}{23}} ≒ 1.19[\mathrm{W/m^2℃}]$$

(2) 열손실량(관류열량)

$$q = K(t_i - t_o)A = 1.19 \times (20 - 0) \times 10 = 238[\mathrm{W}]$$

2. 건축물에서의 단열

(1) 단열의 의미와 필요성

열을 차단시킨다는 의미의 단열은, 예를 들어 겨울철 난방하고 있는 실내로부터 실외로 빠져나가는 열의 양을 0으로 만드는 것이라고 생각할 수 있으나 실제로 열의 흐름을 0으로 만들 수는 없고 가급적 열의 흐름을 작게 하는 것이라 정의할 수 있다. 즉, 단열은 열이 흐르는 물체의 열저항을 크게 해서 열류량을 작게 하는 것이며, 건물의 경우에는 식 3.18에 나타낸 열관류율을 작게 하는 것이 단열이라고 생각할 수 있다.

식 3.18의 열관류율에서 알 수 있듯이, 단열을 위해 열관류율을 작게 하기 위해서는 재료의 두께(l)를 크게 하는 방법, 또는 열전도율(λ)이 작은 재료를 선정하는 방법 등이 있는데, 건축비의 문제 등으로 인해 재료의 두께를 두껍게 하는 것은 한계가 있어서 실제로는 열전도율이 작은 재료, 즉 단열재를 벽체 등의 속에 삽입하는 방법을 일반적으로 적용하고 있다.

단열이 충분히 이루어지지 않은 건물에서는 겨울철 실내의 열이 실외로 쉽게 빠져나가고, 또 여름철 냉방을 하고 있는 실내로 실외의 더운 열이 쉽게 들어오는 등 난방과 냉방의 효율이 떨어지므로 실내의 열환경을 쾌적하게 유지하기 위해서는 상당량의 에너지가 소비되는 결과가 된다.

또 추운 겨울날 실내를 난방하고 있을 때, 벽체의 단열이 충분히 이루어지지 않은 건물에서는 차가운 외기의 영향을 받아 실내 측 벽체 표면의 온도가 낮아지는데 이로 인해 실내의 벽체 표면에 결로가 발생할 가능성이 있다. 결로 발생 여부를 확인하는 방법에 대해서는 「제4장 습기와 결로」에서 설명하기로 한다.

이 외에도 콘크리트 벽체의 실외 측에 단열재를 설치하면 일사에 의해 발생하는 콘크리트의 열응력을 방지하는 데에도 큰 효과가 있다고 일컬어지고 있다. 이와 같은 내용에 의거하여, 건물에서의 단열의 필요성을 다음과 같이 정리할 수 있다.

① 실내 열환경의 개선 및 안정

② 냉난방을 위한 에너지의 절약

③ 표면결로 방지

④ 콘크리트 구조체의 열응력 방지

(2) 단열방법의 종류

1) 단열원리에 따른 종류

단열의 원리에 따른 단열방법으로는 저항형 단열과 반사형 단열 그리고 용량형 단열이 있다. 저항형 단열과 반사형 단열은 단열재를 사용하는 방법이고, 용량형 단열은 건물의 구조체를 열용량이 큰 재료로 구성하는 방법이다.

① 저항형 단열

열전도에 의한 전열량을 나타낸 식 3.12에서, 분모의 값을 열전도저항이라 하면서 이 값이 클수록 전열량은 작아진다고 했는데, 벽체의 구성 재료로 열전도저항이 큰 재료를 사용하는 것을 저항형 단열이라 하며, 이를 위해 사용하는 재료를 단열재라 한다. 단열의 방법 중에는 다음에 나타내는 반사형 단열도 있으므로 이것과 구별하기 위해 저항형 단열에 사용되는 단열재를 저항형 단열재라 부르기도 한다. 저항형 단열재는 식 3.12에서도 알 수 있듯이 열전도율이 작아야 한다.

저항형 단열재로 사용될 수 있는 재료는 매우 많으나, 현재 널리 이용되는 재료로는 열전도율이 매우 낮은 유리면(glass wool), 암면(rock wool), 발포폴리스틸렌, 발포폴리우레탄 등이 있다.

② 반사형 단열

물체의 표면에 들어오는 복사에 의한 열에너지를 반사시킴으로써 단열의 효과를 얻는 것을 반사형 단열이라 한다. 예를 들어, 알루미늄박(箔, 호일(foil))을 비롯한 금속호일은 복사율이 매우 낮으면서 반사율은 크기 때문에 태양으로부터의 복사열 등을 효과적으로 차단할 수 있다. 반사형 단열은 태양 복사의 영향을 특히 많이 받는 옥상 등에서 그 효과를 크게 볼 수 있다.

건물에서는 반사율이 좋은 금속의 얇은 판을 벽체나 옥상 등에 부착하거나, 또는 건물의 외표면이 대부분 유리로 구성되어 있는 경우에는 반사형 유리를 사용함으로써 반사형 단열효과를 증대시키고 있다.

③ 용량형 단열

어떤 물체의 열용량이란 그 물체를 1℃ 올리는 데 필요한 열량을 의미한다. 우리가 고기를 굽기 위해 같은 크기, 같은 두께의 철판과 돌판을 불 위에 올려놓으면 돌판이 철판보다 더 늦게 달구어진다. 즉, 돌판의 온도를 올리는 데 필요한 열량이 철판의 온도를 올리는 데 필요한 열량보다 더 크기 때문에 돌판의 열용량이 철판의 열용량보다 더 크다고 할 수 있는 것이다. 한편, 같은 돌판이라 해도 크기나 두께가 큰 돌판이 작은 돌판보다 서서히 달구어지므로 큰 돌판이 작은 돌판보다 열용량이 더 크다고 할 수 있다. 또 열용량이 큰 물질은 온도가 올라갈 때 서서히 올라가듯이 온도가 내려갈 때도 서서히 내려가게 된다.

건물의 벽체(지붕, 바닥 등 포함)는 겨울철에 실내의 열이 실외로 나가는 것을 감소시키고 또 여름철에 실외의 열이 실내로 들어오는 것을 줄여 주는 역할을 하게 되는데, 열 이동을 감소시키는 방법으로는 열의 이동을 억제하는 것과 열의 이동을 지연시키는 것이 있다. 열의 이동을 억제하는 것으로는 앞에서 설명한 저항형 단열과 반사형 단열이 있으며, 열의 이동을 지연시키는 것으로는 용량형 단열이 있다.

어떤 물체의 열용량이 크면 앞에서 설명한 바와 같이 그 물체의 온도가 올라가는 것이나 내려가는 것이 서서히 이루어지므로, 예를 들어 여름철에 실외의 높은 공기온도나 태양열이 벽체를 통해 실내에 미치는 영향을 완만하게 할 수 있게 된다. 이 현상을 그림 3.8에 나타낸다.

건물이 가벼울수록 벽체를 비롯한 구조체의 열용량이 작아지므로 태양 및 외기의 열에너지 발생 시각과 그 영향이 건물에 미치는 시각과의 시간차가 별로 크지 않다. 반면, 건물이 무거워질수록 구조체의 열용량이 커지므로 건물 자체가 서서히 가열되고 서서히 식게 된다. 즉, 하루 동안 건물이 받는 총 열에너지는 건물의 무게에 관계없이 동일하지만, 건물이 무거울수록 열에너지의 영향이 넓은 시간대에 걸쳐 분포되므로 건물의 최대 냉방부하가 작아져서 냉방을 위한 장비의 용량을 작게 할 수 있고, 또 하루 동안의 총 열에너지는 동일하다고 해도 실제로 건물을 사용하는 시간대인 주간만을 고려한다면 무거운 건물일수록 열에너지(부하)가 작아지므로

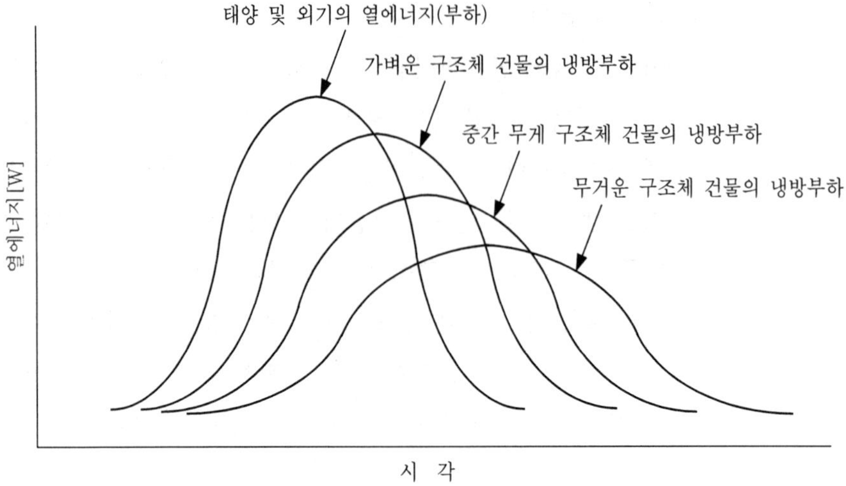

그림 3.8 구조체의 열용량에 따른 건물의 냉방부하 변화 형상

냉방을 위해 사용하는 에너지(전기, 가스 등)의 대폭 절감이 가능해지는 결과가 된다. 가벼운 건물의 경우, 하루 중 총 열에너지는 무거운 건물과 동일하지만 열에너지가 건물에 미치는 영향은 실제 건물을 사용하는 주간에 집중되어 있으므로 무거운 건물에 비해 냉방을 위한 에너지 사용이 커지는 것이다.

한편 어떤 현상에 관해서, 그 현상의 원인이 되는 자극이 일어난 시각과 실제 반응이 일어난 시각과의 시간차를 시간지연(타임래그, time lag)이라 하는데, 예를 들어 그림 3.8에서 태양과 외기의 영향이 건물에 미칠 때까지의 시간차가 타임래그에 해당한다. 그림 3.8에서의 타임래그를 그림 3.9에 나타낸다. 그림에서 알 수 있듯이 무거운 구조체일수록 타임래그가 커지므로 실제 건물을 사용하는 주간의 시간대에는 열에너지가 작아져서 용량형 단열효과가 증대됨을 알 수 있다.

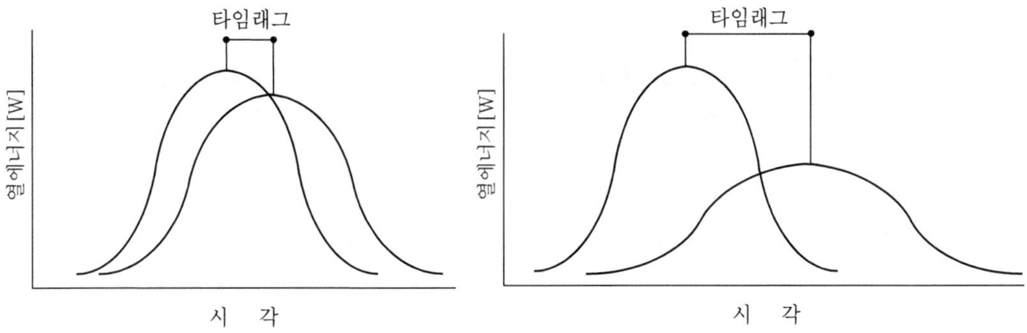

(a) 가벼운 구조체의 건물

(b) 무거운 구조체의 건물

그림 3.9 가벼운 구조체와 무거운 구조체에서의 타임래그

2) 단열재 설치위치에 따른 종류

벽체나 지붕과 같은 구조체에 단열재를 설치할 경우, 단열재를 구조체의 실내 쪽에 설치할 것인가 실외 쪽에 설치할 것인가에 따라 내단열과 외단열로 구별하고 있다. 예를 들어 벽체나 지붕의 주 재료가 콘크리트라고 할 때 「실외－콘크리트－단열재－실내」와 같은 구성으로 되어 있으면 내단열, 「실외－단열재－콘크리트－실내」로 되어 있으면 외단열이 된다. 표 3.4에 내단열과 외단열의 비교를 나타낸다.

표에서 알 수 있듯이, 시공성과 경제성 면에서 내단열이 외단열에 비해 유리하기는 하지만, 에너지절약 및 결로 방지의 면에서 외단열을 적용하는 것이 바람직하다. 표에 나타나 있는 용어 중, 표면결로 및 내부결로에 대해서는 「제4장 습기와 결로」에서 설명하기로 한다.

한편, 벽체의 중간위치에 단열재를 설치한 것을 중단열이라 하는데, 중단열은 표 3.4에 나타나 있는 내단열과 외단열 특징의 중간적 성격을 갖는다. 그림 3.10에 내단열과 중단열의 설치형태 및 외단열의 시공모습을 나타낸다.

표 3.4 내단열과 외단열의 비교

구 분	내 단 열	외 단 열
장 점	1. 실내에서 작업이 가능하므로 시공성이 좋고 인건비 절감이 가능하다. 2. 저렴한 단열재 사용이 가능하다. 3. 강당이나 집회장과 같이 간헐난방을 하는 곳에서는 단시간에 난방효과를 얻을 수 있다.	1. 건물의 외피(外皮)를 감싸는 형태로 단열시공을 할 수 있어 단열재 설치가 곤란한 부분이 없으므로 열교(熱橋)의 문제가 거의 발생하지 않는다. 2. 단열재가 콘크리트를 감싸고 있어 외기온의 변동에 따른 콘크리트의 열응력을 줄이게 되므로 콘크리트의 성능유지에 도움을 준다. 3. 실외 쪽에 단열층이 형성되므로 구조체 내부도 보온이 이루어져 표면 결로는 물론 내부결로의 방지에 유리하다. 4. 단열재가 실외 쪽에 있어 벽체 및 지붕 등이 하나의 축열재 역할을 하게 되므로 냉난방을 정지했을 때 실내온도의 변화가 완만하게 이루어진다.
단 점	1. 실내 구조에 따라서는 단열재 설치가 곤란한 부분이 있어 그곳에서 열교(熱橋)가 발생할 수 있으며, 따라서 상대적으로 에너지손실이 크다. 2. 구조체의 실내 쪽에 단열층이 형성되므로 구조체 내부에 온도가 낮아지면서 내부결로가 발생할 수 있다.	1. 외부에서 작업해야 하므로 시공성이 떨어져서 인건비가 증가할 수 있다. 2. 실외 쪽에 설치되므로 단열재의 종류를 제약받을 수 있다.

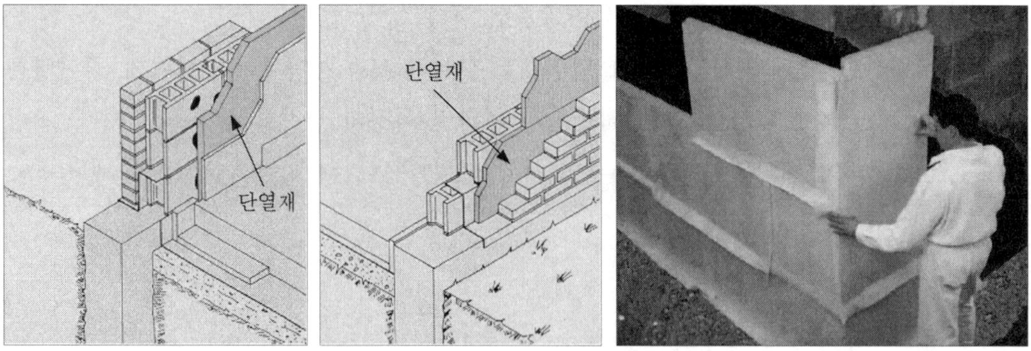

그림 3.10 내단열, 중단열의 설치형태 및 외단열 시공모습

(3) 열교(熱橋, heat bridge)

우리가 개울을 건널 때 물 위로 바로 건너거나 징검다리를 이용하여 건너는 것보다 다리를 이용하면 훨씬 쉽게 건널 수 있다. 겨울철 실내를 난방하고 있을 때 벽체를 통해 실내로부터 실외로 열이 이동하게 되는데, 사람이 다리를 이용하는 것과 마찬가지로 열이 가장 통과하기 쉬운 부분이 발생하게 되며 그곳을 열이 통과하는 다리라는 의미로 열교(熱橋, heat bridge)라 한다. 또는 열의 손실이라는 의미에서 냉교(冷橋, cold bridge)라고도 한다.

열이 통과하기 쉬운 곳은 단열재가 없는 부분이므로, 결국 단열재의 시공이 여의치 않은 부분이 열교가 되며, 대표적인 곳으로는 건물의 모서리와 같은 부분이 된다. 또 부주의한 시공으로 단열재 설치가 누락되면 그곳도 열교가 된다. 표 3.4에서 내단열의 단점 중 하나로 열교가 발생하기 쉽다고 했는데, 이는 실내 측에 단열재를 설치할 때가 실외 측에 단열재를 설치할 때보다 시공상 단열재 누락의 가능성이 많기 때문이다. 그림 3.11에 열교가 이루어지는 부분의 예를 나타낸다.

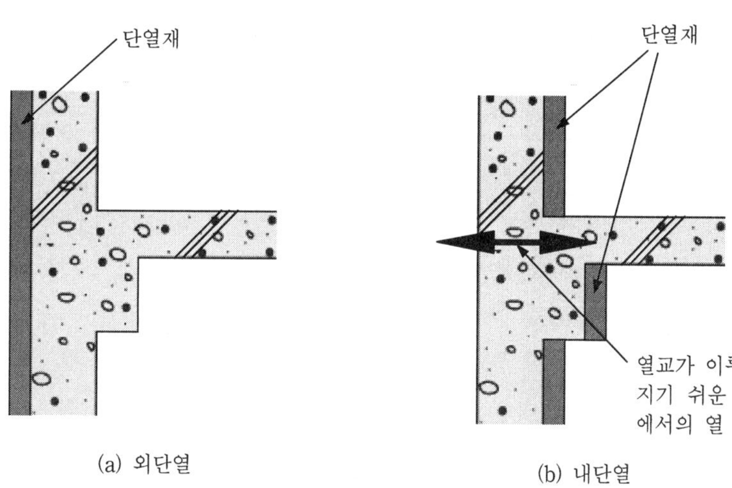

그림 3.11 열교가 이루어지기 쉬운 부분의 예

제4장 습기와 결로

1. 공기의 상태
2. 결로

제4장 습기와 결로

1. 공기의 상태

(1) 습공기

우리가 잘 알고 있듯이 H_2O라는 화학식으로 표현되고 있는 물은 수소와 산소로 구성되어 있고, NaCl로 표현되는 소금은 나트륨과 염소로 구성된다. 아울러 이 물과 소금이 결합된 것을 소금물이라 한다. 이렇듯 지구상의 거의 모든 물질은 여러 가지 성분이 모여서 형성이 되는데 공기 또한 여러 가지 성분이 모여서 이루어진 것이다.

그림 4.1에서 알 수 있듯이 공기의 대부분은 질소와 산소로 되어 있고, 기타 여러 가지 물질이 1% 정도를 차지하고 있다.

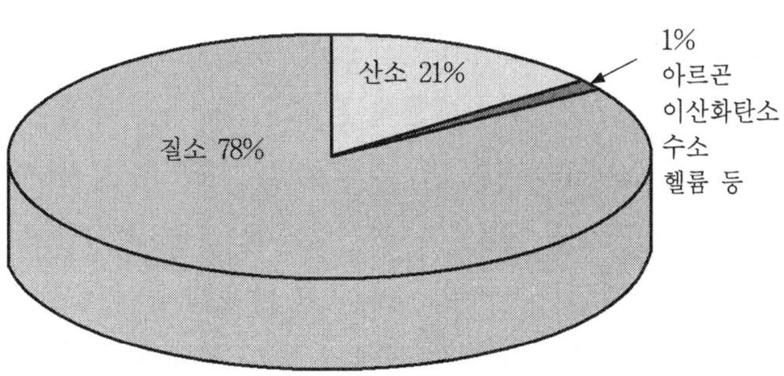

그림 4.1 표준적인 공기성분

그림 4.1과 같이 공기를 구성하고 있는 성분 중에 수분(수증기)이 전혀 포함되어 있지 않은 경우를 건공기라 한다. 그러나 수분이 전혀 포함되어 있지 않은 건공기는 지구상 어디에도 존재하지 않는다. 지구상의 모든 공기는 많든 적든 수분을 포함하게 되는데, 그림 4.1에 수분이 들어 있지 않은 것은 이 수분의 양이 때와 장소에 따라 일정하지가 않기 때문이다. 공기는 수증기를 무한정 함유할 수 있는 것은 아니고 그 공기의 온도에 따라 포함할 수 있는 수증기의 양이 한정되어 있다. 공기온도가 높을수록 함유할 수 있는 수증기량도 많아지는데, 어떤 온도의 공기가 함유할 수 있는 최대의 수증기를 포함하고 있는 공기를 포화공기라 하며, 그때의 수증기량을 포화수증기량이라 한다.

수분은 공기 속으로 들어가기도 하고 또 공기 속에서 빠져나오기도 하는데, 공기에 포함되어 있는 수증기의 양은 무게로는 1~2%에 불과하지만, 수증기의 증발·응축현상에 관련되는 잠열은 그 양이 크기 때문에 열적으로 무시할 수가 없다. 이와 같이 수증기가 포함되어 있는 일반적인 공기를 습공기라 한다. 따라서 습공기는 건공기와 수증기의 혼합기체라고 생각할 수 있으며, 우리가 일반적으로 말하고 있는 공기는 습공기를 의미한다.

지구상에 있는 모든 공기 속에는 많든 적든 수분이 포함되어 있다고 했는데 그 포함되어 있는 양은 때와 장소에 따라 달라진다. 서울이라는 장소를 기준으로 했을 때, 여름철의 공기와 겨울철의 공기 속에 포함되어 있는 수분의 양이 다르고, 또 여름이라는 때를 기준으로 해도 서울의 공기와 상대적으로 건조한 내륙지방의 공기 속에 포함되어 있는 수분의 양이 다르다.

여름철 실내를 냉방하거나 겨울철 난방을 할 때 실내공기의 온도만을 조절하는 것이 아니고 습도도 조절하는 건물이 많은데, 우리나라의 경우 앞에서 언급했듯이 여름철에 습도가 높기 때문에 실내에 공급하는 냉풍은 온도만 낮은 것이 아니고 습도도 낮은 공기이며, 또 겨울철에는 습도가 낮기 때문에 실내에 공급하는 온풍은 온도만 높은 것이 아니고 습도도 높은 공기인 것이다.

한편, 벽체나 지붕의 단열이 충분하지 않은 건물에서 실내의 습도조절이 잘못되면 벽체나 천장에 결로가 발생하는 등의 문제가 발생하므로 이에 대한 대비가 필요하다.

(2) 습도의 표현방법

우리가 여름철에 덥게 느끼고 겨울철에 춥게 느끼는 것은 당연한 이야기이지만, 오늘은 최고기온 35℃라고 한다든가, 또는 최저기온 영하 15℃라고 하게 되면 덥고 추운 정도를 보다 실감나게 나타낼 수 있다. 이렇듯 우리는 공기온도에 대해서 일상적으로 높고 낮음의 지표를 사용하고 있는데, 공기 속에 포함되어 있는 수분의 많고 적음에 대해서는 온도보다 더 다양한 표현방법이 있다.

1) 절대습도

가장 직접적인 습도의 표시방법으로, 습공기의 구성 성분이라고 할 수 있는 수증기와 건공기와의 질량비이다. 즉, 건공기 1kg 속에 포함되어 있는 수증기의 양이 $x$kg일 때 이 x값을 공기의 절대습도라 한다. 따라서 단위는 $x$kg/kgDA, 또는 간단히 $x$kg/kg으로 하며, 여기서 DA는 Dry Air의 약자로서 건공기를 의미한다.

2) 수증기분압

혼합기체에서, 어느 하나의 성분만이 존재한다고 가정할 때 그 하나의 성분이 나타내는 압력을 분압(分壓)이라고 한다. 예를 들어 수증기를 포함하고 있는 공기에 대해서는 포함되어 있는 수증기의 압력을 수증기분압이라고 부른다. 우리 머리 위에 양동이를 올려놓는다고 할 때, 우리 머리가 느끼는 압력은 그 양동이 속에 물이 많이 들어 있을 때가 적게 들어 있을 때보다 크게 된다. 마찬가지로, 우리가 피부로 느끼지는 못하지만 공기 속에 포함되어 있는 수증기의 양이 많아질수록 그 공기의 수증기분압은 커지며, 따라서 수증기분압을 p_w라 할 때 p_w와 절대습도 x와는 1 : 1로 대응한다.

3) 상대습도

수분은 공기 속을 자유롭게 드나든다고 했는데, 그렇다고 해서 공기가 받아들일 수 있는 수분의 양이 무한정한 것은 아니다. 모든 공기는 그 공기의 온도에 따라 일정량의 수분만을 받아들일 수 있으며, 공기의 온도가 높을수록 그 공기가 받아들일 수 있는 수분의 양은 많아진다. 이렇게 공기의 온도에 따라 최대로 받아들일 수 있는 수분의 양이 정해져 있는데, 예를 들어 여름철 어느 시각의 공기온도가 30℃라 할 때, 그 30℃의 공기가 받아들일 수 있는 최대한의 수분량과 현재 실제로 그 공기 속에 들어 있는 수분량과의 비율을 상대습도라 한다. 따라서 상대습도는 비율을 나타내며 그 단위는 %가 된다.

지하철이 얼마나 혼잡한가를 나타내고자 할 때, 지하철에 백 명이 타고 있다고 표현한다면 지하철이 한산한 것인지 혼잡한 것인지 감각적으로 느끼기 어렵다. 그러나 지하철에 정원의 몇%가 타고 있다고 하면 지하철의 혼잡도를 나타내는 데 훨씬 편리한 표현방법이 된다. 이와 같이 지하철의 혼잡도를 나타낼 때 두 가지 표현 방법이 있듯이, 공기 속에 포함되어 있는 수분의 양도 같은 개념으로서 절대습도와 상대습도를 생각할 수 있다. 이때 백 명이 타고 있다고 표현하는 것이 절대습도에 해당되고, 정원의 80%라든가 120%와 같은 표현을 하는 것이 상대습도에 해당된다. 물론 상대습도의 경우는 100%가 최고값이 되며, 그 공기 속에 수분이 전혀 포함되어 있지 않으면 상대습도는 0%가 된다.

상대습도의 정의는 식 4.1과 같이 공기의 수증기분압과 그 온도에 대한 포화공기의 수증기분압과의 비를 퍼센트로 나타낸 것이다.

$$\phi = \frac{p_w}{p_{ws}} \times 100 \quad \cdots\cdots (4.1)$$

ϕ : 상대습도 [%]

p_w : 공기의 수증기분압 [Pa]

p_{ws} : 포화공기의 수증기분압 [Pa]

앞에서 설명했듯이 공기는 그 온도에 따라 포함할 수 있는 수증기의 양이 변화되므로 포화공기의 수증기분압 p_{ws}는 공기온도에 따라 변화하게 된다. 따라서 같은 수증기분압의 공기, 즉 같은 양의 수분을 포함하고 있는 공기라 하더라도 온도가 달라지면 상대습도의 값도 달라진다.

4) 비교습도(포화도)

앞에서 설명한 상대습도에서의 수증기분압 대신 절대습도를 적용시킨 것을 비교습도 또는 포화도라 한다. 「2) 수증기분압」에서 언급했듯이, 절대습도와 수증기분압은 1 : 1로 대응하게 되므로 상대습도와 비교습도는 거의 같은 의미로 쓰이고 있다. 실제로 공기온도가 높아지면 상대습도와 비교습도의 값의 차이가 커지지만, 실내 열환경에서 일반적으로 다루고 있는 온도에서는 거의 같은 값이 된다. 비교습도 ψ는 다음의 식으로 나타내어진다.

$$\psi = \frac{x}{x_s} \times 100 \quad \cdots\cdots (4.2)$$

ψ : 비교습도(포화도) [%]

x : 공기의 절대습도 [kg/kg(DA)]

x_s : 포화공기의 절대습도 [kg/kg(DA)]

상대습도 및 비교습도의 의미를 도식화하면 그림 4.2와 같이 나타낼 수 있다. 그림에서 알 수 있듯이 공기에 포함되어 있는 수분량이 같아도 그 공기의 온도에 따라 상대습도(비교습도)는 달라진다.

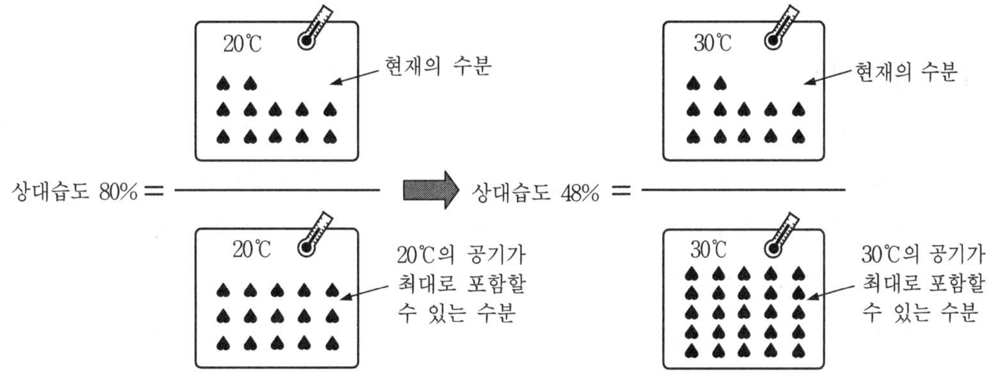

그림 4.2 상대습도(비교습도)의 의미

5) 노점온도

이미 설명했듯이 공기온도가 낮을수록 함유할 수 있는 수분량이 적어지므로, 공기온도를 점점 낮추면 어느 온도에 도달했을 때 수분을 더 이상 포함할 수 없는 포화상태가 되며, 그 상태에서 온도를 더 낮추게 되면 공기 속에 포함되어 있던 수증기의 일부가 물방울 상태로 되기 시작하는데, 이때의 온도를 노점온도(露点溫度)라 한다. 공기 속에 포함되어 있는 수증기의 양이 많을수록 더 높은 온도에서 물방울이 맺히기 시작하므로 수증기분압 및 절대습도가 높은 공기일수록 노점온도는 높아진다.

6) 습구온도

일기예보에서라든가 또는 우리가 일상생활에서 말하고 있는 온도는 공기의 온도를 나타내는 지표로, 보다 구체적으로는 건구(乾球)온도(dry bulb temperature, DB)라고도 불리고 있다. 공기의 습도를 나타내는 지표 중 건구온도에 대응되는 것으로 습구(濕球)온도(wet bulb temperature, WB)가 있으며, 습구온도를 측정하는 기기로는 일반적으로 건습구온도계가 이용된다. 건습구온도계 및 습구온도의 의미에 대해서는 「제2장 4. (2) 1) 건습구온도계」에 자세히 설명되어 있다.

(3) 공기선도

공기의 상태를 나타내는 요소로는 우리가 잘 알고 있는 온도와 앞에서 설명한 습도 이외에도 다른 많은 요소가 있으며, 이들 요소들의 상관관계를 그래프로 나타낸 것이 그림 4.3의 공기선도이다. 공기선도는 수분이 포함되어 있는 공기에 대해 나타낸 것이므로 습공기선도라고도 한다.

공기선도에는 그림 4.3에 나타나 있듯이 공기의 건구온도, 습구온도, 절대습도, 상대습도, 비용적(비체적), 비엔탈피 등이 표시되어 있으며, 이 각 요소들 중에 어느 두 가지를 알면 나머지 모든 요소를 알 수 있다.

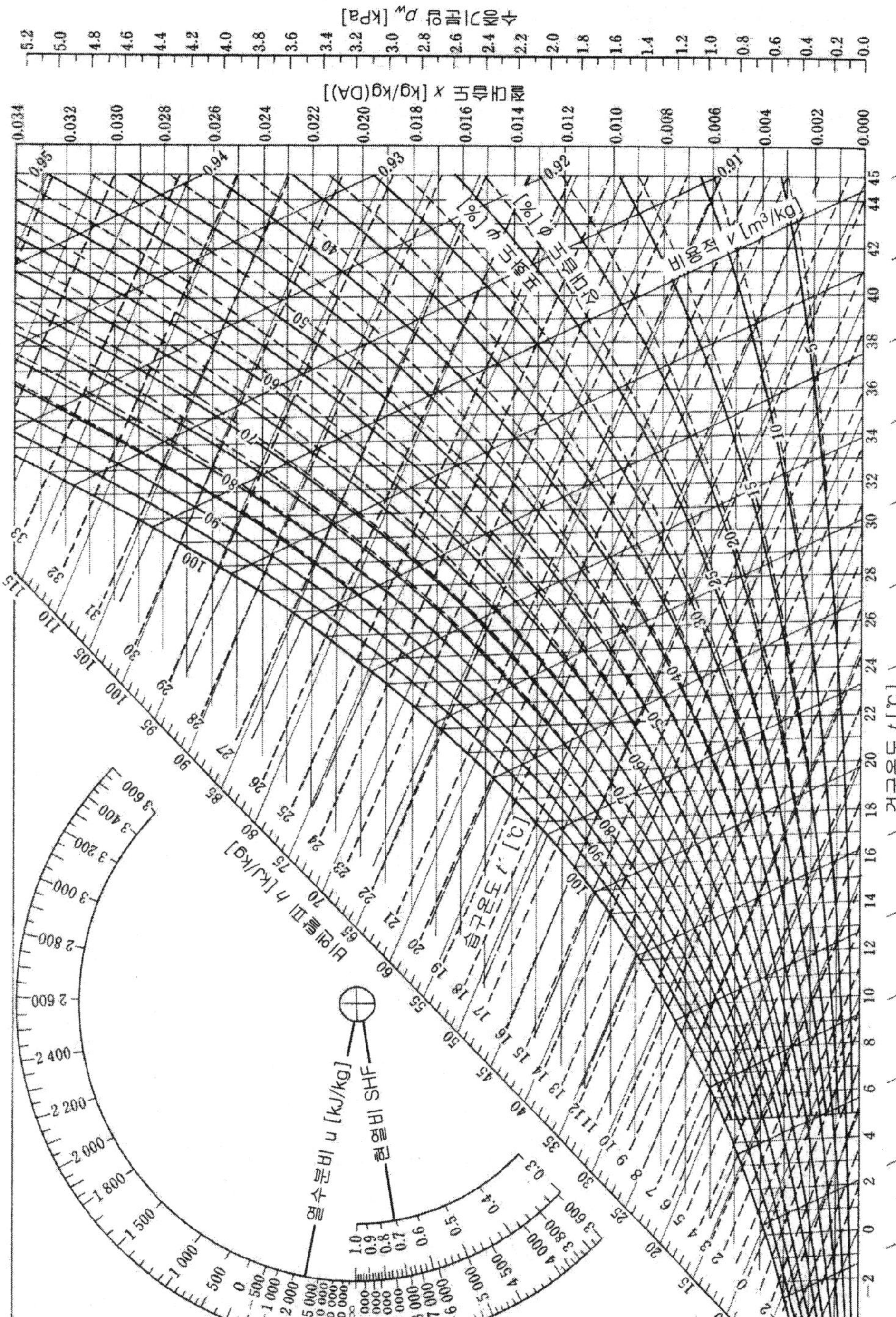
수증기분압 p_w [kPa]
절대습도 x [kg/kg(DA)]
비용적 v [m³/kg]
상대습도 φ [%]
포화도 ψ [%]
습구온도 t' [℃]
비엔탈피 h [kJ/kg]
건구온도 t [℃]
열수분비 u [kJ/kg]
현열비 SHF

그림 4.3 공기선도

예를 들어 건구온도 27℃, 절대습도 **0.01kg/kgDA**인 상태의 공기라면 아래 그림과 같은 방법으로 하여 그 공기의 상대습도는 약 **45%**, 습구온도는 약 **18.7**℃, 비용적은 약 **0.865m³/kg**, 비엔탈피는 약 **53.5kJ/kg**인 것을 알 수 있다.

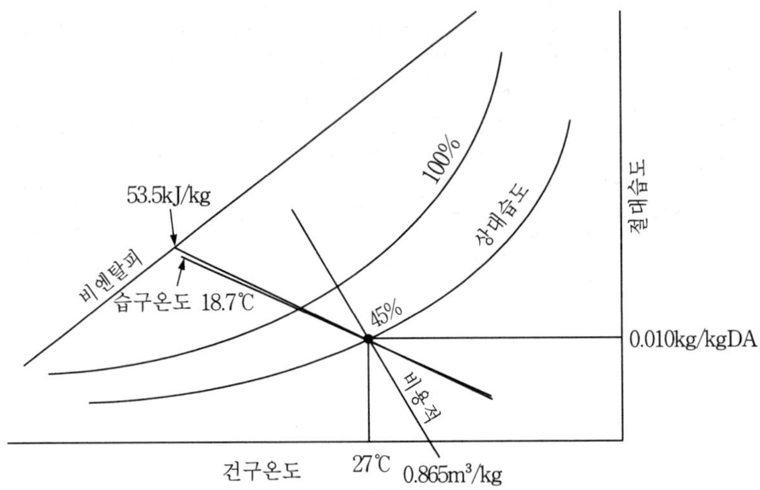

그림 4.4 공기선도에서의 각 공기상태 산정

한편, 공기의 온도가 낮아지면서 공기에 함유되어 있던 수증기 중 일부가 물방울로 되어 나타나기 시작하는 노점온도는 그림 **4.3**의 공기선도에는 직접적으로 나타나 있지 않으나, 다른 요소와 마찬가지로 공기선도를 구성하는 요소 중 어느 두 가지를 알면 산정할 수 있다.

노점온도는 공기 속에 함유되어 있던 수분이 물방울로 되어 우리 눈에 나타나기 시작하는 온도라 했는데, 공기 속에 함유되어 있던 수분이 물방울로 된다는 것은 공기가 더 이상 수분을 함유할 수 없는 상태라는 뜻이며 이는 곧 그 공기의 상대습도가 **100%**라는 의미가 된다. 따라서 그림 **4.4**에서와 마찬가지로 어느 공기의 상태가 건구온도 27℃, 절대습도 **0.01kg/kgDA**인데, 이 공기의 온도가 점점 낮아지면 아래 그림 **4.5**에서와 같이 건구온도가 낮아지는 방향으로 공기의 상태가 이동하면서 이윽고 상대습도 **100%**인 상태가 되며, 그때의 건구온도인 **14**℃가 바로 노점온도가 되는 것이다. 즉, 이 온도의 공기는 상대습도 **100%** 상태의 공기이므로 여기서 조금이라도 더 온도가 내려가면 공기 속에 함유되어 있던 수분이 더 이상 포함되지 못하고 공기 밖으로 나오면서 우리 눈에 물방울로 나타나게 되는 것이다.

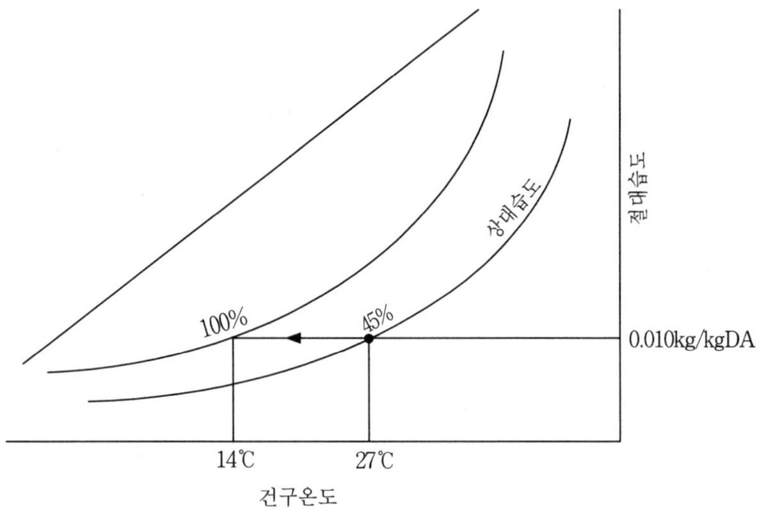

그림 4.5 공기선도에서의 노점온도 산정

공기선도를 구성하는 주요 요소 중에는 비용적과 비엔탈피도 있다. 비용적이란 어떤 상태의 공기 1kg의 부피를 m^3로 표현한 것으로 비체적이라고도 한다. 또 비엔탈피는 어떤 상태의 공기 1kg이 지니고 있는 열량을 의미한다. 공기의 무게에 관계없이 어느 공기가 지니고 있는 열량을 나타내는 경우는 엔탈피라 부른다. 건구온도 0℃, 절대습도 0kg/kgDA인 상태의 공기가 지니고 있는 엔탈피를 0으로 정의하고 있으며, 온도나 습도가 높아질수록 공기의 엔탈피는 커진다.

【예제 4.1】

건구온도 30℃, 상대습도 70%인 공기에 대해서 다음에 답하시오.

(1) 이 공기 1kg은 몇m^3인가?

(2) 이 공기 10kg에는 몇g의 수분이 포함되어 있는가?

(3) 이 공기의 노점온도는 몇℃인가?

풀이 그림 4.3 공기선도를 이용한다.

(1) 이 공기의 비용적이 약 $0.885m^3/kg$이므로 이 공기 1kg은 $0.885m^3$이다.

(2) 이 공기의 절대습도는 0.0188kg/kgDA이므로 10kg의 공기에는 0.188kg, 즉 188g의 수분이 포함되어 있다.

(3) 30℃, 70%의 상태점을 왼쪽으로 수평 이동하여 상대습도 100%의 선과 마주칠 때의 건구온도는 약 23.9℃이므로 이 공기의 노점온도는 23.9℃이다.

【예제 4.2】

건구온도 20℃, 상대습도 60%인 공기를 수분의 증감 없이 온도만 26℃로 상승시키면 상대습도는 몇%로 변하겠는가?

풀이 다음과 같이 상대습도는 42%로 된다. 즉, 공기가 포함하고 있는 수분의 양은 일정해도 온도가 높으면 상대습도는 낮아짐을 알 수 있다.

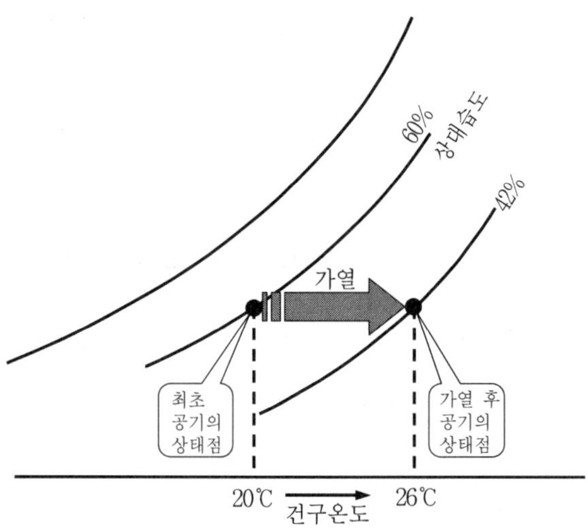

2. 결로

(1) 결로의 의미

「1. (1) 습공기」에서 수분은 공기 속으로 들어가기도 하고 공기 속에서 빠져나오기도 한다고 했고, 또 「1. (2) 5) 노점온도」에서 어느 시점의 공기의 온도가 그 공기의 노점온도보다 낮을 경우에는 공기에 함유되어 있던 수분(수증기)의 일부가 물방울 상태로 변한다고 했는데, 이렇게 공기 속에 함유되어 있어 우리 눈에 보이지 않던 수증기가 물방울이 되면서 우리 눈에 보이게 되는 현상을 결로라 한다.

결로는 이와 같이 공기 속에 함유되어 있던 수분이 공기 밖으로 나오는 현상이기 때문에 공기가 습할수록, 즉 절대습도가 높을수록 쉽게 발생한다. 또 공기의 온도가 노점온도보다 낮을 경우에 발생하는 것이므로 그 공기가 차가운 표면 등에 접촉할 때 결로가 발생할 가능성이 커지게 된다. 따라서 겨울철 가습으로 인해 실내공기의 습도는 높은 반면, 건물의 벽체나 유리창의 단열성능이 취약해서 차가운 외기의 영향으로 그 벽체나 유리창의 실내 표면이 차가울 경우에는 결로현상이 발생하면서 벽체 등에 얼룩이 지고, 변색, 곰팡이 발생 등의 폐해는 물론 구조체에 결빙과 해빙이 반복되면서 건물의 강도에 악영향을 미칠 수도 있다. 이와 같이 결로는 겨울철에 자주 발생하지만, 여름철에도 건물의 지하실과 같은 곳에서는 발생할 수 있다. 여름철에 건물 지상 부분의 벽체는 일사 및 외기의 영향으로 온도가 높아지지만, 지하실의 벽체는 외기 및 일사의 영향을 거의 받지 않으므로 상대적으로 저온을 유지하고 있는데, 이 공간에 습도가 높은 공기가 들어가면 차가운 벽체의 영향을 받아 벽체 부근의 공기가 노점온도 이하로 내려가면서 결로가 발생하게 되는 것이다.

결로는 발생장소에 따라 표면결로와 내부결로로 구분되며, 벽체와 같은 건물 구조체의 표면에 발생하는 것을 표면결로, 구조체 내부에 발생하는 것을 내부결로라 한다. 표면결로든 내부결로든 발생 조건은 그 위치에서의 물체(벽체 등) 온도는 낮아지고 공기의 습도는 높게 되는 것이다. 따라서 단열이 취약해서 겨울철 차가운 외기의 영향을 받아 실내 측 표면온도가 상당히 낮아지는 외벽이라든가, 근본적으로 단열성능이 벽체보다 취약한 유리창 등에서 결로가 많이 발생한다. 또 대단히 미약한 정도의 결로는 실내 기류의 영향으로 공기 속으로 증발될 수 있으므로, 동일한 단열성능을 지니고 있는 벽체 중에서도 실내에 설치되어 있는 가구의 뒤쪽과 같이 공기의 유통이 거의 없는 곳은 상대적으로 결로가 쉽게 발생한다.

(2) 표면결로

표면결로란 앞에서 설명했듯이 벽체와 같은 건물 구조체의 표면에 결로가 이루어지는 것이므로, 구조체의 표면온도가 그 부분의 공기의 노점온도보다 낮을 경우에 발생한다. 예를 들어 벽체의 실내 측 표면온도가 실내공기의 노점온도보다 높게 되면 결로는 발생하지 않는다. 겨울철 실내 벽체의 열 이동 모식도를 나타낸 그림 4.6을 통해 표면결로의 방지를 위한 조건을 생각해 보기로 하자.

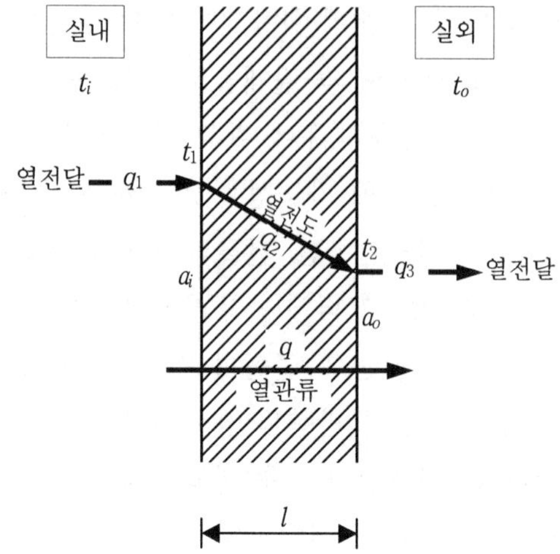

그림 4.6 벽체를 통한 열 이동

겨울철에는 실내온도가 실외온도보다 높기 때문에 벽체를 통한 열의 이동은 실내에서 실외 방향으로 이루어진다. 이때 벽체에서의 열 이동은 「제3장 1. (4) 1) 열관류의 의미」에서 설명했듯이 다음과 같은 과정들로 나누어 생각할 수 있다.

① 실내 공기에서 실내 측 벽체 표면으로의 이동, 즉 기체에서 고체로의 이동(그림에서 q_1)
② 실내 측 표면에서 실외 측 표면으로의 이동, 즉 고체 내부에서의 이동(그림에서 q_2)
③ 실외 측 표면에서 실외 공기로의 이동, 즉 고체에서 기체로의 이동(그림에서 q_3)
④ 상기 ①②③을 종합적으로 고려한 이동(그림에서 q)

이 과정들은 각각 열전달(①과 ③), 열전도(②) 및 열관류(④)로 불리어지고 있으며, 이 네 가지 과정은 그 형태는 다르지만 그 값은 모두 동일하다. 그 이유는 제3장의 그림 3.2에 대한 설명에서 예를 들었던, 고속도로에서의 자동차 주행으로 다음과 같이 설명할 수 있다.

어떤 자동차가 서울에서 부산까지 가고자 하는데 교통 상황이 좋아 100km/h의 속도를 꾸준히 유지하면서 주행하고 있다면, 서울에서 대전까지 갈 때도 1시간당 주행거리는 100km일 것이고, 대전에서 대구까지도 1시간당 주행거리는 100km가 될 것이다. 마찬가지로 대구에서 부산까지도 1시간당의 주행거리는 100km가 될 것이며, 서울에서 부산까지를 생각해 보더라도 1시간당의 주행거리는 100km가 될 것이다. 이렇게 자동차가 일정속도로 주행하고 있다면 주행거리에 관계없이 1시간당의 주행거리는 모두 동일한 값을 나타내게 된다.

그림 4.6에서 분류한 열 이동의 각 과정에 대해서도 그 과정이 이루어지는 위치는 모두 다르지만, 각 과정의 정도를 수치로 나타낼 때의 단위는 모두 W(J/s) 즉 1초당의 열의 양이므로 실내에서 실외로의 열의 이동이 지속적으로 같은 정도로 이루어지고 있다면 각 과정의 값은 모두 동일하다고 할 수 있는 것이다.

이와 같은 내용에 의거, 과정 ①과 과정 ④를 이용하여 표면결로의 방지조건을 검토해 보자. 먼저 과정 ①에 의한 열의 이동량(열전달량)과 과정 ④에 의한 열의 이동량(열관류량)은 물리적으로 다음 식에 의해 나타내어진다.

$$q = \alpha_i (t_i - t_1) A \quad \cdots\cdots (4.3)$$

$$q = K(t_i - t_o) A \quad \cdots\cdots (4.4)$$

q : 벽체에서의 열 이동량[W]

α_i : 실내 측 표면열전달률[W/m²℃]

t_i : 실내온도[℃]

t_1 : 실내 측 벽체 표면온도[℃]

t_o : 실외온도[℃]

K : 열관류율[W/m²℃]

A : 벽체 면적[m²]

앞에서 설명한 바와 같이 식 4.3의 값과 식 4.4의 값이 같으므로,

$\alpha_i (t_i - t_1) A = K(t_i - t_o) A$, 따라서

$$t_1 = t_i - \frac{K}{\alpha_i}(t_i - t_o) \quad \cdots\cdots (4.5)$$

식 4.5에 나타나 있는 실내 측 벽체 표면온도의 값이 실내공기의 노점온도보다 높게 되면 결로는 발생하지 않으므로 실내공기의 노점온도를 t_i'라 할 때 다음

식을 만족하면 결로발생을 방지할 수 있다.

$$t_i' < t_1 = t_i - \frac{K}{\alpha_i}(t_i - t_o) \quad \cdots\cdots (4.6)$$

식 4.6에서 실내공기의 노점온도 t_i'는 「1. (3) 공기선도」에서 설명한 방법에 의해 구할 수 있고, 실내 측 표면열전달률과 열관류율에 대해서는 제3장의 표 3.2 및 식 3.18에 나타나 있다. 한편 식에서 알 수 있듯이 t_1, 즉 실내 측 표면온도가 높으면 결로발생을 방지할 수가 있는데 실내 측 표면온도가 고온을 유지하기 위해서는 차가운 외기의 영향을 받지 않도록 할 필요가 있으며, 그 좋은 방법으로 벽체에 단열재를 설치하는 것이다.

【예제 4.3】

어느 건물의 외벽은 콘크리트로 되어 있고 실내 측에 석고보드가 내장되어 있다. 이 건물의 실내 측 벽면에 대한 결로의 발생 여부를 검토하시오. 건물의 설계조건은 다음과 같다.

<조 건>

(1) 외기온습도 : -10℃, 30%
(2) 실내온습도 : 20℃, 50%
(3) 벽체의 열관류율 : 1.5W/m²℃
(4) 실내 측 표면열전달률 : 9.3W/m²℃

풀이 먼저, 공기선도를 이용하여 실내공기의 노점온도를 구하면 그림과 같이 약 9.3℃가 된다.

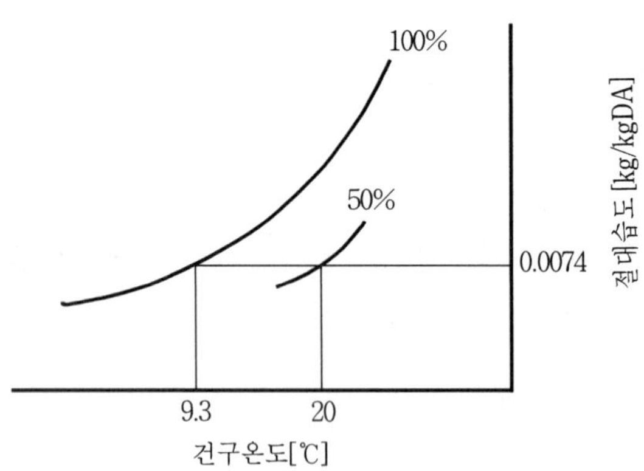

그리고 식 4.6에 의해 실내 측 표면온도를 구하면,

$$t_1 = t_i - \frac{K}{\alpha_i}(t_i - t_o) = 20 - \frac{1.5}{9.3}(20-(-10)) \fallingdotseq 15.2[℃]$$

실내 측 표면온도 15.2℃가 실내공기의 노점온도 9.3℃보다 높으므로 실내 측 벽면에는 결로가 발생하지 않는다.

(3) 내부결로

표면결로나 내부결로나 바람직하지 않은 현상이라는 점은 동일하지만, 표면결로는 발생 시 우리의 눈으로 확인이 가능하여 건물 완공 후에라도 방지를 위한 대책을 강구할 수 있지만, 내부결로는 우리의 눈으로 확인이 되지 않아 발생여부의 판단이 어려우므로 설계 및 시공을 할 때 보다 면밀한 검토가 필요하다.

벽체 등의 내부결로는 벽체 내의 온도 분포와 수증기압 분포에 의해 발생 여부가 결정된다. 건물 안과 건물 밖 사이에 온도차가 있으면 고온부에서 저온부로 벽체를 통해 열이 이동되듯이, 건물 안과 건물 밖 사이에 습도차가 있으면 고습부에서 저습부로 벽체를 통해 수분이 이동하게 된다. 따라서 벽체 내부에도 항상 습기가 있게 되며, 벽체 각 부분에서의 온도 및 습도에 따라 내부결로의 발생 여부가 결정되는 것이다.

1) 습기전도율(투습률), 습기전달률(투습계수), 습기관류율

제3장의 그림 3.2에 대한 설명에서 언급했듯이, 일반적으로 건물의 벽체는 여러 종류의 재료로 구성되어 있고, 또 각 재료마다 열전도율이 다르므로 벽체 내의 온도분포는 일직선상이 되지 않는다. 이것은 습도에 대해서도 마찬가지로, 벽체를 구성하는 재료마다의 수분 전달성(투습성)에 따라 벽체 내의 습도 분포가 일직선상이 되지 않는다. 수분의 많고 적음을 나타내는 용어 중 수증기압(또는 수증기분압)이 있어, 벽체 내 습도분포는 통상 수증기압분포라고 한다. 수증기압이 높다는 것은 그만큼 수증기(수분)가 많다는 것을 의미하므로 습도가 높다는 뜻이 된다.

한편, 재료 내부에서의 열의 이동성(전달성)을 나타내는 것을 열전도율이라고 하고 반대의 개념인 열의 차단성을 열전도저항이라 했는데, 습도에 관해서도 재료 내에서의 습기의 전달성을 나타내는 지표로 재료의 습기전도율이 있으며, 반대로 습기의 차단성을 나타내는 지표로 재료의 습기전도저항이 있다. 습기전도율과 습기전도저항은 각각 투습률과 투습비저항이라고도 불리어지고 있다.

또 실내공기와 실내 측 벽체표면과의 열 이동성 및 실외공기와 실외 측 벽체표면과의 열 이동성을 나타내는 표면열전달률에 해당하는 것이 습기에서는 습기전달률(투습계수)이며, 벽체를 통해 실내공기로부터 실외공기로(또는 실외공기로부터 실내공기로)의 열 이동성을 나타내는 열관류율에 해당되는 것이 습기관류율이다.

2) 수분의 이동

벽체 내부에서의 수분의 이동 또는 벽체를 관통하여 이루어지는 수분의 이동은 「제3장 전열과 단열」에서 설명했던 열의 이동과 동일한 개념으로 생각할 수 있다. 상기 「1) 습기전도율, 습기전달률, 습기관류율」에서 설명했듯이, 열이동에서 적용했던 열전도율, 열전달률, 열관류율 대신에 습기전도율, 습기전달률, 습기관류율을 적용하면 벽체 내부에서의 수분의 이동량 및 벽체를 통한 수분의 이동량을 산정할 수 있게 된다.

① 벽체 내부에서의 수분 이동

벽체의 양면에 습도차가 있을 때 고습부에서 저습부로 이동되는 수분량은 다음의 식 4.7과 같이 되며, 이는 전도에 의한 열의 이동량을 나타낸 제3장의 식 3.1과 같은 형태이다.

$$g = \frac{\lambda'}{l}(f_1 - f_2)A \quad \cdots\cdots (4.7)$$

g : 수분 이동량 [g/s]

λ' : 재료의 습기전도율 [g/m s Pa]

l : 재료의 두께 [m]

f_1 : 고습부 수증기압 [Pa]

f_2 : 저습부 수증기압 [Pa]

A : 벽체 면적 [m^2]

식 4.7의 구성요소 중 하나인 재료의 습기전도율은 이미 설명했듯이 재료가 어느 정도 수분을 전달시키는가를 나타내는 지표로, 재료의 열전도성을 나타내는 열전도율이 재료마다 다른 것과 마찬가지로 재료의 투습성을 나타내는 습기전도율도 재료마다 각기 다른 값을 갖게 된다. 표 4.1에 각종 건축재료의 습기전도율을 나타낸다. 동일한 재료라고 해도 그 재료의 밀도라든가, 재료의 구성 성분(예를 들어 콘크리트의 경우 시멘트, 모래, 자갈 등의 혼합 비율)에 따라 재료의 투습성은 달라질 수 있으며, 따라서 표 4.1의 값은 일반적으로 사용되는 재료상태에 대한 값을 나타낸 것이다.

표 4.1 각종 건축재료의 습기전도율 ($\times 10^{-8}$) [g/m s Pa]

건 축 재 료	습기전도율	건 축 재 료	습기전도율
콘크리트	4.646	합 판	0.794
모르타르	1.029	암 면	13.595
타 일	0.063	폴리스틸렌	6.944
플라스터	1.602	폴리에틸렌	2.604
석고보드	0.617	방습용 셀로판	0.00025

② 벽체 내외부의 수분의 이동

건물의 실내와 실외 사이에 습도차가 있게 되면 벽체나 지붕을 통해 수분의 이동이 있게 되며, 이것은 건물의 내외부에 온도차가 있을 때 벽체나 지붕을 통해 열의 이동이 이루어지는 것과 동일한 현상이다. 따라서 벽체 내외부의 수분의 이동량은 벽체 내외부의 열의 이동량을 나타낸 제3장의 식 3.19와 같은 형태인 다음의 식 4.8로 나타낼 수 있다.

$$g = K'(f_i - f_o)A \quad \cdots\cdots (4.8)$$

g : 벽체를 통한 수분 이동량 [g/s]

K' : 벽체의 습기관류율 [$g/m^2\ s\ Pa$]

f_i : 실내의 수증기압 [Pa]

f_o : 실외의 수증기압 [Pa]

A : 벽체 면적 [m²]

식 4.8에서 K'는 열의 이동량에서의 열관류율에 해당되는 습기관류율로, 열관류율에서와 마찬가지로 벽체 표면에서의 습기전달률, 재료의 습기전도율 및 두께를 이용하여 다음의 식 4.9와 같이 산정된다.

$$K' = \frac{1}{\dfrac{1}{\alpha_i'} + \sum \dfrac{l}{\lambda'} + \dfrac{1}{\alpha_o'}} \quad \cdots\cdots (4.9)$$

K' : 벽체의 습기관류율 [g/m² s Pa]

α_i' : 내표면 습기전달률 [g/m² s Pa]

α_o' : 외표면 습기전달률 [g/m² s Pa]

λ' : 벽체를 구성하는 재료의 습기전도율 [g/m s Pa]

l : 벽체를 구성하는 재료의 두께 [m]

식 4.9에서 재료의 습기전도율 λ'는 표 4.1에서 구할 수 있으며, 습기전달률 α_i' 및 α_o'는 아래의 표 4.2의 값을 적용할 수 있다.

표 4.2 공기층 및 벽체 표면의 습기전달률 ($\times 10^{-6}$) [g/m² s Pa]

위치 및 재료	습기전달률
공 기 층	7.8
실내 측 벽면 공기	35.4
실외 측 벽면 공기	104.2

3) 내부결로 방지조건

「(2) 표면결로」에서, 벽체(지붕 및 바닥 포함)의 표면결로를 방지하기 위해서는 벽체 주변 공기의 노점온도보다 벽체의 표면온도가 높게 유지될 필요가 있으며, 결로가 발생하기 쉬운 겨울철에 벽체의 표면온도를 높게 유지하기 위해서는 벽체에 단열재를 설치하여 차가운 외기의 영향을 가급적 차단하는 방법이 효과적이라 했다.

표면결로의 방지에 관해서 고려할 때, 온도에 관한 표면온도와 습도에 관한 노점온도가 관계되었듯이, 내부결로의 방지에 대해서도 온도와 습도의 두 가지 요소가 관계되며, 더욱이 벽체 내의 결로에 관한 것이기 때문에 벽체 내부에서의 온도 및 습도가 고려되어야 한다.

벽체가 하나의 재료로 구성되는 경우는 드물기 때문에 대부분의 벽체에서는 벽체 재료의 종류 및 두께에 따라 벽체 내부에서의 온도 및 습도가 다양하게 변화된다. 벽체 내부에서의 온도분포는 재료의 열전도율 및 두께를 이용하여 제3장의 그림 3.2 및 식 3.2의 설명과 같은 방법으로 산정할 수 있으며, 습도분포는 재료의 습기전도율 및 두께를 이용하여 마찬가지 방법으로 산정할 수 있다.

이론적으로는 벽체 내 어느 부분의 수증기압이 그 부분에서의 온도에 대한 포화수증기압보다 높을 때 내부결로가 발생하게 된다. 수증기압이란 수분이 많을수록 높아지는 것이므로 벽체 내 어느 부분의 수증기압이 높을수록 그 부분에서의 결로 발생 가능성은 커진다. 한편, 벽체 내 어느 부분에 수분이 많이 있어도 그 부분의 공기온도가 높으면 공기 속에 그 수분을 모두 함유할 수 있으므로 결로는 발생하지 않는다. 따라서 표면결로와 마찬가지로 내부결로도 습도 및 온도가 중요한 영향을 미치게 된다.

내부결로의 발생조건은 벽체 내 어느 부분에서의 수증기압이 그 부분에서의 온도에 대한 포화수증기압보다 높게 되는 것이라고 했는데, 여기서 어느 온도에 대한 포화수증기압이란 그 온도의 공기가 최대로 함유할 수 있는 수분의 양을 말한다. 따라서 수증기압이 포화수증기압보다 높다는 것은 더 이상 수분이 공기 속에 함유되지 못하고 일부가 공기 밖으로 나온다는 뜻이 되며, 결국 그 부분에서 결로의 발생이 이루어지는 것이다. 공기가 함유할 수 있는 수분은 그 공기의 온도가 높을수록 많아지는 성질이 있으므로, 공기의 온도가 높을수록 그 공기의 포화수증기압은 높아진다. 표 4.3에 공기의 온도에 따른 포화수증기압을 나타낸다. 표에서 세로축은 10단위 숫자의 온도, 가로축은 1단위 숫자의 온도를 가리킨다. 예를 들어 25℃ 공기에 대한 포화수증기압은 세로축의 2와 가로축의 5가 만나는 곳의 731.1Pa이라는 것을 알 수 있다.

표 4.3 공기의 온도에 따른 수분의 포화수증기압 [Pa]

온도[℃]	0	1	2	3	4	5	6	7	8	9
−19	113.5	112.4	111.5	110.3	109.2	108.3	107.2	106.3	105.2	104.3
−18	124.8	123.6	122.5	121.3	120.1	119.1	117.9	116.8	115.7	114.7
−17	137.1	135.9	134.5	133.3	132.0	130.8	129.6	128.4	127.2	126.0
−16	150.7	149.2	147.9	146.4	145.1	143.7	142.4	141.1	139.7	138.4
−15	165.2	163.7	162.3	160.7	159.2	157.7	156.3	154.8	153.5	152.0
−14	181.1	179.5	177.9	176.3	174.7	173.1	171.5	169.9	168.3	166.7
−13	198.4	196.7	194.8	193.1	191.3	189.5	187.9	186.1	184.4	182.7
−12	217.2	215.3	213.3	211.4	209.4	207.6	205.7	203.8	202.0	200.3
−11	237.6	235.4	233.4	231.3	229.2	227.0	225.0	223.0	221.0	219.0
−10	259.7	257.4	255.0	252.9	250.6	248.4	246.2	244.0	241.8	239.7
−9	283.7	281.2	278.6	276.2	273.8	271.4	269.0	266.6	264.4	262.0
−8	309.7	307.0	304.2	301.7	299.0	296.5	293.8	291.3	288.8	286.2
−7	337.8	335.0	332.1	329.2	326.4	323.6	320.8	318.0	315.2	312.4
−6	368.5	365.3	362.2	359.0	356.0	352.9	349.8	346.8	343.8	340.9
−5	401.4	398.1	394.6	391.3	387.8	384.6	381.3	378.1	374.8	371.7
−4	437.2	433.6	429.8	426.2	422.6	419.0	415.4	412.0	408.4	404.9
−3	475.7	471.7	467.8	463.8	460.0	456.1	452.4	448.5	444.8	440.9
−2	517.3	513.0	508.8	504.5	500.4	496.1	492.0	487.8	483.8	479.7
−1	562.4	557.7	553.0	548.5	544.0	539.4	534.9	530.4	526.0	521.7
−0	610.7	605.7	600.8	595.8	590.9	586.0	581.2	576.4	571.7	567.0
0	610.7	615.3	619.7	624.2	628.7	633.3	637.9	642.6	647.3	651.9
1	656.6	661.4	666.2	671.0	675.8	680.6	685.5	690.5	695.4	700.1
2	705.5	710.5	715.7	720.7	725.9	731.1	736.3	741.5	746.9	752.2
3	757.7	762.9	768.3	773.8	779.3	784.7	790.3	795.9	801.5	807.4
4	813.0	818.7	824.5	830.2	836.1	841.9	847.9	853.8	859.8	865.8
5	871.9	878.1	884.2	890.3	896.6	902.9	909.1	915.4	921.8	928.2
6	934.6	941.1	947.7	954.2	960.9	966.9	974.2	980.9	987.7	994.5
7	1001.3	1008.2	1015.1	1022.0	1029.1	1036.2	1043.2	1050.4	1057.6	1058.2
8	1072.2	1079.5	1086.8	1094.3	1101.6	1109.2	1116.8	1124.3	1132.0	1139.0
9	1147.4	1155.2	1163.0	1170.8	1178.7	1186.7	1194.7	1202.7	1210.8	1219.0
10	1227.2	1235.5	1243.8	1252.2	1259.2	1269.0	1277.5	1286.0	1294.6	1303.2

온도[℃]	0	1	2	3	4	5	6	7	8	9
11	1311.9	1320.7	1329.5	1338.6	1346.6	1355.9	1365.2	1374.6	1383.9	1393.2
12	1401.2	1410.6	1419.9	1429.2	1438.5	1449.2	1458.5	1467.9	1477.2	1486.5
13	1497.2	1506.5	1517.2	1526.5	1535.9	1546.5	1557.2	1566.5	1577.2	1587.9
14	1597.2	1607.9	1618.5	1629.2	1639.9	1650.5	1661.2	1671.9	1682.5	1693.2
15	1703.9	1715.9	1726.5	1737.2	1749.2	1759.9	1771.9	1782.5	1794.5	1805.2
16	1817.2	1829.2	1841.2	1851.8	1863.8	1875.8	1887.8	1899.8	1911.8	1923.8
17	1937.2	1949.2	1961.2	1974.5	1986.5	1998.5	2011.8	2023.8	2037.2	2050.5
18	2062.5	2075.8	2089.2	2102.5	2115.8	2129.2	2142.5	2155.8	2169.2	2182.5
19	2195.8	2210.5	2223.8	2238.5	2251.8	2266.5	2279.8	2294.5	2309.1	2322.5
20	2337.1	2351.8	2366.5	2381.1	2395.8	2410.5	2425.1	2441.1	2455.8	2337.1
21	2486.5	2501.1	2510.5	2531.8	2547.8	2563.8	2579.8	2594.5	2610.5	2626.5
22	2642.4	2659.8	2675.8	2691.8	2707.8	2725.1	2741.1	2758.4	2774.4	2791.8
23	2809.1	2825.1	2842.4	2859.8	2877.1	2894.4	2911.8	2930.4	2947.8	2965.1
24	2983.8	3001.1	3019.8	3037.1	3055.7	3074.4	3091.7	3110.4	3129.1	3147.7
25	3167.7	3186.4	3205.1	3223.7	3243.7	3262.4	3282.4	3301.1	3321.1	3341.1
26	3361.2	3381.1	3401.1	3421.1	3441.1	3461.0	3482.4	3502.4	3523.7	3543.7
27	3565.0	3586.4	3606.4	3627.7	3649.0	3670.4	3693.0	3714.4	3855.7	3757.0
28	3779.7	3802.4	3823.7	3846.4	3869.0	3891.7	3914.3	3937.0	3959.7	3982.3
29	4005.0	4029.0	4051.7	4075.7	4099.7	4122.3	4146.3	4170.3	4194.3	4218.3
30	4243.7	4267.6	4291.6	4317.0	4341.0	4366.3	4391.6	4417.0	4442.3	4467.6

벽체 내부의 온도분포와 습도분포(수증기압 분포) 및 표 4.3에 제시되어 있는 포화수증기압을 통해 내부결로의 발생여부 및 방지조건을 생각해 보자.

① 온도분포

먼저, 단일 벽체에서의 열 이동을 나타낸 그림 4.6을 확장하여 다중 벽체에서의 열 이동을 다음의 그림 4.7과 같이 나타내기로 한다. 그림 4.6에 대한 설명에서 q(열관류), q_1(열전달), q_2(열전도), q_3(열전달)는 동일한 값이라고 했듯이, 그림 4.7에서도 q, q_1, q_2 및 q_3는 동일한 값이 되며, 또 다중 벽체이므로 벽체 내부에서의 열전도성은 벽체 재료에 따라 다르지만 단위시간당 전열량은 그림 4.6에 대한 설명에서와 마찬가지로 어느 위치에서나 동일하게 된다.

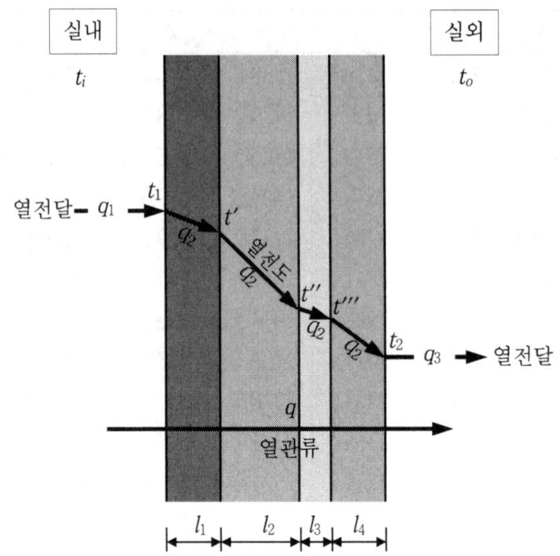

그림 4.7 다중 벽체에서의 벽체를 통한 열 이동

그림 4.7에서 실내 측 벽체 표면온도 t_1은 식 4.5에서와 마찬가지로 다음의 식 4.10으로 나타낼 수 있다.

$$t_1 = t_i - \frac{K}{\alpha_i}(t_i - t_o) \quad \cdots\cdots (4.10)$$

동일한 방법으로, q_3의 값을 나타내는 식 $\alpha_o(t_2 - t_o)A$(제3장의 식 3.13에 나타낸 뉴턴의 냉각법칙)와 q의 값을 나타내는 $K(t_i - t_o)A$가 동일하므로 $\alpha_o(t_2 - t_o)A = K(t_i - t_o)A$, 따라서 실외 측 벽체의 표면온도 t_2는 다음의 식 4.11로 나타낼 수 있다.

$$t_2 = t_o + \frac{K}{\alpha_o}(t_i - t_o) \quad \cdots\cdots (4.11)$$

다중 벽체에서의 열전도에 의한 전열량은 제3장의 식 3.2에서 나타낸 바와 같이 다음의 식 4.12로 나타내어진다.

$$q = \frac{\lambda_1}{l_1}(t_1 - t')A = \frac{\lambda_2}{l_2}(t' - t'')A = \frac{\lambda_3}{l_3}(t'' - t''')A = \frac{\lambda_4}{l_4}(t''' - t_2)A$$

$$\cdots\cdots(4.12)$$

$\lambda_1, \lambda_2, \lambda_3, \lambda_4$: 각 재료의 열전도율 [kcal/mh℃]

l_1, l_2, l_3, l_4 : 각 재료의 두께 [m]

식 4.12에 나타낸 전열량과 열관류에 의한 전열량 $K(t_i - t_o)A$ 또한 동일하므로 다음과 같은 방법으로 벽체 내부의 온도분포를 산정할 수 있다. 먼저, 식 4.12의 두 번째 항인 $\frac{\lambda_1}{l_1}(t_1 - t')A$와 열관류에 의한 전열량 $K(t_i - t_o)A$를 다음과 같이 같게 놓는다.

$$\frac{\lambda_1}{l_1}(t_1 - t')A = K(t_i - t_o)A \quad\cdots\cdots(4.13)$$

식 4.13을 t'에 대해 정리하면 다음과 같이 벽체 내 t'의 온도를 산정할 수 있다.

$$t' = t_1 - \frac{l_1}{\lambda_1}K(t_i - t_o) \quad\cdots\cdots(4.14)$$

또, 식 4.14의 t_1에 식 4.10을 대입하여 정리하면 식 4.15와 같이 실내온도와 실외온도를 이용하여 벽체 내부의 온도를 표현할 수 있다.

$$\begin{aligned} t' &= t_1 - \frac{l_1}{\lambda_1}K(t_i - t_o) \\ &= t_i - \frac{K}{\alpha_i}(t_i - t_o) - \frac{l_1}{\lambda_1}K(t_i - t_o) \\ &= t_i - \left(\frac{1}{\alpha_i} + \frac{l_1}{\lambda_1}\right)K(t_i - t_o) \quad\cdots\cdots(4.15) \end{aligned}$$

동일한 방법으로 t''의 온도도 산정할 수 있다. 즉, 식 4.12의 세 번째 항인 $\frac{\lambda_2}{l_2}(t' - t'')A$와 $K(t_i - t_o)A$를 같게 놓고 t''에 대해 정리하면 다음과 같이 된다.

$$\frac{\lambda_2}{l_2}(t'-t'')A = K(t_i - t_o)A,\ t'' = t' - \frac{l_2}{\lambda_2}K(t_i - t_o) \quad \cdots\cdots (4.16)$$

식 4.16의 t'에 식 4.15를 대입하여 정리하면 다음과 같이 된다.

$$\begin{aligned} t'' &= t' - \frac{l_2}{\lambda_2}K(t_i - t_o) \\ &= t_i - (\frac{1}{\alpha_i} + \frac{l_1}{\lambda_1})K(t_i - t_o) - \frac{l_2}{\lambda_2}K(t_i - t_o) \\ &= t_i - (\frac{1}{\alpha_i} + \frac{l_1}{\lambda_1} + \frac{l_2}{\lambda_2})K(t_i - t_o) \quad \cdots\cdots (4.17) \end{aligned}$$

마찬가지 방법으로 하여 벽체 내 t'''는 다음과 같이 나타낼 수 있다.

$$t''' = t_i - (\frac{1}{\alpha_i} + \frac{l_1}{\lambda_1} + \frac{l_2}{\lambda_2} + \frac{l_3}{\lambda_3})K(t_i - t_o) \quad \cdots\cdots (4.18)$$

식 4.10~4.18에 의해 실제의 벽체를 가정하여 벽체의 표면 및 내부의 온도 분포를 산정해 보기로 한다. 산정조건으로 겨울철 난방을 하고 있는 실내의 온도는 20℃ 상대습도 50%라 하고, 실외의 온도는 0℃ 상대습도 30%라 가정한다. 또 벽체를 구성하는 재료는 실내 측으로부터 석고보드 3mm, 모르타르 10mm, 콘크리트 150mm, 타일 5mm라고 한다.
각 식을 산정하기 위한 사전 계산으로 실내 측과 실외 측의 표면열전달률(α_i, α_o) 및 벽체 전체로서의 열관류율(K)을 구할 필요가 있다. 표면열전달률은 제3장의 표 3.2에 있는 값을 적용하기도 하나, 보다 간략히 하기 위해서 내표면열전달률 α_i는 9.3W/m^2℃, 외표면열전달률 α_o는 23W/m^2℃로 가정하는 경우가 많으므로 여기에서도 이 값을 이용하기로 한다. 또 열관류율은 제3장의 식 3.18에 의해 다음과 같이 산정되며 이때 벽체 각 재료의 열전도율은 표 3.1을 이용한다.

$$K = \frac{1}{\frac{1}{\alpha_i} + \Sigma\frac{l}{\lambda} + \frac{1}{\alpha_o}}$$

$$= \frac{1}{\frac{1}{9.3} + \frac{0.003}{0.17}(\text{석고보드}) + \frac{0.01}{1.5}(\text{모르타르}) + \frac{0.15}{1.4}(\text{콘크리트}) + \frac{0.005}{1.3}(\text{타일}) + \frac{1}{23}}$$

≒3.49[W/m²℃]

㉮ 실내 측 표면

식 4.10에 의해 $t_1 = t_i - \frac{K}{\alpha_i}(t_i - t_o) = 20 - \frac{3.49}{9.3}(20-0) ≒ 12.5$[℃]

㉯ 벽체 내부 1(석고보드와 모르타르의 경계면)

식 4.15에 의해 $t' = t_i - (\frac{1}{\alpha_i} + \frac{l_1}{\lambda_1})K(t_i - t_o)$

$= 20 - (\frac{1}{9.3} + \frac{0.003}{0.17}) \times 3.49 \times (20-0) ≒ 11.3$[℃]

㉰ 벽체 내부 2(모르타르와 콘크리트의 경계면)

식 4.17에 의해 $t'' = t_i - (\frac{1}{\alpha_i} + \frac{l_1}{\lambda_1} + \frac{l_2}{\lambda_2})K(t_i - t_o)$

$= 20 - (\frac{1}{9.3} + \frac{0.003}{0.17} + \frac{0.01}{1.5}) \times 3.49 \times (20-0)$

≒ 10.8[℃]

㉱ 벽체 내부 3(콘크리트와 타일의 경계면)

식 4.18에 의해 $t''' = t_i - (\frac{1}{\alpha_i} + \frac{l_1}{\lambda_1} + \frac{l_2}{\lambda_2} + \frac{l_3}{\lambda_3})K(t_i - t_o)$

$= 20 - (\frac{1}{9.3} + \frac{0.003}{0.17} + \frac{0.01}{1.5} + \frac{0.15}{1.4}) \times 3.49 \times (20-0)$

≒ 3.3[℃]

㉲ 실외 측 표면

식 4.11에 의해 $t_2 = t_o + \frac{K}{\alpha_o}(t_i - t_o) = 0 + \frac{3.49}{23}(20-0) ≒ 3.0$[℃]

② 습도분포

벽체 표면 및 내부에서의 습도분포는 이미 설명한 온도분포와 동일한 방법으로 산정할 수 있다. 벽체의 내표면열전달률과 외표면열전달률, 벽체를 구성하는 재료 각각의 열전도율과 두께, 그리고 벽체 전체로서의 열관류율을 이용하여 온도분포를 산정했듯이, 표면열전달률에 해당하는 표면의 습기전달률(투습계수), 재료의 열전도율에 해당하는 습기전도율(투습률), 그리고 열관류율에 해당하는 습기관류율을 이용하여 습도분포를 산정하게 된다.

습도분포를 위한 산정조건은 「① 온도분포」에서와 마찬가지로, 겨울철 난방을 하고 있는 실내의 온도를 20℃ 상대습도 50%라 하고, 실외의 온도는 0℃ 상대습도 30%라 가정한다. 또 벽체를 구성하는 재료도 마찬가지로 실내 측으로부터 석고보드 3mm, 모르타르 10mm, 콘크리트 150mm, 타일 5mm라고 한다.

온도분포에서와 마찬가지로 각 식을 산정하기 위한 사전 계산으로, 실내 측과 실외 측의 표면습기전달률(α_i', α_o') 및 벽체 전체로서의 습기관류율(K')을 구할 필요가 있다. 내표면과 외표면의 습기전달률은 표 4.2에 나타나 있는 35.4×10^{-6}g/m² s Pa과 104.2×10^{-6}g/m² s Pa로 하고, 습기관류율은 식 4.9를 이용하여 다음과 같이 계산한다. 이때 각 벽체의 습기전도율은 표 4.1을 이용한다.

$$K' = \frac{1}{\dfrac{1}{\alpha_i'} + \sum\dfrac{l}{\lambda'} + \dfrac{1}{\alpha_o'}}$$

$$= \frac{1}{\dfrac{1}{35.4\times10^{-6}} + \dfrac{0.003}{0.617\times10^{-8}}(\text{석고보드}) + \dfrac{0.01}{1.029\times10^{-8}}(\text{모르타르}) + \dfrac{0.15}{4.646\times10^{-8}}(\text{콘크리트}) + \dfrac{0.005}{0.063\times10^{-8}}(\text{타일}) + \dfrac{1}{104.2\times10^{-6}}}$$

$$\fallingdotseq 7.9\times10^{-8}[\mathrm{g/m^2\,s\,Pa}]$$

이상과 같이 수분의 이동에 관한 현상은 열의 이동에 관한 현상과 매우 유사하며, 또 그 이동량을 산정할 때도 열 이동량의 산정식 중, 열전도율 대신 습기전도율을, 열전달률 대신 습기전달률을, 그리고 열관류율 대신 습기관류율을 대입하면 된다. 따라서 벽체 표면 및 내부 각 지점의 수증기압은 식 4.10~4.18을 이용하여 계산이 이루어진다.

한편 식 4.10~4.18을 이용하여 벽체 각 부분의 수증기압을 산정하기 위해서는 실내와 실외의 수증기압 즉 f_i와 f_o가 필요하며, f_i와 f_o는 다음과 같이 구해진다. 먼저, 실내의 온습도 조건은 온도 20℃, 상대습도 50%라 했으므로 온도 20℃에 대한 포화수증기압을 표 4.3에서 구한다. 표 4.3에 의하면 온도 20℃일 때의 포화수증기압이 2,337.1Pa로 되어 있는데, 포화수증기압이란 이미 설명한 바와 같이 어떤 온도의 공기가 함유할 수 있는 최대의 수분을 포함하고 있을 때의 수분량을 의미하므로 이는 곧 상대습도 100%인 상태의 수증기압을 의미한다. 따라서 온도가 20℃이고 상대습도가 50%인 공기의 수증기압은 2,337.1×0.5≒1,168.6Pa이 된다. 동일한 방법으로 실외의 온습도 조건인 온도 0℃, 상대습도 30%로부터 실외 공기의 수증기압은 610.7×0.3≒183.2Pa이 된다.

㉮ 실내 측 표면

식 4.10을 응용하여

$$f_1 = f_i - \frac{K'}{\alpha_i'}(f_i - f_o) = 1,168.6 - \frac{7.9\times10^{-8}}{35.4\times10^{-6}}(1,168.6 - 183.2)$$
$$\fallingdotseq 1,166\,[\text{Pa}]$$

㉯ 벽체 내부 1(석고보드와 모르타르의 경계면)

식 4.15를 응용하여

$$f' = f_i - \left(\frac{1}{\alpha_i'} + \frac{l_1}{\lambda_1'}\right)K'(f_i - f_o)$$
$$= 1,168.6 - \left(\frac{1}{35.4\times10^{-6}} + \frac{0.003}{0.617\times10^{-8}}\right)$$
$$\times(7.9\times10^{-8})\times(1,168.6 - 183.2) \fallingdotseq 1,129\,[\text{Pa}]$$

㉰ 벽체 내부 2(모르타르와 콘크리트의 경계면)

식 4.17을 응용하여

$$f'' = f_i - \left(\frac{1}{\alpha_i'} + \frac{l_1}{\lambda_1'} + \frac{l_2}{\lambda_2'}\right)K'(f_i - f_o)$$
$$= 1,168.6 - \left(\frac{1}{35.4\times10^{-6}} + \frac{0.003}{0.617\times10^{-8}} + \frac{0.01}{1.029\times10^{-8}}\right)$$
$$\times(7.9\times10^{-8})\times(1,168.6 - 183.2) \fallingdotseq 1,053\,[\text{Pa}]$$

㉣ 벽체 내부 3(콘크리트와 타일의 경계면)

식 4.18을 응용하여

$$f''' = f_i - (\frac{1}{\alpha_i'} + \frac{l_1}{\lambda_1'} + \frac{l_2}{\lambda_2'} + \frac{l_3}{\lambda_3'})K'(f_i - f_o)$$

$$= 1,168.6 - (\frac{1}{35.4 \times 10^{-6}} + \frac{0.003}{0.617 \times 10^{-8}} + \frac{0.01}{1.029 \times 10^{-8}} + \frac{0.15}{4.646 \times 10^{-8}})$$

$$\times (7.9 \times 10^{-8}) \times (1,168.6 - 183.2) \fallingdotseq 804[\text{Pa}]$$

㉤ 실외 측 표면

식 4.12를 응용하여

$$f_2 = f_o + \frac{K'}{\alpha_o'}(f_i - f_o) = 183.2 + \frac{7.9 \times 10^{-8}}{104.2 \times 10^{-6}}(1,168.6 - 183.2)$$

$$\fallingdotseq 184[\text{Pa}]$$

③ 내부결로 발생여부의 검토

위에서 산정한 벽체 표면 및 내부의 온도분포와 습도분포(수증기압분포), 그리고 각 부분의 온도분포에 따른 포화수증기압분포에 의해 다음과 같은 순서로 내부결로의 발생여부를 검토할 수 있다.

㉮ 「① 온도분포」에 나타낸 방법으로 벽체 표면 및 내부의 온도분포를 산정한다.

㉯ ㉮에서 산정한 온도분포에 따라 표 4.3을 이용하여 벽체 각 부분에서의 포화수증기압분포를 산정한다.

㉰ 「② 습도분포」에 나타낸 방법으로 벽체 표면 및 내부의 수증기압분포를 산정한다.

㉱ ㉰에서 산정한 수증기압이 ㉯에서 산정한 포화수증기압보다 높은 부분에서 결로가 발생한다.

이와 같은 과정에 의해 내부결로의 발생여부를 판단하게 되는데, 아래와 같은 형태의 그림을 이용하면 보다 용이하게 결로발생 여부를 판단할 수 있다. 그림에서 실선, 긴 점선, 짧은 점선은 식 4.10~4.18 및 표 4.3에 의해, 상기 「① 온도분포」 및 「② 습도분포」에서 산정한 벽체 내부의 온도분포, 포화수증기압분포, 습도분포를 각각 나타낸다.

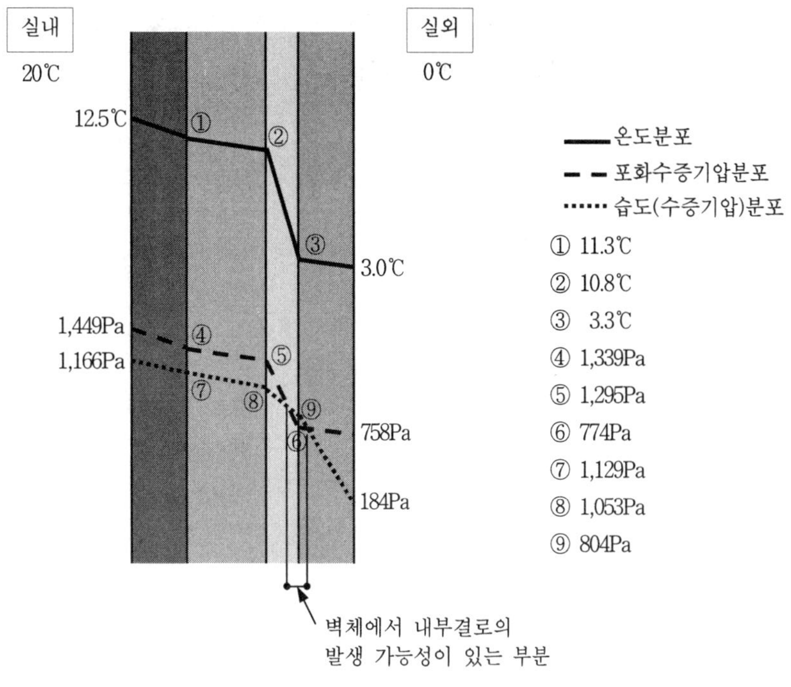

그림 4.8 내부결로 발생여부의 판단

위에서 설명한 바와 같이, 벽체 내 어느 부분의 수증기압이 그 부분에서의 포화수증기압보다 높을 경우에 결로가 발생하게 되므로 그림에 나타낸 바와 같이 실내로부터 세 번째 재료와 네 번째 재료의 경계면 근처에서 결로 발생의 가능성이 있게 된다. 따라서 이를 방지하기 위해서는 그 부분에서의 포화수증기압을 높일 필요가 있으며, 포화수증기압을 높이기 위해서는 이미 설명한 바와 같이 해당 부분의 온도를 높게 유지하면 된다. 해당 부분의 온도를 높게 유지할 수 있는 가장 일반적인 방법이 제3장에서 설명한 단열재를 설치하는 것이다. 즉, 외벽면에 단열재를 설치함으로써 차가운 외기가 벽체 내부에 영향을 미치는 것을 방지할 수 있게 되며, 따라서 벽체 내부의 온도가 전체적으로 높게 유지되는 것이다. 주의해야 할 것은, 벽체의 실내 측에 단열재를 설치할 경우, 제3장에서도 설명한 바와 같이 외벽면으로부터 단열재가 설치된 부분까지는 차가운 외기의 영향을 받아 벽체 내부의 온도가 차가워지므로 표면결로는 방지할 수 있어도 내부결로는 피할 수 없을 가능성이 있다. 따라서 단열재는 가급적 벽체의 실외 측에 설치하는 외단열이 바람직하다.

제5장 일조·일사

1. 일조·일사와 건축환경
2. 태양위치와 시각
3. 일영곡선과 그 응용
4. 일사
5. 일조(일사)조절
6. 일조·일사의 측정

제 5 장 일조 · 일사

1. 일조 · 일사와 건축환경

(1) 태양으로부터의 복사

우리는 일상생활에서 태양으로부터의 빛을 햇빛, 햇살 등으로 표현하고 있는데, 여기에서 언어의 감각적 의미상 햇빛이라 함은 우리에게 밝음을, 또 햇살이라 함은 우리에게 따뜻함을 부여하는 것으로 인식되고 있다. 이와 같이 태양으로부터의 광선, 즉 복사선은 우리가 지구상에 존재할 수 있는 근본적인 원인이 되며, 따라서 건축환경공학 분야에서도 열환경 및 빛환경을 계획할 때 매우 중요한 요소가 된다.

태양으로부터 지구에 도달하는 복사선은 파장에 따라 다음과 같은 세 종류로 구분된다.

① 자외선

② 가시(可視)광선

③ 적외선

1) 자외선

자외선은 파장이 약 20~380nm 이하의 범위인 것으로, 생물의 생육, 살균, 변색 등에 관계되어 있어 화학선이라고도 불리어지고 있다. 태양광선의 보건위생적인 효과는 이 자외선에 의한 것인데, 특히 290~320nm 범위의 파장을 갖는 것을 도르노선(Dorno ray) 또는 건강선이라 하며 인간의 건강과 깊은 관계가 있다. 도르노선은 주로 다음과 같은 작용을 하는 것으로 알려져 있다.

① 세포의 발육을 촉진시킨다.

② 혈액 중의 백혈구, 혈색소, 칼슘, 인, 철분 등을 증가시킨다.

③ 비타민 D를 생성시킨다.

2) 가시광선

가시광선은 파장이 380~750nm(학설에 따라 폭의 차이가 약간 있음)인 것으로, 우리가 눈을 통해 느낄 수 있는 빛이 바로 이것이며, 따라서 낮에 우리가 생활하고 있는 곳을 밝게 해주는 것은 태양복사 중 이 가시광선의 역할에 의해서라고 할 수 있다.

3) 적외선

적외선은 파장이 750~4,000nm(가시광선과 마찬가지로 학설에 따라 폭의 차이가 약간 있음) 정도인 것으로, 적외선의 효과는 주로 열작용이기 때문에 열선(熱線)이라고도 불리어지고 있다. 열효과를 가지고 있기 때문에 기온에 영향을 미치는 것은 주로 이 적외선의 효과에 의해서이다.

(2) 일조와 일사

앞에서 설명한 바와 같이, 태양으로부터의 복사선은 인체에 대해 생화학적 효과, 빛효과, 열효과의 세 가지 중요한 효과를 부여하고 있는데, 빛효과를 건축물에 적용한 것이 주광(晝光)조명이고, 열효과를 대상으로 건축환경을 고찰하고자 할 때의 복사선을 일사(日射)라고 부른다.

한편, 일조라고 하는 것은 간단히 말해서 햇빛이 건물 또는 각 실에 도달하는가 도달하지 않는가 하는 것으로, 위에서 언급한 세 가지 효과를 모두 고려한 것이라고 할 수 있다. 건물에 햇빛이 닿는가의 여부 또는 각 실의 내부에까지 햇빛이 들어오는가의 여부는 건축물의 환경에 커다란 영향을 미치며, 따라서 이따금 주변 건물 간에 일조권의 문제로 분쟁이 일어나는 경우도 있다.

일사의 문제는 주로 여름철 냉방부하를 계산하여 적절한 냉방시스템을 계획할 때 및 태양에너지를 이용한 난방, 급탕 및 발전시스템을 계획할 때 고려하게 되며, 일조의 문제는 법적으로도 확보해야 하는 일조권에 관한 사항이므로 건축물을 계획하고 설계할 때 일조 및 일사가 건축물의 실내환경에 어떠한 영향을 미치는가에 대해 충분한 이해를 할 필요가 있다.

2. 태양위치와 시각

(1) 지구의 움직임과 태양의 움직임

지상의 관측자를 중심으로 한 매우 큰 가상의 구면(球面)이 있고 우주에 있는 모든 물체는 모두 이 구면 위에 있다고 가정할 때 이 구면을 천구(天球)라 한다. 지구가 태양의 주위를 돌고 있는 것은 누구나 알고 있는 사실이지만 우리는 감각적으로 태양이 지구 동쪽에서 떠서 서쪽으로 지는 것으로 느끼게 된다. 따라서 태양의 위치를 정할 때에도 우리가 현재 위치하고 있는 장소를 기준으로 하여 태양이 천구상을 움직이고 있는 것으로 고려하는 것이 편리하다.

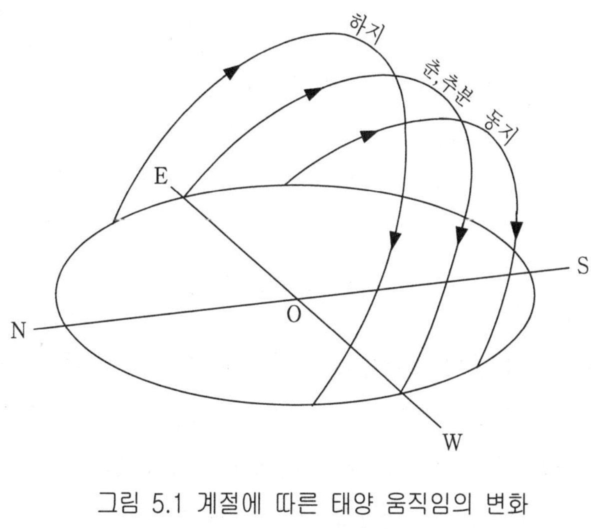

그림 5.1 계절에 따른 태양 움직임의 변화

그림 5.1은 지상의 어느 관측점에서 바라본 태양 움직임의 계절별 변화를 나타낸

것이다. 춘분과 추분 때는 정동(正東)에서 떠서 정서(正西)로 지지만 여름에는 정동보다 북쪽에서 떠서 정서보다 북쪽으로 지게 된다. 태양이 정동에서 떠서 정서로 지는 것은 춘분과 추분 때인데 실제로는 여름에 낮의 길이가 가장 긴 것은 그림에도 나타나 있듯이 태양이 비스듬하게 움직이기 때문이다. 겨울에는 정동보다 남쪽에서 떠서 정서보다 남쪽으로 지며 더욱이 비스듬히 움직이게 되므로 태양이 떠 있는 시간이 짧고 태양의 고도도 낮게 됨을 알 수 있다.

(2) 천구(天球)상에서의 태양의 위치

태양의 위치를 나타내는 두 가지 요소는 태양의 고도와 방위각이다. 그림 5.2에 지상의 관측점 O로부터 바라본 천구상의 태양위치에 대한 고도와 방위각의 개념을 나타낸다.

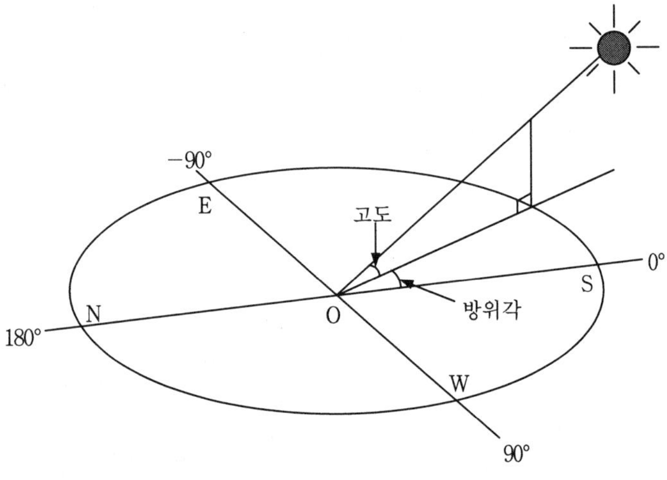

그림 5.2 태양의 고도와 방위각

태양고도 h는 천구의 지평면과 태양이 이루는 각을 나타낸다. 우리가 잘 알고 있듯이, 태양의 고도는 점심시간에는 높고 아침과 저녁시간에는 낮으며, 또 위도가 적도에 가까울수록 높아진다. 따라서 태양고도 h는 관측점의 위도와 시각에 따라 달라지며, 다음의 식 5.1로 나타낼 수 있다.

$$\sin h = \sin\phi \cdot \sin\delta + \cos\phi \cdot \cos\delta \cdot \cos t \quad \cdots\cdots (5.1)$$

h : 태양고도 [°] ($0° \leq h \leq 90°$)

ϕ : 위도 [°] ($-90° \leq \phi \leq 90°$)(북위 : +, 남위 : −)

δ : 일적위(태양적위) [°] (춘분, 추분 : 0°, 하지 : +23.5°, 동지 : −23.5°)

t : 시각 [°] (24시간을 360°로 함, 정오 : 0°, 오전 : −, 오후 : +, 1시간 : 15°)

지구가 태양 주위를 지구의 자전축과 직각인 방향으로 돌게 되면 동일 위도, 동일 시각에서는 매일 태양의 고도가 같게 된다. 그러나 지구는 그림 5.3과 같이 지구의 자전축과 약 23.5° 기울어진 직선을 공전축으로 하여 태양 주위를 돌기 때문에 매일 위도가 달라지는 것과 같은 효과가 발생되어 동일 위도, 동일 시각이라 해도 매일 태양의 고도가 다르게 된다.

앞에서 언급한 바와 같이, 태양이 지구를 중심으로 한 천구상을 움직인다고 하면 태양이 1년 주기로 천구상을 움직이는 괘도를 황도(黃道)라 하는데, 이 황도가 천구상의 적도면과 이루는 각도, 즉 고도를 적위(赤緯)라 하며, 어떤 날의 적위를 일적위(日赤緯) 또는 태양적위라 한다. 그림 5.3에서와 같이 춘분과 추분 때에는 태양이 천구의 적도상에 있게 되므로 일적위는 0°이고 하지에는 +23.5°, 동지에는 −23.5°가 된다. 겨울철에는 여름철보다 태양의 고도가 낮아 건물의 실내 깊숙한 곳까지 햇빛이 들어오는 것은 이 때문이다.

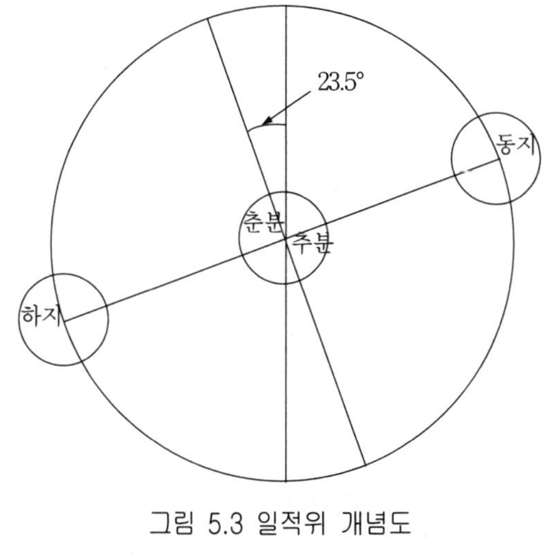

그림 5.3 일적위 개념도

그림 5.4는 1년간의 일적위 변화를 나타낸 것이다.

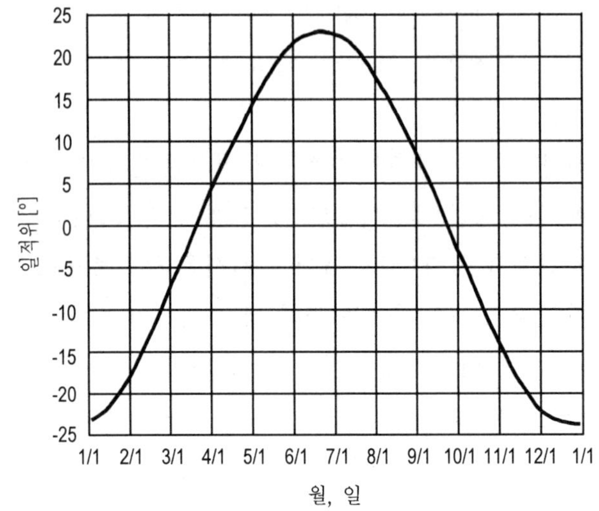

그림 5.4 일적위의 연변화

하루 중의 태양의 움직임은 동쪽에서 떠서 서쪽으로 지게 되는데, 태양이 정남(正南)에 위치해 있을 때를 남중(南中)이라 하며 태양의 방위각 *A*는 이때를 0으로 하고, 정남에서 동쪽으로는 −, 서쪽으로는 +로 한다. 태양방위각 *A*는 다음 식으로 구할 수 있다.

$$\sin A = \frac{\sin t \cdot \cos \delta}{\cos h} \quad \cdots\cdots (5.2)$$

A : 태양방위각 [°] (정남에서 동쪽(오전) : −, 서쪽(오후) : +)

δ, t, h : 식 5.1에서와 동일

【예제 5.1】

춘분 날 정오 때 북위 35°인 곳과 적도인 곳에서의 태양고도를 각각 산정하시오.

풀이 식 5.1을 이용한다.

(1) 북위 35°인 지점

$\sin h = \sin 35° \cdot \sin 0° + \cos 35° \cdot \cos 0° \cdot \cos 0° \fallingdotseq 0.57 \times 0 + 0.82 \times 1 \times 1 = 0.82$

따라서 태양고도 $h \fallingdotseq 55°$

(2) 적도인 지점

$\sin h = \sin 0° \cdot \sin 0° + \cos 0° \cdot \cos 0° \cdot \cos 0° \fallingdotseq 0 \times 0 + 1 \times 1 \times 1 = 1$

따라서 태양고도 $h \fallingdotseq 90°$

【예제 5.2】

춘분 날 오전 8시, 정오, 오후 4시 때 북위 35°인 곳에서의 태양방위각을 각각 산정하시오.

풀이 식 5.2를 이용하며, 식에서 알 수 있듯이 태양방위각을 산정하기 위해서는 태양고도를 먼저 구해야 한다.

(1) 오전 8시

$\sin h = \sin 35° \cdot \sin 0° + \cos 35° \cdot \cos 0° \cdot \cos(-60°) \fallingdotseq 0.57 \times 0 + 0.82 \times 1 \times 0.5 = 0.41$,

$h \fallingdotseq 24°$

$$\sin A = \frac{\sin(-60°) \cdot \cos 0°}{\cos 24°} \fallingdotseq -0.95$$

따라서 태양방위각 $A = -72°$(정남에서 동쪽)

(2) 정오

$\sin h = \sin 35° \cdot \sin 0° + \cos 35° \cdot \cos 0° \cdot \cos 0° \fallingdotseq 0.57 \times 0 + 0.82 \times 1 \times 1 = 0.82$, $h \fallingdotseq 55°$

$$\sin A = \frac{\sin 0° \cdot \cos 0°}{\cos 55°} = 0$$

따라서 태양방위각 $A = 0°$(정남)

(3) 오후 4시

$\sin h = \sin 35° \cdot \sin 0° + \cos 35° \cdot \cos 0° \cdot \cos 60° \fallingdotseq 0.57 \times 0 + 0.82 \times 1 \times 0.5 = 0.41$,

$h \fallingdotseq 24°$

$$\sin A = \frac{\sin 60° \cdot \cos 0°}{\cos 24°} \fallingdotseq 0.95$$

따라서 태양방위각 $A = 72°$(정남에서 서쪽)

(3) 시각과 시차

1) 진태양일과 평균태양일

지상의 어느 관측 지점에서 태양이 정남에 위치해 있을 때부터, 즉 남중했을 때부터 다음 남중 때까지의 시간을 1일로 정한 것을 진(眞)태양일이라 한다. 지구가 태양 주위를 공전하지 않고 자전만 한다면 1일의 길이는 지구의 자전 주기와 일치하여 연간 동일하게 되지만, 지구는 자전과 함께 태양 주위를 공전하고 또 공전궤도도 원이 아니고 타원이기 때문에 매일 지구와 태양의 상대적 위치가 달라지면서 진태양일로서의 하루의 길이도 매일 달라진다.

진태양일 기준으로는 1일의 길이가 매일 달라지므로 일상생활에서 사용하는 시간의 기준으로 삼을 수가 없어서, 진태양일의 길이를 1년간 평균한 하루의 길이를 평균태양일(平均太陽日)로 했으며 이 평균태양일이 우리의 일상생활에서 사용하고 있는 하루의 기준이 되고 있다.

2) 시각과 시차

① 진태양시와 평균태양시

앞에서 설명한 진태양일을 24등분한 시간을 진태양시라 한다. 진태양일의 길이가 매일 조금씩 변화하기 때문에 진태양시도 매일 조금씩 그 길이가 달라져 일상생활에서 사용할 수 없으므로 평균태양일을 24등분한 시간인 평균태양시가 우리가 일상생활에서 사용하고 있는 1시간의 기준이 되고 있다. 한편, 진태양시는 실제로 태양의 움직임을 그대로 반영하고 있는 시각이므로 앞에서 설명한 식 5.1의 태양고도와 식 5.2의 태양방위각 및 뒤에 설명하는 일영(日影, 태양의 그림자)에 대해서는 진태양시를 적용해야 한다.

② 균시차

진태양시와 평균태양시와의 차이를 균시차(均時差)라 한다. 평균태양시는 연간 일정한 반면 진태양시는 매일 변화하기 때문에 균시차도 1년 주기로 매일 다른 값을 나타내게 된다. 그림 5.5에 균시차의 연간 변화를 나타낸다. 그림에서 알 수 있듯이 균시차의 값은 그다지 크지 않기 때문에 우리가 일상생활에서 진태양시 대신에 평균태양시를 사용해도 별 지장이 없다. 한편, 진태양시를 구하고자 할 때는 계절에 따라서 약 15분 정도의 보정을 해야 하는 날도 있음을 알 수 있다.

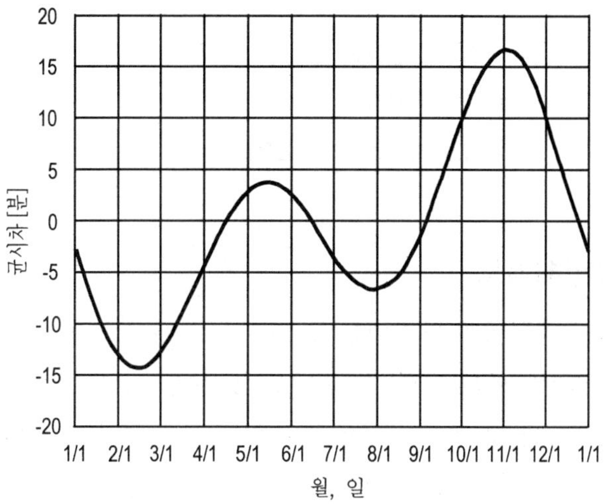

그림 5.5 균시차의 연변화

③ 중앙표준시

시각은 태양이 남중할 때를 기준으로 하고 있으므로 관측점 위치의 경도가 다르면 남중 시각이 달라지기 때문에 시각도 달라진다. 경도가 15° 다르면 1시간의 차이가 생기게 되므로 경도의 차이가 많이 나면 같은 나라임에도 불구하고 시각의 차이가 많이 생길 수 있다. 같은 국가에서 시각의 차이가 많이 발생하면 매우 불편하므로 어느 경도를 표준으로 하여 그것에 대한 평균태양시를 그 나라의 기준 시각으로 하고 있으며, 이것을 중앙표준시라 한다.

우리나라의 경우 동경 135°를 중앙표준시의 기준으로 하고 있다. 한편, 옆으로 매우 긴 나라는 큰 시간차가 존재하므로 중앙표준시만으로 시각을 정할 경우 낮과 밤의 혼동이 있을 수 있어 지역별 시각을 사용하기도 한다.

앞에서도 설명했듯이 건물의 일영 등에 대해 고려할 때는 진태양시를 적용해야 하며, 우리나라 각 지역의 경우 진태양시와 중앙표준시와의 관계는 균시차를 포함하여 다음의 식으로 나타낼 수 있다.

$$T = T_s + e + \frac{L - 135}{15} \quad \text{(5.3)}$$

T : 진태양시

T_s : 중앙표준시

e : 균시차

L : 각 지역의 경도[°]

(4) 태양위치도

태양의 위치를 나타내는 두 가지 요소는 고도와 방위각이며 이 두 요소는 식 **5.1**과 **5.2**에 의해 구할 수 있다고 했는데, 이와 같은 식에 의하지 않고 보다 알기 쉽게 태양의 위치를 파악할 수 있도록 그림으로 나타낸 것으로 태양위치도, 신월드램 태양궤적도 등이 있다. 식 **5.1** 및 **5.2**에 대한 설명에서 언급했듯이, 태양의 고도나 방위각은 각 지역의 위도에 따라 달라지기 때문에 태양의 위치를 나타내는 그림도 위도에 따라 다르게 된다.

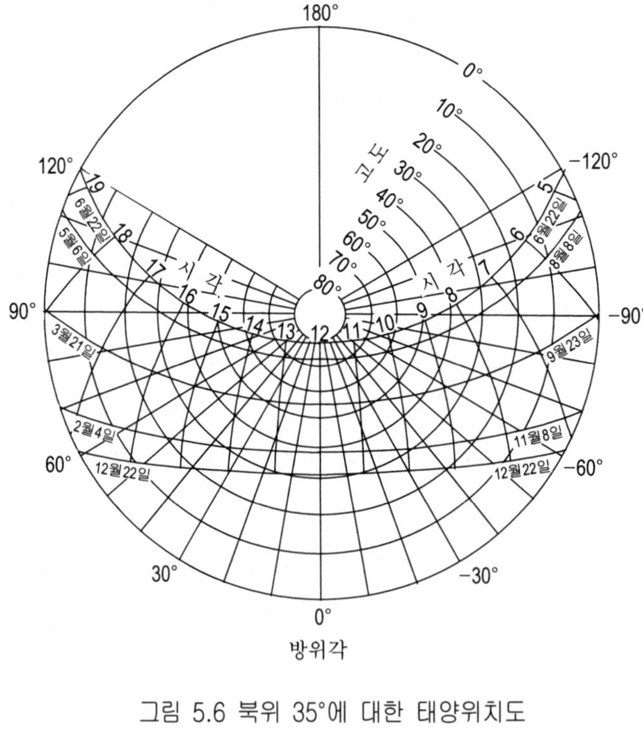

그림 5.6 북위 35°에 대한 태양위치도

그림 5.6은 북위 35°에서의 태양위치도를 나타낸다. 그림 5.6을 이용할 때는 태양의 방위각과 고도를 구하고자 하는 날짜와 시각을 그림에 나타나 있는 날짜선과 시각선에 의해 교점을 잡은 후 그 교점에 해당하는 방위각과 고도의 숫자를 읽으면 된다.

【예제 5.3】

그림 5.6을 이용하여 북위 35° 지점에서의 춘분 날 정오의 태양고도와 태양방위각을 구하시오.

풀이 아래 그림과 같이 춘분 날에 해당하는 3월21일의 선과 정오인 12시의 선이 만나는 지점에서의 고도와 방위각을 읽으면 된다. 따라서 고도는 약 55°, 방위각은 0°임을 알 수 있으며, 이는 예제 5.1 및 예제 5.2의 결과와 일치한다.

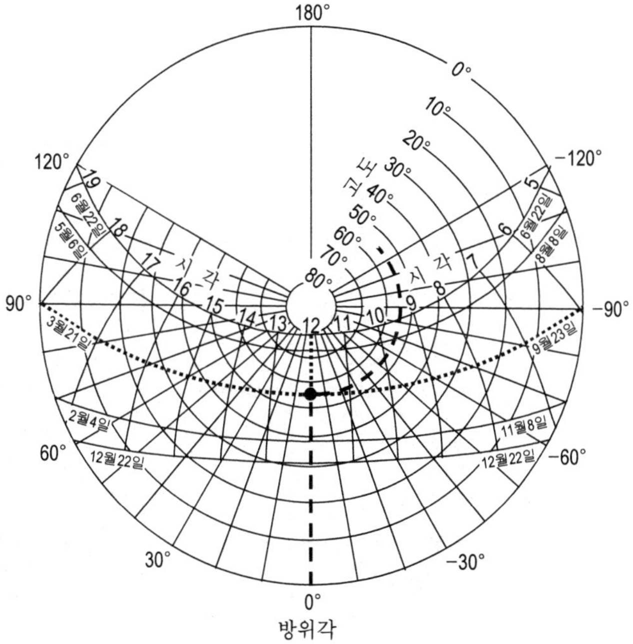

그림 5.7은 서울 지역에 대한 신월드램 태양궤적도를 나타낸 것이다. 신월드램 태양궤적도는 방위각과 고도를 각각 가로축과 세로축으로 하여, 태양의 궤적을 입면(立面) 형태로 그릴 수 있기 때문에 매우 이해하기 쉬운 방법이다. 따라서 일사 및 일조계획을 하는 데 매우 유용하게 이용되고 있다. 그림에서 '8'자 형태로 되어 있는 곡선은 어떤 시각에 대한 1년간의 태양궤적을 나타내는데, 곡선 중

실선은 동지에서 하지까지의 궤적을, 점선은 하지에서 동지까지의 궤적을 의미한다. 어느 날 어느 시각의 태양 위치를 알고자 할 때는 그림 5.6에서와 마찬가지로 해당 날짜와 시각의 교점을 잡은 후 수평선과 수직선을 그어 고도와 방위각을 읽으면 된다.

한편, 식 5.1, 5.2 및 그림 5.6은 실제의 태양위치를 나타낸 것이므로 식 및 그림에 나타나 있는 시각은 진태양시이다. 그림 5.7도 태양의 위치를 나타낸 것이기는 하지만 각 지역마다의 실제 시각에 대한 태양의 궤적을 입면상에 표현한 것으로, 그림 5.7에 나타나 있는 시각은 진태양시가 아닌 평균태양시라는 것을 주의할 필요가 있다. 따라서 태양이 남중하는 시각, 즉 방위각이 0°가 되는 시각은 진태양시로는 정오인 12시이지만, 실제로 우리가 일상생활에서 사용하고 있는 중앙표준시에 의하면 그림 5.7에 나타나 있듯이 정오인 12시와 오후 1시 사이에 태양이 남중하고 있음을 알 수 있다.

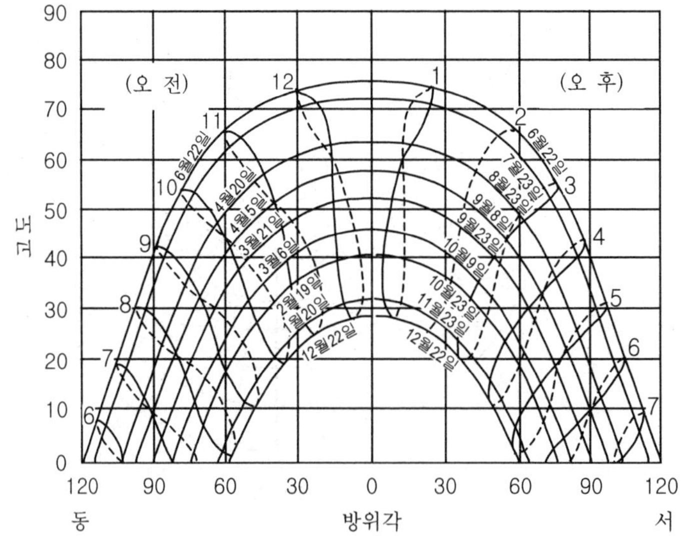

그림 5.7 서울지역의 신월드램 태양궤적도

【예제 5.4】

그림 5.7을 이용하여 서울 지역 춘분 날 정오의 태양고도와 태양방위각을 구하시오.

풀이 춘분은 동지에서 하지로 가는 도중에 있으므로 그림 5.7의 태양 궤적 중 실선을 이용한다. 아래 그림과 같이 정오인 12시의 선 중 실선과 춘분 날에 해당하는 3월21일의 선이 만나는 지점에서의 고도와 방위각을 읽으면 고도는 약 51°, 방위각은 동쪽으로 약 15°임을 알 수 있다. 이 결과는 예제 5.3의 결과와 약간 다른데, 앞에서 설명했듯이 신월드램 태양궤적도는 각 지역의 중앙표준시를 기준으로 하여 작성된 것으로, 서울 지역의 경우 12시 30분 정도에 남중이 되므로 정오 때의 태양고도와 방위각은 진태양시에서의 고도와 방위각보다 그 값이 작아진다.

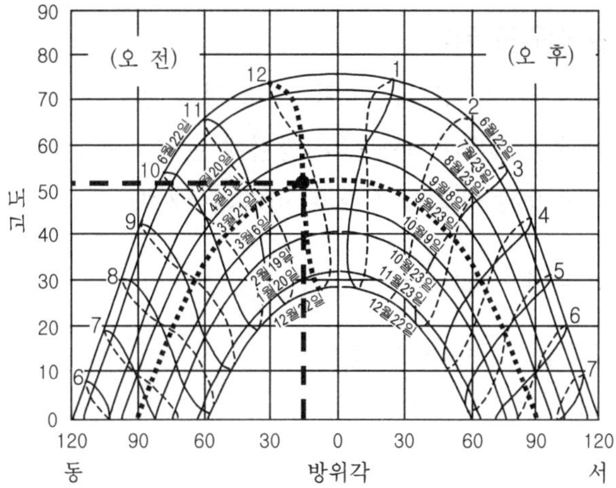

3. 일영곡선과 그 응용

건축물을 계획하고 설계할 때, 그 건물로 인해 주변 건물 및 환경에 어떠한 그림자가 생성되고 또 주변 건물 등으로 인해 해당 건축물의 일조환경이 어떠한 영향을 받는가를 파악하는 것은 매우 중요하다. 과거에는 이러한 일조환경에 대한 검토가 수계산(手計算)을 통해 이루어져 왔으나 최근에는 컴퓨터의 발달로 신속하고 정확한 파악이 가능해졌다.

(1) 일영곡선(日影曲線)

일영(日影)이란 태양의 그림자를 의미하는 것으로, 태양의 그림자는 태양의 방향 즉 방위각과 반대 방향에 생기고 또 그 길이는 태양의 고도에 의해 결정된다. 따라서 태양의 방위각과 고도가 시시각각 변하는 것과 마찬가지로 일영의 위치 및 길이도 시시각각 변하게 된다. 이와 같이 시시각각으로 변하는 그림자의 궤적을 나타낸 것을 일영곡선이라 하며, 건물의 일조에 관한 문제를 검토하는 데 널리 이용되고 있다.

1) 일영의 방위와 길이

태양의 그림자가 생기는 방위, 즉 일영의 방위는 태양의 위치와 정반대가 되므로 태양의 방위각 A와 180° 방향에 존재하게 되며, 따라서 어느 시각의 일영의 방위각은 다음의 식으로 나타내어진다.

$$A_s = A + 180 \quad \cdots\cdots (5.4)$$

A_s : 일영의 방위각 [°]
A : 태양의 방위각 [°]

태양의 방위각 A는 식 5.2 또는 그림 5.6, 5.7 등으로 산정되는데, 주의해야 할 것은 태양의 방위각은 각 지역의 진태양시로 구하는 것이기 때문에, 우리의 일상생활에서 사용하고 있는 중앙표준시의 시각으로 일영의 방위각을 구할 때는 식 5.3에 의해 중앙표준시를 각 지역의 진태양시로 환산하는 보정계산을 해야 한다는 점이다.

일영의 길이는 태양의 고도에 의해 구할 수 있다. 그림 5.8과 같이 평지에 수직으로 세워진 막대의 길이를 l이라 하면 그림자의 길이는 다음과 같이 산정되며, 일영의 방위각을 구할 때와 마찬가지로 일영의 길이를 산정할 때도 시각은 각 지역의 진태양시로 보정해야 한다.

$$\frac{l}{l_s} = \tan h, \ \frac{l_s}{l} = \cot h$$

$$\therefore l_s = l \times \cot h \quad \cdots\cdots (5.5)$$

l : 막대의 길이

l_s : 일영(그림자)의 길이

h : 태양고도 [°]

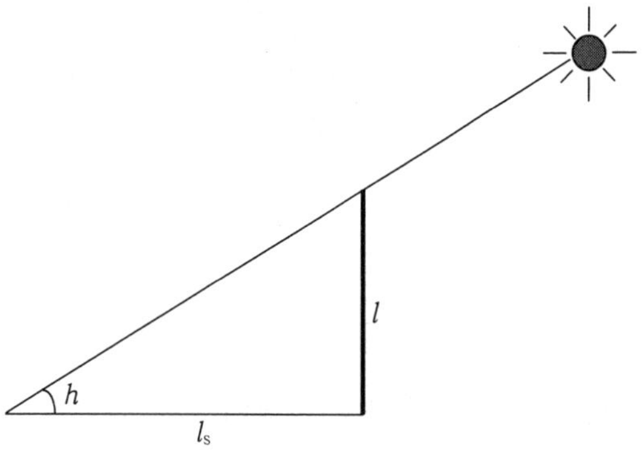

그림 5.8 일영 길이 산정 개념도

2) 일영곡선과 일영곡선도

그림 5.9와 같이 평면 위에 수직으로 서 있는 단위길이(예를 들어 1m) 막대의 그림자 끝 부분이 그 평면 위에 그리는 궤적을 일영곡선이라 하며, 막대가 서 있는 평면이 수평면일 경우의 일영곡선을 특히 수평면 일영곡선이라 한다. 동일한 지역이라 해도 태양의 궤적은 매일 달라지기 때문에 일영곡선의 형태도 매일 달라진다. 따라서 일영곡선은 하나의 선으로 구성되지 않고 최대 365개의 선으로 구성될 수 있으나, 이 경우 그림이 매우 복잡해지므로 실제로는 연간 대표적인 날짜의 선으로 구성되는 것이 일반적이다.

그림 5.9와 같은 방법으로 작성된 일영곡선을 1년 단위로 작성한 것을 일영곡선도라 한다. 태양의 위치는 위도에 따라 달라지고 그에 따라 그림자의 궤적도 달라지기 때문에 일영곡선도는 위도에 따라 각각 다른 형태가 된다.

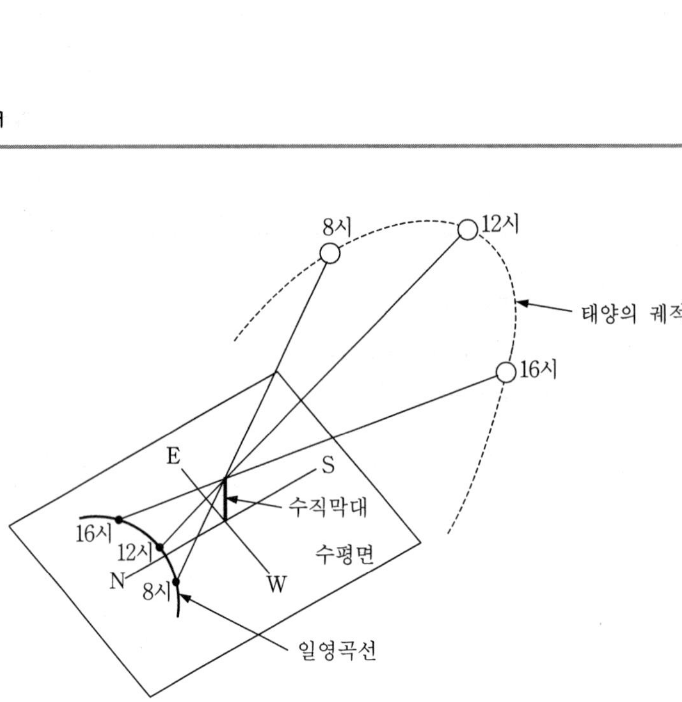

그림 5.9 수평면 일영곡선 개념도

그림 5.10은 북위 35° 지점에서의 수평면 일영곡선도를 나타낸 것으로, 그림 중앙에 있는 'O'점에 수직막대를 세워 놓은 상태를 가정하여 작성된 것이다. 따라서 북위 35° 지점에 있는 건물에 의한 그림자의 방향 및 길이는 그림 5.10을 이용하여 구할 수 있다.

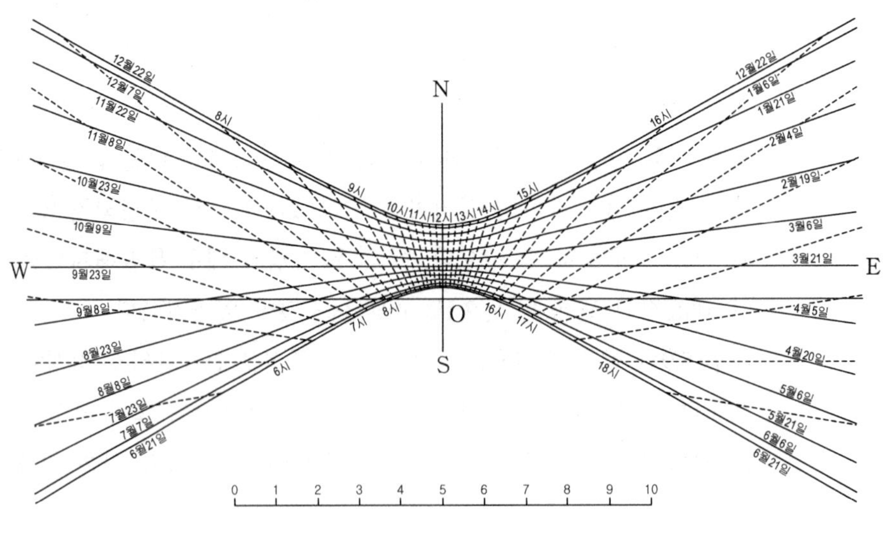

그림 5.10 수평면 일영곡선도(북위 35°)

그림 5.10을 이용하여 어느 날 어느 시각의 그림자의 방향 및 길이를 구하는 방법은 다음과 같다. 먼저, 그림에서 해당 날짜와 시각에 해당하는 지점을 찾는다. 그리고 그 점과 그림 중앙에 있는 'O'점을 연결한다. 이때 연결된 선분의 방향이 해당 그림자의 방향이 된다. 예를 들어 10월23일 9시에 해당되는 점과 중앙 'O'점을 연결하는 선분은 북쪽과 서쪽의 중간인 약 45° 방향을 향하고 있으므로 10월23일 9시의 그림자 방향은 북서방향이라고 추정할 수 있다. 즉, 해가 동쪽에서 떠서 남쪽 방향으로 중간 정도 이동해 있음을 짐작할 수 있다.

그림자의 길이는 연결된 선분의 길이에 의해 산정된다. 연결된 선분의 길이를 그림 하단에 있는 수직선과 비교하여 수직선의 숫자에 건물 높이를 곱하면 건물에 의한 그림자의 길이가 된다. 그림자의 방향에서 들었던 예와 마찬가지로 10월23일 9시에 해당되는 점과 중앙 'O'점을 연결하는 선분의 길이를 그림 하부의 수직선에 맞추어 보면 약 1.9가 되며, 따라서 건물의 높이가 10m라 한다면 10월23일 9시에 그 건물에 의한 그림자의 길이는 19m 정도가 된다는 것을 알 수 있다.

그림 5.10에 나타나 있는 날짜는 가장 위쪽과 아래쪽의 12월22일과 6월21일을 제외하고는 좌우 다르게 나타나 있지만 그림의 좌우는 대칭으로 되어 있어 같은 선에 표시되어 있는 두 날짜 때의 태양의 움직임은 같다는 것을 알 수 있다. 따라서 같은 선에 표시되어 있는 두 날의 그림자의 방향과 길이는 동일한 선을 이용해서 구하면 된다.

(2) 건물의 음영

1) 일영도

건물은 막대와 달리 넓이가 있으므로 건물에 의한 그림자의 형태는 당연히 그림 5.10과 같은 선이 아니고 다각형이 되며, 따라서 명칭도 일영곡선도가 아닌 일영도라 부르는 것이 일반적이다. 건물에 의한 그림자의 방향 및 길이(넓이)도 그 건물이 위치해 있는 위도에 따라 달라지므로 건물의 일영도는 동일한 위도의 일영곡선도를 이용하여 작성하게 된다. 사각형 형태의 건물에 대한 계절별 일영도의 예를 그림 5.11에 나타낸다. 그림의 숫자는 시각을 의미하며, 그림에서 알 수 있듯이 일영도는 일반적으로 1시간 단위로 나타낸다.

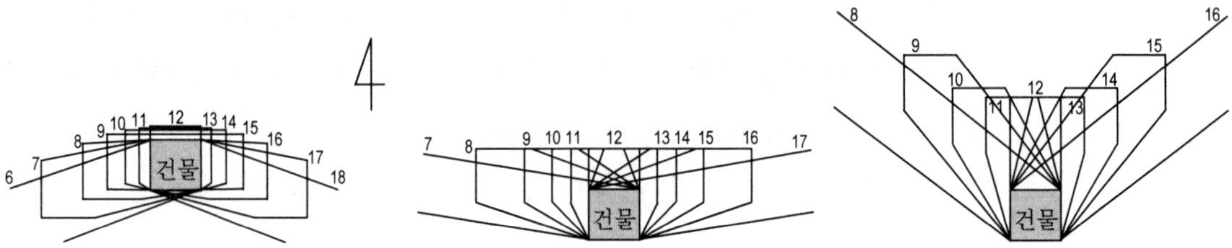

(a) 하지 (b) 춘분, 추분 (c) 동지

그림 5.11 일영도의 계절별 변화

그림 5.11의 (a)는 하지 때의 일영도를, (b)는 춘분 및 추분 때의 일영도를, (c)는 동지 때의 일영도를 나타낸다. 하지 때의 일영도에서는 북쪽의 그림자는 그 범위가 작고, 아침과 저녁 때는 남쪽에 그림자가 생기고 있음을 알 수 있다. 그림 5.10에서 춘분과 추분 때의 일영곡선은 직선으로 되어 있는데 건물에서도 마찬가지로 춘분과 추분 때의 그림자 형태는 건물의 북쪽 부분이 일직선으로 되어 있다. 동지 때는 전 시간에 걸쳐 북쪽으로 그림자가 생기고 있으며 그림자의 길이도 북쪽 방향으로 길게 나타나 있다. 겨울철 남향의 건물에 햇빛이 깊숙이 들어오는 것을 일영도에서도 확인할 수 있다.

2) 종일음영, 영구음영

건물의 형태 및 방위에 따라서는 그 건물에 의해 햇빛이 전혀 닿지 않는 곳이 발생할 수 있다. 특히 동지와 같이 태양의 고도가 낮은 때는 그림자의 길이가 길어지기 때문에 하루 종일 햇빛이 들지 않는 곳이 많이 발생하는데, 이렇게 하루 종일 햇빛이 닿지 않는 것을 종일음영이라 한다. 하지 때는 태양의 고도가 높기 때문에 종일음영이 되는 경우가 별로 없지만 그림 5.12와 같이 'ㄱ'자로 꺾인 건물의 북쪽 방향 모서리 부분(검게 칠한 부분)은 하지에도 종일음영이 될 수 있다. 하지에도 종일음영이 되는 곳은 1년 내내 그림자가 생기기 때문에 이러한 경우를 영구음영이라 한다.

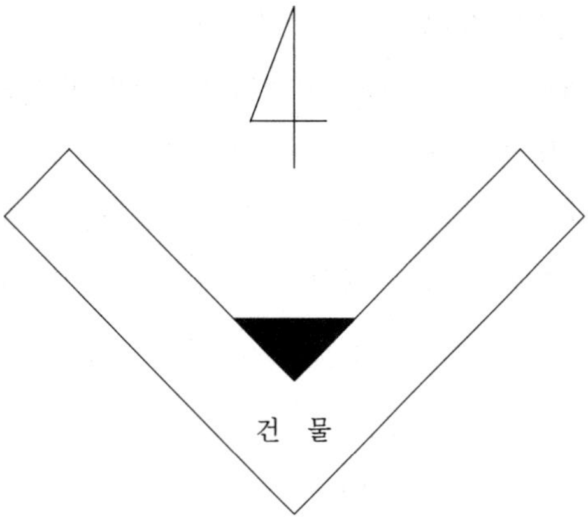

그림 5.12 영구음영

종일음영 및 영구음영은 음울한 느낌을 주게 되고 인체 및 식물의 건강에도 좋지 않은 영향을 미치기 때문에 건물의 계획 및 설계를 진행할 때 종일음영이나 영구음영이 발생하지 않도록 해야 한다. 종일음영이나 영구음영과 같은 건물의 음영은 앞서 설명한 일영곡선도 및 일영도를 이용하여 용이하게 판단할 수 있다.

3) 인동간격

인동간격이란 어느 건물과 그 건물에 인접한 건물과의 거리를 의미하는 것으로, 각 건물의 일조권 확보를 위해 법률로 규정되어 있다. 법률에서는 건물과 건물 사이를 거리로만 규정하고 있는 경우도 있고 일조시간에 대한 내용으로 규정하고 있는 경우도 있는데, 법률상 거리에는 문제가 없어도 실제로 일조시간이 극히 짧을 경우에는 위법이 될 수도 있으므로 건축물 설계 시 주의를 기울일 필요가 있다. 공동주택에서 일조시간에 대해 인동간격을 규정하고 있는 내용으로는 동지일을 기준으로 9시에서 15시 사이에 2시간 이상을 계속하여 일조를 확보할 수 있는 거리 이상으로 하도록 하는 것이 있다.

바람직한 주거환경의 확보를 위해서는 1년 중 건물 그림자가 가장 길게 생기는 동지 날을 기준으로 오전 10시에서 오후 2시까지의 4시간의 일조가 얻어지도록 하는 것이 일반적이다. 그림 5.10과 5.11에 의한 방법으로 어떤 건물의 일영도가 그림 5.13과 같이 작성되었다면 그림에서 *d*가 해당 건물의 인동간격이 된다. 그림 5.13의 (a)는 정남향의 건물에 대해, (b)는 약간 비스듬히 되어 있는 건물에 대해 나타내고 있는데, 어떤 형태와 방위든 방법은 동일하다. 한편, 오전 10시부터 오후 2시까지 중에는 오전 10시와 오후 2시 때의 그림자가 가장 길게 되므로 그 사이 시간대의 일영은 작도하지 않아도 무방하다. 또, (b)와 같은 경우는 14시 때의 그림자는 인접건물과 방향이 다르므로 10시 때의 일영만으로 인동간격을 정하게 된다.

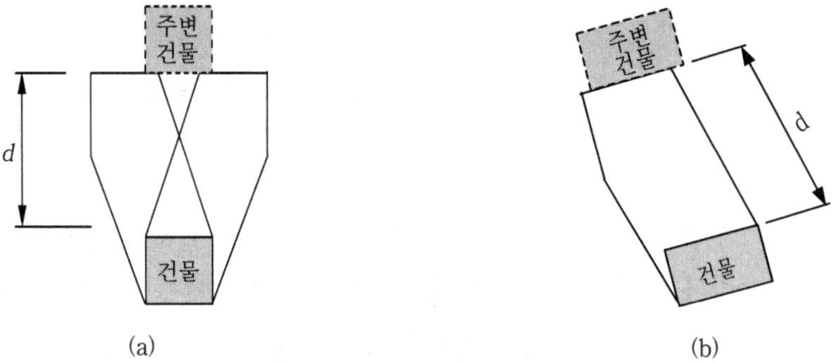

그림 5.13 인동간격

그림 5.10의 일영곡선도에 의하면 12월22일 10시 및 14시에 해당되는 점과 중앙 'O'점과의 거리가 약 2.1임을 알 수 있으며, 따라서 북위 35° 지점에서는 해당 건물 높이의 약 2.1배가 인접 건물과의 인동간격이라고 추정할 수 있다. 위도가 높아질수록 그림자가 길어지므로 인동간격도 커질 필요가 있으나, 우리나라의 경우 이와 같이 대략 2배 전후의 값을 기준으로 건물의 인동간격을 정할 수 있다.

【예제 5.5】

높이 30m인 건물 여러 동을 남향으로 건축하고자 한다. 동지 날 기준으로 오전 10시부터 오후 2시까지 4시간의 일조를 얻고자 한다면 건물 간의 간격은 어느 정도로 하는 것이 바람직하겠는가?

풀이 그림 5.13에 대한 설명에서도 언급했듯이, 그림 5.10의 일영곡선도에서 동지 날 10시 및 14시에 해당되는 점과 중앙 'O'점과의 거리는 약 2.1이므로 건물 높이 30m인 경우의 인동간격은 30×2.1=63[m] 이상이 바람직하다.

4. 일사

「1. (2) 일조와 일사」에서 태양으로부터의 복사선의 역할 중 특히 열효과에 대해 고려할 때 그 복사선을 일사라고 했는데, 일사의 문제는 주로 여름철 냉방부하를 계산하여 적절한 냉방시스템을 계획할 때 및 태양에너지를 이용한 난방, 급탕, 발전시스템 등을 계획할 때 고려하게 되며, 따라서 지역별 일사량의 산정이 일사계획에서 중요한 요소가 된다.

(1) 일사의 종류

일사는 태양으로부터 지구 표면에 도달하는 형태에 따라 직달일사와 천공일사로 구분하며, 이 둘을 합쳐 전천일사(全天日射)라 한다.

1) 직달일사(直達日射)

태양으로부터의 복사선이 지구의 대기를 투과해서 직접 지표면에 도달한 일사를 의미하며 직접일사라고도 한다. 직달일사는 대기를 통과할 때 일부가 흡수되는데, 대기에서의 흡수는 수증기, 이산화탄소 등에 의해 이루어지며 특히 수증기에 의한 흡수가 현저하다. 공기 중의 수증기량은 지역 및 계절 또는 매일의 기후조건에 따라 변화가 크기 때문에 대기에서 직달일사를 흡수하는 양도 지역, 계절 및 매일의 기후조건에 따라 크게 달라진다.

2) 천공일사(天空日射, 산란일사)

태양으로부터의 복사선 중 비교적 파장이 짧은 것은 대기 중의 수증기나 먼지 등에 의해 산란을 일으키면서 지표면에 도달하게 되며, 이러한 형태의 일사를 천공일사라 한다. 천공일사는 천공복사라고도 한다. 천공일사는 대기 중의 공기입자나 먼지 등에 의해 산란을 일으키면서 지표면에 도달하기 때문에 직달일사와 달리 방향성이 없고, 또 공기입자나 먼지 등의 양에 따라 산란의 정도가 달라지므로 천공일사의 양도 그에 따라 변화하게 된다. 북쪽에 있는 실내도 어느 정도의 밝기가 확보되는 것은, 방향성이 있는 직달일사는 북쪽으로 들어오지 않지만 방향성이 없는 천공일사가 북쪽으로도 일부분 들어오기 때문이다. 천공일사는 산란을 일으키며 지표면에 도달하기 때문에 산란일사라고도 한다.

(2) 일사량

1) 태양정수

태양으로부터의 일사는 지구 표면에 도달하기 전에 대기권의 수증기, 공기입자, 먼지 등에 의해 흡수 및 산란이 되어서 그 일사량에 변화가 생긴다는 것을 앞에서 설명했는데, 태양으로부터의 일사가 대기권 밖에까지 도달할 때의 일사량은 이러한 대기권의 영향을 받지는 않는다. 이렇게 대기권 밖에까지의 일사량은 대기권에 있는 수증기, 공기입자, 먼지 등에 의해 영향을 받지는 않지만, 지구와 태양의 거리가 연중 일정하지 않기 때문에 엄밀하게는 1년 중 매일 그 값이 다르게 되며, 따라서 1년 평균값으로 나타내는 것이 일반적이다.

일사의 방향과 수직인 면에서 받는 일사량을 법선면(法線面) 일사량이라 하며 1년 평균으로서의 그 값은 약 1,358W/m^2 정도이다. 이 값을 태양정수(또는 태양상수)라 하며 일반적으로 *Jo*로 표시한다.

2) 직달일사량

태양으로부터 대기권 밖에까지 도달하는 일사량은 대기권의 수증기, 먼지 등의 영향을 받지 않으나 대기권 경계면에서부터 지표면에 도달하는 직달일사량은 앞서 설명한 바와 같이 대기권의 상태에 따라 그 양이 변화한다. 대기권의 상태에 따라 일사량이 어느 정도 영향을 받는가를 나타내는 지표로 사용되는 것이 대기투과율이다.

공기의 오염이 적을수록 먼지가 적고, 맑은 날일수록 수증기의 양이 적기 때문에 대기투과율은 공기가 깨끗한 지역일수록 또 맑은 날일수록 그 값이 커지게 되나, 지역별, 날짜별로 공기의 상태 및 기후가 매일 달라지기 때문에 정확한 값을 산정하는 것은 현실적으로 불가능하여 대부분의 도시 지역에서는

0.6~0.8 정도의 값을 취하는 것이 일반적이다.

대기투과율과 함께 직달일사량에 영향을 미치는 요소는 태양의 고도이다. 그림 5.14에서 알 수 있듯이 태양의 고도가 높을수록 일사가 대기를 통과하는 구간이 짧으므로 직달일사량이 많게 된다.

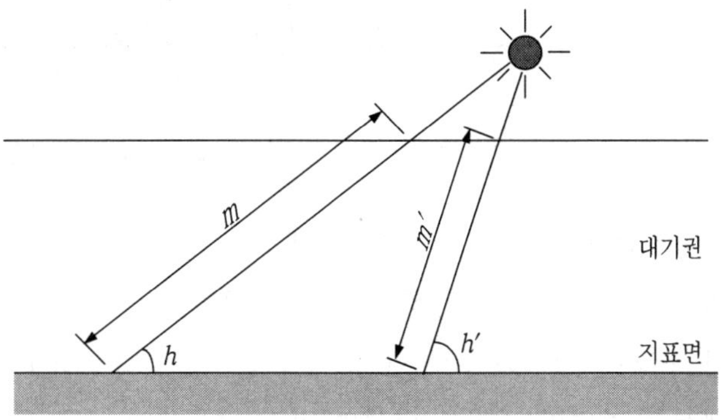

그림 5.14 태양고도와 투과거리와의 관계

직달일사가 지표면에 도달할 때 그 직달일사를 가장 많이 받는 조건은 일사를 받는 면이 일사의 방향과 수직으로 위치해 있을 때이다. 이렇게 일사의 방향과 수직으로 위치해 있는 면이 받는 일사량을 태양정수에서의 설명과 마찬가지로 법선면(法線面) 일사량이라 하며 다음의 Bouguer식으로 나타내어진다.

$$J_N = J_o P^{\frac{1}{\sin h}} \quad \cdots\cdots (5.6)$$

J_N : 지상에 도달하는 직달일사의 법선면 일사량 [W/m²]

J_o : 태양정수 [W/m²]

P : 대기투과율

h : 태양고도 [°]

대부분의 건물은 지붕이나 벽이 수평 또는 수직으로 되어 있으므로 지붕이나 벽면에 도달하는 직달일사량을 구하기 위해서는 식 5.6의 법선면 일사량을 수평면 또는 수직면 일사량으로 환산해 주어야 한다. 그림 5.15에 법선면 일사량과 수평면 일사량과의 관계를 나타낸다.

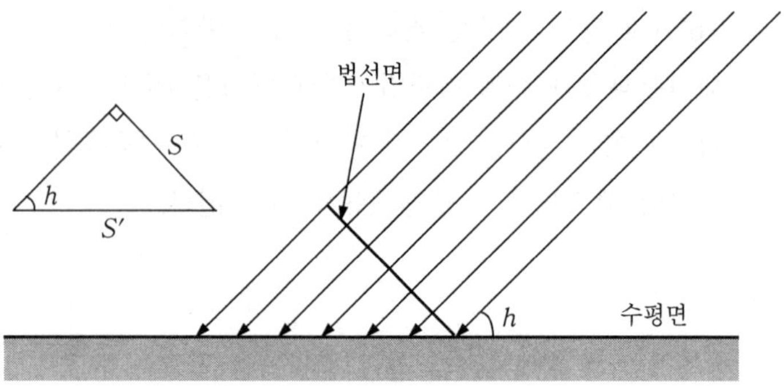

그림 5.15 법선면 일사량과 수평면 일사량과의 관계

그림 **5.15**에서 법선면과 수평면에 도달하는 일사량은 동일하지만 일사를 받는 법선면과 수평면의 면적은 다르기 때문에 단위면적당 받는 일사량은 법선면과 수평면에서 다르며, 달라지는 정도는 태양고도 ***h***와 관계가 있다. 즉, 그림에서 수평면의 면적은 법선면 면적보다 크기 때문에 단위면적당 일사량은 법선면이 수평면보다 크게 됨을 알 수 있다. 따라서 법선면의 면적을 ***S***, 수평면의 면적을 ***S′***라 하고, 수평면의 단위면적당 일사량을 J_H, 법선면의 단위면적당 일사량을 J_N(식 **5.6**)이라 하면 이 네 요소 간에는 다음의 식이 성립한다.

$$J_N \times S = J_H \times S' \quad \cdots\cdots (5.7)$$

한편, 그림 5.15의 왼쪽 삼각형에서 $\dfrac{S}{S'} = \sin h$ ⋯⋯ (5.8)

식 **5.7**과 **5.8**에서 $\dfrac{S}{S'} = \dfrac{J_H}{J_N} = \sin h$ 가 되며, 따라서 수평면 직달일사량과 법선면 직달일사량과는 다음의 식 **5.9**가 성립한다.

$$J_H = J_N \sin h \quad \cdots\cdots (5.9)$$

J_H : 수평면 직달일사량 [W/m²]

J_N : 법선면 직달일사량 [W/m²]

h : 태양고도 [°]

태양고도가 90°가 되면 수평면의 바로 위로부터 일사가 도달하는 것이므로 수평면 직달일사량과 법선면 직달일사량이 같게 되며, 이것은 식 5.9에서 $\sin 90°=1$이 되는 것에서도 확인할 수 있다. 한편, 태양고도가 0°가 되면 수평면으로 전달되는 일사가 없는 것이므로 직달일사량은 0이 되며, 이것 또한 식 5.9에서 $\sin 0°=0$이 되는 것에서 확인할 수 있다.

그림 5.15에서와 마찬가지 방법으로, 태양의 방위각과 수직면의 방위가 동일할 때의 수직면 일사량에 대해서는 그림 5.16에 의거하여 다음과 같이 산정할 수 있다. 그림 5.15에서의 설명과 마찬가지로 법선면이 받는 일사량과 수직면이 받는 일사량은 서로 같은 반면 수직면의 면적은 법선면 면적보다 크기 때문에 단위면적당 일사량은 법선면이 수직면보다 크게 된다. 따라서 법선면의 면적을 S, 수직면의 면적을 S'라 하고, 수직면의 단위면적당 일사량을 J_V, 법선면의 단위면적당 일사량을 J_N(식 5.6)이라 하면 이 네 요소 간에는 다음의 식이 성립한다.

$$J_N \times S = J_V \times S' \quad \cdots\cdots (5.10)$$

한편, 그림 5.16의 오른쪽 삼각형에서 $\dfrac{S}{S'} = \cos h$ ······················· (5.11)

식 5.10과 5.11에서 $\dfrac{S}{S'} = \dfrac{J_V}{J_N} = \cos h$ 가 되며, 따라서 태양의 방위각과 수직면의 방위가 같을 때의 수직면 직달일사량 J_V와 법선면 직달일사량 J_N과는 다음의 식 5.12가 성립한다.

$$J_V = J_N \cos h \text{(태양의 방위각과 수직면의 방위가 동일한 경우)} \quad \cdots\cdots (5.12)$$

식 5.12의 괄호 안에 나타냈듯이, 식 5.12는 태양의 방위각과 수직면의 방위가 동일할 때 적용할 수 있는 것이다. 수직면의 직달일사량은 수평면의 직달일사량과 달리 태양의 고도뿐 아니라 태양의 방위각에도 영향을 받는다.

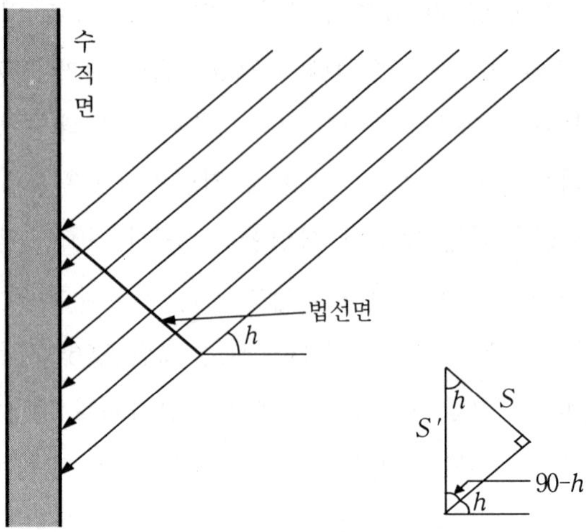

그림 5.16 법선면 일사량과 수직면 일사량과의 관계

즉, 그림 5.16에서는 그림의 좌우 방향(또는 상하 방향)으로 비스듬히 햇빛이 닿고 있으나, 수직면의 경우는 3차원적으로 그림의 앞뒤 방향으로도 어느 정도 비스듬히 햇빛이 닿고 있는가에 영향을 받게 되는 것이다. 따라서 수직면에 대한 직달일사량은 식 5.12를 확장하여 태양의 고도뿐 아니라 방위각까지 고려한 식 5.13으로 표현된다.

$$J_V = J_N \cos h \cdot \cos(A - \alpha) \quad \cdots\cdots (5.13)$$

J_V : 수직면 직달일사량 [W/m²]

J_N : 법선면 직달일사량 [W/m²]

h : 태양고도 [°]

A : 태양방위각 [°] (정남(正南)을 0, 동쪽을 −, 서쪽을 +로 한다]

α : 수직면의 방위 [°] (정남(正南)을 0, 동쪽을 −, 서쪽을 +로 한다]

식 5.13에서 태양의 방위각과 수직면의 방위가 동일하면 $\cos(A-\alpha) = \cos 0° = 1$ 이 되어 식 5.12와 동일한 형태가 된다.

【예제 5.6】

면적이 $10m^2$인 수직벽면에 1시간 동안 입사되는 직달일사량을 산정하시오. 산정하고자 하는 지역의 대기투과율은 0.7로 하고, 벽면의 방위는 정남향으로 한다. 또 산정하는 1시간 동안의 벽면에 대한 태양의 고도와 방위각은 평균적으로 각각 50°와 30°로 가정한다.

풀이 식 5.6과 5.13을 이용한다. 먼저, 법선면 직달일사량은 식 5.6을 이용하여,

$$J_N = J_o P^{\frac{1}{\sin h}} = 1{,}358 \times 0.7^{\frac{1}{\sin 50°}} \fallingdotseq 1{,}358 \times 0.63 \fallingdotseq 856\,[\mathrm{W/m^2}]$$

다음, 수직벽면에 대한 직달일사량은 식 5.13을 이용하여 산정한다. 이때 벽면은 정남향이라 했으므로 식에서 α는 0이 된다.

$$J_V = J_N \cos h \cdot \cos(A-\alpha) = 736 \times \cos 50° \times \cos(30° - 0°) = 856 \times 0.64 \times 0.87 \fallingdotseq 477[\mathrm{W/m^2}]$$

산정된 값은 단위에서 알 수 있듯이[W=J/s] 벽면 $1m^2$에 1초 동안 입사한 값이고, 본 예제에서는 벽체의 면적을 $10m^2$라 했으므로, 수직벽면에 1시간 동안 입사하는 직달일사량은 $477 \times 3{,}600 \times 10 = 17{,}172{,}000[\mathrm{W}] = 17{,}172[\mathrm{kW}]$가 된다.

3) 천공일사량

앞서 설명했듯이 천공일사는 대기 속의 수증기나 먼지 등에 의해 산란된 빛이 지표면에 도달하는 것으로 방향성이 없어 그 양을 산정하는 식이 직달일사에 비해 복잡하다. 수평면에 대한 천공일사량은 다음과 같은 Berlage의 식이 일반적으로 이용되고 있다.

$$J_{SH} = \frac{1}{2} J_o \sin h \frac{1 - P^{\frac{1}{\sin h}}}{1 - 1.4 \log_e P} \quad \cdots\cdots (5.14)$$

J_{SH} : 수평면에 대한 천공일사량 $[\mathrm{W/m^2}]$

J_o : 태양정수 $[\mathrm{W/m^2}]$

h : 태양고도 [°]

P : 대기투과율

직달일사에 대해서는 대기투과율이 클수록 일사량이 크게 산정되었으나, 천공일사에 대해서는 대기투과율이 클수록 빛의 산란이 적게 이루어지기 때문에 일사량이 작게 산정된다. 또, 식 **5.14**는 맑은 날의 천공일사량을 나타낸 식

이며 흐린 날 등에 대한 천공일사량의 식은 제시되어 있지 않으나 위 식의 값보다는 크게 나오므로, 어떠한 기후조건에도 적어도 식 5.14의 값 이상의 일사량이 확보된다고 생각하면 된다.

천공일사는 직달일사와 달리 방향성이 없기 때문에 수직면에 대한 일사량을 산정할 때 직달일사량에서와 같은 벽의 방향성은 고려되지 않는다. 따라서 직달일사량의 산정식과 달리 수직면에 대해서도 태양방위각은 계산식의 요소가 되지 않으며, 수직면에 대한 천공일사량은 방위에 관계없이 수평면 천공일사량의 1/2로 산정해도 무방하다고 여겨지고 있다.

5. 일조(일사)조절

「1. (2) 일조와 일사」에서 일사는 태양복사의 역할 중 열효과에 대한 명칭이라 했고, 일조란 빛 자체가 건물이나 실내에 들어오는가 들어오지 않는가를 고려할 때의 명칭이라 했다. 따라서 일조조절이라 하면 채광, 조명 등의 효과는 물론, 여름철의 일사를 차단하는 일사조절까지 포함된 의미로 고려하는 것이 일반적이나, 경우에 따라서는 일사의 열적 효과를 별도로 고려하여 '일사의 이용'이나 '일사의 차폐'와 같은 용어를 사용하기도 한다.

(1) 조절의 목적

겨울철에 건물이나 실내로 들어오는 햇빛은 햇살이라고도 하는 것에서 알 수 있듯이 우리의 육체적·심리적 건강에 매우 좋은 영향을 미치는 것은 물론, 겨울철 난방에 대한 부담을 경감시키는 역할도 하게 된다. 반면, 여름철 일조에 의해 건물이 받는 열량은 매우 커서 냉방이 보편화되어 있는 현대 사회에서 에너지 사용에 대한 부담을 크게 가중시키고 있다.

이렇게 일조는 열적 측면에서는 계절에 따라 상반되는 영향을 지니고 있는 한편, 앞서 언급한 육체적·심리적 건강에 관한 보건위생적 측면이나 적절한 조도의 확보를 위한 채광 측면에서는 매우 긍정적인 효과를 지니고 있다. 그러나 지나친 일조로 인해 눈부심이 발생한다든가 실내 조도가 너무 높다든가 하면 오히려 거주환경이 악화될 수 있으므로 채광 측면에서의 일조조절 또한 필요하다.

일조의 조절은 이와 같이 실내공간의 적절한 조도 유지, 적절한 햇살로 인한 심리적 안정, 겨울철의 난방부하 및 여름철의 냉방부하 경감 등을 달성하기 위한 목적으로 이루어지고 있다.

(2) 조절 방법

일조 및 일사의 조절은 장치를 이용하는 방법, 건축계획적인 방법, 조경계획적인 방법 등을 통해 이루어지고 있다.

1) 장치에 의한 방법

일조(일사)의 조절에 일반적으로 이용되는 장치로는 루버, 블라인드 등이 있으며, 그 종류로는 그림 5.17과 같은 것들이 있다. 루버나 블라인드는 건축물에 설치된 장치 형태로 되어 있지만 (a)와 같은 차양은 건축물과 일체화된 구성으로 되어 있다. 또 우리가 생활하고 있는 아파트의 베란다는 베란다 본연의 역할뿐 아니라 아래 층 세대에 대한 차양의 역할도 겸하는 효과도 갖고 있다. 다만, 베란다 확장을 한 곳은 이와 같은 차양의 효과는 기대할 수 없다.

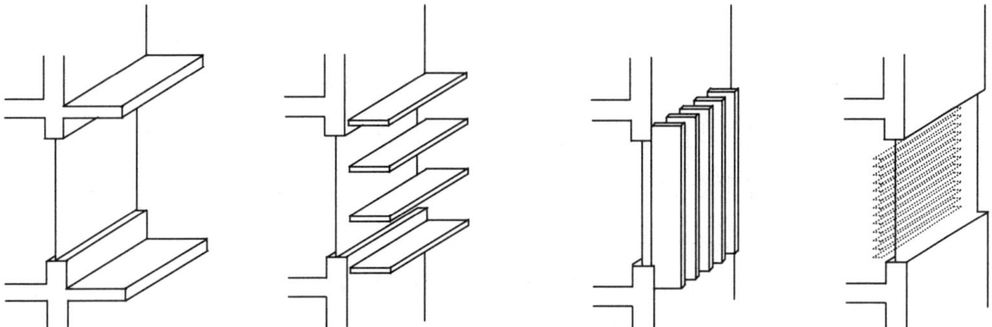

(a) 차양 · 베란다　　(b) 수평 루버　　(c) 수직 루버　　(d) 블라인드

그림 5.17 일조조절 장치

그림 5.18은 제1장의 그림 1.9에 소개했던 수평 루버로, 루버의 회전이 가능하게 함으로써 여름철에는 일사가 차단되게, 그리고 겨울철에는 일사의 실내진입이 용이하게 하고 있다.

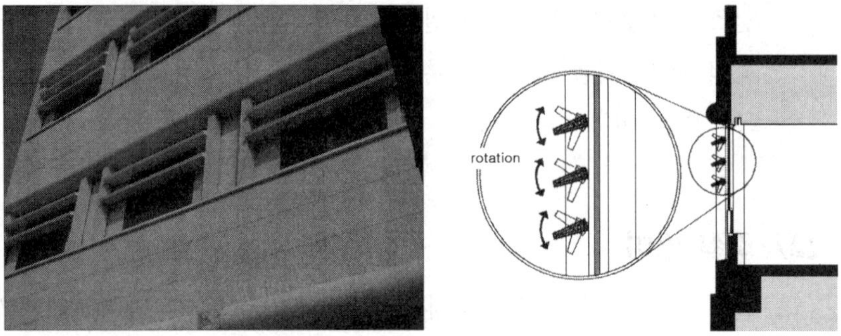

그림 5.18 일사조절 루버

2) 건축계획에 의한 방법

계절별 태양의 궤적 및 태양고도에 대한 설명에서 알 수 있듯이, 우리나라의 경우 남향으로 건물이 배치되어 있으면 일조조절 면에서 매우 유리하다. 따라서 건물의 방향을 동서방향으로 하면서 사용시간이 많은 실을 남쪽에 배치하는 것을 건축계획의 기본으로 삼는 것이 바람직하다.

앞에서 제시된 그림 5.17은 일조조절 장치를 나타내고 있으나, (a)의 차양은 보다 엄밀하게는 건축구조물의 일부이므로 건축계획에 의한 방법이라고 할 수 있다. 건물의 창, 벽, 지붕 등에 내리쬐는 햇빛은 겨울에는 실내환경을 바람직하게 만들지만 여름철에는 그 이상으로 실내환경을 악화시키기 때문에 열을 차단시킬 수 있는 단열재를 벽 및 지붕 속에 설치해야 한다. 한편, 창의 내부에는 단열재를 설치할 수 없으므로 복층유리로 하여 창과 창 사이의 공기가 단열재 역할을 하도록 하는 한편 흡열유리를 채택하여 햇빛의 통과를 가급적 줄이는 방법도 고려할 필요가 있다.

그림 5.19는 제1장의 그림 1.11에 소개했던 더블스킨으로, 계절별로 일사를 적절히 활용하거나 배제하여 에너지절약 및 실내 쾌적환경을 도모하는 시스템이다. 더블스킨의 계절별 활용에 대해서는 제1장의 그림 1.10에 대한 설명에서 자세히 언급되어 있다.

그림 5.19 더블스킨

3) 조경계획에 의한 방법

여름철 나뭇잎이 무성한 나무는 더위에 지친 우리에게 청량감을 주고, 겨울철 가지만 앙상하게 남은 나무는 때로는 우리에게 심리적 스산함마저 주지만, 계절에 따른 나무의 이러한 변화는 일조조절 면에서 최적의 조건을 우리에게 부여하고 있다. 즉, 건물 주위의 적절한 조경계획에 따라 여름철에는 나뭇잎이 일사를 차단하는 역할을 하면서 건물 안으로 햇빛이 들어오는 것을 막는 한편, 겨울철에는 나뭇잎이 없으므로 일사 차단이 이루어지지 않아 햇빛이 실내로 들어오게 되는 것이다.

(a) 겨울 (b) 여름

그림 5.20 나무에 의한 일사조절

수개 층 이상의 건물에서 최상층은 다른 아래층에 비해 여름철에 매우 덥게 되는데, 이것은 여름철의 강렬한 일사에 의해 뜨거워진 옥상으로부터의 복사열 때문이다. 최상층의 이러한 고온을 방지하기 위한 방법으로 제1장의 그림 1.8에 제시했던 다음과 같은 옥상정원이 있다.

그림 5.21 옥상정원

옥상을 정원으로 구성함에 따라 생기는 옥상의 토양은 옥상 콘크리트에 대해 일사를 완화시킴과 동시에 단열의 효과도 부여한다. 또 비가 올 경우 빗물이 서서히 증발하면서 옥상에서 증발잠열을 빼앗게 되어 지붕면의 온도를 더욱 떨어뜨리는 결과도 가져온다.

(3) 일사의 이용

앞의 「(2) 조절 방법」에서는 일조 또는 일사를 적절히 차단 및 조절하는 시각에서의 서술이 이루어졌는데, 일사를 적극적으로 이용하는 방법으로는 「제1장 2. (3) 4) 자연에너지의 이용」에서 설명한 태양광발전 등이 있다. 태양에너지는 그 양이 무진장이며 공해발생이 전혀 없으므로 앞으로 그 실용화가 대단히 기대되는 새로운 에너지원이다. 태양에너지를 실제적으로 적용하고 있는 것 중 우리가 쉽게 볼 수 있는 것으로는 비닐하우스가 있다. 태양에너지 이용 설비는 그 이용 방법에 따라 자연형과 설비형으로 구분하고 있으며, 본 항에서는 태양열을 난방 및 급탕에 이용하고 있는 예를 설명하기로 한다.

1) 자연형 태양열설비

각 구성요소 간의 열전달 방법이 기계에 의하지 않고 열전도 및 대류와 같은 자연적인 물리현상에 의하는 시스템을 뜻한다. 건축물의 어느 부분을 축열이 잘 되는 축열재로 구성하여 주간의 태양열을 축열한 후 야간에 서서히 방출시켜 난방에 이용하는 것이 자연형 태양열설비의 기본적인 개념이다.

축열재로 사용되는 부분은 바닥, 벽, 지붕 등 다양하며, 건물과 비닐하우스(온실)를 결합시킨 방식도 있다. 벽체가 축열재로 되어 있는 형태 및 온실이 부착되어 있는 형태를 그림 5.22에 나타낸다.

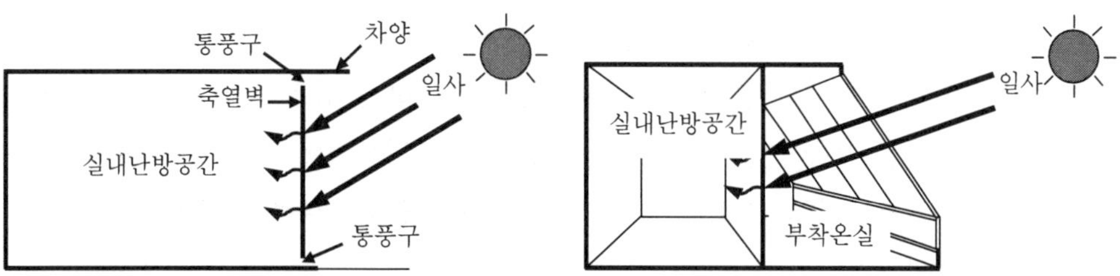

(a) 축열벽방식 (b) 부착온실방식

그림 5.22 자연형 태양열난방방식의 예

2) 설비형 태양열설비

설비형 태양열방식은 열의 저장, 이동, 활용 등에 대해 기기를 사용하게 되므로, 기기 자체의 신뢰도는 물론 각 기기를 시스템적으로 어떻게 구성하는가에 따라서도 태양열설비로서의 효율이 크게 달라질 수 있다.

그림 5.23에 급탕을 겸한 태양열난방시스템 구성도의 한 예를 나타낸다.

집열기(集熱器)는 태양에너지를 열에너지로 변환시켜 물 또는 공기를 가열시키는 기기로서 높은 집열성능과 장기적 내구성, 낮은 제조비용 등이 요구된다. 종류로는 집광형(集光型)과 비집광형(非集光型)이 있으며, 집광형은 태양광(太陽光)발전용으로 이용되고 있고 난방 및 급탕용으로는 비집광형이 이용된다.

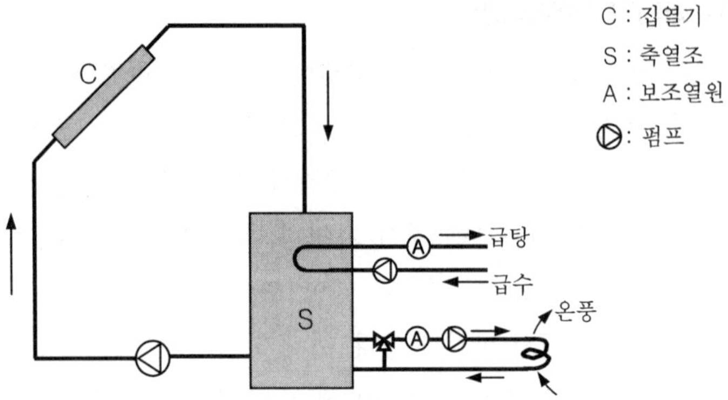

그림 5.23 설비형 태양열난방(급탕 포함)시스템의 구성 예

집열기에서 태양열을 이용하여 온수를 제조하는 시간대는 주간에 한정되어 있으나 실제로 난방 및 급탕은 야간에 행하는 경우가 더 많기 때문에 주간에 생산된 열을 야간에 쓸 수 있도록 열을 축적시켜야 하며, 그 역할을 하는 것이 축열조이다. 축열조는 열을 저장해 두는 곳이기 때문에 단열성이 대단히 강조된다.

주간에 생산하여 축적해 둔 열이 부족하다든가 흐리거나 눈·비가 내려서 근본적으로 태양열을 이용하지 못하는 경우가 있다. 이러한 경우에는 기존의 방법대로 보일러 등을 이용하여 난방 및 급탕을 해야 한다. 이러한 경우의 보일러와 같은 기기를 보조열원이라 한다.

앞에서 언급했듯이 설비형 시스템은 각 구성기기 간의 열전달 방법이 펌프나 송풍기에 의해 이루어진다. 따라서 설비형 시스템에서는 그림 5.23에 나타나 있는 순환펌프와 같은 기기가 필요하게 된다.

6. 일조 · 일사의 측정

일조와 일사는 모두 태양으로부터의 복사를 나타내는 것이지만, 「1. (2) 일조와 일사」에서 설명한 바와 같이 일조는 빛 자체의 유무를 의미하고 일사는 빛의 세기와도 관련이 있는 것이므로 일조와 일사를 측정하는 방법은 약간 다르다.

(1) 일조계

태양으로부터 지표면에 도달하는 태양복사선의 열작용 및 화학작용을 이용하여 측정기에 일조의 흔적을 남게 함으로써 일조시간을 측정한다. 현재 널리 이용되는 것으로는 열작용을 이용한 캠벨-스토크스(Campbell-Stokes)일조계와 화학작용을 이용한 조르단(졸단, Jordan)일조계가 있다.

1) 캠벨-스토크스일조계

캠벨-스토크스일조계는 그림 5.24에 나타나 있는 바와 같이 지름 약 10cm 정도인 공 모양의 유리로 태양광선을 모아 초점을 만들고, 이 초점이 열을 흡수하기 쉬운 기록용지 위를 지나면서 그 기록용지를 태우게 한 후 그 탄 자국의 길이를 이용하여 일조시간을 측정할 수 있도록 구성되어 있다. 캠벨-스토크스일조계는 간단히 캠벨일조계라고도 한다.

그림 5.24 캠벨-스토크스일조계

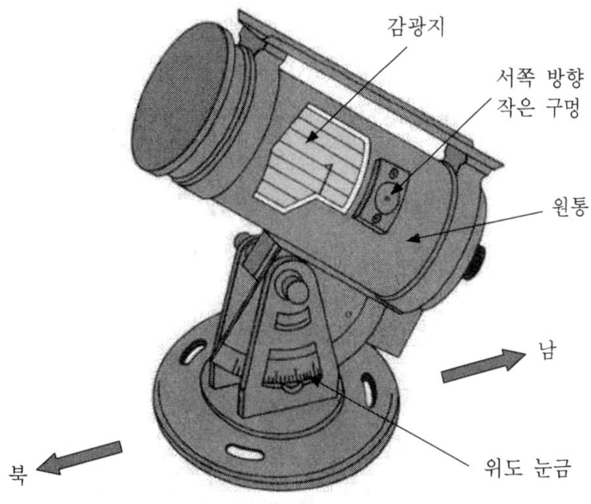

그림 5.25 조르단일조계

2) 조르단일조계

조르단일조계는 그림 5.25와 같이 금속제의 원통에 햇빛이 들어갈 수 있도록 작은 구멍이 양쪽에 하나씩 뚫려 있는 구조로 되어 있다. 원통의 축을 정남북 방향으로 향하게 하고 각 지역의 위도에 맞게 원통의 기울기를 조절하면 원통의 축은 지축(地軸)과 평행하게 되어 지역별로 정확한 측정이 이루어진다. 오전에 비추는 햇빛은 원통의 동쪽 구멍을 통해 원통 안쪽에 설치된 감광지에 찍히게 되고, 오후에 비치는 햇빛은 원통의 서쪽 구멍을 통해 감광지에 찍히면서 감광지가 타게 되므로 이 감광지가 탄 길이를 측정하여 일조시간을 구하게 된다.

(2) 일사계

일사계에는 태양을 비롯한 전천(全天)으로부터 수평면에 도달하는 일사량을 측정하는 전천일사계와, 태양으로부터만 도달하는 일사량을 측정하는 직달(直達)일사계의 두 종류가 있다. 직달일사계는 태양으로부터만 도달하는 일사량을 측정하는 것이기 때문에 움직이는 태양을 따라 신속하고 부드럽게 방위각과 고도를 조절할 수 있는 장치가 필요하다.

1) 직달일사계

직달일사계의 대표적인 것으로는 옹스트롬(Ångström)일사계와 은반일사계가 있다.

① 옹스트롬일사계

내부에 설치된 검게 칠한 두 장의 망가닌(manganin)판 중 한 장에는 일사가 닿도록 하고, 다른 한 장은 일사가 닿지 않도록 가린 상태에서 전류를 통해 일사가 닿고 있는 쪽과 동일한 온도가 되도록 한다. 이때 동일한 온도가 되도록 하기 위해 공급된 전류의 양과 망가닌의 물리정수를 이용하면 일사량을 계산할 수 있게 된다. 그림 5.26에 일사를 받는 수열부(受熱部, 왼쪽)와, 수열부로부터의 정보에 의해 일사량을 계산하는 기록계(오른쪽)를 나타낸다.

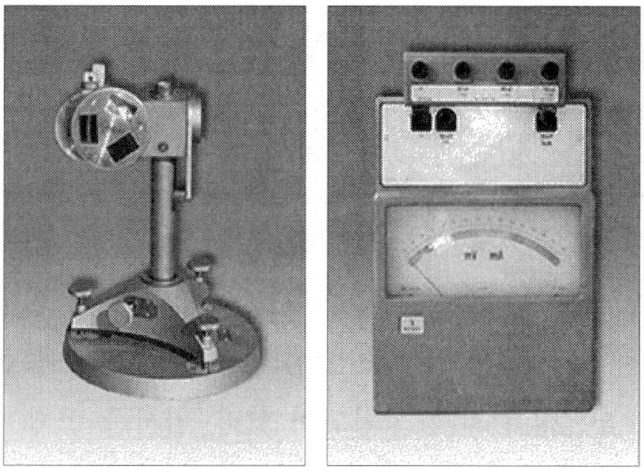

그림 5.26 옹스트롬일사계

그림 5.27 은반일사계

② 은반일사계

태양을 향해 있는 원통의 아랫부분에 검게 칠한 은반(銀盤)이 있기 때문에 은반일사계란 이름이 붙었다. 원통을 태양 쪽으로 향하게 하고 원통 끝의 셔터를 2분 주기로 개폐하면 그 사이에 원통으로 입사되는 직사광선이 은반 표면의 온도를 변화시키게 된다. 은반은 직사광선을 효과적으로 받아들일 수 있도록 검게 칠해져 있다. 은반에는 0.01℃ 단위로 물체의 온도를 정밀하게 측정할 수 있는 정밀온도계의 센서 부분이 접촉되어 있어 이 온도계로 직사광선에 의해 변화되는 은반의 온도를 측정하게 되며, 측정된 은반 온도의 상승 또는 하강에 의해 일사량이 산정된다. 그림 5.27에 은반일사계의 형상을 나타낸다.

2) 전천일사계

「5. (3) 일사의 이용」에서 설명한 일사는 전천일사, 즉 직달일사와 천공일사(산란일사)를 합한 것이기 때문에 일사계도 앞에서 설명한 직달일사계보다는 전천일사계가 더 널리 이용되고 있다. 흔히 이용되고 있는 전천일사계로는 열전대를 이용한 에플리(Eppley)일사계와 바이메탈을 이용한 로비치(Robitzsch)일사계가 있다. 전천일사는 직달일사와 달리 태양복사와 직각방향으로 입사되는 일사를 가리키는 것이 아니므로 태양의 위치에 따라 수열면(受熱面)이 변동되지 않는다. 따라서 고정되어 있는 수평면에 입사되는 일사를 측정한다는 의미에서 전천일사계는 수평면일사계라고도 불리어지고 있다.

① 에플리일사계

진공 또는 건공기로 채워져 있는 유리구의 중심에 열전대가 들어 있는 금속판이 있으며 이것이 일사의 세기를 감지하는 요소이다. 수열부(受熱部)인 금속판은 검은색과 흰색의 원판으로 구성되어 있으며 두 부분에는 온도를 측정할 수 있는 열전대가 각각 설치되어 있다. 일사를 받게 되면 색깔의 차이에 따라 일사의 흡수량이 달라 두 부분의 온도에도 차이가 발생하는데, 이 온도차에 의해 생성되는 기전력(起電力)의 크기를 측정함으로써 결과적으로 일사의 세기가 측정되는 구조로 되어 있다. 그림 5.28에 에플리일사계 수감부(受感部)의 형상을 나타낸다.

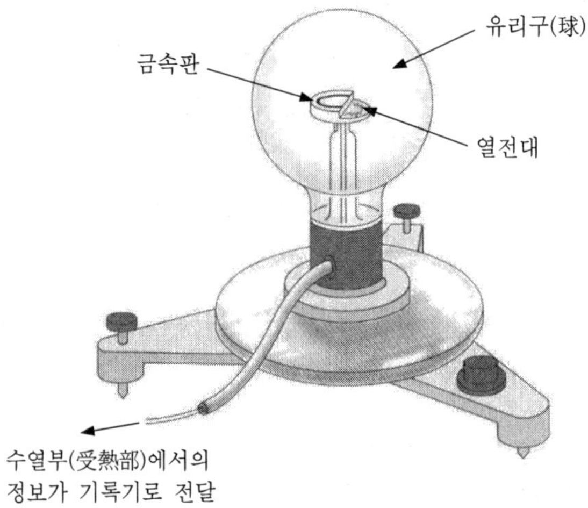

그림 5.28 에플리일사계

② 로비치일사계

앞에서 설명한 바와 같이 에플리일사계는 일사량의 측정 수단으로 검은색 및 흰색의 금속판과 그 금속판에 접촉되어 있는 열전대를 이용하는 것이고, 로비치일사계는 측정 수단으로 바이메탈을 이용한다는 점에서 차이가 있으나 일사량 산정의 기본 개념은 동일하다. 즉, 그림 5.28 에플리일사계의 수열부 안에 들어 있는 금속판 및 열전대 대신에 로비치일사계에는 바이메탈이 들어 있다고 생각하면 된다.

바이메탈이란 우리가 잘 알고 있듯이 두 개의 금속을 서로 접촉시켜 놓은 것으로, 로비치일사계에서는 에플리일사계에서의 금속판과 마찬가지로 검은색과 흰색으로 칠한 두 개의 금속을 접촉시켜 설치하게 된다. 수열부에 설치된 바이메탈이 일사를 받게 되면 색에 따라 일사의 흡수량이 달라지고 그에 따라 두 금속 간에 온도차가 생기면서 팽창의 정도가 다르게 된다. 이 차이를 일사계 내부에 장착되어 있는 펜으로 기록하면서 일사량을 계산할 수 있게 되는 것이다.

제 3 편

공기환경

제6장 실내 공기환경
제7장 환기

제6장 실내 공기환경

1. 실내공기의 오염
2. 공기환경 기준
3. 공기환경의 측정

제6장 실내 공기환경

1. 실내공기의 오염

우리는 실내에서 생활하면서 이따금 창문을 열어 실내공기와 외기를 교환하는데, 이때 창문을 열어 환기를 하는 목적은 실내가 더워서 외부의 시원한 공기를 받아들이기 위해서이기도 하지만, 실내공기 중 이산화탄소의 농도가 지나치게 높아져서 우리가 답답함을 느끼거나 심하게는 두통을 일으키기 때문이기도 한다. 실내에 이산화탄소와 같은 유해물질이 일정량 이상 분포하게 되면 인체의 건강 및 거주환경에 좋지 않은 영향을 미치며 경우에 따라서는 심각한 위험요소가 될 수도 있다.

공기의 오염으로 인해 실내 공기환경은 다음과 같은 영향을 받게 되며, 이러한 영향을 최소화하기 위해서는 실내에서 유해물질이 가급적 발생하지 않도록 하고 일단 발생한 유해물질은 신속하게 외부로 배출시킬 필요가 있다.

① 온도 및 습도의 상승
② 산소의 감소, 이산화탄소의 증가
③ 냄새 및 먼지의 증가
④ 세균의 증가
⑤ 일산화탄소 등 유해물질의 발생

(1) 오염의 원인

실내공기 오염의 원인이 되는 요소는 매우 다양하다. 인간은 호흡을 통해 생명을 영위할 수 있기 때문에 호흡과정에서 발생되는 이산화탄소는 어떤 용도의 건물에서도 공통적으로 발생하게 된다. 한편, 건물 내 연소가 이루어지는 장소에서는 연소과정 중에 여러 매연물질이 발생할 것이며, 주택과 같이 가구가 많이 있는 곳에서는 가구로부터 발생하는 오염물질의 양이 많게 된다. 또 건물 안에서 이루어지는 인체의 활동으로 인해 먼지가 발생하며 그 안에서 흡연을 하게 되면 오염물질의 발생량은 더욱 많아진다.

그림 6.1에 실내에서 발생하는 오염물질의 생성 예를, 표 6.1에 오염의 발생원 및 오염물질 종류를 각각 나타낸다. 오염물질의 종류별 특징에 대해서는 「(2) 오염물질」에서 설명하기로 한다.

그림 6.1 실내오염물질의 생성 예

표 6.1 실내공기 오염의 발생원 및 오염물질 종류

오염물질 발생원	오염물질의 종류
재 실 자	땀, 냄새, 흡연으로부터의 각종 물질(타르, 니코틴, 일산화탄소, 이산화탄소, 암모니아 등), 호흡에 의한 이산화탄소, 생활활동에 의한 먼지 등
연 소 기 기	가스레인지 및 스토브 등으로부터의 연소가스(일산화탄소, 이산화탄소, 질소화합물 등)
건축재료 가구 기기	건물의 신축 또는 증·개축 후 콘크리트, 마감재, 접착제, 실내가구 등으로부터의 먼지, 냄새, 곰팡이 및 각종 유해물질(포름알데히드, VOCs 등) 복사기와 같은 기기에서 발생되는 VOCs, 오존 등
기 타	주방, 화장실, 욕실 등에서의 냄새, 연기, 수증기 등

[주] 1) VOCs는 휘발성 유기화합물을 의미하며 구체적으로는 벤젠, 톨루엔, 크실렌, 에틸벤젠 등을 총칭한다.
2) 포름알데히드도 넓게는 휘발성 유기화합물의 일종이다.

실내 공기조화를 설계할 때 실내공기의 질을 양호하게 유지하기 위해서는 필요환기량을 산정해서 적절한 환기가 이루어지도록 해야 하는데, 실무적으로는 통상적으로 적용되는 재실자 1인당 필요환기량 또는 환기횟수와 같은 것을 이용하는 약산법이 널리 이용되고 있다. 그러나 실내공기의 질을 엄격하게 확보하고자 할 때는 실내에서 발생하는 각종 오염물질의 양을 가급적 상세하게 파악할 필요가 있다. 한편, 오염물질의 종류에 따라서는 그 발생량이 비교적 상세히 알려져 있는 것도 있으나 발생량의 파악이 용이하지 않은 물질도 여전히 많이 남아 있어 그것들에 관한 연구가 건축환경분야뿐 아니라 의학 및 화학분야에서도 활발히 이루어지고 있다. 아래에 실내 오염물질 발생원 및 오염물질 발생량에 대해 설명하기로 한다.

1) 재실자(인체)

우리는 실내에서 생활하면서 호흡을 통한 이산화탄소를 비롯하여 수증기(땀), 냄새 등을 우리 몸으로부터 배출하게 된다. 또 실내에서의 크고 작은 활동(움직임)을 통해 먼지를 발생시키기도 하고, 흡연을 하면서 담배연기로 인한 각종 유해물질을 방출하기도 한다. 재실자에 의해 발생되는 이와 같은 많은 유해물질 중 발생 특성이 비교적 상세히 파악되어 있는 것은 인체의 생리대사에 의해 발생되는 요소들이며, 그중 이산화탄소 배출량은 다음과 같다.

인체로부터의 이산화탄소 배출량은 각 거주자마다의 체표면적과 활동량(노동강도)에 따라 달라지는데, 일상적인 생활에서는 성인 남자가 18~20 l/h, 성인 여자는 남자의 80%, 어린이는 성인의 50% 정도로 여겨지고 있으며, 또 자고 있을 때는 주간에 비해 50%가 배출된다고 알려져 있다. 활동량을 나타내는 에너지대사율과 이산화탄소(CO_2) 배출량과의 관계를 그림 6.2에 나타낸다.

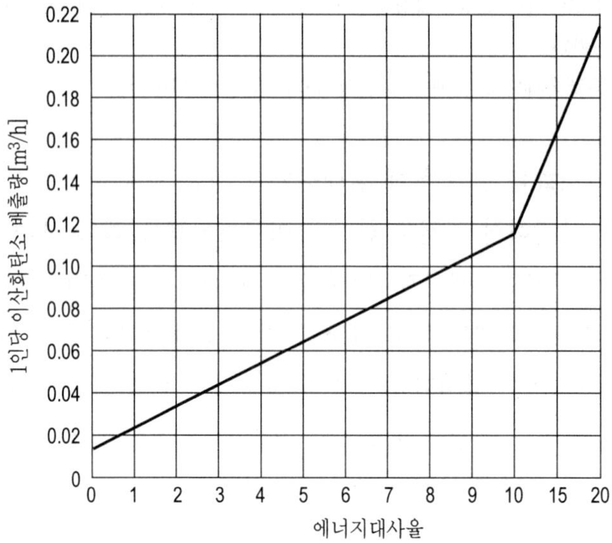

그림 6.2 활동량에 따른 인체의 이산화탄소 배출량

그림 6.2의 가로축에 나타나 있는 에너지대사율은 활동 내용에 따라 표 6.2와 같은 수치가 제시되어 있다.

표 6.2 활동 내용에 따른 에너지대사율의 예

활동 내용	에너지대사율	활동 내용	에너지대사율
서서 쉬기	0.4	일반적인 가사활동	1.5
앉아서 쉬기	0.2	일반적인 사무활동	0.5
식 사	0.4	자동차 조립	2.5~2.8
걷 기	1.5~2.2	무거운 물건 운반 작업	17.5

2) 연소기기

대형 건물에서 냉난방을 위한 장비를 가동하거나 아파트나 주택에서 취사기구를 사용할 때는 가스나 기름 등의 연료를 사용하게 되며, 이러한 연료가 연소될 때는 인체에 유해한 연소가스(배기가스)가 방출된다. 각종 장비나 기구에서의 연소과정에서, 연소에 필요한 충분한 산소가 공급되고 적절한 연소온도가 유지되면 완전연소가 이루어지는데, 이때 연소기기로부터는 이산화탄소와 수증기만 배출된다. 그러나 실제로 대부분의 연소기기에서는 불완전연소가 이루어지며 또 연료 자체에 불순물이 포함되어 있기 때문에 연소기기로부터 배출되는 것은 이산화탄소와 수증기 외에도 일산화탄소, 질소화합물, 분진(먼지) 등도 포함되는 것이 일반적이다. 따라서 우리가 잘 알고 있듯이 아파트나 주택의 가스레인지 위에는 국소배기 장치인 후드를 설치하여 가스레인지로부터의 연소가스(배기가스)를 신속하게 외부로 배출시키고 있으며, 또 대형 건물에서 냉난방 등을 위한 각종 장치에는 공해방지시설을 부착시켜 유해가스가 대기로 방출되지 않도록 법으로 규정하고 있다.

연소기기에서 방출되는 배기가스량은 기기가 사용하는 연료의 종류에 따라 달라지며, 각 연료마다의 연소화학반응식을 이용하면 배기가스량을 상당히 정확하게 구할 수 있다. 그러나 실무적으로는 화학반응식을 이용하여 정밀한 값을 구하는 경우는 없으며 실용값으로서 제시되어 있는 수치를 이용하는 것이 일반적이다. 표 6.3에 대표적인 연료의 이론공기량과 이론연소가스량을 나타낸다.

표 6.3 각종 연료의 이론공기량과 이론연소가스량

종 류	이론공기량 [m^3/kg]	이론연소가스량 [m^3/kg]	종 류	이론공기량 [m^3/m^3]	이론연소가스량 [m^3/m^3]
등 유	10.8	11.5	LNG	11.0	12.1
C중유 (벙커C유)	10.3	10.9	LPG	23.8	26.2

[주] 액체연료인 등유와 C중유는 1kg당의 값으로, 기체연료인 LNG와 LPG는 1m^3당의 값으로 나타내는 것이 일반적이다.

표 6.3에서 이론공기량은 완전연소가 이루어지기 위해서 공급해야 할 공기의 양을, 이론연소가스량은 완전연소가 이루어질 때 배출되는 배기가스량을 의미한다. 그러나 실제의 연소과정에서는 이론공기량만으로는 연료의 완전연소가 되지 않아 여분의 공기량이 필요하며 그 양은 액체연료의 경우 10~30%, 기체연료의 경우 5~20% 정도로 일컬어지고 있다. 따라서 연소기기가 있는 실내의 필요환기량을 산정하기 위해서는 표 6.3에 나타나 있는 이론공기량 또

는 이론연소가스량에 이와 같은 여분의 양을 더해 주어야 한다.

3) 건축재료, 가구, 기기

건축물의 마감재 및 그 마감재를 부착시키기 위한 접착제, 그리고 실내가구 등으로부터 발생되는 유해가스의 종류는 많이 알려져 있으나 각 유해가스의 발생량이 어느 정도인가에 대해서는 최근에 이르러 연구가 활발히 이루어지고 있다. 특히 표 6.1에도 나타나 있는 포름알데히드나 휘발성 유기화합물(VOCs)에 대해서 많은 연구가 이루어지고 있어 실내 공기환경의 이론적 확립에 많은 도움을 줄 것으로 기대되고 있다. 한편, 이들 오염물질에 관한 실내공기 중의 농도를 엄밀하게 예측하기 위해서는 분자 발생의 메커니즘에 관한 검토가 동시에 이루어져야 하므로 보다 다양한 연구가 필요할 것으로 여겨진다.

4) 기타

주방, 화장실, 욕실 등에서 발생하는 냄새, 연기, 수증기 등의 양을 추정하는 것은 현실적으로 어렵다. 따라서 이들 실에 대한 환기량은 실무적인 방법에 의존하는 경우가 대부분이며, 그 대표적인 방법이 환기횟수법이다. 즉 주방, 화장실, 욕실 등의 체적이 클수록 냄새나 수증기 등의 발생량이 많을 것이므로 이들 실의 체적에 비례해서 일정량의 환기량을 가정하게 된다. 환기횟수법에 대한 상세한 내용은「제7장 3. 필요환기량」에서 설명하기로 한다.

(2) 오염물질

「(1) 오염의 원인」에서 나타낸 오염원으로부터 발생되는 오염물질은 표 6.1의 내용과 같이 많은 종류가 있는데, 그중 대표적인 물질에 대한 특징을 아래에 설명하기로 한다.

1) 이산화탄소(탄산가스)

이산화탄소는 인체의 호흡으로부터도 발생되는 것이므로 실내에 연소기기 등이 없어도 거주자가 있는 곳이라면 어느 곳에서든지 발생하는 물질이다. 건강한 사람이라 해도 이산화탄소 농도가 1.5%인 곳에서는 약한 대사장애를 일으키며, 7~10% 정도의 곳에서는 몇 분 이내에 졸도하게 된다. 이산화탄소의 농도별로 인체에 미치는 영향에 대한 연구 내용 중 일부를 표 6.4에 나타낸다.

표 6.4 이산화탄소 농도의 인체 영향

농도 [%]	인체에의 영향
0.1	호흡기, 순환기, 대뇌 등의 기능에 약간의 영향을 미침
4	이명(耳鳴), 현기증, 혈압 상승, 두통 등의 증세가 나타남
7~10	몸에 경련이 일어나며 호흡이 멈춤
20	중추장애가 발생하며 사망에 이르게 됨

2) 일산화탄소

일산화탄소는 일반적인 건물에서 가장 문제가 되는 유해가스로, 무색·무취(색도 없고 냄새도 없음)이면서 독성이 매우 강해 우리가 일상생활에서 흔히 말하는 가스중독이라 하면 이것에 의한 것이 일반적이다. 일산화탄소는 질식성 가스로 헤모글로빈과의 결합력이 산소에 비해 200~250배 정도로 매우 커서 혈액의 산소유지 능력을 현저히 저하시킨다. 인체에 대한 일산화탄소의 영향을 나타내는 지표 중 하나로 중독지수가 있는데, 중독지수란 일산화탄소의 농도와 일산화탄소에 노출된 시간과의 곱으로 나타내는 것이며, 따라서 같은 농도의 일산화탄소라 하더라도 노출된 시간이 길수록 그만큼 위험하게 된다. 표 6.5에 일산화탄소에 관한 중독지수와 인체에의 영향을 나타낸다.

표 6.5 일산화탄소의 중독지수와 인체 영향

중독지수 [ppm×시간]	인체에의 영향
300 이하	특별한 이상이 없음
600	몸 상태가 다소 이상함을 느낌
900	두통 및 구토 등의 증세가 나타남
1,200 이상	생명이 위험해짐

3) 미세먼지(부유분진)

공중에 떠돌아다니는 미세먼지가 사람의 몸 안으로 들어왔을 때의 건강장애는 먼지의 크기, 형태, 화학적 성질, 농도 등에 따라 달라진다. 예를 들어, 지름이 0.1~1.0μm인 먼지가 우리 몸 안의 폐포(肺胞)에 가장 잘 들러붙는 것으로 여겨지고 있으며, 화학적 성분으로는 유리규산(遊離硅酸) 성분이 많이 포함되어 있는 먼지가 규폐(硅肺) 질환을 유발시킬 가능성이 큰 것으로 알려져 있다. 먼지에 대한 인체의 감각적 영향을 표 6.6에 나타낸다.

표 6.6 먼지에 대한 인체의 감각적 영향

먼지 농도 [mg/m^3]	인체의 감각적 영향
0.1 이하	대부분의 사람들이 만족하는 상태
0.1~0.14	멀리 보이는 정도, 즉 시정(視程)이 감소함
0.15~0.2	많은 사람들이 「공기가 더럽다」고 느끼는 정도
0.2 이상	많은 사람들이 「공기가 매우 더럽다」고 느끼는 정도

4) 냄새

일반적인 실내에서 발생하는 냄새의 주된 원인은 인체로부터의 체취(體臭)와 담배연기이다. 인체는 땀, 지방질 분비물 및 호흡 등을 통해 냄새를 발생시킨다. 실내에서 발생하는 냄새는 불쾌감 및 식욕감퇴를 일으키므로 간접적이기는 하나 건강상 좋지 않은 영향을 미치게 된다. 냄새는 특히 실외에서 실내로 들어올 때 강하게 느끼게 되지만 잠시 지나면 후각의 급격한 피로에 의해 느낌이 없어진다.

냄새에 관한 불쾌감의 정도는 어느 정도 주관적 요소가 좌우하고 있어 냄새의 질적·양적 기준은 확립되어 있지 않고, 냄새의 단계적 구분으로서 표 6.7과 같은 5단계 또는 7단계로 분류하는 것이 일반적이다.

표 6.7 냄새의 단계 구분

5 단 계		7 단 계	
냄새 강도	감각의 정도	냄새 강도	감각의 정도
0	감지가 불가능	0	전혀 감지되지 않음
1	겨우 느낄 수 있는 정도	1/2	극히 미약하여 훈련된 사람만 느낌
2	확실히 느낄 수 있는 정도	1	정상인이 느낄 수 있는 정도로 불쾌하지는 않음
3	그 자리를 피하고 싶을 정도	2	유쾌하지도 불쾌하지도 않은 정도
4	더 이상 견딜 수 없을 정도	3	공기가 싫을 정도의 불쾌감
		4	상당한 불쾌감
		5	구토를 유발할 정도

5) 포름알데히드

건축물의 마감재나 단열재, 실내 가구 등에서 발생되는 물질로, 포름알데히드가 함유된 건축자재 등으로부터 수년에 걸쳐 지속적으로 방출되며 방출량은 서서히 감소된다. 포름알데히드는 인체 특히 눈, 코, 목 등에 자극을 주어 알레르기(알러지)나 감기를 유발하며 두통, 피로, 피부발진 등의 증세를 일으키기도 한다. 인체가 포름알데히드에 노출되었을 때의 자극을 표 6.8에 나타낸다.

표 6.8 포름알데히드에 대한 인체의 자극

포름알데히드 농도 [ppm]	인체에의 자극
0.05～1	민감한 사람이 느끼기 시작
0.08～1.6	눈에서 자극을 느끼기 시작
0.08～2.6	목에 염증이 발생
2～3	코 및 눈에 확연히 자극을 느낌
4～5	눈물이 남(30분 정도 견딜 수 있음)
10～21	눈물이 1시간 정도 지속될 정도
31～50	폐렴이 발생하고 생명이 위험해짐
50～100	사망에 이름

6) 휘발성 유기화합물

휘발성이란 우리가 일상적으로 생활하고 있는 온도에서 액체상태의 물질이 기체가 되어 공중으로 흩어져 날아가는 성질을 의미하며, 유기화합물이란 탄소를 주성분으로 하는 화합물을 통칭하는 것이다. 앞에서 설명한 포름알데히드도 휘발성 유기화합물의 일종이나, 실내에서 발생하는 포름알데히드의 양 및 유해성이 매우 크기 때문에 포름알데히드는 별도로 분류하는 경우가 많다. 국내를 비롯해서 많은 나라에서 문제가 되고 있는 새집증후군(SBS, Sick Building Syndrome, 시크빌딩증후군, 최근에는 Sick House Syndrome이라는 표현도 자주 이용됨)은 대부분 포름알데히드를 비롯한 휘발성 유기화합물에 의한 것으로 여겨지고 있다. 휘발성 유기화합물은 영어로 Volatile Organic Compound이므로 통상 약자로 VOC로 표현하고 있으며, 또 그 종류가 많기 때문에 VOCs로 표현하는 경우도 많이 있다.

실내에서 발생되는 것으로 확인된 휘발성 유기화합물은 수십 가지에 이르고 있으며, 실내의 조건에 따라서는 수백 가지에 이르는 경우도 있다고 한다. 그중 벤젠과 같은 물질은 암을 일으킬 가능성도 있는 것으로 알려져 있기도 하다. 실내에서 발생되는 주요 휘발성 유기화합물은 앞에서 언급한 포름알데히드와 벤젠을 비롯하여 톨루엔, 에틸벤젠, 자일렌(크실렌이라고도 함), 스티렌 등이 있으며, 이들 물질은 포름알데히드에서 설명한 것과 마찬가지로 각종 건축자재나 가구 등으로부터 수년에 걸쳐 지속적으로 방출되며 방출량은 서서히 감소하게 된다. 따라서 방출량에 대한 구체적인 데이터는 확립되어 있지 않으나 각 물질별로 실내에서의 권장 오염농도는 제시되고 있다. 한편 위에서 언급한 주요 물질 외에도 실내에서 발생하는 휘발성 유기화합물의 종류는 매우 많으나 아직 상당수의 물질에 대해서는 인체에의 영향에 대한 연구가 충분히 이루어지지 않고 있는 실정이다.

2. 공기환경 기준

실내의 공기환경에 대한 국내의 법적 기준은 과거 건축법에서 부유분진, 일산화탄소 및 이산화탄소를 대상으로 규정하고 있었으나 규제완화 차원에서 건축법에서 폐지되는 등 오히려 거주자의 건강보전에 역행하는 방향으로 진행이 되었었다. 그러나 새집증후군과 같은 문제가 발생하고 국민들의 건강에 대한 의식이 높아지면서 다시 그 기준이 강화되고 있는 추세이다.

현재 국내에서는 「실내공기질 관리법」에서 불특정다수가 이용하는 시설물을 대상으로 각종 실내공기질 유지기준을 정하고 있다. 표 6.9에 「실내공기질 관리법」에서 정하고 있는 건물 종류 및 오염물질 허용기준을 나타낸다.

표 6.9 「실내공기질 관리법」에서의 실내공기질 유지기준 [2016.12 기준]

시설 종류 \ 오염물질	미세먼지 (PM10) [$\mu g/m^3$]	이산화탄소 [ppm]	포름알데히드 [$\mu g/m^3$]	총 부유세균 [CFU/m^3]	일산화탄소 [ppm]
- 지하역사 - 연면적 2,000m^2 이상인 지하도상가 - 여객자동차 터미널의 연면적 2,000m^2 이상인 대합실 - 공항시설 중 연면적 1,500m^2 이상인 여객터미널 - 항만시설 중 연면적 5,000m^2 이상인 대합실 - 철도역사 중 연면적 2,000m^2 이상인 대합실 - 연면적 3,000m^2 이상인 도서관, 박물관 및 미술관 - 연면적 1,000m^2 이상인 장례식장 - 연면적 1,000m^2 이상인 학원 - 연면적 2,000m^2 이상인 전시시설 - 연면적 300m^2 이상인 인터넷컴퓨터 게임시설 제공업의 영업시설 - 연면적 1,000m^2 이상인 목욕장업의 영업시설 - 대규모 점포 - 영화상영관	150 이하	1,000 이하	100 이하	–	10 이하
- 연면적 2,000m^2 이상 또는 병상수 100개 이상인 의료기관 - 연면적 1,000m^2 이상인 노인요양시설 - 연면적 500m^2 이상인 산후조리원 - 연면적 430m^2 이상인 어린이집	100 이하			800 이하	

오염물질 / 시설 종류	미세먼지 (PM10) [$\mu g/m^3$]	이산화탄소 [ppm]	포름알데히드 [$\mu g/m^3$]	총 부유세균 [CFU/m^3]	일산화탄소 [ppm]
- 연면적 2,000m^2 이상인 실내주차장	200 이하			–	25 이하
- 관람석 수 1,000석 이상인 실내체육시설 - 객석 수 1,000석 이상인 실내공연장 - 연면적 3,000m^2 이상인 업무시설 - 연면적 2,000m^2 이상인 둘 이상의 용도에 사용하는 건축물	200 이하	–	–	–	–

[주] 미세먼지에서 PM10이란 먼지의 지름이 10μm 이하라는 의미임.

표 6.9에 나타나 있는 용도 및 규모의 건물은 모두 표에 제시되어 있는 오염물질(미세먼지, 이산화탄소, 포름알데히드, 총 부유세균, 일산화탄소)의 허용기준을 만족시켜야 하는 것은 물론이지만, 「실내공기질 관리법」에서는 표 6.9에 나타나 있는 오염물질 허용기준 외에도, 각 건물 용도 특성에 따라 별도의 오염물질에 관련된 허용기준을 만족시키도록 환경부장관이 권고할 수 있게 되어 있다. 이 기준은 말 그대로 권고기준이므로 반드시 지켜야 하는 규정은 아니며, 건물 내 거주자가 보다 건강하고 안전하게 생활할 수 있는 지침을 제시한 것이라 할 수 있다. 표 6.10에 환경부장관이 권고할 수 있는 오염물질의 종류 및 그 기준을 건물 용도 및 규모별로 나타낸다.

표 6.10 「실내공기질 관리법」에서의 실내공기질 권고기준 [2018.1 개정]

오염물질 / 시설 종류	이산화질소 [ppm]	라돈 [Bq/m^3]	VOC [$\mu g/m^3$]	미세먼지 (PM2.5) [$\mu g/m^3$]	곰팡이 [CFU/m^3]
지하역사, 지하도상가, 철도역사의 대합실, 여객자동차터미널의 대합실, 항만시설 중 대합실, 공항시설 중 여객터미널, 도서관·박물관 및 미술관, 대규모점포, 장례식장, 영화상영관, 학원, 전시시설, 인터넷컴퓨터게임시설제공업의 영업시설, 목욕장업의 영업시설	0.05 이하	148 이하	500 이하	–	–

<table>
<tr><th>오염물질
시설 종류</th><th>이산화질소 [ppm]</th><th>라돈 [Bq/m^3]</th><th>VOC [$\mu g/m^3$]</th><th>미세먼지 (PM2.5) [$\mu g/m^3$]</th><th>곰팡이 [CFU/m^3]</th></tr>
<tr><td>의료기관, 어린이집, 노인요양시설, 산후조리원</td><td></td><td rowspan="2"></td><td>400 이하</td><td>70 이하</td><td>500 이하</td></tr>
<tr><td>실내주차장</td><td>0.3 이하</td><td>1,000 이하</td><td>–</td><td>–</td></tr>
<tr><td>신축 공동주택</td><td colspan="5">포름알데히드 210$\mu g/m^3$ 이하
벤젠 30$\mu g/m^3$ 이하
톨루엔 1,000$\mu g/m^3$ 이하
에틸벤젠 360$\mu g/m^3$ 이하
자일렌 700$\mu g/m^3$ 이하
스티렌 300$\mu g/m^3$ 이하
라돈 200Bq/m^3 이하</td></tr>
</table>

[주] 미세먼지에서 PM2.5란 먼지의 지름이 2.5μm 이하라는 의미임.

한편, 「건축법」에서는 과거 일산화탄소, 이산화탄소, 미세먼지에 대해서 허용기준이 있었다가 그 후 폐지되었다고 앞에서 설명했는데, 일산화탄소를 비롯한 각종 유해물질의 허용기준에 대해서는 이와 같이 별도의 법률에서 보다 강화되었으며, 「건축법」에서는 새로이 일정 규모 이상의 공동주택 및 다중이용시설을 대상으로 하여 기계환기설비의 설치를 의무화하고 필요환기량을 제시하는 등 실내공기질의 확보에 보다 진전된 규정이 마련되었다.

「건축법」에서 기계환기설비의 의무적 설치를 규정하고 있는 시설은 공동주택과 다중이용시설인데, 다중이용시설의 종류는 「실내공기질 관리법」에서 규정하고 있는 시설과 유사하며, 아울러 각 시설마다 일정규모 이상일 경우에 해당되는 것으로 규정하고 있다. 한편 「건축법」에서는 다중이용시설에서의 실내공기질 유지기준을 구체적으로 규정하지는 않고 시설별 필요환기량에 대해서만 언급하고 있으며, 이에 대해서는 「제7장 3. 필요환기량」에서 나타내기로 한다.

3. 공기환경의 측정

앞에서도 설명했듯이 실내에서 발생하는 오염물질의 종류는 대단히 많으며, 따라서 오염물질에 따라서는 아직 측정장치 및 방법이 개발되지 않은 것도 있다. 또 실내 오염물질의 측정은 측정의 정밀도에 따라 필요한 장비 및 기술적 수준에 큰 차이가 나므로, 공기환경에 관한 법적 기준을 만족시키는가의 여부를 판단할 때 통일된 기준이 필요하다.

이에 대한 해결방법으로 정부에서는 국립환경과학원 고시로 미세먼지, 일산화탄소, 이산화탄소, 포름알데히드, 부유세균, 라돈 등 각종 오염물질에 대해 공정(公定)시험기준을 발표하고 있다. 이 고시에 나타나 있는 각 오염물질의 측정방법은 비교적 전문적 지식을 필요로 하고 있으며, 각 방법의 상세한 내용에 대해서는 국립환경과학원 고시인 「실내공기질 공정시험기준」을 참조하기 바란다.

제7장 환　기

1. 환기와 환기설비
2. 환기방식
3. 필요환기량

제7장 환기

1. 환기와 환기설비

우리는 주택에서 생활하면서 더위를 느끼거나 답답함을 느끼면 창을 열어 외부의 공기를 받아들여 실내를 쾌적한 상태로 만드는데, 이것이 생활 속에서 우리가 가장 쉽게 접할 수 있는 환기의 예이다. 물론 이것은 기계의 힘을 전혀 빌리지 않고 자연적으로 이루어지기 때문에 자연환기라 일컬어지고 있는데, 이러한 자연환기는 때때로 공기의 교체가 원활히 이루어지지 않기 때문에 환풍기와 같은 기계의 힘을 빌려서 원활한 환기가 이루어지게 하는 경우가 많으며, 이렇게 환기가 원활하게 이루어지게 하는 환풍기를 비롯한 장치를 환기설비라 한다.

「제6장 실내 공기환경」에서 설명했듯이, 사람이 많이 모이게 되는 시설물에서는 오염물질 제거를 위해 환기설비를 엄격하게 적용하도록 되어 있다. 한편, 일반적인 건물에서는 건물에서 발생하는 각종 오염물질의 처리를 위해 건물 전체를 단위로 하는 환기설비를 설치하지는 않고 일부 공간에 대해서 환기를 적용하는 경우가 많다. 일반적인 건물에서 환기가 적용되는 공간과 그 공간에서 주로 배출되는 요소들은 다음과 같다.

① 화장실 : 냄새

② 주방 · 탕비실 : 배기가스, 열, 수증기

③ 주차장 : 배기가스

④ 기계실 · 전기실 : 열

환기의 주된 목적은 이와 같이 생활에 불편을 주거나 건강에 해를 끼치는 요소들을 배출하는 것이지만, 보일러실의 경우는 실내에서 발생하는 열을 배출함과 동시에 보일러 내부에서의 연소를 위해 필요한 산소를 공급하는 역할을 하기도 한다.
건물의 냉난방과 같은 공기조화가 이루어지는 공간은 공기조화 과정 중에 환기도 포함되기 때문에 별도의 환기설비를 필요로 하지 않으나, 상기 공간들은 일반적으로 공기조화를 하지 않기 때문에 최소한의 설비로서 환기설비를 채용하는 경우가 많다.
한편, 다중이용시설 등 환기설비의 설치가 의무화되어 있는 건물에서는 환기량을 법적으로 규정하고 있으므로 환기설비를 설계할 때는 관련법규 및 지방조례 등의 관련사항을 조사할 필요가 있다. 환기량에 대해서는 「3. 필요환기량」에서 설명하기로 한다.

2. 환기방식

환기방식은 크게 두 가지로 나눌 수가 있는데, 환풍기와 같은 기계의 힘을 전혀 빌리지 않고 통풍력만으로 환기를 행하는 것을 자연환기, 환풍기와 같은 기계의 힘을 빌려서 환기를 행하는 것을 기계환기라 한다.

(1) 자연환기

우리가 길을 걸을 때 바람이 부는 방향과 반대 방향으로 걸으면 무척 힘들게 느껴지는데, 이것은 바람이 우리 몸에 풍압(風壓)이라고 하는 압력을 부여하기 때문이다. 또 공기는 따뜻해지면 밀도가 작아져서 위로 올라가고 차갑게 되면 아래로 내려오는 자연대류 현상이 일어난다.
자연환기는 건물의 벽이나 지붕에 있는 개구부(창 등)를 통해 외부의 공기를 받아들이거나 내보내는 것으로, 위에서 언급한 두 가지 현상, 즉 자연적인 바람에 의해 건물 주위에 발생되는 풍압과, 실내와 실외의 온도차로 인해 발생되는 건물 내외의 압력차가 자연환기를 생성시키는 원동력이 된다. 자연환기 중 풍압에 의해 이루어지는 환기를 풍력환기, 건물 내외의 압력차에 의해 이루어지는 환기를 중력환기라 한다.

1) 풍력환기

① 의미 및 원리

풍력환기란 앞에서 설명했듯이 자연의 바람으로 인해 건물의 벽체 및 지붕에 생성되는 풍압에 의해 이루어지는 환기를 의미하는 것으로, 그림 7.1에 그 개념도를 나타낸다. 그림에서 알 수 있듯이, 바람이 불어오는 방향과 건물 개구부의 위치관계에 따라 건물 안으로 외기가 들어오기도 하고 실내공기가 건물 밖으로 나가기도 하면서 자연스럽게 환기가 이루어진다.

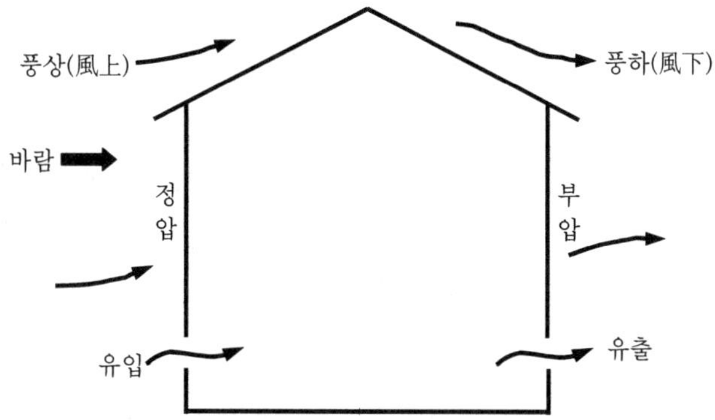

그림 7.1 풍력환기 개념도

② 환기량

풍력환기에 의한 환기력(환기량)은 바람의 세기 및 건물 형상에 따라 달라진다. 식 7.1에 풍력환기에 의한 환기량을 나타낸다.

$$Q = \alpha A v \sqrt{C_1 - C_2} \quad \cdots\cdots (7.1)$$

Q : 환기량 [m³/s]

α : 유량계수

A : 개구부(開口部) 면적 [m²]

v : 바람의 속도(풍속) [m/s]

C_1 : 풍상 측 풍압계수

C_2 : 풍하 측 풍압계수

식 7.1을 구성하는 요소 중 유량계수, 풍압계수 및 개구부 면적을 아래에 설명한다. 아울러, 식 7.1에는 환기량의 단위가 [m^3/s]로 되어 있는데, 실무적인 환기량의 단위는 [m^3/h]이므로 이 경우 식 7.1에서 산정한 값에 3,600을 곱해서 환산하면 된다.

㉮ 유량계수

우리는 일상생활에서 자동차의 앞부분 모양을 이야기 하면서, 앞부분의 모양이 유선형인 경우가 공기의 저항을 적게 받기 때문에 속도도 빨라지고 연료의 소비도 적게 된다고 말하고 있다. 바람이 건물의 개구부를 통해 안으로 들어올 때도 자동차의 앞모양과 마찬가지로 개구부의 형상에 따라 들어오는 양이 달라진다. 개구부 둘레 부분의 모양에 따라 바람이 부드럽게 건물 안으로 들어오기도 하고 약간의 소용돌이를 일으키면서 결과적으로 저항을 받기도 하기 때문이다.

이와 같이 창과 같은 개구부를 통해 바람이 들어올 때 어느 정도의 비율로 들어오는가 하는 정도를 나타내는 것을 유량계수라 하며, 유량계수

표 7.1 개구부 형상에 따른 유량계수

형 상	유 량 계 수	비 고	형 상	유 량 계 수	비 고
	0.65 ~ 0.7	일반적 형태		0.6	
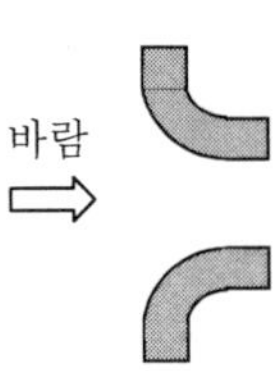	0.97 ~ 0.99	벨마우스형	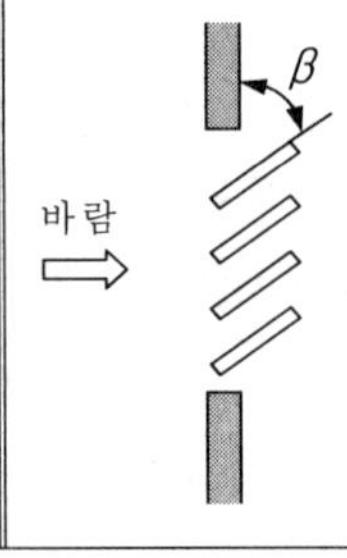	β 값 90° : 0.7 70° : 0.58 50° : 0.42 30° : 0.23	루 버

가 큰 개구부일수록 환기량은 많아진다. 유량계수는 바람이 들어오는 비율을 나타낸 것이므로 최소값은 0이 되고 최대값은 1이 된다.

개구부 형상에 따른 유량계수의 예를 표 7.1에 나타낸다. 표에서 알 수 있듯이, 형상이 유선형으로 되어 있는 벨마우스형 개구부는 유량계수가 거의 1에 가까워 환기량을 극대화시킬 수 있으며, 대부분의 개구부에 해당하는 일반적 형태인 경우는 0.65~0.7 정도의 값을 나타내고 있다.

㉯ 풍압계수

그림 7.1에 나타나 있듯이, 바람이 건물에 부딪히면서 생성되는 풍압은 바람이 닿는 쪽(바람이 불어오는 쪽이므로 통상 풍상(風上) 쪽이라 한다)에서는 정압(正壓, +압)이 되고, 바람이 닿지 않는 쪽(바람이 흘러나가는 방향이므로 통상 풍하(風下) 쪽이라 한다)에서는 부압(負壓, -압)이 된다.

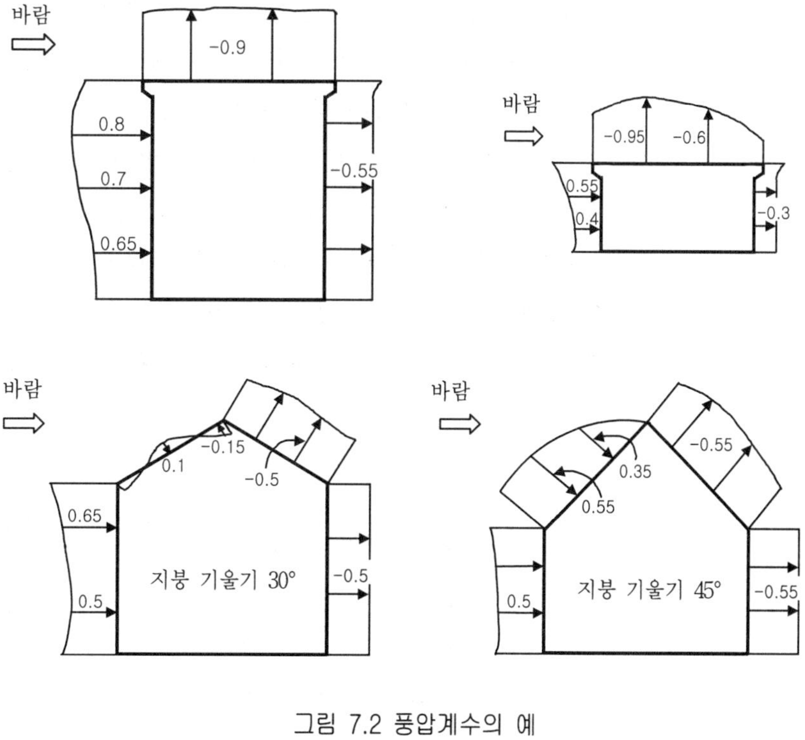

그림 7.2 풍압계수의 예

또 실험에 의하면, 같은 풍상 쪽 또는 같은 풍하 쪽 벽면이나 지붕이라 해도 벽면 및 지붕면의 풍압은 건물의 형상이나 높이에 따라 위치별로 다양한 값을 나타낸다. 그림 7.2에 건물 형상에 따른 벽면 및 지붕 위치별 풍압계수의 예를 나타낸다.

물이 높은 곳에서 낮은 곳으로 흐르고 열이 고온의 장소에서 저온의 장소로 이동하듯이, 공기는 기압이 높은 곳에서 낮은 곳으로 흐르게 되며 이것이 바람이다. 건물 안에 있는 공기에 대해서 생각할 때 풍상 쪽은 정압이고 풍하 쪽은 부압이 되어 압력차가 생기고, 그로 인해 실내 공기의 이동이 발생하면서 자연스럽게 환기가 이루어지는 것이다. 따라서 정압의 크기가 가장 큰 곳과 부압의 크기가 가장 큰 곳에 창과 같은 개구부를 설치하면 풍력환기에 의한 환기량을 가장 크게 할 수 있다.

㉰ 개구부 면적

건물 벽면의 개구부는 단층의 소규모 건물에는 한 개만 있을 수 있으나 대부분의 건물에서는 여러 개의 개구부가 있게 되는데, 식 7.1에 개구부 면적을 대입할 때에는 여러 개의 개구부 면적을 단순히 더한 값이 아니고 합성된 면적을 대입해야 한다.

전기의 전압이나 저항을 계산할 때 직렬연결인 경우와 병렬연결인 경우에 그 계산식이 달라지는 것을 우리는 잘 알고 있는데, 여러 개의 개구부에 대한 합성 면적을 계산할 때도 개구부의 위치에 따라 그림 7.3의 (a)와 같은 직렬형태의 개구부와 (b)와 같은 병렬형태의 개구부에 대해 별도의 방법으로 계산해야 하며, 이때 두 경우 모두 유량계수와 면

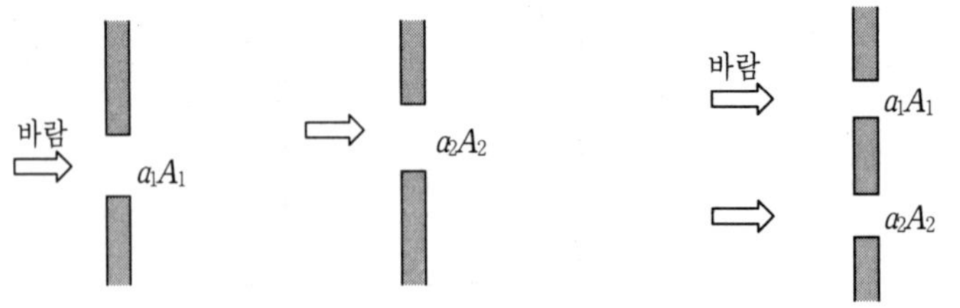

(a) 직렬형태의 합성 (b) 병렬형태의 합성

그림 7.3 합성에 의한 개구부 면적의 산정

적을 동시에 고려한 계산식을 이용하게 된다.
그림에서 알 수 있듯이 직렬형태의 개구부는 마주 보는 서로 다른 벽체에 개구부가 있는 경우이며 이때는 다음의 식 7.2와 같은 방법으로 유량계수와 개구부 면적의 곱을 산정한다.

$$(\frac{1}{\alpha A})^2 = (\frac{1}{\alpha_1 A_1})^2 + (\frac{1}{\alpha_2 A_2})^2 \quad \cdots\cdots (7.2)$$

$$\alpha A = \frac{1}{\sqrt{(\frac{1}{\alpha_1 A_1})^2 + (\frac{1}{\alpha_2 A_2})^2}} \quad \cdots\cdots (7.3)$$

일반적인 건물에서는 개구부의 형상이 대부분 동일하며, 이 경우 각 개구부의 유량계수가 동일하므로 식 7.2에서 α, α_1 및 α_2는 같은 값이 되면서 식 7.2 및 7.3은 다음과 같이 간단한 형태로 변형된다.

$$(\frac{1}{A})^2 = (\frac{1}{A_1})^2 + (\frac{1}{A_2})^2 \quad \cdots\cdots (7.4)$$

$$A = \frac{1}{\sqrt{(\frac{1}{A_1})^2 + (\frac{1}{A_2})^2}} \quad \cdots\cdots (7.5)$$

병렬형태의 개구부는 그림 7.3의 (b)와 같이 동일한 벽체에 여러 개의 개구부가 있는 경우이며, 이때는 다음의 식 7.6과 같은 방법으로 유량계수와 개구부 면적의 곱을 산정한다.

$$\alpha A = \alpha_1 A_1 + \alpha_2 A_2 \quad \cdots\cdots (7.6)$$

직렬형태의 개구부에 대한 설명에서와 마찬가지로, 일반적인 건물에서는 대부분 개구부의 형태가 동일하므로 식 7.6의 유량계수 α, α_1 및 α_2는 같은 값이 되면서 식 7.6은 다음의 식 7.7과 같이 간단한 형태로 된다.

$$A = A_1 + A_2 \quad \cdots\cdots (7.7)$$

【예제 7.1】

아래와 같이 구성되어 있는 벽체의 합성 개구부 면적을 산정하시오. 단, 모든 개구부의 유량계수는 동일한 것으로 가정한다.

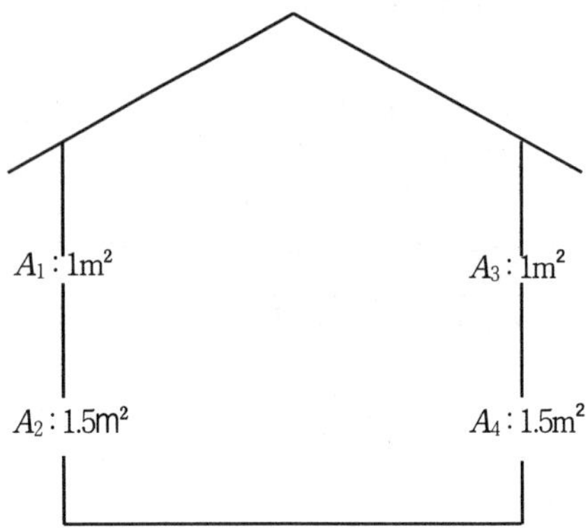

풀이 모든 개구부의 유량계수가 동일하므로 식 7.5와 7.7을 이용한다.

먼저, 앞부분의 병렬형태와 뒷부분의 병렬형태의 합성 개구부 면적을 각각 산정하면,

$A_1+A_2=1+1.5=2.5\text{m}^2$, $A_3+A_4=1+1.5=2.5\text{m}^2$

다음에 앞부분과 뒷부분의 직렬형태의 합성 개구부 면적을 산정한다.

$$(\frac{1}{A})^2=(\frac{1}{A_1})^2+(\frac{1}{A_2})^2=(\frac{1}{2.5})^2+(\frac{1}{2.5})^2=0.32,\ \frac{1}{A}=0.57,\ A=1.75$$

따라서 합성된 개구부 면적은 약 1.75m^2가 된다.

【예제 7.2】

예제 7.1과 같은 개구부를 가진 건물에 2m/s의 바람이 통할 때의 자연환기량을 산정하시오. 이 건물의 풍상 측 풍압계수는 0.65, 풍하 측 풍압계수는 -0.5로 한다. 또 모든 개구부의 유량계수는 0.5로 동일하다고 가정한다.

풀이 식 7.1을 이용한다. 이때 개구부의 합성면적은 예제 7.1의 결과에 의거해서 1.75m^2로 한다.

$$Q=\alpha Av\sqrt{C_1-C_2}=0.5\times1.75\times2\times\sqrt{0.65-(-0.5)}\fallingdotseq1.88[\text{m}^3/\text{s}]\fallingdotseq6{,}770[\text{m}^3/\text{h}]$$

2) 중력환기

① 의미 및 원리

물과 같은 액체나 공기와 같은 기체는 열을 받아 온도가 높아지면 밀도가

낮아져서 위로 올라간다는 사실을 우리는 잘 알고 있는데, 중력환기는 이와 같은 물리적 현상으로 인해 자연적으로 환기가 이루어지는 것을 말한다. 겨울철 실내를 난방하면 실내온도가 외기온도보다 높아지므로 실내공기는 상승하면서 건물 상부는 공기가 가득 차게 되고 건물 하부는 공기가 없어지게 된다. 따라서 상부에는 공기가 넘치므로 건물 밖으로 나가려고 하는 한편 건물 하부에는 공기가 부족하므로 건물 밖에 있는 공기가 그 자리를 채우려고 들어오는 원리로 중력환기가 이루어지는 것이다. 그림 7.4에 중력환기의 개념도를 나타낸다.

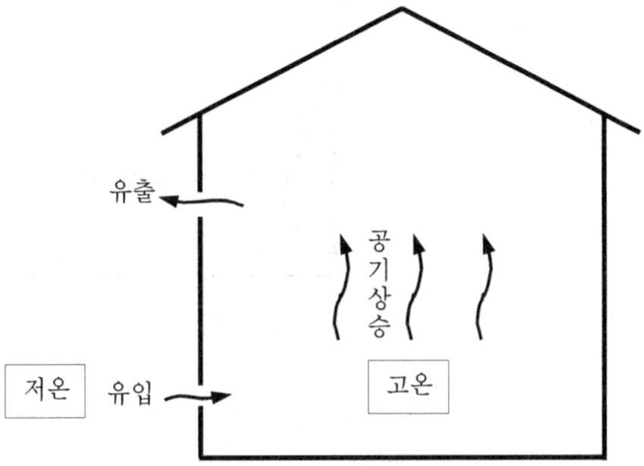

그림 7.4 중력환기 개념도

그림 7.4에서 알 수 있듯이, 겨울철 난방을 할 때와 같이 실내가 실외보다 고온일 때는 건물 하부의 개구부를 통해 외기가 들어오고 건물 상부의 개구부를 통해 실내공기가 실외로 나가게 되며, 역으로 여름철 냉방과 같이 실내가 실외보다 저온일 때는 실내공기가 아래 방향으로 하강하기 때문에 상부에서 유입, 하부에서 유출이 되면서 환기가 이루어진다.

② 중성대

그림 7.2에 나타나 있는 바와 같이 풍력환기에서의 환기량을 결정짓는 요소 중의 하나인 풍압계수는 벽면 및 지붕면의 위치에 따라 다르며, 따라서 개구부의 위치가 벽면 또는 지붕면의 어디인가에 따라 환기량(환기력)이

달랐듯이 중력환기에서도 개구부의 위치가 어디냐에 따라 환기량은 달라진다. 그림 7.5는 실내가 실외보다 고온인 경우에 실내외 온도차에 따라 벽면의 각 위치에 작용하는 압력분포를 나타낸 것이다.

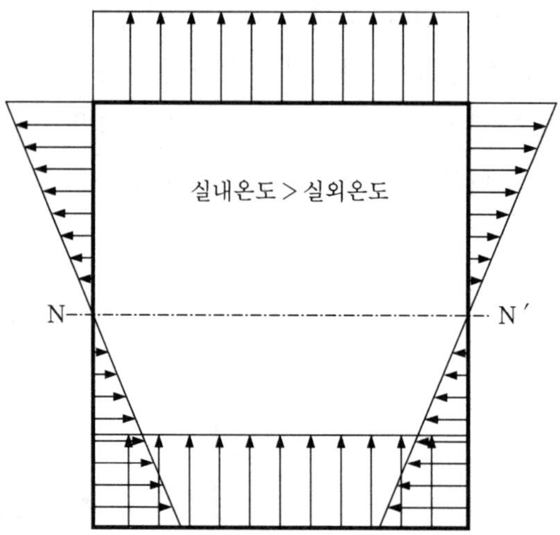

그림 7.5 실내외 온도차에 따른 압력분포

그림에서 알 수 있듯이, 벽체의 경우 건물의 상부일수록 밖으로 나가려는 힘이 강하고 건물의 하부일수록 안으로 들어오려는 힘이 강하게 된다. 한편 그림에서 **N~N′**의 위치는 밖으로 나가려는 힘도 안으로 들어오려는 힘도 작용하지 않으며, 이곳을 중성대(中性帶, neutral zone)라 한다. 따라서 개구부가 중성대에 위치하면 이론적으로는 중력환기가 발생하지 않지만, 중성대는 매우 미소한 하나의 점인 반면 개구부는 어느 정도의 크기를 가지고 있기 때문에 중성대에 개구부가 있더라도 약간이기는 하나 개구부의 아랫부분으로는 외기가 들어오고 윗부분으로는 실내공기가 밖으로 나가게 된다.

또 그림에서는 벽면 중앙이 중성대로 되어 있지만 중성대의 위치는 항상 중앙이 되는 것은 아니고 개구부가 건물 상부에 많이 있느냐 하부에 많이 있느냐에 따라 그 위치는 변화된다. 예를 들어, 개구부 두 개가 모두 건물 하부에 있다면 그림 7.5에서는 두 개의 개구부 모두를 통해 건물 안으로 들어오는 공기만 있게 되는데, 나가는 공기 없이 들어오는 공기만 있을 수는 없으므로 나가는 힘이 벽면 어디엔가는 존재해야 한다. 또 나가는 공기의 힘과 들어오는 공기의 힘도 평형을 이루어야 한다. 따라서 중성대는 그림 7.6과 같이 벽면 중앙보다 하부로 내려오게 된다. 중성대가 건물의 중앙에 위치하지 않은 경우 그림과 같이 개구부 위치에 존재하는 압력의 크기가 작아지므로 환기량은 줄어들게 된다.

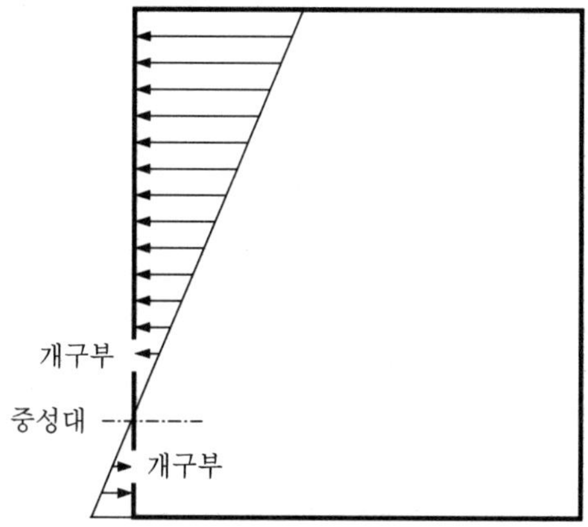

그림 7.6 개구부 위치에 따른 중성대 위치의 변화

한편, 개구부의 크기가 동일하다면 중성대는 두 개구부의 중간에 위치하지만 개구부의 크기가 같지 않다면 큰 개구부 쪽으로 중성대가 위치하게 된다. 그 이유는 개구부가 클수록 이동되는 공기의 양이 많아지므로 유출과 유입이 평형을 이루기 위해서는 개구부가 큰 쪽의 압력이 작을 필요가 있으며(그림 7.6에서라면 화살표의 길이가 작아지는 것으로 이해할 수 있음), 따라서 중성대의 위치는 개구부가 큰 쪽으로 이동하게 되는 것이다.

③ 환기량

앞에서 설명한 바와 같이 중력환기에 의한 환기량에 영향을 미치는 요소로는 먼저 실내공기와 실외공기와의 온도차에 따른 압력차가 있으며, 이것은 그림 7.5에서 화살표의 길이에 해당된다. 즉, 실내공기와 외기의 온도차 즉 압력차가 커질수록 벽체 각 부분에서의 화살표 길이가 길게 된다. 또한 가지 요소는 개구부와 개구부 사이의 거리이다. 그림 7.5에서 알 수 있듯이, 중성대를 기준으로 건물에 작용하는 압력의 방향이 반대가 되면서 중성대에서 멀어질수록 압력의 크기가 커지므로, 개구부의 위치가 서로 멀리 떨어질수록 압력차가 커지면서 환기되는 공기의 양도 많아지는 것이다. 중력환기에서의 환기량은 이상의 두 가지 요소와 함께 풍력환기에서도 적용되었던 유량계수와 개구부 면적을 포함하여 다음의 식 7.8로 나타내어진다.

$$Q = \alpha A \sqrt{\frac{2gh}{T_i}(T_i - T_o)} \quad \cdots\cdots (7.8)$$

Q : 환기량 [m^3/s]
α, A : 식 7.1에서와 동일
g : 중력가속도 [$=9.8m/s^2$]
h : 공기의 유입, 유출구와 중성대와의 높이차 [m]
T_i, T_o : 실내온도 및 외기온도(절대온도) [K]

식 7.8에서 실내온도와 외기온도는 모두 우리가 일반적으로 사용하고 있는 섭씨온도가 아니고 절대온도로 되어 있는데, 이는 샤를의 법칙으로부터 이해할 수 있다. 샤를의 법칙에 의하면 공기를 포함한 기체의 부피는 절대온도에 비례하며, 따라서 중력환기 발생의 원동력이 되는 공기의 밀도차 또한 섭씨온도가 아닌 절대온도가 영향을 미치게 되는 것이다. 또 식 7.1에 대한 설명에서도 나타낸 바와 같이, 식 7.8에는 환기량의 단위가 [m^3/s]로 되어 있는데, 실무적인 환기량의 단위는 [m^3/h]이므로 이 경우 식 7.8에서 산정한 값에 3,600을 곱해서 환산하면 된다.
한편, 실내공기와 외기의 절대온도를 T_i, T_o라 하고, 섭씨온도를 t_i, t_o라 하면 $T_i - T_o = (273 + t_i) - (273 + t_o) = t_i - t_o$ 가 되므로 식 7.8은 일반적인 섭씨온도를 적용한 다음의 식 7.9와 같이 변형시킬 수 있다.

$$Q = \alpha A \sqrt{\frac{2gh}{273 + t_i}(t_i - t_o)} \quad \cdots\cdots (7.9)$$

t_i, t_o : 실내온도 및 외기온도(섭씨온도) [℃]

Q, α, A, g, h : 식 7.8에서와 동일

풍력환기나 중력환기와 같은 자연환기는 기계의 힘을 이용하지 않으므로 동력비가 전혀 들지 않고 정전이 되어도 기능이 정지되지 않는 장점이 있으나, 바람의 세기 및 실내외 온도차에 따라 환기량이 달라지므로 환기량이 확실히 확보되어야 하는 곳에서는 사용할 수 없다.

【예제 7.3】

건물의 앞면과 뒷면에 면적 1.2m²의 미서기창이 한 개씩 있으며, 두 창의 높이차는 2m이다. 실내온도는 20℃이고 외기온도는 0℃이며 바람은 없다고 가정한다면 실내외 온도차에 의한 환기량은 어느 정도가 되겠는가? 창의 유량계수는 둘 다 0.7로 한다.

풀이 식 7.9를 이용한다. 개구부는 건물의 앞면과 뒷면에 있고 두 창의 유량계수는 동일하므로 식 7.5의 직렬연결 방법에 의한 합성면적을 구한다. 이때 예제에 제시되어 있는 미서기창은 완전히 열어도 실제 개방되는 부분은 1/2이므로 0.6m²가 되는 점을 주의해야 한다. 또 두 창의 면적이 같으므로 중성대는 두 창의 중간에 위치하게 되며, 따라서 공기의 유입, 유출구인 두 창으로부터 중성대까지의 거리는 두 창 높이차의 1/2인 1m가 된다.

$$A = \frac{1}{\sqrt{(\frac{1}{A_1})^2 + (\frac{1}{A_2})^2}} = \frac{1}{\sqrt{(\frac{1}{0.6})^2 + (\frac{1}{0.6})^2}} \fallingdotseq 0.42[\mathrm{m}^2]$$

$$\therefore Q = \alpha A \sqrt{\frac{2gh}{273+t_i}(t_i - t_o)} = 0.7 \times 0.42 \times \sqrt{\frac{2 \times 9.8 \times 1}{273+20} \times (20-0)}$$

$$= 0.34[\mathrm{m}^3/\mathrm{s}] = 1{,}224[\mathrm{m}^3/\mathrm{h}]$$

(2) 기계환기

기계환기는 송풍기를 비롯한 필요 성능의 장치를 사용하여 환기를 행하는 것으로, 바람의 세기나 실내외 온도차와 같은 자연적 조건과 관계없이 기계적 힘으로 환기가 이루어지므로 각 건물에서 필요로 하는 환기량을 확실하게 확보할 수가 있다. 따라서 필요환기량이 큰 장소 및 환기가 반드시 이루어져야 하는 지하가, 대규모 지하주차장, 무창(無窓)건물 등에는 기계환기로 환기를 해야 한다.

1) 제1종, 제2종, 제3종 환기방식

기계환기방식에는 그림 7.7과 같이 장치의 설치위치에 따라 다음의 3가지 방식이 있다.

① 제1종환기 : 급기와 배기 둘 다 기계환기를 한다.

② 제2종환기 : 급기만 기계환기를 한다.

③ 제3종환기 : 배기만 기계환기를 한다.

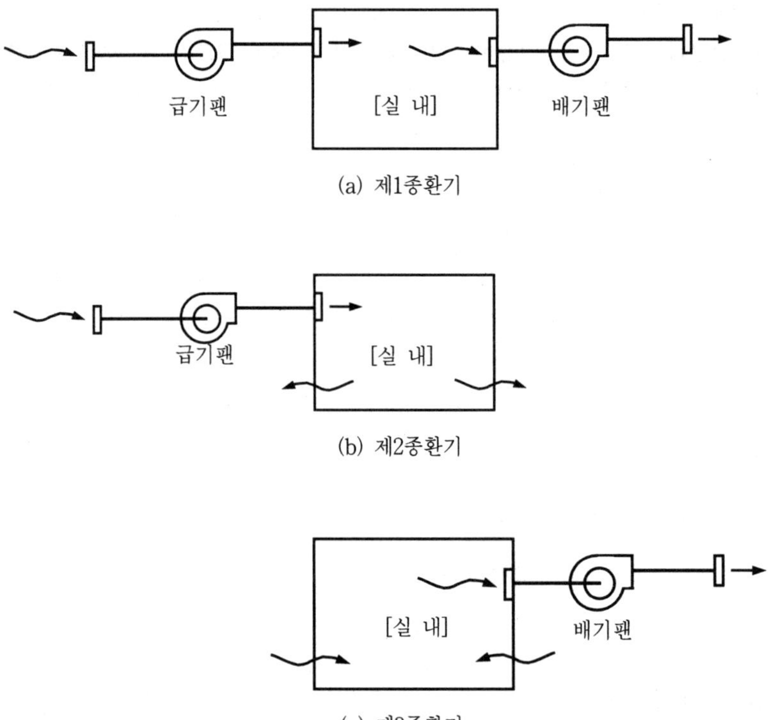

그림 7.7 기계환기의 종류

① 제1종환기

송풍기(급기팬)로 실내에 외기를 도입하는 동시에 배풍기(배기팬)에 의해 실내공기를 외부로 배출하는 방법으로, 환기량을 확실하게 확보할 수 있고 실내의 기류분포도 양호하게 할 수 있으며 송풍기와 배풍기를 별도로 조절하여 실내압을 정압(+압), 부압(−압) 어느 쪽으로도 유지할 수 있다. 따라서 이 방식은 주변 실내공간과의 공기 이동이 필요하지 않은 대부분의 장소에 적용한다.

② 제2종환기

송풍기로 외기를 실내에 도입하는 한편, 실내의 적절한 위치에 설치한 배기구 또는 창문 등의 틈새를 통해 실내공기가 자연적으로 밀려나가도록 하는 방법이다. 실내에 신선하고 깨끗한 공기를 공급할 필요가 있으나 그 실내의 공기가 주위에 확산되어도 주위에 나쁜 영향을 미치지 않는 경우 등에 적용된다. 공기의 이동방향이 항상 실내에서 실외로 이루어지므로, 다른 실의 오염된 공기나 먼지 등이 그 실내로 들어오지 못하게 해야 하는 병원의 수술실, 반도체공장 등의 클린룸, 자동차공장의 도장(塗裝)공장 등에 적용한다.

③ 제3종환기

실내공기는 배풍기에 의해 강제적으로 실외로 나가게 하는 한편, 실내의 적당한 위치에 설치한 급기구 또는 창문 등의 틈새를 통해 자연적으로 외기가 들어오게 하는 방법이다. 실내에서 발생되는 오염물질과 냄새 등이 주변의 다른 실로 가면 나쁜 영향을 미치게 되고, 동시에 다른 곳으로부터 그 실로 유입되는 공기의 질은 그다지 높을 필요가 없을 때 적용된다. 따라서 이 방법은 화장실, 주방, 쓰레기처리실과 같이 그 공간의 냄새는 다른 실내공간이 아닌 건물 밖으로 확실하게 배출시켜야 하고, 주변의 공기가 그 공간으로 이동되어도 별 문제가 없는 경우에 적용한다. 단, 주변공간이 그 공간보다 더 나쁜 환경일 경우에는 문제가 있으므로 그러한 경우에는 제1종환기를 적용해야 한다.

2) 치환환기

치환환기는 더운 공기는 찬 공기보다 밀도가 낮아 가볍기 때문에 위로 올라간다는 자연적인 현상을 이용한 방식으로, 실내온도보다 낮은 온도의 신선한 공기를 실내 하부로 공급함으로써 실내에서 발생되는 열과 오염물질을 대류효과에 의해 상승시켜 실내 상부에 설치된 배기구를 통해 배출시키는 목적으로 이용된다. 따라서 이 방식은 기계환기와 자연환기와의 복합적인 방식이라고도 할 수 있다.

이 방식에서는 실내의 환기뿐 아니라 실내의 열도 제거하는 효과를 동시에 이룰 수 있다. 그림 7.8에 일반적인 환기방식과 치환환기방식을 비교한 개념도를 나타낸다.

(a) 일반적인 환기방식 (b) 치환환기방식

그림 7.8 일반적인 환기방식과 치환환기방식의 개념도

3) 전반환기와 국소환기

환기는 실내에서 냄새, 유해가스, 열, 수증기 등을 제거하기 위한 목적으로 이루어지는 것임을 이미 설명했는데, 이러한 환기대상 물질은 실내의 여러 곳에서 발생할 수도 있고 특정 부분에서 발생할 수도 있다.

대규모 주차장과 같이 실내의 거의 모든 부분에서 배기가스가 발생하는 경우는 급기를 위한 급기구와 배기를 위한 배기구를 분산 배치하여 실내 전체를 골고루 환기해야 하는데, 이러한 환기를 전반(全般)환기라 하며 대부분의 실내는 이 방법에 의해 환기를 하고 있다.

한편, 실의 용도에 따라서는 냄새, 유해가스, 열, 수증기 등과 같은 환기대상 물질의 발생 장소가 한정되어 있으므로, 이러한 경우에는 그 물질들이 발생장소로부터 주위로 확산되기 전에 신속히 외부로 배출시키는 것이 효과적이다. 가정에서 볼 수 있는 가스레인지의 배기후드는 그 대표적인 예이며 이러한 환기방법을 국소(局所)환기라 한다. 그림 7.9에 국소환기의 예를 나타낸다.

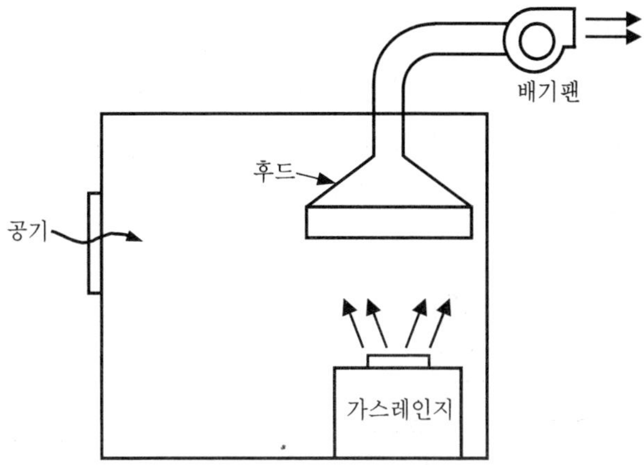

그림 7.9 국소환기의 예

환기대상 물질이 실내의 어느 부분에서 발생되고 그 장소에서 국소환기가 이루어지도록 해도 환기대상 물질 중 일부분은 실내 전체로 확산되므로, 국소환기에 의해 열·오염물질 등을 효율적으로 배출시키는 환기설비를 설치하고, 실 전체에 대해서는 필요에 따라 적절한 별도의 전반환기를 하는 것이 환경을 위해서도 에너지절감을 위해서도 바람직하다.

4) 주거시설에서의 환기설비

사무소건물과 같이 일반적으로 냉난방설비를 갖추고 있는 건물에서는 냉난방과정에서 환기를 하므로 별도의 환기설비를 갖추고 있지 않지만, 대부분의 주거시설에서는 난방설비만을 갖추고 있기 때문에 별도의 환기설비를 설치하고 있다. 주거시설에 대한 환기시스템의 예를 아래에 나타내기로 한다.

주거시설에서 환기설비가 특히 필요한 곳은 주방과 화장실(욕실)이다. 주방은 요리 시 냄새의 발생이 심하므로 거실 등 다른 공간으로 그 냄새가 확산되지 않도록 신속하게 제거할 필요가 있으며, 화장실(욕실)은 냄새뿐 아니라 습기의 발생도 많으므로 신속히 제거하지 않을 경우 화장실 내에 습기로 인한 피해가 발생할 수 있다. 본 항에서는 공동주택의 환기방식에 대해 설명하기로 하며, 단독주택의 경우도 이에 준하여 생각할 수 있다.

① 주방환기

주방은 주택 내에서 발생하는 냄새의 대부분을 발생시키는 곳으로, 이곳에서의 냄새확산 정도에 따라 실내공기질(IAQ, Indoor Air Quality)이 영향을 받는다.

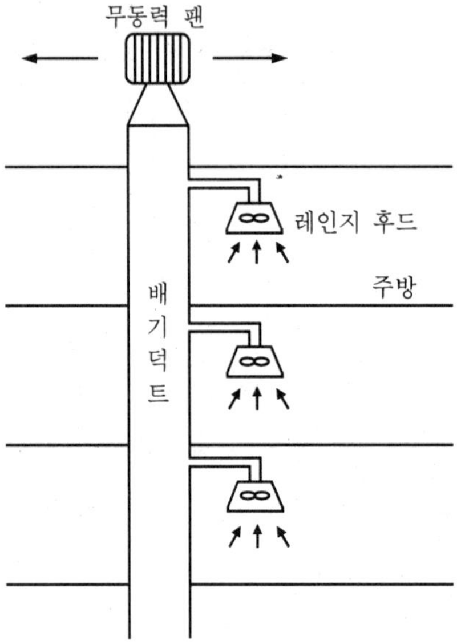

그림 7.10 주방의 공동배기

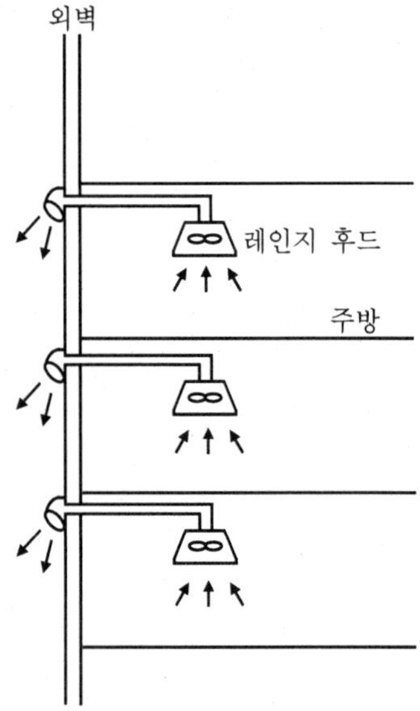

그림 7.11 주방의 개별배기

현재 주방환기의 대부분은 그림 7.10과 7.11에 나타내는 방식으로 이루어지고 있는데, 그림 7.10은 각 세대로부터의 주방배기가 레인지 후드와 샤프트 내 배기덕트를 통해 옥상으로 배출되는 것을 나타내고 있으며, 그림 7.11은 레인지 후드로 들어간 배기가 각 세대별 외벽을 통해 실외로 배출되는 구조를 나타내고 있다.

현재 일반적으로 이용되는 이와 같은 방법은 그 작동에 있어서 결정적인 문제점은 없지만, 바람이 약해 무동력 팬의 작동이 원활하지 않을 수 있고, 또 건축물의 기밀성이 양호해서 외부로부터의 틈새바람이 미약할 때는 실내 급기량이 부족할 수 있는데, 이러한 경우에는 결과적으로 실외로의 배기가 원활히 이루어지지 않을 염려가 있다. 이러한 문제점을 개선하기 위해 많은 건축적 및 설비적 방법이 연구·계획되고 있으며, 그중 일부는 실제 건물에 적용되기도 한다. 대표적인 설비적 방법으로서, 각 세대별로 급기와 배기를 동시에 행하는 시스템을 그림 7.12에 나타낸다. 그림에서 알 수 있듯이, 가스레인지용 후드와 함께 별도의 배기구를 설치함으로써 주방에서 발생하는 오염물질을 보다 확실하게 건물 밖으로 배출시킬 수 있으며, 급기팬 및 급기구를 주방에 설치함으로써 원활한 환기가 이루어지는 구조로 되어 있다.

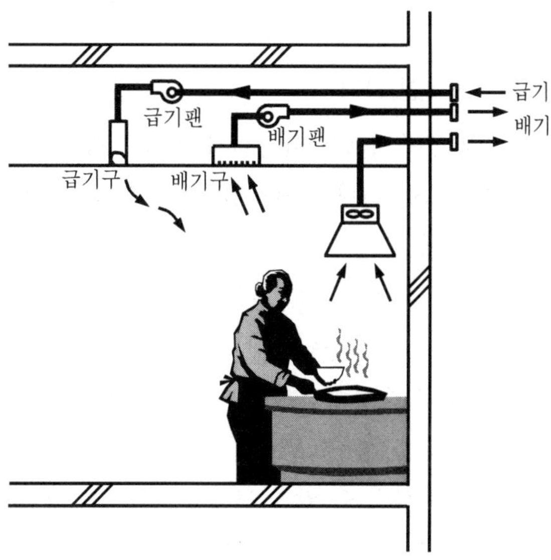

그림 7.12 개별 급배기 환기방식

한편, 실내 환기를 위해 설치되는 급배기용 팬은 그림 7.12에 나타나 있듯이 대부분 실내에 설치하는 것이 일반적이나, 급배기용 팬을 실외에 설치함으로써 팬의 작동으로 인한 소음을 실내에서 발생시키지 않도록 하는 시스템이 일부 외국에서 채택되고 있다. 그림 7.13에 그 예를 나타낸다. 그림 7.13의 (a)는 급기 및 배기용 팬이 내장되어 있는 모습을, (b)는 주방 쪽 베란다 천장 부분에 기기가 설치되어 있는 모습을 각각 나타내고 있다.

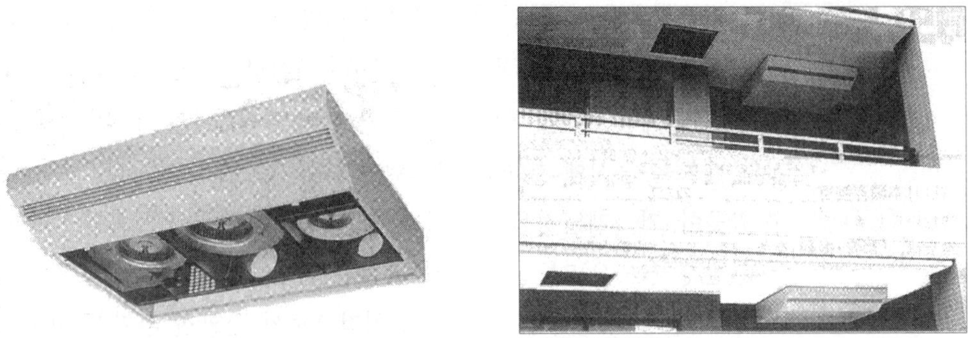

(a) 기기의 내부 모습 (b) 기기가 설치된 모습

그림 7.13 외부설치형 환기 기기

② 화장실(욕실)환기

대부분의 주택에서 화장실과 욕실은 동일한 공간으로 되어 있으므로 화장실과 욕실을 하나의 시스템으로 환기하고 있으며, 채용하는 환기방식은 주방에 대해 나타낸 그림 7.10 및 7.11에 나타나 있는 방법과 동일하게 하는 것이 일반적이다. 즉, 그림 7.10과 7.11에서 레인지 후드 대신에 배기팬을 설치하면 화장실(욕실)환기가 되는 것이다.

한편, 최근 대형주택에서는 욕실, 화장실, 세면실 등이 별도의 공간으로 구성되어 있는 경우도 있어, 이러한 주택에서는 하나의 팬(fan)에 복수의 덕트를 연결시킬 수 있는 그림 7.14와 같은 배기팬을 설치하여 각 실의 환기에 대응하는 것이 바람직하다.

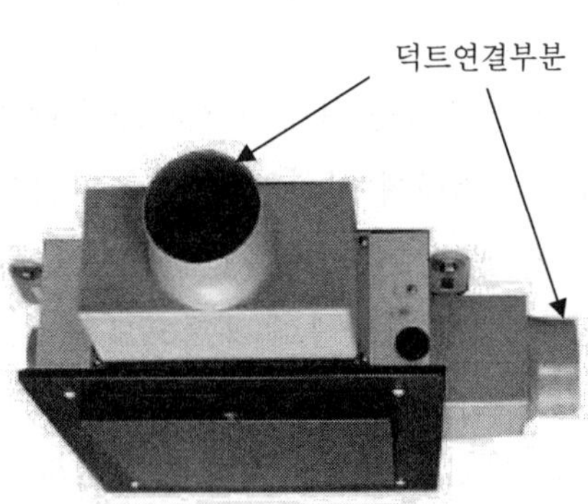

그림 7.14 다실(多室)환기용 환기팬

3. 필요환기량

환기의 목적은 실내에서 유해물질, 열, 냄새 등을 제거하는 것이므로 이것들을 모두 충분히 제거할 만큼의 환기량을 확보해야 한다. 따라서 각 요소들에 대해서 각각 필요한 환기량을 계산한 후 가장 큰 값을 필요환기량으로 산정해야 한다. 실무적으로는, 법적인 규정이 있는 장소에 대해서는 그 법률이 규정하는 바에 따라 필요환기량을 산정하고, 법적인 규정이 없는 장소에 대해서는 그 건물 또는 실에서 주로 발생하는 환기대상 물질의 종류에 따라 필요환기량을 산정하는 것이 일반적이다.

(1) 법률에 의한 환기량

법률에 의한 환기량은 다른 어떤 이론적 또는 경험적 환기량보다 우선적으로 고려되어야 하는 요소이다. 따라서 실내공기의 환기계획을 할 때는 「제6장 2. 공기환경기준」에서 언급된 「실내공기질 관리법」, 「건축법」을 비롯해 기타 「주차장법」 등 관계 법률에 설정된 기준을 만족시킬 수 있는 환기량을 산정해야 한다.

한편, 6장에서 언급한 「실내공기질 관리법」과 뒤에 설명하는 「주차장법」에서는 오염물질의 유지기준을 제시하여 필요환기량을 확보하도록 하고 있으며, 「건축법」에서는 필요환기량을 실제 수치로 제시하고 있다.

1) 건축법

「건축법」에서는 공동주택과 다중이용시설에 대해 필요환기량을 규정하고 있는데, 공동주택에 대해서는 환기횟수로, 다중이용시설에 대해서는 이용인원 1인당의 환기량으로 필요환기량을 규정하고 있다. 표 7.2에 「건축법」에서 규정하고 있는 필요환기량을 시설별로 나타낸다.

표 7.2 건축법에서 규정하고 있는 필요환기량[2013.12 기준]

<table>
<tr><th colspan="2">시설 종류</th><th>필요환기량
[회/h]</th><th>비고</th></tr>
<tr><td colspan="2">공동주택</td><td>0.7 이상</td><td></td></tr>
<tr><th colspan="2">시설 종류</th><th>필요환기량
[m³/h·인]</th><th></th></tr>
<tr><td rowspan="2">지하시설</td><td>지하역사</td><td>25 이상</td><td></td></tr>
<tr><td>연면적 2,000m² 이상인 지하도상가</td><td>36 이상</td><td>매장(상점) 기준</td></tr>
<tr><td colspan="2">- 연면적 3,000m² 이상인 전시장
- 연면적 2,000m² 이상인 예식장
- 연면적 1,000m² 이상인 공연장
- 관람석 바닥면적 1,000m² 이상인 체육시설
- 연면적 300m² 이상인 영화상영관
- 연면적 3,000m² 이상인 대형마트, 백화점, 쇼핑센터 등 판매시설
- 연면적 300m² 이상인 인터넷컴퓨터게임시설 제공업의 영업시설
- 여객자동차터미널의 연면적 2,000m² 이상인 대합실
- 공항시설 중 연면적 1,500m² 이상인 여객터미널
- 항만시설 중 연면적 5,000m² 이상인 대합실
- 철도시설 중 연면적 2,000m² 이상인 대합실
- 연면적 3,000m² 이상인 업무시설</td><td>29 이상</td><td></td></tr>
<tr><td colspan="2">- 연면적 2,000m² 또는 병상수 100개 이상인 의료기관
- 연면적 3,000m² 이상인 도서관
- 연면적 1,000m² 이상인 학원
- 연면적 430m² 이상인 어린이집
- 연면적 1,000m² 이상인 국공립 노인요양시설
- 연면적 1,000m² 이상인 장례식장</td><td>36 이상</td><td></td></tr>
<tr><td colspan="2">- 연면적 2,000m² 이상인 주차장</td><td>27 이상</td><td></td></tr>
<tr><td colspan="2">- 연면적 1,000m² 이상인 목욕장
- 연면적 500m² 이상인 산후조리원</td><td>25 이상</td><td></td></tr>
</table>

2) 주차장법

「주차장법」에서는 일산화탄소 농도를 기준으로 실내주차장의 공기환경 기준을 규정하고 있으며, 「실내공기질 관리법」에서와 마찬가지로 필요환기량을 정하고 있지는 않다. 일반적인 건물에서의 실내주차장에 대해서는 일산화탄소 농도가 50ppm 이하로 유지되도록 규정하고 있다. 한편, 「실내공기질 관리법」에 제시되어 있는 시설물의 실내주차장은 25ppm 이하로 유지하도록 되어 있어 일반적인 건물에 비해 환기조건이 더 엄격하다.

(2) 설계자의 판단에 의한 환기량

앞에서 설명한 법률에 규정되어 있는 건물에 대해서는 의무적으로 법에 제시되어 있는 환기량이 확보되어야 하나, 법률에 규정되어 있지 않은 건물에 대해서는 설계자가 판단하여 필요환기량을 산정하게 된다. 설계자가 필요환기량을 산정하는 방법에 대해 아래에 설명한다.

1) 실내 유해가스 허용농도에 의한 환기량

실내 유해가스 허용농도를 기준으로 환기량을 산정할 때는 공장 등 특수한 용도의 건물을 제외하고는 일반적으로 실내에서의 이산화탄소 농도에 대한 필요환기량 값을 기준으로 산정하고 있다. 어떤 유해가스에 대한 허용농도를 기준으로 하든 필요환기량을 산정하는 방법은 동일하므로 여기에서는 이산화탄소 농도를 기준으로 한 필요환기량의 산정 방법에 대해서 설명하기로 한다(그림 7.15 참조).

실내공기 $1m^3$당 허용되는 이산화탄소 기준량을 P_i[m^3/m^3 air]로 하고, 외기 $1m^3$에 포함되어 있는 이산화탄소의 양을 P_o[m^3/m^3 air]로 한다면, 외기 $1m^3$가 도입될 때 실내로 들어오는 이산화탄소의 양은 P_o, 실내에서 나가는 이산화탄소의 양은 P_i이므로, 실내공기에서 이산화탄소가 감소되는 양은(P_i-P_o)[m^3/m^3 air]가 된다. 상대적으로 신선한 외기가 도입되면서 감소되는 이산화탄소의 양과 실내에서 계속 발생되는 이산화탄소의 양이 같게 된다면 실내공기에 포함되어 있는 이산화탄소의 양은 P_i를 계속 유지하게 된다. 따라서 실내에서 발생되는 이산화탄소의 양이 M[m³/h]이고, 외기도입량이 Q[m³/h]일 때 실내공기 속 이산화탄소의 양이 P_i를 유지한다면 그때의 외기도입량 Q가 필요환기량이 되며, 그 관계식은 다음과 같다.

$$Q(P_i - P_o) = M$$

$$\therefore \; Q = \frac{M}{P_i - P_o} \quad \cdots\cdots (7.10)$$

Q : 필요환기량 [m^3/h]

M : 실내 오염물질 발생량(예를 들어 이산화탄소)[m^3/h]

P_i : 실내공기 1m^3당 허용 오염물질 기준량 [m^3/m^3 air]

P_o : 외기 1m^3당 포함되어 있는 오염물질의 양 [m^3/m^3 air]

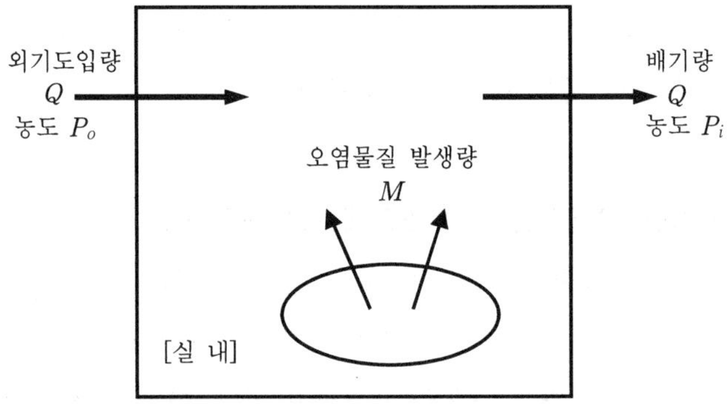

그림 7.15 실내오염물질 발생과 환기

【예제 7.4】

실내 이산화탄소 허용농도는 1000ppm(0.1%)으로 하고 실내 거주자 1인당 이산화탄소 배출량은 0.02m³/h.인 이라고 한다면, 외기의 이산화탄소 농도가 0.03%일 때 실내 거주자 1인당 필요환기량은 어떻게 되겠는가?

풀이 실내 이산화탄소 농도 P_i는 0.001(0.1%), 외기 이산화탄소 농도 P_o는 0.0003(0.03%), 실내 이산화탄소 발생량 M은 0.02이므로 식 7.10에서,

$$Q = \frac{0.02}{0.001 - 0.0003} \fallingdotseq 28.6[\text{m}^3/\text{h.인}]$$

어떤 건물에 대한 필요환기량을 산정하고자 할 때의 실무적 약산법 중 하나로, 일반적으로 적용하는 실내 이산화탄소 허용농도인 1,000ppm(0.1%)과 우리나라 각지의 평균적인 외기의 이산화탄소 농도, 그리고 인체가 호흡에 의해 방출하는 이산화탄소의 양에 의거하여 계산한 값이 있으며, 사무소와 같이 재실인원 밀도가 높지 않은 곳에서는 재실인원 1인당 25m³/h로, 상업건물과 같이 재실인원 밀도가 높은 곳에서는 재실인원 1인당 17m³/h로 필요환기량을 산정하는 것이 실무적으로 적용되고 있다.

2) 실내 발열에 의한 환기량

여름철 공기조화를 행하는 실내에서는 냉풍을 공급해서 실내온도를 일정온도로 유지하고 있지만, 기계실 · 전기실 등은 사람이 항상 거주하는 공간이 아니므로 냉풍을 공급해서 실내를 쾌적 상태로 유지하는 경우는 거의 없고, 환기를 통해 외기를 도입함으로써 실내에서 발생되는 열을 제거하는 방법을 취하고 있다. 실내 발열을 제거하기 위해 필요한 환기량은 식 7.10과 같은 개념에 따라 다음의 식 7.11로 나타내어진다. 식 7.10에서의 실내 오염물질 발생량이 식 7.11에서는 실내 발열량이며, 실내 및 외기의 오염물질량은 실내온도와 외기온도에 대응된다. 한편, 식 7.11은 공기의 열에 관한 내용이므로 식에 공기의 비열이 포함되어 있으며, 또 비열의 단위에 들어있는 kg을 필요환기량의 단위에 들어있는 m³와 환산하기 위해 공기의 비중[kg/m³]도 식에 포함되어 있다.

$$Q = \frac{3.6q}{c\gamma(t_r - t_o)} \qquad (7.11)$$

Q : 필요환기량 [m³/h]

q : 실내 발열량 [W]

c : 공기의 비열 [≒1.01 kJ/kg℃]

γ : 공기의 비중 [≒1.2 kg/m³]

t_r : 실내 허용온도 [℃]

t_o : 외기온도 [℃]

한편, 식 7.11의 우변 분자에 있는 **3.6**은 좌변과 우변의 단위를 일치시키기 위한 값이다. 우변의 구성 요소인

$$\frac{\text{실내 발열량}[W = J/s]}{\text{공기의 비열}[kJ/kg℃] \times \text{공기의 비중}[kg/m^3] \times \text{공기의 온도차}[℃]}$$

를 계산하면 그 단위는 $[\frac{J \times m^3}{kJ \times s}]$가 된다. 이 단위와 좌변의 단위인 **[m³/h]**와 일치시키기 위해 $\frac{1}{1,000}[\frac{kJ}{J}] \times 3,600[\frac{s}{h}] = 3.6$을 곱할 필요가 있으며, 따라서 우변 분자에 **3.6**이 있는 것이다.

【예제 7.5】

어느 보일러실에 설치되어 있는 각종 기계가 작동하면 5,000W[=J/s], 즉 1초당 5,000J의 열이 발생한다고 한다. 외기온도는 30℃이고 실내온도는 40℃로 유지하고자 한다면 이 보일러실에 필요한 환기량은 어느 정도가 되겠는가?

풀이 식 7.11을 이용한다.

$$Q = \frac{3.6q}{c\gamma(t_r - t_o)} = \frac{3.6 \times 5,000}{1.01 \times 1.2 \times (40-30)} \fallingdotseq 1,485[m^3/h]$$

3) 수증기 배출에 의한 환기량

목욕장이나 주택의 욕실과 같이 수증기가 다량 발생되는 곳은 그 수증기를 배출시키기 위해 환기를 할 필요가 있다. 실내에 수증기를 배출시키기 위한 환기량은 다음의 식 **7.12**로 산정한다. 식 **7.12**의 구성형태도 식 **7.10**과 동일하며, 식에 들어 있는 비중은 식 **7.11**에서의 설명과 동일하다.

$$Q = \frac{q}{\gamma(x_r - x_o)} \qquad (7.12)$$

Q : 필요환기량[m³/h]

q : 실내 수증기 발생량[kg/h]

γ : 공기의 비중[≒1.2 kg/m³]

x_r : 실내 허용절대습도[kg/kgDA]

x_o : 외기 절대습도[kg/kgDA]

4) 환기횟수 방법에 의한 환기량

「(1) 법률에 의한 환기량」에서 법에 규정되어 있는 필요환기량의 산정 기준 중 하나로 환기횟수에 의한 것이 있었으며, 이와 같이 법에 명시되어 있는 건물의 종류에 대해서는 법 규정대로 환기량을 의무적으로 확보해야 한다고 설명했다. 한편 법에 명시되어 있지 않은 일반적인 건물에 대해서는, 거주자로부터 발생하는 이산화탄소와 같은 유해가스를 환기대상 물질로 하는 경우에는 앞에서 설명한 바와 같이 실내 거주자 1인당의 환기량으로 필요환기량을 산정하고 있으나, 화장실에서 발생하는 냄새와 같이 거주자로부터 발생하는 환기대상 물질 이외의 대상물질이 발생되는 곳에서는 일반적으로 실내의 오염물질 발생량이 명확하지 않으므로, 이러한 경우에는 실의 용도 등에 따라 경험적으로 제시되어 있는 환기횟수를 이용해서 다음의 식 7.13으로 필요환기량을 산정하는 것이 일반적이다.

$$Q = n \times V \qquad (7.13)$$

Q : 필요환기량 [m^3/h]

n : 환기횟수 [회/h]

V : 실의 용적 [m^3]

환기횟수란 환기에 의해 실내공기가 1시간 동안 몇 번 교환되는가를 나타내는 수치로서 매시간 환기량을 실의 용적으로 나눈 값이다. 따라서 식 7.13과 같이, 실의 용도별로 일반적으로 제시되어 있는 환기횟수와 환기를 행하고자 하는 실의 용적을 곱하면 그 실에 필요한 환기량이 산정된다. 실의 용도별로 제시되어 있는 이러한 환기횟수는 이론적 근거를 가지고 있는 수치는 아니고 경험적으로 제시되고 있는 수치이다. 표 7.3에 일반적으로 이용되는 실 용도별 환기횟수를 나타낸다.

표 7.3 일반적으로 적용되는 환기횟수 [회/h]

실 명	환기횟수	실 명	환기횟수	실 명	환기횟수
주방(대)	40~60	화장실(사무소)	5~10	차 고	10~15
주방(소)	30~40	화장실(영화관)	10~15	지하창고	5~10
탕 비 실	10~15	욕 실	15~20	세 탁 실	20~40

【예제 7.6】

어느 사무소건물의 화장실에 환풍기를 설치하고자 한다. 화장실의 크기가 가로 5m, 세로 3m, 높이 2.6m라 한다면 설치하고자 하는 환풍기는 어느 정도의 용량이 되어야 하겠는가?

풀이 식 7.13을 이용한다. 표 7.3에 의하면 사무소건물 화장실의 환기횟수는 5~10으로 되어 있으므로 환기횟수는 10으로 하기로 한다. 화장실의 용적은 $5 \times 3 \times 2.6 = 39$[$m^3$], 따라서 필요환기량 $Q = 10 \times 39 = 390$[m^3/h] 이므로 1시간에 390m^3의 공기를 배출시킬 수 있는 환풍기를 설치하면 된다.

제 4 편

빛 환 경

제8장 실내 빛환경
제9장 채광
제10장 조명

제8장 실내 빛환경

1. 빛환경 지표
2. 시각(視覺), 시지각(視知覺)
3. 색채환경
4. 빛환경의 측정

제8장 실내 빛환경

1. 빛환경 지표

빛이란 「우리가 눈을 통해 밝기를 인식하게 해주는 복사」라고 정의할 수 있으며, 여기에서 복사란 어떤 한 점으로부터 모든 방향을 향해 열이나 빛을 방출하는 것을 의미한다. 따라서 「제2장 실내 열환경」에서 설명한 열복사(또는 단순히 복사라고 함)와 빛과는 그 기본 개념이 동일하며, 우리는 태양으로부터의 광선, 즉 복사선에 의해 열도 부여받고 빛도 부여받고 있고, 또 인공적으로는 난방기기나 조명기구로부터의 복사현상으로 열이나 빛을 부여받고 있는 것이다.

한편 「제5장 일조 · 일사」에서, 태양으로부터 지구에 도달하는 복사선은 파장에 따라 자외선, 가시광선, 적외선의 세 종류로 구분된다고 했는데, 빛환경에 관련되는 요소는 이들 중 가시광선이다. 우리는 실내에서 생활하면서 밖에서 들어오는 광선의 양, 즉 채광의 정도 또는 실내조명의 밝은 정도를 감각적으로 알 수 있는데, 이와 같은 빛의 양에 대한 용어로서는 다음과 같은 것들이 있다.

(1) 복사속(輻射束), 광속(光束)

태양이나 전등과 같이 빛의 원천이 되는 어떤 물체로부터 방출되는 전체 복사에너지의 양을 복사속(輻射束)이라 하며, 복사속 중 우리의 눈으로 확인할 수 있는 빛의 양을 광속(光束)이라 한다. 따라서 우리의 일상생활에서 빛으로 이용할 수 있는 에너지의 전체 양은 광속이다. 복사속의 단위는 와트(W)이며 광속의 단위는 루멘(lm)이다. 광속의 기호는 일반적으로 F로 나타낸다.

같은 크기의 복사속, 즉 와트수를 가지고 있는 백열전등과 형광등의 밝기를 비교하면 형광등이 더 밝은데, 이는 같은 전기를 소비하는 기구라 하더라도 형광등의 광속이 백열전등의 광속보다 크기 때문이다.

(2) 광도(光度)

태양이나 전등과 같은 점광원에서 어느 특정 방향으로 단위입체각당 발산되는 광속(光束)을 나타내는 것이며, 여기서 단위입체각이란 3차원적, 즉 입체적인 각도를 의미한다.

1) 단위입체각

그림 8.1에 입체각의 기하학적인 의미를 나타낸다. 그림에서 점 *P*는 점광원으로 생각할 수 있으며, 이 점광원 *P*로부터는 모든 방향으로 빛이 발산된다. 모든 방향으로 발산되는 빛 중에서 면적 *S*′를 비추는 빛의 비율은 구면(球面) 전체 면적 중 *S*라 생각할 수 있으며, *P*와 *S*가 연결되는 각도는 평면상의 각도가 아니고 입체적인 각도이기 때문에 입체각이라 한다. 한편, 그림에서 알 수 있듯이 입체각은 면적으로 표현되는데, 동일한 입체각이면서도 ω의 면적은 점 *P*로부터의 거리가 멀수록 커진다. 따라서 그림 8.1과 같이 반경 *r*인 구면의 중심으로부터 구면상의 면적 *S*를 연결하는 각도를 ω라 한다면 단위입체각 ω는 면적과 거리를 고려하여 다음의 식 8.1로 나타낸다. 면적은 거리의 제곱에 비례해서 커지므로 식의 분모는 거리의 제곱이 된다.

$$\omega = \frac{S}{r^2} \qquad (8.1)$$

ω : 단위입체각

S : 구면상의 면적 [m^2]

r : 구의 반경 [m]

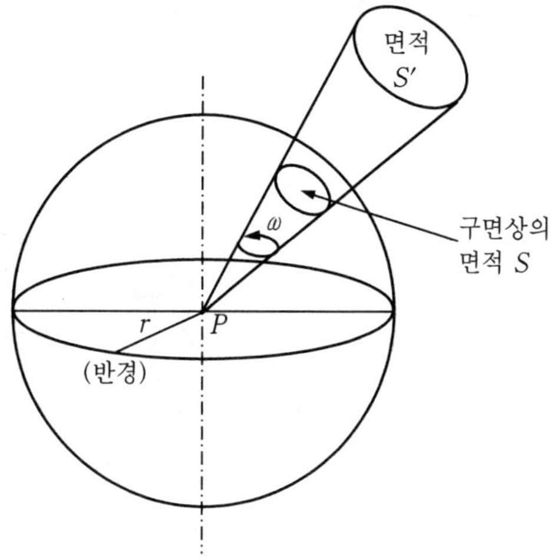

그림 8.1 입체각의 의미

2) 광도

앞에서 설명했듯이 광도란 점광원으로부터 어느 특정 방향에 대한 단위입체각당의 광속(光束)으로, 그 크기는 다음의 식 8.2로 나타내어진다. 기호는 일반적으로 *I*로 표현하고 단위는 칸델라(cd)이다.

$$I = \frac{F}{\omega} \qquad (8.2)$$

I : 광도 [cd]

F : 광속 [lm]

ω : 단위입체각

그림 8.2에 광도 1cd(칸델라)의 정의를 나타낸다. 그림과 같이 광원을 중심으로 반경 1m의 구면을 가정했을 때, 구면 $1m^2$를 통과하는 광속이 1 lm일 때의 광도를 1cd라고 한다. 자동차의 헤드라이트나 손전등은 램프의 크기도 작고 소비전력도 적은데도 상당히 밝은 빛을 내고 있는데, 이것은 램프로부터의 광속이 모든 방향으로 발산되지 않고 한쪽으로 모아서 발산되도록 만들어졌기 때문이다. 따라서 같은 광속을 가진 광원이라 해도 어느 특정 방향으로 빛을

모으면 훨씬 높은 광도를 만들 수 있다.

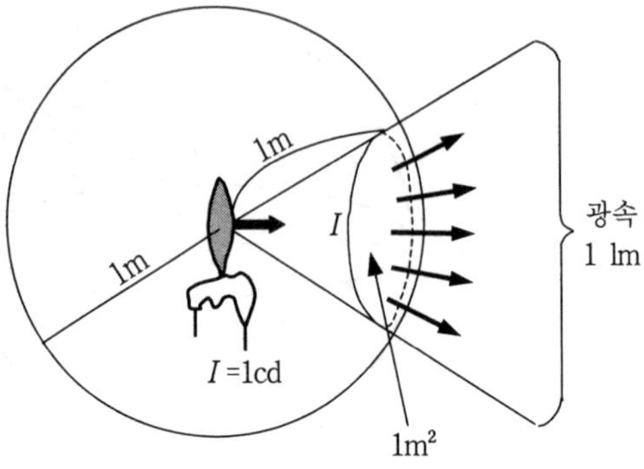

그림 8.2 광도의 정의

【예제 8.1】

어느 점광원으로부터 모든 방향으로 균등하게 광속 F가 발산된다고 하면 광도는 어떻게 되겠는가?

풀이 입체각 ω의 의미를 나타내는 그림 8.1에서 구의 반지름(반경)을 1이라고 가정하면 구의 면적은 $S=4\pi r^2=4\pi(1)^2=4\pi$가 된다. 또 모든 방향으로 빛이 발산되므로 단위입체각을 나타내는 식 8.1에서 구면상의 면적은 구의 전체 면적이 되며, 따라서 단위입체각 ω는 $\omega=\dfrac{S}{r^2}=\dfrac{4\pi}{1^2}=4\pi$가 된다. 산정된 단위입체각과 예제에서 주어진 광속에 의거하여, 구하고자 하는 광도는 식 8.2로부터 $I=\dfrac{F}{\omega}=\dfrac{F}{4\pi}$가 된다.

(3) 조도(照度)

그림 8.3에 나타내는 바와 같이 빛을 받는 면에 입사하는 광속(光束), 즉 어떤 면에 빛이 비치고 있는 정도를 단위면적당의 값으로 나타낸 것이다. 우리가 실제로 느끼는 빛의 밝기는 조도이므로 실내 조명기준으로는 조도를 사용하는 것이 일반적이다. 조도는 어떤 면의 단위면적당 입사하는 광속이므로 식 8.3과 같이 나타낼 수 있으며, 일반적으로 기호는 E, 단위는 럭스(lx)를 사용한다.

$$E = \frac{F}{A} \quad \cdots\cdots (8.3)$$

E : 조도 [lx]

F : 광속 [lm]

A : 입사면적 [m^2]

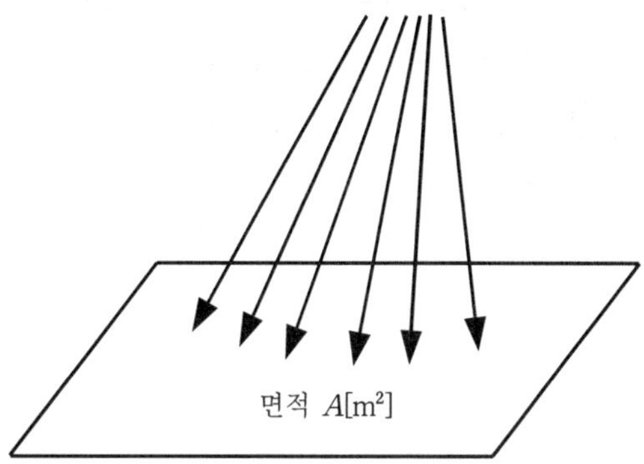

그림 8.3 조도의 의미

같은 밝기의 광원이라 해도 광원으로부터의 빛의 방향과 빛을 받는 면과의 각도에 따라 해당 면에서의 빛의 밝기 즉 조도는 다르게 되며, 또 광원과 빛을 받는 면과의 거리에 따라서도 조도는 달라진다. 이와 같은 조도의 성질에 관한 법칙으로 아래와 같은 것들이 있다.

1) 입사각 여현(코사인)의 법칙

그림 8.4에서 화살표의 방향으로 빛이 들어오고 있다고 가정하면, 수평면(그림에서 S')은 빛의 방향에 직각으로 면해 있는 부분(그림에서 S)보다 넓은 면적으로 동일한 광속을 받게 되므로 단위면적당 광속(光束), 즉 조도는 낮아진다. 이때 조도가 낮아지는 비율은 그림에서 입사각 θ에 따라 달라지며, 다음과 같이 여현(코사인)이 들어간 식으로 표현되므로 이것을 입사각 여현의 법칙이라 한다.

$$S = S'\cos\theta \quad \cdots\cdots (8.4)$$

S' : 수평면(대부분의 작업면)의 조도 [lx]

S : 빛의 방향에 직각인 면의 조도 [lx]

θ : 입사각 [°]

그림 8.4에서 알 수 있듯이 입사각 θ가 0°이면 식 8.4에서 S'와 S가 동일하게 되며, 따라서 식 8.3을 그대로 적용할 수 있다. 반면, 입사각 θ가 90°이면 수평면(작업면)과 평행인 방향으로 빛이 들어오는 것이므로 수평면(작업면)의 밝기에 아무런 도움을 주지 못하며, 이것은 식 8.4에 의해 조도가 0이 되는 것에서도 확인할 수 있다.

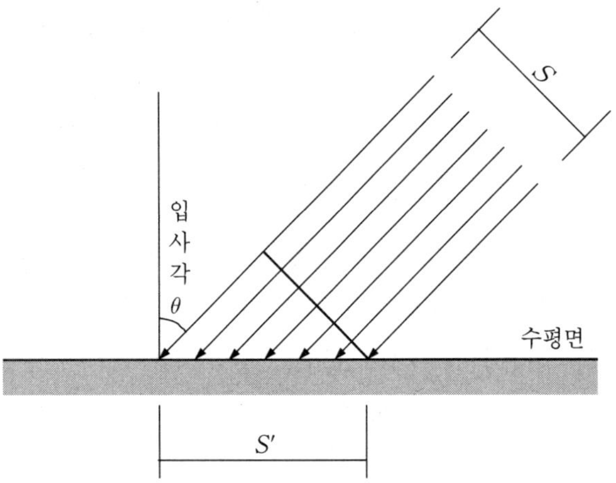

그림 8.4 입사각 여현의 법칙 개념도

2) 거리의 역제곱의 법칙

빛은 직진하면서 점점 퍼지므로 그림 8.5와 같이 어느 광원으로부터 n배 떨어진 곳에서는 동일 광속이 n^2배의 면적으로 퍼지게 되고, 따라서 조도는 식 8.3에 의해 $1/n^2$로 감소한다. 즉, 조도는 광원으로부터의 거리의 제곱에 반비례하게 된다는 것이 거리의 역제곱의 법칙이다.

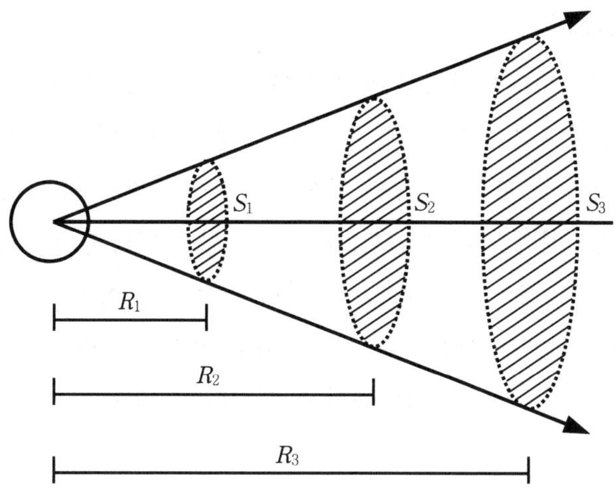

그림 8.5 거리의 역제곱의 법칙

【예제 8.2】

광속 2,000 lm인 백열전구로부터 1m 떨어진 책상에서 조도를 측정했더니 200 lx가 되었다면 이 책상을 백열전구로부터 2m 떨어진 곳에 놓으면 그 책상에서의 조도는 얼마가 되겠는가?

풀이 조도는 거리의 제곱에 반비례하므로 거리가 2배인 곳에서의 조도는 1/4배로 된다. 따라서 백열전구로부터 2m 떨어진 곳에서의 조도는 1m 떨어진 곳에서의 조도 200 lx의 1/4인 50 lx가 된다.

(4) 광속발산도(光束發散度)

조도가 빛을 받는 면의 단위면적당 입사하는 광속임에 비해, 광속발산도는 빛을 발하는 면의 단위면적당 발산하는 광속을 의미한다. 따라서 광속발산도를 나타내는 식은 조도를 나타내는 식인 식 8.3과 동일하며, 다만 식 8.3에서는 분모의 *A*가 빛을 받는 면적이 되지만 광속발산도를 나타내는 식 8.5에서는 빛을 발산하는 면적이 된다. 기호는 일반적으로 ***M***을, 단위는 라드럭스(rlx)를 이용한다.

$$M = \frac{F}{A} \quad \cdots\cdots (8.5)$$

M : 광속발산도 [rlx]

F : 광속 [lm]

A : 빛의 발산면적 [m^2]

(5) 휘도(輝度)

광원을 어떤 방향에서 보았을 때의 그 밝기를 의미한다. 예를 들어 사각형의 광원이 있다고 가정할 때, 우리가 그 광원을 정면에서 보았을 때나 비스듬히 보았을 때나 그 광원으로부터 발산되는 광속(光束)은 항상 동일하지만 우리의 눈부심의 정도에는 차이가 있다. 휘도는 광원을 바라본 방향에서의 광원의 투영면적에 대한 광도로서 식 8.6과 같이 나타낼 수 있으며, 단위는 cd/m^2 또는 cd/cm^2를 사용한다. 동일 면적의 사각형이라 해도 비스듬히 바라볼수록 투영면적은 작아지므로 그만큼 휘도는 작아진다고 생각할 수 있다.

$$L = \frac{I}{S\cos\theta} \qquad (8.6)$$

L : 휘도 [cd/m^2 또는 cd/cm^2]

I : 우리가 바라보는 방향으로의 광원의 광도 [cd]

S : 광원의 면적 [m^2 또는 cm^2]

θ : 광원의 방향과 우리가 바라보는 방향과의 각도 [°]

휘도는 조도와 방향만 반대인 동일한 개념으로 생각할 수 있다. 즉, 그림 8.4에서 빛을 받는 수평면을 빛을 발생시키는 광원으로 생각하고, 빛이 들어가는 방향을 우리가 광원을 바라보는 눈의 방향이라 생각하면 그림에서의 입사각 θ가 식 8.6에서의 θ와 동일한 내용이 된다.

2. 시각(視覺), 시지각(視知覺)

빛이 눈에 들어오면 밝기, 물체의 형상 및 색깔 등을 느끼게 되며, 이것을 시각이라 한다. 시각은 이와 같이 우리의 눈이 느끼는 감각을 의미하고, 시지각은 시각을 우리의 기억이나 추리와 결합시켜 느끼는 감각을 의미하는 것으로 구분하고 있으나, 이 두 개념이 명확하게 구별되어 사용되지는 않고 있다. 따라서 시각과 시지각은 같은 의미로 사용되는 것이 일반적이다.

(1) 시각기구

우리는 흔히 눈의 구조 및 기능을 카메라에 비유하는데, 우리가 어떤 물체의 형상이나 색깔을 느낀다는 것은 카메라로 사진을 찍을 때와 같이 눈이 물체의 모양, 색깔, 움직임 등의 정보를 포착해서 뇌에 전달하고 뇌는 이 정보를 종합적으로 판단해서 우리 눈에 보이는 상, 즉 이미지를 만들게 되는 기능을 말한다. 인체의 시각을 담당하는 기구인 눈은 그림 8.6과 같이 매우 복잡한 구조로 이루어져 있다. 눈의 주요 요소 및 그 기능을 간단히 설명한다.

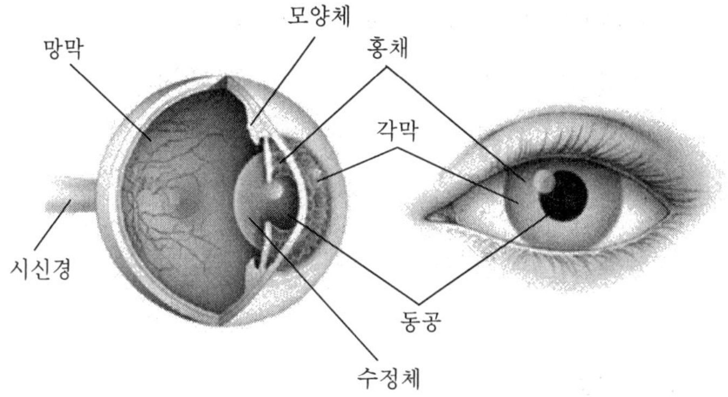

그림 8.6 눈의 구조

① 각막

흔히 검은자위라고 하는 부분으로, 빛이 눈으로 들어가는 관문의 역할과 함께 수정체와 더불어 빛을 굴절시키는 카메라의 렌즈 역할을 한다.

② 홍채

동공의 크기를 변화시켜 눈으로 들어오는 빛의 양을 조절한다. 즉, 밝은 곳은 빛의 양이 많으므로 동공을 작게 하고, 어두운 곳은 빛의 양이 적으므로 동공을 크게 하여 적절한 양의 빛이 눈으로 들어오도록 하는 역할을 한다.

③ 수정체

눈으로 들어온 빛을 굴절시켜 망막에 정확히 상이 맺히도록 한다. 볼록렌즈나 오목렌즈의 두께에 따라 빛의 굴절이 달라지듯이, 수정체는 두께를 적절히 조절하면서 멀리 있는 물체와 가까이 있는 물체 모두 그 상이 망막에 정확히 맺히도록 한다. 수정체가 기능을 발휘하지 못하면 물체의 상이 망막 앞부분이나 뒷부분에 맺히면서 근시 또는 원시가 된다.

④ 모양체

위에서 설명한 수정체의 기능이 원활히 이루어지도록 물체의 거리에 따라 수정체의 두께를 조절하는 기능을 한다.

⑤ 망막

물체의 상이 맺히는 곳이다.

⑥ 시신경

눈을 통해 얻은 시각정보를 뇌에 전달한다.

(2) 순응

눈의 기능 중에는 눈동자의 면적을 변화시켜 입사하는 빛의 양을 조절하는 능력과, 빛의 양에 따라 망막이 느끼는 감각 즉 감광도(感光度)를 변화시키는 능력이 있다. 이 중, 눈동자 면적을 변화시킬 때의 변화 폭은 1 : 8 정도인데 비해 망막 감광도의 변화는 이와 비교할 수 없이 커서 그 범위는 1 : 10^6 이상에 이른다고 한다. 즉, 우리 눈이 느낄 수 있는 가장 밝은 밝기는 가장 어두운 밝기의 수백만 배에 달하는 것이다. 이와 같이 망막의 감광도가 변화하면서 우리가 보다 넓은 범위의 밝기를 인식할 수 있게 하는 현상을 순응이라 한다. 주위가 어두워지면 망막의 감광도가 높아지는데 이것을 암순응, 또 주위가 밝아지면 망막의 감광도가 낮아지는데 이것을 명순응이라 한다.

암순응의 대표적인 것으로는 영화관에 들어갈 때이다. 우리가 많이 경험하는 바와 같이, 맑은 날 낮 시간에 조금 늦게 영화관에 들어가면 이미 영화관 내부는 어두워져 있으며 우리가 이 안에서 어느 정도 시각(視覺)을 회복하기까지는 몇 분의 시간이 필요하다. 이 몇 분의 시간 동안 이루어지는 것이 암순응이다. 명순응은 반대로 어두운 건물로부터 갑자기 환한 바깥으로 나올 때 이루어진다. 명순응은 암순응에 비해 순응시간이 매우 짧아 곧 시각(視覺)이 회복되지만 그 과정에서 괴로워 실눈을 뜨기도 하고 때로는 눈물을 흘리기도 한다.

(3) 시력과 시야

사물의 형태를 자세하게 구별할 수 있는 능력을 시력이라 한다. 시력을 측정하는 대표적인 방법으로는 국제안과학회에서 결정한 란돌트고리(란돌트환(環), Landolt's ring)를 이용하는 것이다. 란돌트고리는 그림 8.7과 같이, 바깥지름 7.5mm, 두께 1.5mm의 원의 도중을 1.5mm 끊어 놓은 것으로, 이 란돌트고리를 5m 떨어진 위치에서 바라보면서 끊어진 위치가 어느 곳인가를 겨우 분간할 수 있는 시력을 1.0으로 규정하고 있다. 끊어 놓은 부분의 길이가 어느 정도 짧은 것까지 그 위치를 식별할 수 있는가에 따라 다른 시력도 규정하고 있는데, 실제적으로는 란돌트고리 외에 숫자나 그림 모양의 크기를 이용하여 시력을 측정하는 경우도 많이 있다.

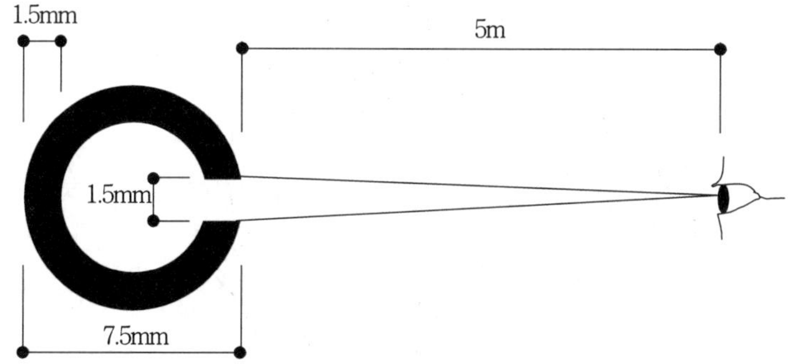

그림 8.7 란돌트고리를 이용한 시력측정 방법

한편, 시야는 눈동자를 움직이지 않고 볼 수 있는 범위를 의미하는 것으로 그림 8.8은 우리가 그림의 한가운데를 보았을 때 두 눈 및 오른쪽 눈에 의한 시야의 범위를 나타낸 것이다. 그림에서 실선이 두 눈에 의한 시야를 나타내는 것이며, 나머지 선은 오른쪽 눈을 대상으로 빛의 색에 따른 시야를 나타내고 있다. 그림에 의하면 백색 물체를 보았을 때 가장 넓은 시야를 확보할 수 있고 반대로 녹색이면 가장 좁은 시야가 확보된다는 것을 알 수 있는데, 보통 시야라 하면 이 중 백색시야를 가리킨다. 또 백색시야는 왼쪽 부분만 표시되어 있고 오른쪽 부분은 표시되어 있지 않은데, 백색시야의 오른쪽 부분은 두 눈에 의한 시야범위를 나타내는 실선과 겹쳐 있기 때문이다.

오른쪽 눈에 대한 백색시야를 보면 그 범위가 대략 위쪽 60°, 아래쪽 70°, 안쪽 65°, 바깥쪽 100° 정도로 각각 다른 값을 나타내고 있으며 이와 같이 상하좌우가 균등하지 않은 것은 얼굴의 다른 부분에 의해 시야가 가려지기 때문이다. 양쪽 눈을 다 사용하면 위쪽과 아래쪽의 시야는 변함없으며 오른쪽과 왼쪽이 각각 100° 정도로 시야가 확대된다. 한편, 우리가 대상물을 선명하게 볼 수 있는 것은 시야 중 불과 1° 정도에 불과하다고 여겨지고 있는데도 꽤 넓은 범위를 볼 수 있다고 느껴지는 것은 우리가 무의식 중에 눈동자를 움직이고 있기 때문이다.

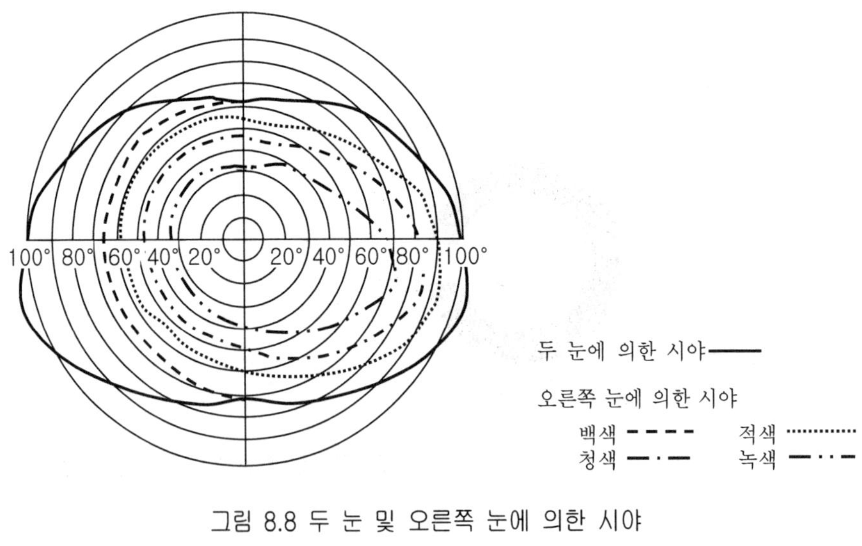

그림 8.8 두 눈 및 오른쪽 눈에 의한 시야

(4) 시감도(視感度)

같은 복사속, 즉 같은 양의 빛에너지라 해도 우리의 눈이 느끼는 밝기는 그 빛의 파장에 따라 다르게 느껴진다. 일반적으로는 파장 555nm의 황록색 빛을 가장 밝게 느끼고 그보다 긴 파장이나 짧은 파장에 대해서는 밝기의 느낌이 약해지는데, 이와 같이 각 파장마다 우리가 느끼는 밝기에 대한 감각의 정도를 시감도(視感度)라 한다. 빛의 파장에 따른 시감도의 차이를 나타낸 것을 시감도곡선이라 하는데, 이것은 가로축에 빛의 파장을 표시하고 세로축에 시감도를 표시하여 그림 8.9와 같은 형태로 나타낸 것이다.

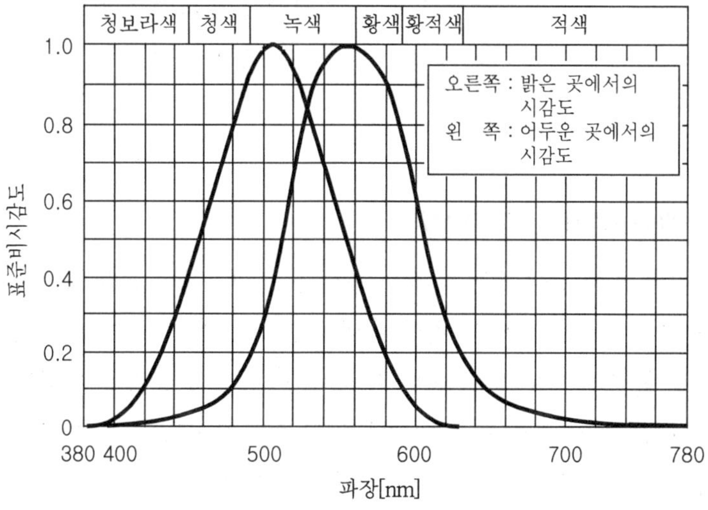

그림 8.9 표준비시감도곡선

그림 8.9는 국제조명위원회에서 작성한 것으로 표준비시감도곡선이라 한다. 표준이라는 단어를 붙인 것은 시감도가 개인에 따라 차이가 있으며, 따라서 수많은 사람들을 대상으로 하여 그 평균값을 구했기 때문이다. 또 그림의 세로축을 보면 최대값이 1로 되어 있는데, 이것은 특정 파장(예를 들어 555nm)에서 우리가 느끼는 최대시감도를 1로 정하고 나머지 파장에서의 시감도는 최대시감도에 대한 비율로 나타냈기 때문이다.

한편, 그림에는 산 모양의 곡선이 두 개 있는데, 오른쪽 곡선은 우리가 밝은 곳에서 느끼는 시감도이고 왼쪽 그림은 어두운 곳에서 느끼는 시감도이다. 그림에 의

하면 밝은 곳에서는 파장 555nm인 황록색의 빛을 가장 잘 느낄 수 있고, 반대로 어두운 곳에서는 파장 507nm 정도인 청록색의 빛을 가장 잘 느낄 수 있다는 것을 알 수 있다.

푸르키녜(Purkinje)는 맑은 날 낮에는 빨간 꽃이 파란 꽃보다 밝게 보이고, 일출이나 일몰 무렵에는 반대로 파란 꽃이 빨간 꽃보다 밝게 보이는 그림 8.9와 같은 현상을 발견했는데, 이러한 현상을 그의 이름을 따서 푸르키녜현상이라 한다. 저녁이 되면서 푸른 계통의 색이 점점 선명하게 보이고 붉은 계통의 색이 점차로 희미해지는 푸르키녜현상이 발생하는 것은, 우리 눈의 망막을 구성하는 요소 중 하나인 시세포(視細胞)가 간상세포와 추상세포로 이루어져 있으며, 밝을 때에는 주로 추상세포가 작용하고 어두울 때에는 별도의 시세포인 간상세포가 주로 작용하기 때문이다. 일반적으로 시감도라 하면 추상세포가 작용하는 밝을 때를 기준으로 하고 있다.

(5) 글레어(glare, 눈부심)

우리가 책상 위에 있는 흰색의 종이를 볼 때, 창을 통해 들어오는 햇빛이 그 종이를 비추게 되면 햇빛의 반사로 인해 눈이 부시기도 하고, 또는 종이 부분이 다른 부분에 비해 너무 밝아 눈이 부셔서 종이 위의 글씨를 제대로 보기 어려울 때가 있다. 또 야간에 마주 오는 자동차의 헤드라이트도 눈이 부실 정도로 밝아 직접 바라볼 수가 없다. 이와 같이 우리가 보고자 하는 부분의 휘도가 너무 높거나 또는 시야 내 각 부분의 휘도분포가 심하게 불균일하면 보고자 하는 물체가 전혀 보이지 않거나 제대로 보이지 않게 되는데, 이것을 글레어(glare) 또는 눈부심이라고 한다. 글레어 또는 눈부심은 현기증이 일어날 정도의 빛이라는 의미로 현휘(眩輝)라고 부르기도 한다. 글레어는 그 빛이 우리 눈에 도달하는 경로에 따라 직접글레어와 반사글레어로, 또 우리의 시각에 미치는 영향의 정도, 즉 눈부심의 정도에 따라 불능글레어와 불쾌글레어 등으로 분류하고 있다.

1) 직접글레어와 반사글레어

빛을 발산하는 광원으로부터의 빛이 우리 시야 내에 직접 들어와서 우리가 눈부심을 느끼게 되는 것을 직접글레어(direct glare)라 하며, 광원으로부터의 빛이 우리가 보고자 하는 물체에 반사되어 우리 눈에 들어옴으로써 결과적으로 우리가 그 물체를 볼 때 눈부심이 일어나게 하는 것을 반사글레어(reflected glare)라 한다. 그림 8.10에 직접글레어와 반사글레어를 나타낸다. 광원이 같은 위치에 있어도 (a)의 경우는 광원으로부터 발산되는 빛 중 일부가 우리 눈에 직접 들어오면서 직접글레어가 되며, (b)의 경우는 광원에 갓이 씌워져 있어 광원으로부터의 빛의 발산은 아래쪽으로만 이루어지지만 그중 일부가 책에 반사되어 우리 눈에 들어오면서 반사글레어가 되는 것이다.

(a) 직접글레어 (b) 반사글레어

그림 8.10 직접글레어와 반사글레어

2) 불능글레어와 불쾌글레어

어떤 물체를 보면서 눈부심 때문에 그 물체를 보기가 어려운 경우를 불능글레어(disability)라 하며, 보이기는 하지만 보면서 불쾌감을 느끼게 되는 것을 불쾌글레어(discomfort)라 한다. 불능글레어란 말의 의미대로라면 어떤 물체를 보는 것이 불가능한 것이기 때문에, 불능글레어 대신 보는 능력이 감소된다는 의미로 감능(減能)글레어 또는 시력저하글레어라고도 한다. 불능글레어가 발생하는 경우는 시각장애가 뚜렷이 나타나기 때문에 이를 완전히 없앨 필요가 있으며, 불쾌글레어는 시각장애가 발생하는 것은 아니므로 완전히 없앨 필요는 없으나 불쾌감이 느껴지지 않을 정도로 완화시키는 것이 바람직하다.

(6) 조도분포와 휘도분포

조도와 휘도의 의미에 대해서는 「1. (3) 조도」 및 「1. (5) 휘도」에서 이미 설명했는데, 우리가 실내에서 작업을 할 때 그 작업면의 조도나 휘도의 분포가 지나치게 크지 않도록 할 필요가 있다.

1) 조도분포

사무실이나 교실과 같은 곳은 실내 전체적으로 작업 활동이 이루어지는 장소이므로, 실내 작업면(보통 바닥으로부터 75cm 위의 수평면)의 조도분포가 가급적 균일할 필요가 있다. 작업면에서의 조도의 균일성을 나타내는 지표로는 균제도(均齊度, uniformity ratio of illumination)가 있으며, 균제도를 나타내는 표현방법은 여러 가지가 있으나, 다음의 식이 가장 일반적으로 이용된다.

$$\text{균제도} = \frac{\text{작업면의 최저조도}}{\text{작업면의 최고조도}} \quad \cdots\cdots (8.7)$$

식 8.7에 의한 균제도는 인공조명에 대해서는 1/3 이상이 요구되는 한편, 자연채광의 경우는 1/10 이상만 확보되면 실내에서의 작업에 지장이 없다고 일컬어지고 있다. 제9장에서 설명하는 측창채광인 경우에는 상당한 정도의 조도 불균일을 피할 수 없으므로 실내 벽면 등의 반사율을 높여 조도의 불균일을 완화시킬 필요가 있다.

책상 앞에서 공부할 때와 같은 경우는, 우리의 시선이 책상 위에서 끊임없이 이동하므로 조도의 차이가 있으면 매우 큰 불쾌감 및 피로감을 느끼게 된다. 따라서 이러한 곳에 대해서는 일반적인 곳에 비해 더 높은 균제도를 확보할 필요가 있으며, 그 값은 1/1.5 이상이 바람직하다고 여겨지고 있다.

2) 휘도분포

앞에서 설명한 글레어의 원인 중 하나로 지나치게 불균일한 휘도분포를 들었듯이, 휘도분포가 지나치게 불균일하면 어떤 물체를 보기가 어려워지고 눈의 피로도 쉽게 찾아오게 된다. 따라서 실내 각 위치에서의 휘도비율이 일정 한도 이내가 되도록 하는 것이 바람직하다. 휘도분포를 나타내는 지표로는 휘도비(휘도대비라고도 함)가 있으며, 이것은 작업대상공간과 주변공간과의 휘도비율을 의미한다. 적절한 휘도비에 대한 통일된 수치는 없으나, 사무실의 경우 다음의 표 8.1에 나타내는 값을 적용하면 무방하다고 여겨지고 있다.

표 8.1 실내 작업면의 허용 휘도비(사무소 건물)

구 분	허용 휘도비
작업 대상과 주변의 어두운 부분	3 : 1
작업 대상과 주변의 밝은 부분	1 : 3
작업 대상과 약간 떨어진 어두운 부분	10 : 1
작업 대상과 약간 떨어진 밝은 부분	1 : 10
조명기구 · 창과 그것에 인접해 있는 부분	20 : 1
통상의 시야 안에 있는 모든 부분 간	40 : 1

3. 색채환경

(1) 색의 표시

우리 주위에 보이는 수많은 색은 그 성질에 따라 여러 가지로 분류할 수 있으며, 이때 색이 가지고 있는 성질을 속성이라 한다. 또 색을 수량적으로 표시하는 것을 표색(表色)이라 하며, 수량적으로 표시하는 체계를 표색계(表色系)라 한다. 표색계에는 국제조명위원회(CIE, Commission Internationale de I'Eclairage)에서 분광분포의 측정 및 특정 계산에 의해 제시한 CIE표색계(CIE표준표색계라고도 함)와, 사람의 눈에 의한 색채의 관찰 및 실험에 의거한 먼셀표색계, 오스트발트표색계 등이 있는데, 여기에서는 이해가 용이하면서 또 국내 및 국제적으로 가장 널리 이용되고 있는 먼셀표색계에 대해 설명하기로 한다. CIE표색계, 오스트발트표색계 등에 대해서는 관련문헌을 참고하기 바란다.

1) 색의 3속성과 색입체

우리는 가끔 어떤 물체를 보면서 색상이 화려하다든가 어둡다든가 하는 말을 한다. 즉, 우리가 잘 알고 있듯이 색에는 빨강, 파랑, 노랑과 같은 여러 종류의 색상이 있으며, 또 같은 색상이라 해도 밝기와 선명함(맑기)에 차이가 있다. 밝기에 관한 색의 성질을 명도라 하고 선명함에 관한 성질을 채도라 하는데, 이와 같은 색의 특성 즉 색상, 명도, 채도를 색의 3속성이라 한다.

색의 밝기를 명도라 했는데, 명도는 색상에 따라서 달라지는 것은 물론이지만 같은 색상이라 해도 다를 수 있다. 예를 들어 노란색과 파란색은 서로 다른 색상이면서 노란색이 더 밝게 보이므로 노란색이 파란색보다 명도가 더 높다. 한편, 흰 물감과 검은 물감을 섞으면 회색이 되는데, 흰 물감과 검은 물감의 혼합 비율에 따라 같은 회색이라도 그 밝기가 서로 다르게 된다. 흰 물감이 많이 섞일수록 더 밝은 회색이 되는 것은 당연하며, 따라서 같은 색상이라 해도 서로 다른 명도가 발생되는 것이다.

채도란 색의 순수함이라 생각할 수 있다. 예를 들어 파란색 물감에 다른 색의 물감을 약간 섞어 생성되는 색은 파란색 계통이기는 하지만 본래의 파란색보다는 덜 파랗게 되므로 파란색으로서의 순수성 즉 선명함이 줄어들게 된다. 이렇게 같은 계통의 색이라 해도 원래의 색과 멀어질수록 선명함이 줄어들며 따라서 채도는 낮아진다. 파란색에도 더 파란 것과 덜 파란 것이 있고, 빨간색에도 더 빨간 것이 있고 덜 빨간 것이 있어 채도의 구별이 이루어지므로, 파란색과 빨간색을 비롯하여 거의 모든 색은 채도가 있다는 뜻에서 유채색(有彩色)이라 한다. 그러나 검은색과 흰색은 더 검은 것과 덜 검은 것, 더 흰 것과 덜 흰 것이 없으므로 검은색과 흰색에 대해서는 채도의 구별이 없어 이 두 색 및 두 색을 섞은 색인 회색을 무채색(無彩色)이라 한다.

이와 같은 색의 3속성 즉 색상, 명도, 채도를 입체적 형식으로 표현한 것을 색입체라 하며, 대표적인 것 중 하나가 먼셀표색계에서의 먼셀색입체이다. 먼셀색입체에 대해서는 아래 「2) 먼셀표색계」에서 설명하기로 한다.

2) 먼셀표색계

미국의 화가 먼셀(Munsell)이 발표하여 먼셀표색계란 이름이 붙었다. 먼셀표색계를 구체적으로 나타내는 먼셀색입체(色立體)는 그림 8.11과 같으며, 먼셀색상, 먼셀명도, 먼셀채도로 칭하는 세 가지 속성의 조합으로 구성되어 있다. 구성 체계는 그림의 (a)와 같이 수직축은 명도를 나타내고 있고, 수직축을 감싸고 있는 원의 형태로 색상이 배열되어 있으며 각 색상별로 원의 중심에서 바깥쪽 방향으로 채도가 표현되어 있다.

색입체의 각 요소마다 붙어 있는 문자 및 숫자 중, 문자는 색상의 계통을, 문자 앞의 숫자는 각 색상의 선명한 정도를, 문자 뒤의 숫자는 명도를, 슬래시 뒤의 숫자는 채도를 각각 나타낸다. 문자 및 숫자의 구체적 내용은 아래의 그림 8.12～8.14에서 설명한다.

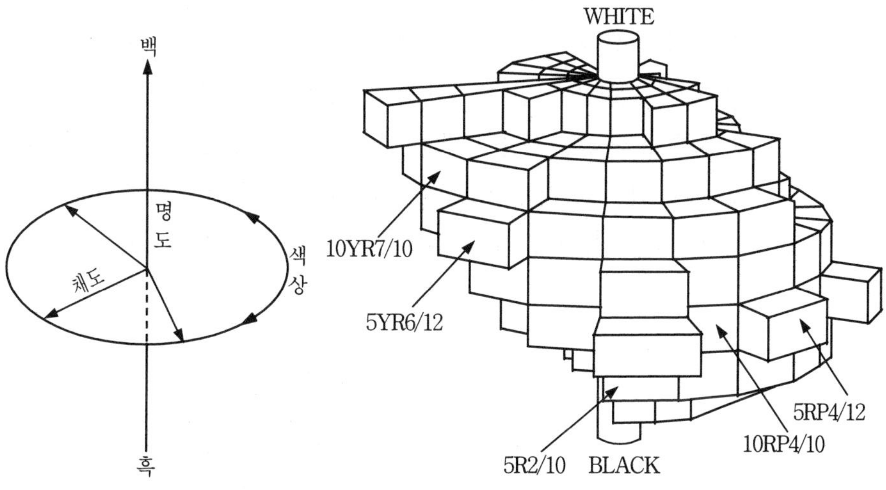

(a) 색입체의 구성 (b) 색입체

그림 8.11 먼셀색입체

색입체의 수직축은 명도를 나타낸다고 했는데, 축의 가장 위에는 흰색이 위치해 있으며 이것을 먼셀명도 10으로 정했다. 또 가장 아래는 검은 색으로 먼셀명도 0이며, 검은색과 흰색 사이는 명도가 점차 증가하는 순으로 먼셀명도 1부터 9까지의 회색이 배열되어 있다.

명도축(수직축)은 각 명도단계별로 색상환(色相環, color circle)이 감싸고 있다. 색상환은 그림 8.12와 같이 5가지 주색상(기본색상)과 이들 사이의 중간색상 5가지 모두 10가지로 구성되어 있다. 5가지 주색상은 순수한 빨강(먼셀색상

5R), 노랑(5Y), 녹색(5G), 파랑(5B), 보라(5P)로 표기되어 있으며, 이들 사이의 중간 색상은 5YR(주황), 5GY(연두), 5BG(청록), 5PB(남색), 5RP(자주)로 표현되어 있다.

10가지 각 색상은 각각 10단계로 다시 세분되어 미세한 색상을 표현하게 되는데, 실무적으로는 각 색상마다 10단계로 세분하지는 않고 2단계 또는 4단계로 구분하는 것이 일반적이다. 그림 8.12에서는 그중 4단계로 구분한 것을 나타내고 있다. 그림에서 문자 R은 빨간색을, Y는 노란색을 나타내고 있으므로 YR은 빨강과 노랑이 혼합된 중간색인 주황색이라는 것을 쉽게 알 수 있는데, 문자 앞의 숫자는 각 색상의 순수한 정도를 나타내고 있다. 예를 들어 앞에서 각 색상마다 10단계로 세분한다고 했는데, 10단계의 중간은 5이므로 5가 붙은 것이 각 색상 본연의 색이 된다. 즉, 5Y는 순수한 노란색, 5P는 순수한 보라색이 되며, 2.5R은 빨간색 중에서 자주색에 약간 가까운 빨간색, 7.5R은 빨간색 중에서 주황색에 약간 가까운 빨간색이 되는 것이다. 색상환의 중앙에는 N으로 되어 있는데, 이는 검은색, 흰색, 회색의 무채색이 위치해 있는 것으로 중립이라는 의미의 Neutral의 머리문자를 따서 표현한 것이다.

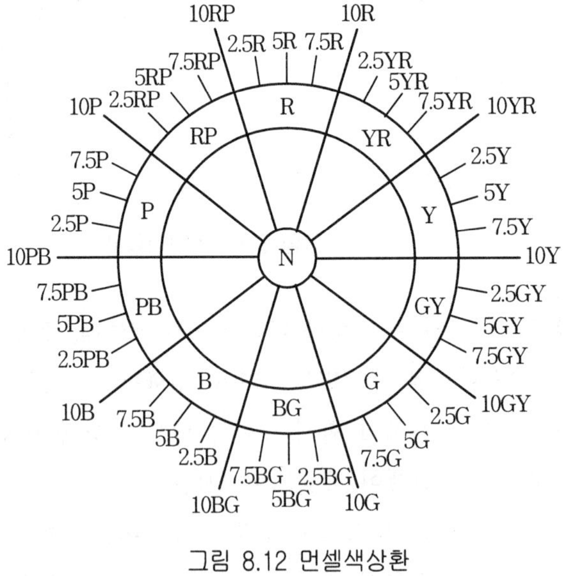

그림 8.12 먼셀색상환

그림 8.13에 먼셀색입체의 어느 한 명도에 대한 수평단면을 나타낸다. 수평단

면에서는 두 가지를 확인할 수 있는데, 먼저 한 가지는 그림 8.12에서 설명한 색상으로, 그림에서 알 수 있듯이 수평단면을 한 바퀴 돌면서 열 가지 색상의 기호가 나타나 있다. 또 그림 8.12에서는 각 색상마다 4단계로 세분화시켰으나 그림 8.13은 색상마다 2단계로 세분화시킨 것임을 알 수 있다. 또 한 가지 확인할 수 있는 것은 채도에 관한 것이다. Y의 경우 Y5/2, Y5/4, Y5/6과 같이 세 단계로 표현되어 있는데, 이는 바깥쪽 부분의 노란색(Y5/6, 채도 6)이 안쪽 부분의 노란색(Y5/2, 채도 2)보다 더 선명한 노란색이라는 뜻이 된다. 남색도 마찬가지로 바깥쪽으로 갈수록 채도가 높아지면서 선명한 남색을 나타내게 된다. 이것은 다른 색에 관해서도 마찬가지이지만 그림에서는 다른 색에 대해서는 가장 바깥쪽 부분의 색에 대해서만 기호 및 숫자가 표시되어 있다. 한편, 그림을 보면 Y에 대해서는 채도 6까지, PB에 대해서는 채도 10까지 나타나 있는데, 이것은 색상에 따라 채도 단계, 즉 선명함의 구분을 더 세밀하게 할 수 있는 것과 그렇지 않은 것이 있기 때문이다. 또 같은 색상이라 해도 명도에 따라서 채도의 단계가 달라질 수 있기 때문에 그림에 나타나 있는 부분과 다른 부분의 수평단면에서는 같은 색상이라도 채도의 단계 수가 달라질 수 있다.

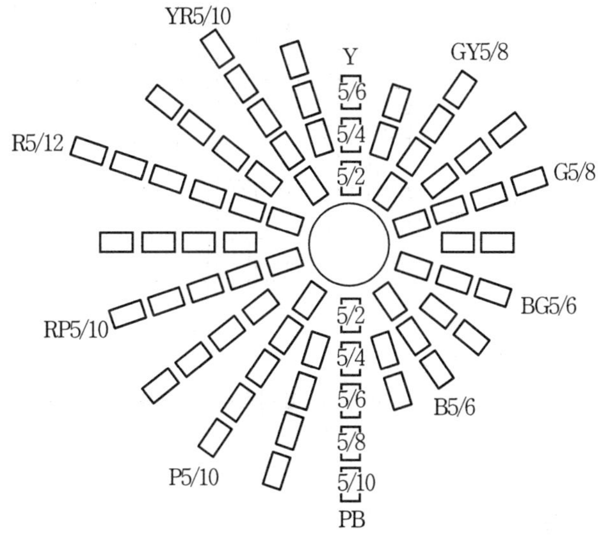

그림 8.13 먼셀색입체 수평단면

그림 8.14는 먼셀색입체의 중심축에 대한 수직단면을 나타내고 있다. 앞서 설명했듯이 색입체의 수직축은 명도를 나타내고 있으며, 축의 가장 위쪽이 흰색, 가장 아래쪽이 검은색이고 중간에는 명도에 따른 회색이 배열되어 있다. 이 수직축은 무채색이므로 색상이 중립적이라는 의미로 Neutral의 머리글자인 N을 부여하고 각 명도단계별로 숫자를 첨부하여 N1~N9로 표현되어 있다. 그리고 같은 줄에 있는 각 색상은 같은 명도를 나타내고 있다는 의미로 동일한 숫자를 부여하고 있다. 예를 들어, N5와 같은 줄에 있는 Y와 PB에는 명도에 해당하는 부분에 모두 5가 붙어 있고, N8과 같은 줄에 있는 것에는 모두 8이 붙어 있음을 알 수 있다. 따라서 같은 노란색이라 해도 위쪽에 있는 노란색이 아래쪽에 있는 노란색보다 명도가 높다는 뜻이 된다. N5 줄에 있는 Y 및 PB에서 바깥쪽으로 갈수록 슬래시 뒤에 있는 숫자가 커지는 것은 앞에서 설명했듯이 같은 색상, 같은 명도라 해도 채도가 다르기 때문이다.

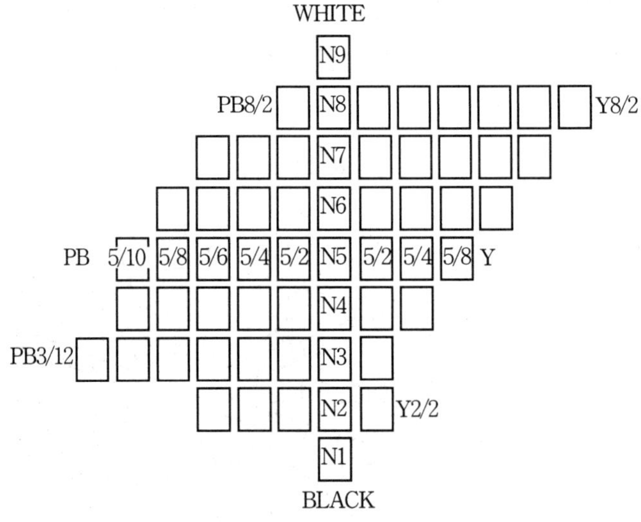

그림 8.14 중심축에서 먼셀색입체 수직단면

(2) 색채효과

모든 색은 단독으로 또는 서로 다른 색이 상호작용을 일으키면서 우리에게 심리적 느낌을 부여하고 있다. 따라서 건물 또는 실의 용도에 따라 실내의 색상을 적절하게 결정하여 건물 및 실의 역할을 극대화시킬 필요가 있다.

1) 색의 개별적 작용

① 온도감

색의 온도감은 색상에 의한 영향이 커서 빨간색이나 주황색 등은 따뜻한 느낌을 주고 파란색이나 녹색은 차가운 느낌을 준다. 따뜻한 느낌을 주는 색을 난색(暖色), 차가운 느낌을 주는 색을 한색(寒色)이라 한다. 여름철 해수욕장 주변의 간판이나 파라솔 등에는 파란색 계통이 많이 이용되는 것을 볼 수 있는데 색에 관한 이와 같은 심리적 효과에 기인하는 것이라 할 수 있다. 난색과 한색의 중간적 성격을 중성색이라 한다. 난색, 한색, 중성색에 관한 명확한 규정이 있지는 않으나, 그림 8.12의 색상환을 이용하여 표현할 경우 일반적으로 다음의 그림 8.15와 같이 분류하고 있다.

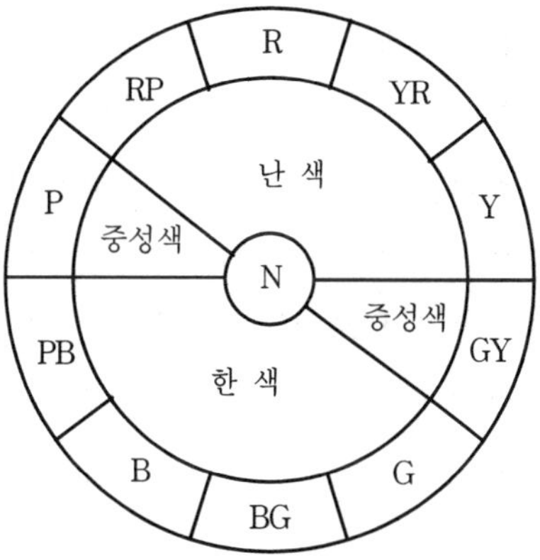

그림 8.15 난색과 한색

색의 온도감은 색상에 가장 큰 영향을 받지만 그 외에도 명도와 채도의 영향을 받는다. 같은 색상이라도 명도가 높을수록 밝은 색이 되면서 차가움(시원함)을 증가시키고 반대로 명도가 낮을수록 따뜻함을 증가시킨다. 채도에 관해서는 채도가 높을수록 차가움이나 따뜻함을 증가시킨다. 예를 들어, 난색인 빨간색의 경우 채도가 높을수록 따뜻한 느낌이 커지고, 한색인 파란색의 경우는 채도가 높을수록 차가운 느낌이 커지게 된다.

난색으로 둘러싸인 공간에 있을 때 인체의 체감온도는 한색으로 둘러싸인 공간에 있을 때보다 최대 3℃ 정도까지 높아진다는 연구결과가 있듯이, 실내디자인의 고려 요소 중 색의 온도감은 매우 중요하므로 실내의 용도에 따른 색채 선정의 필요가 있다. 예를 들어 작업실이 주로 고온인 곳에서는 한색의 마감재를, 냉동실과 같이 저온의 장소에는 난색의 마감재를 선정할 필요가 있으며, 두뇌를 많이 사용하는 장소에서는 한색 또는 중성색 계통을 적용하는 것이 바람직하다.

② 중량감

검은색의 상자는 흰색의 상자보다 무겁게 느껴지는데, 이것은 우리의 감각상 어두운 색이 밝은 색보다 무겁게 느껴지기 때문이다. 따라서 검은색과 흰색의 관계와 같이 전혀 다른 색은 물론, 같은 계통의 색상이라 해도 명도가 높은 경우가 낮은 경우보다 가볍게 느껴지게 된다.

움직이는 물체는 가볍게 보이는 것이 바람직하므로 자동차의 색깔은 명도가 높은 것이 바람직할 수 있으나, 반면 명도가 낮은 검은색은 묵직하고 중후한 느낌이 들므로 대형 승용차의 경우는 일반적으로 검은색을 선호하는 경향이 있다. 실내의 색채디자인에서도 마찬가지로, 실내의 마감색을 서로 다른 색으로 하고자 할 경우 천장, 벽, 바닥의 순서로 점점 진한 색으로 하면 안정감이 있게 되는 한편, 반대의 순으로 하면 우리의 감각상 불안한 분위기를 피할 수 없게 된다.

③ 거리감과 크기

따뜻한 느낌을 주는 난색은 거리가 가깝게 느껴지고 차가운 느낌을 주는 한색은 멀게 느껴지며, 또 명도가 높을수록 가깝게 느껴진다. 즉, 밝은 색이 어두운 색보다는 우리 눈에 더 잘 띄기 때문에 더 가깝게 느껴진다고 할 수 있는데, 가깝게 느껴지는 색을 진출색, 멀게 느껴지는 색을 후퇴색이라 한다. 한편, 가깝게 느껴지는 색은 크기가 커 보이고 멀게 느껴지는 색은 작게 보이므로, 전자의 경우를 팽창색, 후자의 경우를 수축색이라고 부르고 있다. 색의 팽창과 수축에 대한 예로서, 같은 사람이 흰색 계통의 옷을 입으면 검은색 계통의 옷을 입을 때보다 키가 커 보이는 것을 들 수 있다.

④ 안정감

색은 사람을 흥분시키기도 하고 안정시키기도 하는데, 일반적으로 빨간색과 같은 난색 계통은 흥분감을, 파란색과 같은 한색 계통은 안정감을 부여한다. 색의 흥분감에 대해 흔히 투우사의 보자기 색깔을 예로 드는 경우가 많다. 소는 색의 구별을 할 수 없기 때문에 보자기의 색깔에 의해서가 아니고 보자기가 흔들리는 것에 의해 흥분을 하게 되며 보자기의 빨간색은 관중을 흥분시키는 역할을 하는 것으로 알려져 있다. 마찬가지로 오락실과 같이 심리적 흥분 및 즐거움이 필요한 곳에서는 난색 계통으로 분위기를 북돋고, 안정이 필요한 병원 등에서는 안정감을 부여하는 녹색이나 파란색을 적용하는 것이 바람직하다.

2) 대비효과

우리가 어떤 색을 볼 때 그 색만 볼 때와 바탕이 되는 다른 색과 함께 볼 때와는 색이 다르게 보이는 경우가 많은데, 이와 같이 두 색채가 서로 영향을 미치면서 그 느낌이 달라지게 하는 것을 색의 대비라 한다.

① 색상대비

같은 색상이라도 배경색에 따라 다르게 보이는 현상을 말한다. 일반적으로 배경색의 보색이 되는 방향, 즉 색상차가 크게 되는 방향으로 변화되어 보인다. 예를 들어, 그림 8.16과 같이 대상이 되는 색은 녹색(G)이고 그 녹색이 노란색(Y) 바탕 위에 놓여 있다고 하면 실제 보이는 색은 녹색이 아니라 노란색의 보색이 되는 방향으로 변화된 청록색(BG) 계통이 된다는 것이다. 보색(補色)이란 혼합했을 때 무채색이 되는 한 쌍의 색을 의미하는 것으로, 그림 8.16의 색상환에서 서로 마주보는 두 색이 보색이다. 특히 색상대비를 이루는 배경색과 대상색이 서로 보색인 경우 서로 채도를 높여 선명도가 증가되는데 이것을 보색대비라 한다.

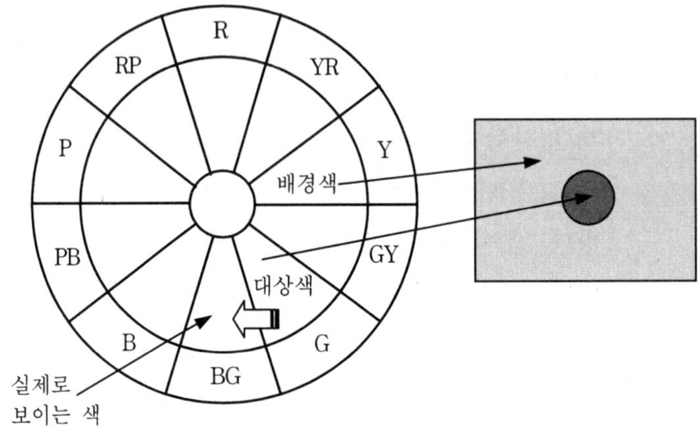

그림 8.16 색상대비

② 명도대비

대상이 되는 색과 배경이 되는 색과의 명도 차이가 커지는 방향으로 색이 변화되어 보이는 현상을 말한다. 따라서 대상의 색이 배경색보다 명도가 높으면 그 색은 더욱 밝게 보이고 반대로 배경색보다 명도가 낮으면 그 색은 더 어둡게 보이게 된다. 그림 8.17에 명도대비의 예를 나타낸다. 그림에서 (a)와 (b)의 중앙에 있는 원은 둘 다 같은 밝기의 회색이지만, (a)의 회색은 배경색인 흰색보다 명도가 낮고, (b)의 회색은 배경색인 검은색보다 명도가 높다. 따라서 (a)의 회색은 명도가 더 낮게 보이고 (b)의 회색은 명도가 더 높게 보이면서 (a)의 회색이 (b)의 회색보다 더 어둡게 보이는 것을 알 수 있다.

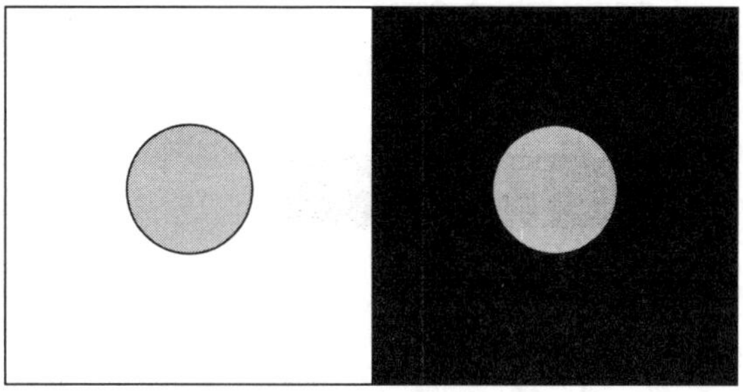

그림 8.17 명도대비

③ 채도대비

대상색과 배경색과의 채도가 다를 경우 그 채도차가 커지는 방향으로 색이 변화되어 보이는 현상을 말한다. 채도대비 현상으로 인해 채도가 높은 쪽은 더욱 선명하게 보이고 채도가 낮은 쪽은 채도가 더 낮아 보이게 되므로 어떤 강조하고 싶은 요소가 있으면 그 요소의 배경색으로 채도가 낮은 것을 선정할 필요가 있다.

④ 계속대비

앞에서 설명한 색상대비, 명도대비, 채도대비는 대상색과 배경색을 동시에 보았을 때의 대비효과를 나타낸 것으로 동시대비(同時對比)라고 총칭하고 있다. 한편, 동시대비와 다른 분류의 개념으로 계속대비(繼續對比)가 있는데, 이것은 어떤 색을 가진 물체를 본 후에 다른 색을 가진 물체를 보았을 때 그 물체 원래의 색이 아닌 다른 색의 물체로 보이는 현상을 말한다. 두 종류의 물체를 보는 것이 동시가 아니고 계속적으로 이루어진다고 해서 계속대비라 한다.

계속대비에는 일반적으로 보색잔상의 영향이 작용한다. 보색잔상이란 어떤 색의 물체를 보다가 다른 곳으로 눈길을 돌렸을 때 그 보색이 나타나는 현상으로, 그림 8.18은 보색잔상을 설명하는 대표적인 예이다. 그림 8.18의 (a)를 몇 초 동안 보다가 (b)를 보면 (a)의 검은색 부분의 형상이 (b)에서 흰색으로 나타나 보이는데, 이와 같이 검은색이 검은색의 보색인 흰색으로 보이는 것을 보색잔상이라 한다.

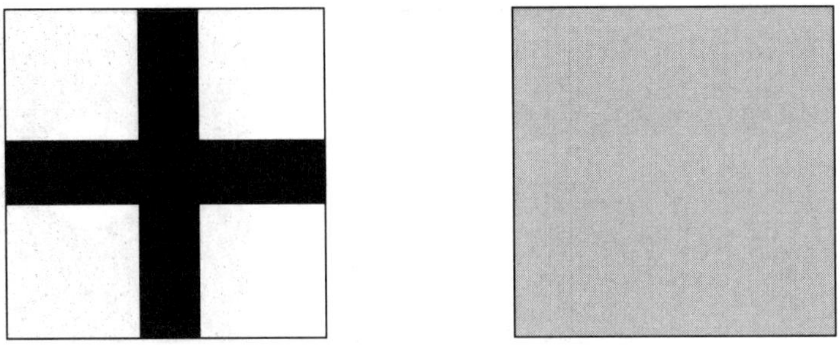

(a) (b)

그림 8.18 보색잔상의 실험

3) 면적효과

동일한 명도와 채도의 색이라 해도 그 면적이 클수록 명도와 채도가 높게 느껴지며, 이것을 색채의 면적효과라 한다. 실내의 색채디자인을 할 때 일반적으로 작은 크기의 색 견본을 참고로 하여 정하게 되는데, 벽체와 같은 실제의 실내디자인 대상물은 색 견본의 면적보다 훨씬 큰 면적이 되므로 명도와 채도가 다르게 느껴지게 된다. 따라서 색 견본으로 벽의 색채를 결정하는 등의 경우에는 색채의 면적효과를 염두에 두고 진행할 필요가 있다.

(3) 색채계획

실내공간의 색채계획은 그 건물 및 실의 용도에 따라 다양하게 구성될 수 있으며, 또 같은 용도의 건물이나 실이라 해도 거주자의 선호도에 따라 달라질 수 있어 어떤 계획이 가장 바람직하다는 정의를 내리는 것은 용이하지 않다. 더욱이 실내의 색채계획은 제9장 및 제10장에서 설명하는 채광방식, 조명설비 등과 깊은 관계가 있어 실무적으로는 이들과 함께 종합적인 계획이 이루어져야 하므로 매우 구체적인 학습이 필요하다. 보다 상세한 내용은 실내디자인에 관한 전문서적을 참고하기 바라며, 본서에서는 실내 색채계획의 일반적인 순서 및 색채계획 시 건물 용도에 따른 개략적인 주의점을 소개하는 정도로 그치고자 한다.

색채계획에서 특히 중요한 개념 중 하나가 기조색(基調色, base color)과 액센트색(accent color) 개념이다. 기조색은 모든 사물의 배경이 되는 벽면, 바닥면, 천장면과 같이 큰 면적을 차지하는 건축요소의 색채로 그 공간의 기조가 되는 색을 말한다. 한편, 액센트색은 기조색과 대비되는 색으로, 점유하는 면적은 작으나 눈에 띄기 쉬워 그 공간의 분위기에 영향을 미치는 색을 말하며, 실내에 배치되는 가구나 소파 및 벽면에 부착되는 그림이 대상이 되는 경우가 많다. 경우에 따라서는 기조색의 대상으로 주로 활용되는 카펫과 같이 비교적 면적이 넓은 것도 실내 전체의 색채계획에서는 액센트색의 대상으로 이용되기도 한다.

1) 색채계획의 일반적 순서

① 공간구성의 개념을 확인하면서 색채계획의 기본방침을 정한다.
② 공간구성을 검토하여 기조색으로 할 건축요소를 정한다.
③ 기조색으로 할 건축요소의 색을 정함과 동시에 그 건축요소의 재료도 결정해서 색채 및 재질감의 조화를 이루도록 한다.
④ 액센트색의 배치를 검토하면서 액센트색으로 할 건축요소를 정하고, 그 건축요소의 색, 질감 등을 기조색과 비교하여 결정한다.
⑤ 실내에 표식이나 유도와 같은 기능을 하는 요소의 색채를 결정한다. 경우에 따라서는 이들을 액센트색의 요소로 정할 수도 있다.
⑥ 친화성, 활동성과 같은 심리적 효과를 검토한다.
⑦ 건축재료의 종류 및 그 재료의 도장, 마감 등이 색채계획상 적절하지 않은 것이 있으면 수정한다.
⑧ 전체적인 색채구성을 최종적으로 확인하고 필요한 경우 수정한다.

2) 주택

모든 주택은 거주자가 전부 다르므로 다른 용도의 건물보다도 유연한 색채계획을 염두에 두면서 설계를 진행할 필요가 있다. 공간이 크지 않음에도 불구하고 구성 요소는 거실, 침실, 주방, 화장실 등 다양하여 각 공간의 색채가 기능에 맞도록 구성되다 보면 전체 색채에 통일감이 옅어질 수 있어 이에 대한 적절한 대책이 필요하다. 거실 등에서는 안정감을 위해 벽면의 명도를 다소 낮추면서, 반대로 채도를 높이거나 벽면 재질을 적절히 선택하면 따뜻함을 증가시킬 수 있다. 평상시 별로 눈에 띄지 않는 블라인드, 커튼 등을 액센트색으로 이용해서 각 실의 개성을 살리는 것 또한 좋은 아이디어가 될 수 있다.

3) 공동주택(아파트)

불특정다수의 사람들을 대상으로 하기 때문에 단순하고 평범한 색채계획이 되기 쉽다. 따라서 각 세대의 문이나 베란다를 다양한 색으로 이루어지게 하거나, 각 동마다 외벽의 색을 여러 색으로 나누어 칠하는 경우도 있으나 그 종류가 너무 많으면 오히려 공동주택 단지의 품격을 떨어뜨릴 수도 있다. 오히려 공용부분에 대담한 배색을 하거나 게시판 등 부속시설의 색채에 신경을 쓰는 것이 바람직할 수 있다. 낮 시간에도 어두운 공간이 되기 쉬운 복도 등은 밝은 색으로 마무리하는 등의 고려 또한 필요하다고 할 수 있다.

4) 사무소

건축계획 및 색채계획적으로 가장 단순한 형태 및 색조의 공간이 되는 것이 일반적이며, 더욱이 획일적인 가구가 들어오기 때문에 개성이 결핍된 공간이 되기 쉽다. 따라서 전화기, 작은 캐비넷 등에 대담한 색을 써서 액센트색으로 삼아 실내를 활기차게 할 필요가 있다. 사무공간과는 별도로 복도나 엘리베이터홀 등은 녹색이나 보라색 계통 등의 색채를 적용함으로써 기분전환을 돕는 공간으로 구성하는 것도 바람직하다.

5) 학교

초, 중, 고 모두 각급학교 학생들의 정서를 충분히 고려한 색채계획이 필요하다. 특히 초등학교는 저학년과 고학년에서 정신적으로 큰 차이가 있을 수 있으므로 사용공간에 따라 별도의 고려를 할 필요가 있다. 어른이 이용하는 일반적 건물에 비해 변화가 풍부한 색채계획이 이루어져야 하는 것은 당연하지만 어린이들의 안정을 잃게 하는 요소가 있어서는 안 된다. 특히 교실 내에서는 칠판 및 그 주변의 색채가 학습의 집중에 도움이 되도록 계획을 추진한다.

6) 병원

병원의 사무가 이루어지는 공간, 환자가 진찰을 기다리는 대기실(대합실), 진료를 행하는 진찰실, 수술이 이루어지는 수술실, 환자가 입원을 하여 생활을 하는 입원실 등, 병원은 그 기능이 매우 다양한 건축물이므로 색채계획도 부분적으로 이루어지는 것이 중요하다. 병원 입구에서부터 대기실까지는 환자에게 불안감을 주지 않고 친밀감과 따뜻함이 있는 색채계획이 요구된다. 그러나 실제로 진찰이 행해지는 공간에서는 기능이 우선되어야 할 것이다. 특히 수술실의 경우 의사 및 간호사의 신경이 극도로 예민해져 있으므로 안정감 우선의 벽 색상을 고려해야 한다. 입원실은 입원환자에게 생활의 장이 되므로 주택에 가까운 색채계획이 필요하며, 환자의 눈에 띄기 쉬운 천장의 색채는 특히 신중하게 결정해야 한다. 병원의 사무실은 일반 사무실과 같은 개념의 공간이므로 사무실과 같은 내용의 색채계획이 이루어질 필요가 있다.

4. 빛환경의 측정

제9장 및 제10장에서 다루는 채광 및 조명에 의해 실내의 빛환경이 만족스럽게 이루어지고 있는가 여부를 확인하기 위해서는 빛환경을 측정할 필요가 있으며, 실내의 빛환경 측정에 주로 이용되는 것이 조도계와 휘도계이다.

(1) 조도계

빛에너지를 전기에너지로 변환시키는 장치인 광전지(光電池)를 이용한 광전지조도계가 널리 이용되고 있다. 금속과 반도체의 접촉면 또는 반도체의 p-n접합에 빛이 가해지면 전류가 발생되는데 이것을 광전효과(光電效果)라 한다. 광전지조도계는 이러한 광전효과를 이용한 것으로, 광전지에 입사되는 빛의 세기에 따라 광전지에서 발생하는 전류의 세기가 달라지므로 이 전류의 크기를 측정하여 조도를 산정하게 된다. 광전지의 종류로는, 금속과 반도체의 접촉을 이용한 것으로 셀렌광전지, 이산화구리광전지 등이 있고, 반도체의 p-n접합을 이용한 것으로 실리콘광전지가 있다.

실내조도의 측정에는 셀렌광전지 및 실리콘광전지의 조도계 등이 주로 이용되고 있는데, 조도계의 종류에 따라 측정 가능한 조도범위가 다르므로 측정 장소에 따라 적절한 조도계를 선택해야 한다. 수만에서 십만럭스(lx)까지의 특히 높은 조도를 측정할 때는 광전자증배관(光電子增倍管) 조도계를 사용할 필요가 있다. 그림 8.19에 조도계를 나타낸다. 그림에서 (a)는 지침식(指針式)이라는 아날로그조도계로, 바늘이 가리키는 위치에 의해 조도를 확인하는 것이며, (b)는 최근에 널리 이용되는 디지털조도계이다. 조도계에서 빛을 감지하는 센서 부분을 수광부(受光部)라 하는데, 수광부는 그림과 같이 본체와 일체형으로 되어 있는 것도 있고 본체와 분리되어 있는 것도 있다.

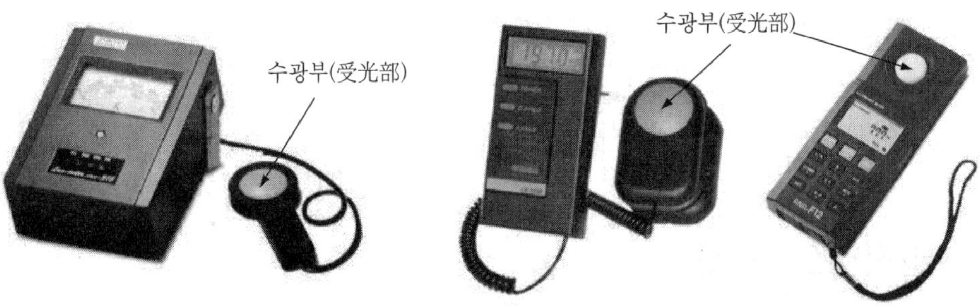

(a) 아날로그형 (b) 디지털형

그림 8.19 조도계의 예

(2) 휘도계

「1. (5) 휘도」에서 설명한 바와 같이 휘도란 광원을 어떤 방향에서 보았을 때의 밝기를 의미하므로, 휘도계는 조도계와 그 측정원리 및 기본구조는 동일하다. 단지 모든 방향에서의 빛을 측정하는 조도계와 달리 휘도계는 특정방향의 빛만 측정하므로 형태가 조도계와는 다르다.

휘도계에서 빛을 감지하는 센서 부분은 실리콘광전지가 일반적으로 이용되며 특히 정밀도가 높은 휘도계에는 광전자증배관을 이용한다. 그림 8.20에 휘도계 형상의 예를 나타낸다.

그림 8.20 휘도계의 예

제9장 채 광

1. 채광과 창
2. 주광과 주광률
3. 채광계획

제9장 채광

1. 채광과 창

생활의 대부분이 실외에서 이루어지고, 거주지는 단지 비·바람을 막아 주는 셸터(shelter)에 불과했던 아주 오래 전의 주택 개념에서는 채광의 의미 및 필요성이 없었고, 따라서 창의 존재도 불필요했다. 현대 건축물에서의 창의 존재는 건물이라는 실내공간과 옥외라는 실외공간과를 연결해 주는 매우 중요한 요소이다. 즉, 창을 통해 우리는 외부와 단절된 공간이 아닌 외부와 연결된 공간에 거주하고 있다는 심리적 안정감을 얻을 수 있게 되는 것이다.

창은 이러한 개방감과 조망이라는 심리적 요소 외에, 채광이나 환기와 같은 건강적 요소, 그리고 재난이 발생했을 때 피난 및 구출이라는 안전적 요소에 이르기까지 그 용도가 매우 다양한데, 본 장에서는 이 중 채광으로서의 역할, 종류 및 계획 등에 대해서 살펴보기로 한다.

2. 주광과 주광률

(1) 주광(晝光)

1) 직사일광과 천공광

「제5장 4. (1) 일사의 종류」에서, 일사는 태양으로부터 지구 표면에 도달하는 형태에 따라 직달일사와 천공일사로 구분하고 이 둘을 합쳐 전천일사(全天日

射)라 했는데, 채광 개념으로서의 빛 또한 동일하게 분류하고 있으며, 단지 그 용어를 약간 다르게 사용하고 있다. 채광에 대해서는, 직달일사와 같이 태양으로부터 직접 지표면에 도달하는 것을 직사일광, 천공일사와 같이 대기 중의 수증기나 먼지 등에 의해 산란을 일으키면서 지표면에 도달하는 것을 천공광(天空光)이라 부르고 있다. 천공광은 다시 청공광(晴空光)과 담천광(曇天光)으로 구분하는데, 청공광은 맑은 날의 천공광을, 담천광은 흐린 날의 천공광을 각각 가리킨다. 한편, 직사일광과 천공광을 합쳐 낮에 발생하는 빛이라는 뜻으로 주광(晝光)이라 하며, 이 주광이 채광의 근본 요소가 된다.

태양으로부터의 열을 이용하는 일사에서는 직달일사와 천공일사를 모두 이용하게 되며 특히 그중 직달일사의 활용도가 높지만, 채광에서 직사일광을 직접 이용하는 경우는 흔하지 않다. 「제8장 2. (5) 글레어」에서 설명한 바와 같이, 직사일광은 광원으로부터의 빛이 너무 강해 작업면에서 반사가 되어 우리가 눈부심을 느끼게 되므로 커튼이나 블라인드로 직사일광을 가리는 경우가 대부분이기 때문이다. 따라서 일반적인 건물에서 어떤 작업면을 대상으로 한 채광계획에서는 천공광만을 광원으로 고려하게 된다. 한편, 천장이 매우 높은 건물의 지붕에 창을 설치한다거나 공간이 매우 넓은 곳에서 그 공간의 전체적인 채광을 목적으로 하는 계획에서는 천공광뿐 아니라 직사일광도 광원으로 고려하는 것이 일반적이다.

2) 조도

직사일광, 천공광 및 주광에 대한 조도를 각각 직사일광조도, 전천공(全天空)조도, 주광조도라 하며, 앞서 설명했듯이 일반적인 건물에서의 채광계획에서는 천공광이 주된 대상이 되므로 전천공조도가 실내 채광계산의 기본 요소가 된다.

① 대기외 일광법선조도와 직사일광조도

「제5장 4. (2) 일사량」에서 설명한 바와 같이, 태양으로부터 대기권 밖에까지 도달하는 일사량은 대기권의 수증기, 먼지 등의 영향을 받지 않으나 대기권 경계면에서부터 지표면에 도달하는 일사량은 대기권의 상태에 따라 달라진다. 이것은 태양광선에 의한 조도에 대해서도 마찬가지로, 대기권 밖에서 태양광선과 수직인 면에 입사하는 빛의 조도를 대기외 일광법선조도(大氣外 日光法線照度)라 하며, 지표면에 도달하는 직사일광의 조도를 직사일광조도라 한다. 따라서 대기외 일광법선조도는 대기권의 상태에 영향을 받지 않으나 직사일광조도는 대기권의 수증기나 먼지 등의 영향을 받게 된다.

현재 대기외 일광법선조도는 126,800 lx 정도로 여겨지고 있다. 또 직사일광조도는 대기권 상태에 따라 달라지므로, 5장의 식 5.6과 같이 대기권의 상태를 나타내는 대기투과율을 이용하여 다음의 식 9.1로 나타낼 수 있다.

$$E_N = E_o P^{\frac{1}{\sin h}} \qquad (9.1)$$

E_N : 직사일광조도 [lx]

E_o : 대기외 일광법선조도 [=126,800 lx]

P : 대기투과율 [=0.6~0.8]

h : 태양고도 [°]

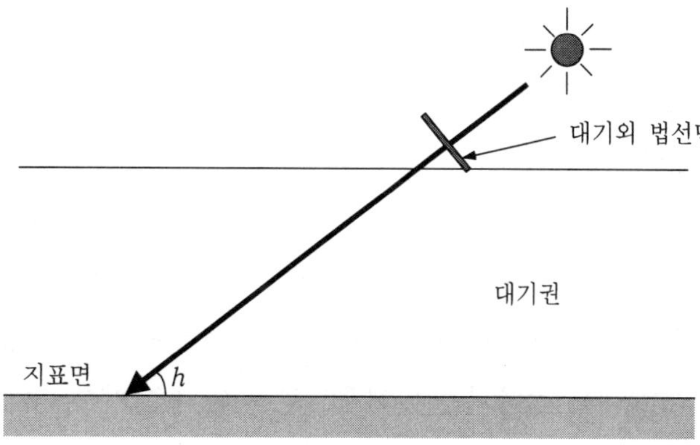

그림 9.1 대기외 법선면과 지표면

대기외 일광법선조도와 직사일광조도가 나타내어지는 대기외 법선면과 지표면을 그림 9.1에 나타낸다. 직사일광조도는 지표면에서의 조도를 나타내는 것이므로, 그림에서 알 수 있듯이 수증기나 먼지 등 대기권의 상태 및 태양고도에 따라 그 값이 변화된다.

② 전천공조도

앞서 설명했듯이 채광계획 및 채광설계에서는 천공광이 주된 요소가 되며 이 천공광에 대한 조도를 전천공조도(全天空照度)라 하는데, 전천공조도는 맑은 날과 흐린 날에 그 값이 다르고 맑은 날이라 해도 구름이 전혀 없을 때와 어느 정도 구름이 있을 때에는 그 값이 달라진다. 또 태양의 고도에 따라서도 달라진다. 이와 같이 전천공조도는 날씨 및 태양의 고도에 따라 시시각각 그 값이 변화하기 때문에 시각별, 지역별, 날씨별로 전천공조도를 산정하는 것은 대단히 번잡하며, 따라서 어느 기준값을 설정하고 그 값에 의거하여 채광계획 및 설계를 진행하는 것이 일반적이다.

채광계획 및 설계를 위한 전천공조도의 기준값을 설계용 전천공조도라 한다. 전천공조도는 날씨에 따라 여러 종류의 값이 나올 수 있으나, 어두운 날을 기준으로 한 5,000 lx가 널리 이용되고 있으며, 경우에 따라서는 보통의 밝은 날을 기준으로 한 15,000 lx가 이용되기도 한다.

(2) 주광률(晝光率)

1) 의미

앞서 설명했듯이 옥외의 밝기, 즉 전천공조도는 태양고도, 기상조건 등에 의해 시시각각 변화하므로 이 영향을 받아 실내의 밝기도 동시에 변화된다. 채광계획 및 설계를 할 때 이와 같이 변화되고 있는 값을 이용하여 창이나 건물의 형태를 정하기는 어려우므로 옥외의 밝기를 항상 일정하다고 가정했을 때의 실내의 조도로 밝기를 결정하며, 이때 이용되는 것이 주광률(晝光率)이다. 주광률은 실내 어떤 점의 조도와 그때의 전천공조도와의 비율을 의미하는 것으로 다음의 식 9.2로 나타내어진다.

$$D = \frac{E}{E_s} \times 100 \quad \cdots\cdots (9.2)$$

D : 주광률 [%]

E : 실내 어떤 점에서의 조도 [lx]

E_s : 그때의 전천공조도 [lx] (일반적으로 5,000 lx로 함)

채광설계를 할 때, 옥외의 밝기 즉 전천공조도가 5,000 lx이고 실내의 조도로 100 lx가 필요하다고 하면 식 9.2에 의해 주광률은 2%가 되는 것을 알 수 있다. 채광설계의 기준이 되는 주광률을 기준주광률이라 하며, 표 9.1에 작업 또는 실의 종류별 기준주광률의 예를 나타낸다.

표 9.1 작업 또는 실 종류별 기준주광률과 주광조도

작업 또는 실의 종류	기준주광률 [%]	전천공조도가 5,000 lx인 경우의 주광조도 [lx]
시계수리, 수술실	10	500
정밀제도, 정밀공작	5	250
장시간의 독서, 일반적 제도, PC작업	3	150
독서, 사무, 진찰, 일반적 교실	2	100
회의, 일반적 강당 및 병실	1.5	75
단시간의 독서, 미술품 전시, 도서관의 서고, 차고	1	50
호텔 로비, 거실, 교회의 객석	0.7	35
복도, 계단, 소형물품의 창고	0.5	25
대형물품의 창고, 주택의 창고	0.2	10

2) 직접주광률과 간접주광률

실내의 어느 작업면에서의 조도에는 창을 통해 작업면까지 직접 도달하는 직접광에 의한 성분과 실내의 벽체나 천장 등에서 반사되어 작업면에 도달하는 반사광에 의한 성분이 있다. 전자에 의한 주광률을 직접주광률, 후자에 의한 주광률을 간접주광률(반사주광률이라고도 함)이라 하며, 주광률은 다음 식과 같이 두 성분을 합한 값이 된다.

$$D=(\frac{E_d}{E_s}+\frac{E_r}{E_s})\times 100=D_d+D_r \quad \cdots\cdots (9.3)$$

D : 주광률 [%]

E_s : 전천공조도 [lx]

E_d : 직접광에 의한 조도 [lx]

E_r : 반사광에 의한 조도 [lx]

D_d : 직접주광률 [%]

D_r : 간접주광률(반사주광률) [%]

창가에서 멀어질수록 창을 통해 직접 작업면에 도달하는 빛의 양이 적어지므로 직접주광률은 낮아진다. 이것을 보완하기 위해 간접주광률을 높이고자 한다면 벽체, 천장, 바닥 등의 마감재로 반사율이 높은 재료를 선택하는 등의 방법을 채택할 필요가 있다.

3) 주광률의 계산

① 직접주광률

직접주광률은 창을 통해 직접 작업면까지 도달하는 직접광에 의한 것이므로 창의 형태 및 크기에 영향을 받게 되며, 창의 형태가 단순할수록 계산은 용이하게 이루어진다.

㉮ 입체각투사율

직접주광률은 입체각투사율 개념으로 계산할 수 있다. 그림 9.2를 이용하여 입체각투사율을 설명한다. 그림에서, 빛을 받는 면을 ***P***라 하고 빛을 방출하는 면을 ***S***라 한다. ***S***에서 ***P***를 향해 가는 빛은 반구상(半球上)의 ***S′***를 통과하게 되고 이 ***S′***를 반구의 밑면에 투영시키면 ***S″***가 된다. 반구(半球)의 바깥쪽 ***S***부분이 그림처럼 일부분이 아니고 반구를 완전히 덮고 있다면 ***S***로부터 ***P***를 향해 가는 빛은 반구 전체를 덮을 것이고 또 이것을 반구의 밑면에 투영시키면 반구 밑면 전체가 투영면적이 될 것이다.

*S*에서 *P*를 향해 가는 부분의 각도(예를 들어 그림에서 *S*')는 평면상의 각이 아니고 입체적인 각이기 때문에 입체각이라 하며, 또 *S*"는 *S*' 부분의 투영면적이기 때문에 반구의 밑면 전체 면적 중 *S*"가 차지하는 비율을 입체각투사율이라 한다. 한편, 반구(半球)의 밑면 전체 부분에 대한 *S*" 부분의 비율은 반구 바깥쪽 전체 부분에 대한 *S* 부분의 비율과 같으므로, 반구 바깥쪽 전체 부분을 전천공조도라 하고 *S* 부분을 실내조도라 한다면 이 비율은 식 9.2의 주광률과 같기 때문에 직접광에 의한 직접주광률은 입체각투사율과 거의 동일하다고 할 수 있는 것이다. 이상과 같은 설명 및 그림 9.2로부터 입체각투사율은 다음의 식으로 나타낼 수 있다.

$$U = \frac{S''}{\pi r^2} \times 100 \quad \cdots\cdots (9.4)$$

U : 입체각투사율 [%]

S'' : 그림 9.2에서 반구 밑면에 투사된 S의 면적

r : 그림 9.2에서의 반구 밑면의 반지름

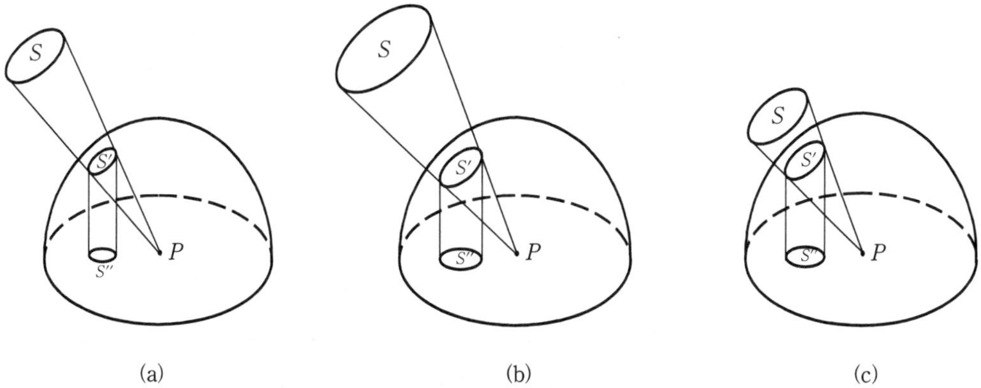

그림 9.2 입체각투사율

한편, 그림 9.2에는 세 개의 그림이 있는데, (a)와 (b)는 반구 바깥쪽에 있는 *S*가 반구로부터 같은 거리에 있으나 *S*의 크기가 다르고, (a)와 (c)

는 S의 크기는 같으나 반구로부터 떨어져 있는 거리가 다르다. 또 (a)와 (b)의 S''를 비교해 보면 (b)의 S''가 크고, (a)와 (c)의 S''를 비교해 보면 (c)의 S''가 크다. 따라서 그림 9.2로부터, 채광계산에서의 입체각투사율은 광원의 크기가 클수록 또 광원의 거리가 가까울수록 커진다는 것을 알 수 있다.

그림 9.2의 반구(半球) 바깥쪽 부분 중, S 부분은 채광을 위한 창이고 S 부분을 제외한 나머지 부분은 벽체 · 지붕 등으로 막혀서 빛이 들어오지 못하는 부분이라고 생각하면 입체각투사율과 직접주광률의 관계를 보다 실제적으로 이해할 수 있을 것이다. 그림 9.2를 통해 입체각투사율 및 직접주광률의 개념을 설명했는데, 실제 건물에서의 채광용 창 및 작업면을 대상으로는 다음과 같은 방법으로 직접주광률을 산정하게 된다.

그림 9.3은 가장 일반적인 방법으로, 채광용 창은 장방형 형태의 수직으로 위치해 있고, 주광률을 산정하고자 하는 작업면 즉 빛을 받는 수조면(受照面)은 수평으로 위치하고 있는 경우이다. 그리고 그림 9.4는 채광용 창과 작업면이 평행으로 설치되어 있는 경우로, 예를 들어 천장에 창이 있는 천창이 이에 해당된다.

그림 9.2에 대한 설명에서 입체각투사율, 즉 직접주광률은 광원의 크기 및 거리에 따라 변화한다고 했는데, 그림 9.3 및 9.4의 (a)에서 채광창의 크기가 광원의 크기에 해당하고 채광창과 수조면까지의 거리가 광원으로부터의 거리에 해당하므로 결국 수조면에서의 입체각투사율, 즉 직접주광률은 그림의 X, Y 및 Z의 크기에 따라 변화하게 된다. 채광창의 크기 및 채광창과 수조면까지의 거리에 따라 입체각투사율이 어떻게 되는가를 용이하게 산정할 수 있는 것이 그림 9.3 및 9.4의 (b)이다. (b)에서 가로축은 X/Z 즉 창의 가로길이와 창에서 수조면까지의 거리와의 비를 나타내고, 세로축은 Y/Z 즉 창의 세로길이와 창에서 수조면까지의 거리와의 비를 나타내고 있다. 이 두 요소가 만나는 점에서의 곡선이 입체각투사율이 된다.

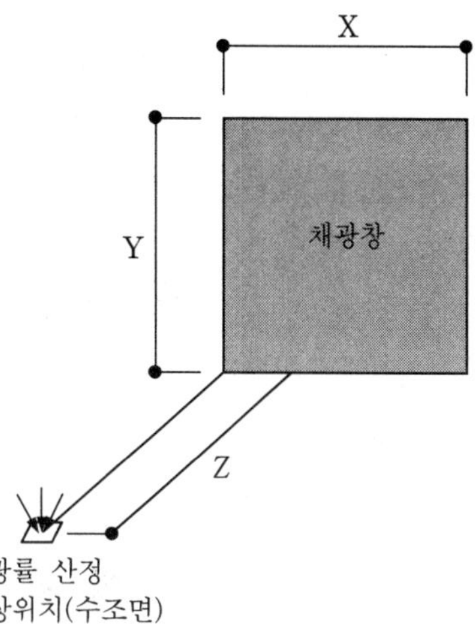

(a)

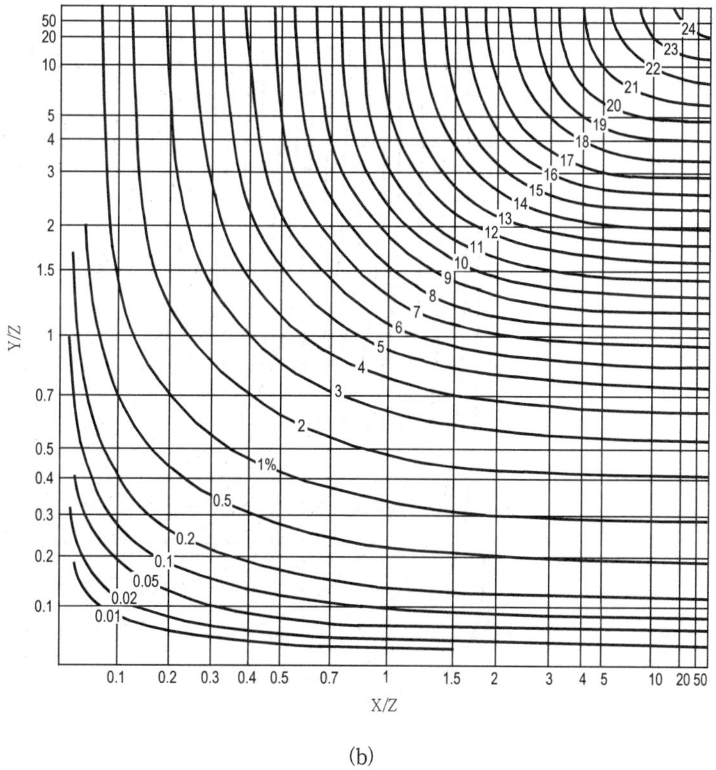

(b)

그림 9.3 채광창과 수조면과의 위치관계에 따른 입체각투사율(채광창과 수조면이 수직)

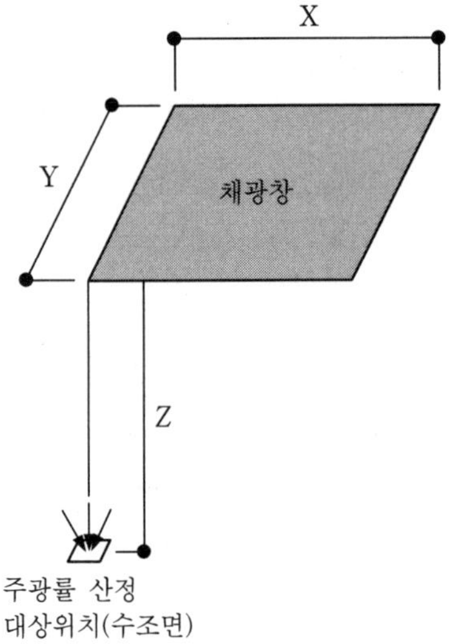

(a)

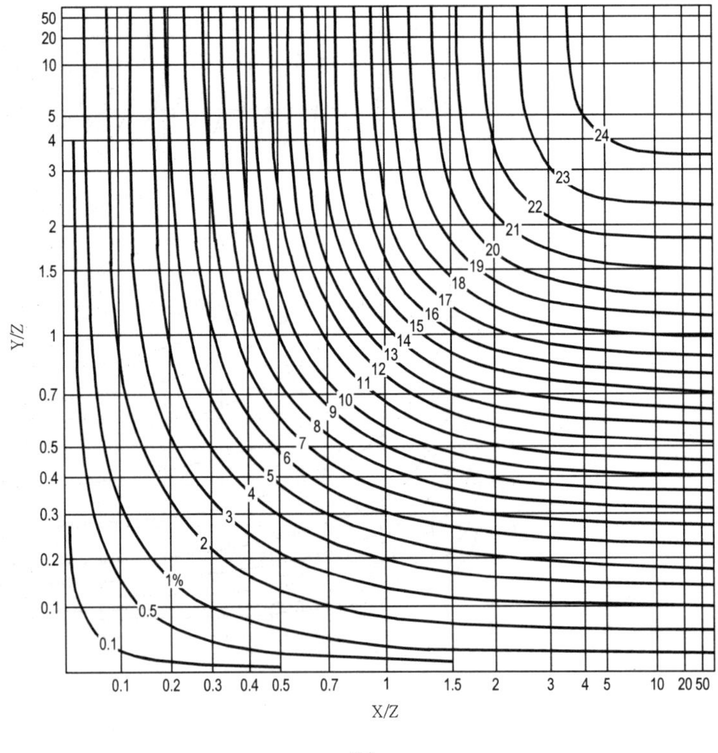

(b)

그림 9.4 채광창과 수조면과의 위치관계에 따른 입체각투사율(채광창과 수조면이 평행)

한편, 그림 9.3과 9.4의 (a)를 보면 주광률 산정의 대상위치인 수조면(受照面)(정확하게는 수조점(受照點))이 채광창의 한쪽 모서리 부분에 위치해 있는 것을 알 수 있다. 즉, 그림 9.3 및 9.4의 (b) 그래프는 이와 같이 수조점이 채광창의 모서리 부분에 위치해 있을 때 적용할 수 있는 것인데, 대부분의 경우 창과 수조면이 이와 같은 위치관계에 있지 않으므로 위치관계에 따라 적절한 방법으로 입체각투사율(주광률)을 산정해야 하며, 그 방법을 그림 9.5를 예로 들어 설명한다.

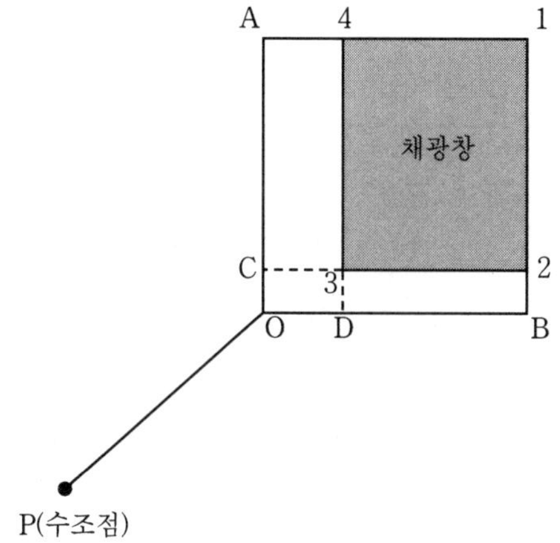

그림 9.5 일반적 창에 대한 입체각투사율 산정의 예

그림 9.5에서 수조점은 채광창의 한쪽 모서리 위치에 있지 않으며, 따라서 그림 9.3(b)를 이용하여 입체각투사율을 직접 산정할 수는 없다. 그림 9.3(b)를 이용하여 입체각투사율을 산정할 수 있는 것은 그림의 '1BOA', '2BOC', '4DOA', '3DOC'이다. 이 네 가지 사각형에 대한 입체각투사율을 각각 구한 후 다음의 식 9.5를 이용하면 채광창 '1234'에 대한 입체각투사율을 산정할 수 있다.

$$U = U_1 - U_2 - U_4 + U_3 \quad \cdots\cdots (9.5)$$

U : 그림 9.5의 채광창에 대한 수조점(受照點)의 입체각투사율

U_1 : 사각형 '1BOA'에 대한 수조점의 입체각투사율

U_2 : 사각형 '2BOC'에 대한 수조점의 입체각투사율

U_4 : 사각형 '4DOA'에 대한 수조점의 입체각투사율

U_3 : 사각형 '3DOC'에 대한 수조점의 입체각투사율

그림 9.5의 설명과 같은 방법으로 그림 9.6에 입체각투사율의 응용 예를 나타낸다. 그림 9.6의 예 중에서 네 번째는 수조면(受照面)보다 아래쪽에 있는 채광창 부분이 계산에서 제외되어 있는데, 이는 수조면보다 아랫부분에 있는 채광창을 통해서 들어오는 빛은 수조면 위에는 도달하지 않기 때문이다.

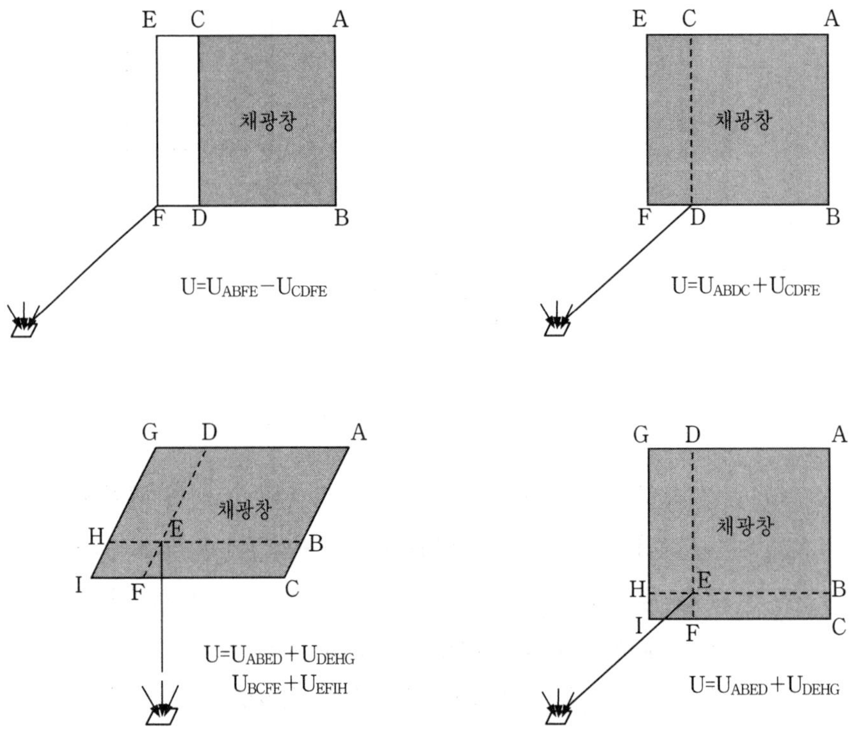

그림 9.6 입체각투사율 산정 응용의 예

㈏ 직접주광률

채광창에 유리가 없고 또 벽체의 두께가 매우 얇다면 직접주광률은 입체각투사율과 동일한 값이 된다. 그러나 실제 건물에서는 벽체의 두께

가 있기 때문에 빛이 들어오는 면적은 창의 면적보다 작게 된다. 예를 들어, 그림 9.7에서 점선 부분이 창이고 그 창을 통해 화살표 방향으로 빛이 들어온다고 하면, 창의 면적은 A 부분과 B 부분을 더한 것이 되지만 빛은 그림에서 알 수 있듯이 B 부분을 통해서만 들어오게 된다. 이와 같이 실제로 채광창으로서의 역할을 하는 창의 면적을 창면적유효율이라 한다.

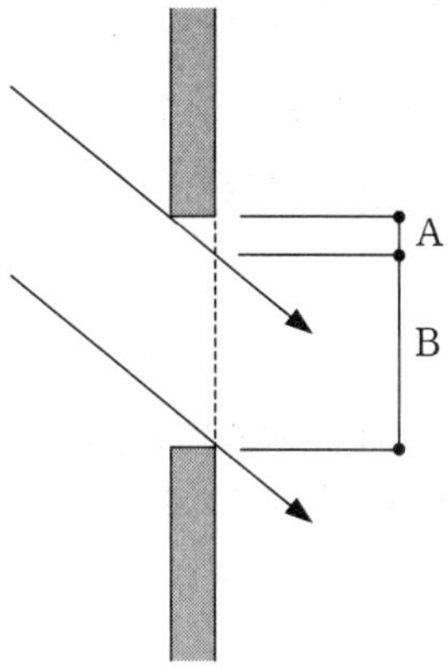

그림 9.7 창면적유효율

또 유리가 있을 경우 유리창을 투과하면서 빛이 일부 반사되거나 흡수되고 더욱이 유리창이 청결하지 않을 경우에는 이러한 현상이 더욱 심해진다. 따라서 채광창을 통한 직접주광률은 입체각투사율보다는 작게 되며, 이와 같은 요소들을 고려하여 다음의 식 9.6으로 나타낼 수 있다.

$$D_d = U \times \tau \times m \times R \quad \cdots (9.6)$$

- D_d : 직접주광률 [%]
- U : 입체각투사율 [%]
- τ : 창의 투과율
- m : 창의 보수율
- R : 창면적유효율

위 식에서 창의 투과율은 창을 통해 빛이 들어오는 과정에서 창에 흡수되거나 반사되지 않고 실내로 들어오는 비율을 의미하는 것으로, 그 값은 유리의 종류에 따라 다르나 0.9 전후의 값이 일반적으로 적용되고 있다. 또, 보수율은 유리창의 오염정도를 나타내는 것으로 창이 어느 정도 청결한가에 따라 달라지므로 정확한 값을 산정할 수는 없으나 주택지역의 경우 통상 0.8 정도를 취하고 있다. 창면적유효율은 그림 9.7의 설명과 같이 전체 창면적 중 실제로 빛이 들어오는 면적을 나타내는 것으로 창의 크기 및 벽체 두께에 따라 달라지는데, 일반적인 건물의 경우 0.8로 추정해도 큰 지장이 없다. 투과율, 보수율, 창면적유효율에 대한 상세한 내용에 대해서는 관련문헌을 참고하기 바란다.

【예제 9.1】

그림과 같은 창이 있는 실내에서, P점 수평면에서의 직접주광률을 산정하시오. 창의 투과율은 0.9, 보수율은 0.8, 그리고 창면적유효율은 0.8로 가정한다.

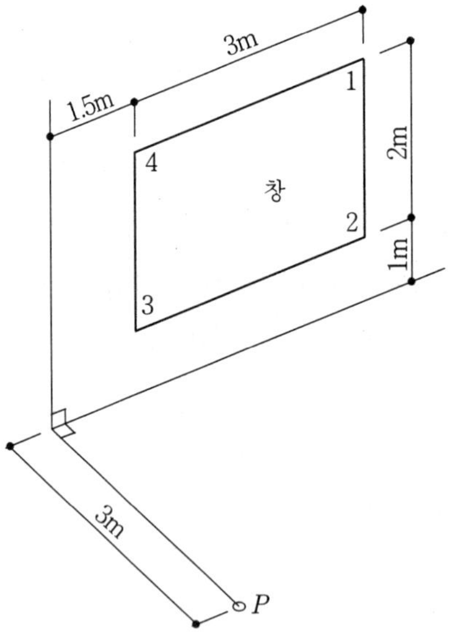

풀이 수조점과 창이 수직관계에 있으므로 그림 9.3(b)를 이용하여 입체각투사율을 구한 후, 식 9.6을 이용하여 직접주광률을 산정한다.

(1) 입체각투사율

그림 9.3을 이용한다. 그림에서 알 수 있듯이, 수조점이 창의 한 모서리 부분에 있지 않으므로 한 번에 계산할 수 없고 $U_1 - U_2 - U_4 + U_3$(U의 아래첨자는 그림에 나타나 있는 창의 네 모서리 부분을 의미함)로 산정한다. 먼저 U_1에 대해서는 X/Z=4.5/3=1.5, Y/Z=3/3=1이므로 그림 9.3을 이용하여 다음과 같이 약 6.5%가 산정된다.

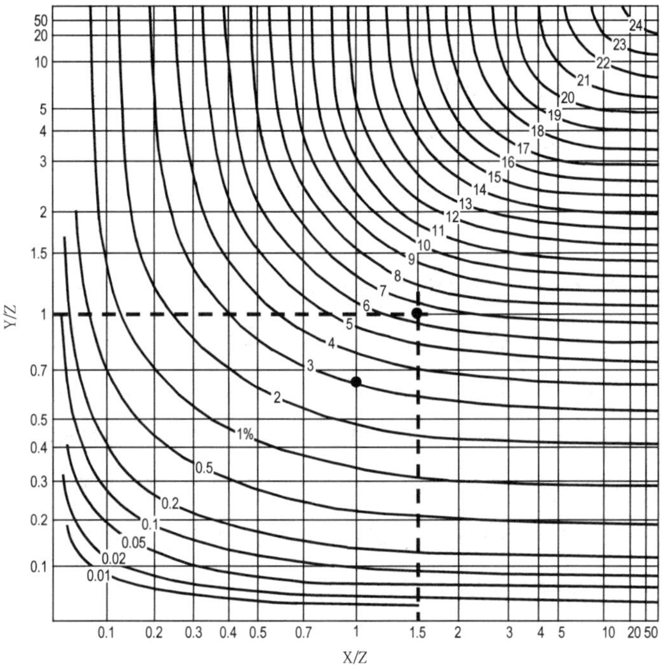

동일한 방법으로 하여, $U_2 = 1.2\%$, $U_3 = 0.7\%$, $U_4 = 3.6\%$ 가 된다. 따라서 P점 수평면에서의 입체각투사율은 $U = U_1 - U_2 - U_4 + U_3 = 6.5 - 1.2 - 3.6 + 0.7 = 2.4\,[\%]$

(2) 직접주광률

식 9.6을 이용한다.

$D_d = U \times \tau \times m \times R = 2.4 \times 0.9 \times 0.8 \times 0.8 \fallingdotseq 1.4\ [\%]$

② 간접주광률

간접주광률은 창을 통해 실내로 들어온 빛이 실내의 각 면에서 반사를 반복하면서 어떤 작업면(수조면)에 도달하는 것이므로, 그 면에서의 간접주광률을 세밀하게 계산하는 것은 매우 번잡하여 실무적으로는 대부분 간편

식을 이용하여 계산하고 있다. 간접주광률에 대한 간편식은 몇 가지 방법이 제안되어 있으며, 그중 다음의 식이 널리 이용되고 있다.

$$D_r = \frac{100 \times F \times \rho}{E_s \times S \times (1-\rho)} \quad \cdots\cdots (9.7)$$

D_r : 간접주광률 [%]

F : 창으로부터의 입사광속(入射光束) [lm]

ρ : 실내의 평균반사율

E_s : 전천공조도 [lx]

S : 실내의 전체 표면적 [m^2]

위 식에서 실내의 평균반사율은 벽지를 비롯한 실내 마감재에 따라 크게 달라지는 값이므로 각 재료의 카탈로그 등을 참고로 하여 확인할 필요가 있다. 또 분자의 100은 주광률을 %로 나타내기 위해 곱한 값이다. 한편, F는 창으로부터의 입사광속 즉 빛의 양이기 때문에 근본적으로 옥외에서의 빛의 밝기인 전천공조도에 영향을 받을 뿐 아니라 창의 면적, 투과율, 보수율 및 창면적유효율과도 관계가 있으며, 따라서 이러한 요소를 고려하여 식 9.7을 다음과 같이 변형할 수 있다.

$$D_r = \frac{100 \times F \times \rho}{E_s \times S \times (1-\rho)} = \frac{100 \times E_s \times S_w \times \tau \times m \times R \times \rho}{E_s \times S \times (1-\rho)}$$

$$= \frac{100 \times S_w \times \tau \times m \times R \times \rho}{S \times (1-\rho)} \quad \cdots\cdots (9.8)$$

S_w : 창의 면적 [m^2]

D_r, F, E_s, τ, m, R, ρ, S : 식 9.6 및 9.7에서와 동일

【예제 9.2】

예제 9.1과 같은 조건의 창이 있는 실내의 간접주광률을 산정하시오. 실내의 천장과 바닥의 크기는 각각 3m×3m이고, 네 벽면은 모두 3m×2.8m이며, 평균반사율은 0.5로 가정한다.

풀이 식 9.8을 이용한다. 문제의 조건에서 실내의 전체 표면적은 $2 \times (3 \times 3) + 4 \times (3 \times 2.8) = 51.6$

[m²]이고, 창의 조건은 예제 9.1과 같으므로 창의 면적, 투과율, 보수율 및 창면적유효율은 예제 9.1에 나와 있는 것과 동일한 값으로 한다.

$$D_r = \frac{100 \times S_w \times \tau \times m \times R \times \rho}{S \times (1-\rho)} = \frac{100 \times 6 \times 0.9 \times 0.8 \times 0.8 \times 0.5}{51.6 \times (1-0.5)} \fallingdotseq 6.7\ [\%]$$

③ 창면(窓面)주광률

식 9.6과 9.8의 직접주광률 및 간접주광률의 계산식은 채광창 주위에 아무것도 없다는 가정 하에 구한 값이다. 그러나 실제로 채광창 주위에는 나무라든가 인접 건물이 있을 수 있으며, 이 경우 나무와 인접 건물이 채광에 장애물이 되면서 주광률이 작아진다. 채광창 주위에 있는 장애물이 주광률에 어느 정도 영향을 미치는가를 나타내는 지표가 창면주광률이다.

창면주광률은 채광창 앞에 있는 장애물의 크기나 거리에 따라 달라지므로 그 값을 정확히 구하기는 매우 어려워 아래의 표 9.2를 이용하여 간략하게 산정하는 것이 일반적이다. 표 9.2는 채광창의 중심위치에서 채광에 방해가 되는 전면(前面)의 건물 윗부분을 바라보는 각도에 따라 창면주광률을 나타낸 것이다. 각도가 클수록 건물이 높거나 가까이 있는 것을 의미하므로 주광률은 당연히 작아진다.

표 9.2 전면 건물을 바라보는 각도에 따른 창면주광률

전면 건물 상단을 보는 각도[°]	0	10	20	30	40	50	60	70	80
창면주광률 [%]	50	42	35	28	21	16	11	8	6

한편, 표 9.2는 채광창보다 윗부분을 대상으로 나타낸 값이며, 채광창 아랫부분으로부터도 그림 9.8과 같이 빛이 들어오므로 이 부분의 값도 별도로 구해 전체 창면주광률을 계산해야 한다. 창보다 윗부분을 대상으로 한 것과 아랫부분을 대상으로 한 것을 구분하기 위해 전자는 통상 D_{w1}으로 표현하며 후자는 D_{w2}로 표현하는데, D_{w1}은 앞서 설명한 바와 같이 표 9.2를 이용하여 계산하고 D_{w2}는 일반적인 값으로서 5%를 적용하고 있다.

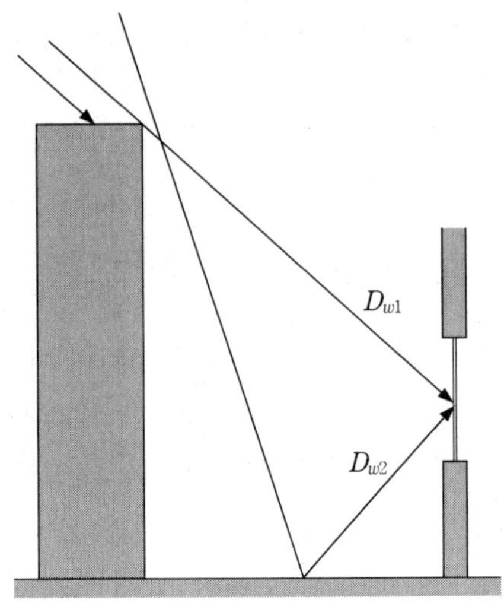

그림 9.8 창 윗부분과 아랫부분에 대한 창면주광률

채광창 주위에 건물 등이 있을 때는 이와 같이 창면주광률을 고려해야 하며, 창면주광률을 고려할 경우의 직접주광률 및 간접주광률은 식 9.6과 9.8을 확장하여 각각 식 9.9와 9.10이 된다. 식 9.9 및 9.10에서 주의해야 할 것은, 앞의 설명에서 D_{w1}과 D_{w2}를 %로 나타냈는데, 식 9.9 및 9.10의 구성요소에는 D_d와 D_r을 %로 나타내는 요소가 이미 들어가 있으므로 D_{w1}과 D_{w2}를 %로 대입해서는 안 된다는 점이다. 예를 들어 앞에서 언급했던 D_{w2}의 5%가 식 9.9 및 9.10에서는 0.05로 대입되어야 한다.

$$D_d = U \times \tau \times m \times R \times (D_{w1} + D_{w2}) \quad \cdots\cdots (9.9)$$

$$D_r = \frac{100 \times S_w \times \tau \times m \times R \times \rho \times (D_{w1} + D_{w2})}{S \times (1-\rho)} \quad \cdots\cdots (9.10)$$

3. 채광계획

(1) 채광방식

채광은 창을 통해 이루어지므로 채광의 방식으로는 창의 설치위치에 따라 측창(側窓)채광, 천창(天窓)채광, 정측창(頂側窓)채광 등으로 분류하고 있으며, 그 밖에 창을 통하지 않는 채광방식인 특수채광이 있다.

1) 측창채광

그림 9.9와 같이 벽면에 창을 설치하여 채광을 하는 것으로 가장 일반적인 채광방식이다. 단층의 건물에서는 측창채광 이외의 다른 방식으로도 채광이 이루어질 수 있으나 복층 건물에서 최상층 이외의 층은 현실적으로 측창채광이 아닌 다른 자연적인 채광방식은 도입할 수가 없다.

시공이 용이하고 빗물을 막는 데에도 유리하며, 개방감과 함께 통풍에도 유리한 장점이 있는 반면, 창 근처와 창으로부터 떨어진 부분과의 조도의 불균일이 발생하고 채광효과가 인접 건축물의 영향을 받기 쉬운 단점이 있다.

측창채광은 다시 여러 종류로 분류할 수 있는데, 그림 9.9(a)와 같이 실의 한쪽에만 창이 있는 것을 편측(片側)채광, (b)와 같이 양쪽에 창이 있는 것을 양측(兩側)채광이라 한다. 양측채광이 실내 조도의 균일성 및 채광량(採光量) 면에서 유리하지만, 소규모의 주택 등을 제외하고는 대부분의 실내가 한쪽은 외기에 면해 있고 다른 한쪽은 복도에 면해 있기 때문에 건축계획적인 면에서 양측채광을 채택하기가 용이하지 않다. 또 거주자의 눈높이보다 위쪽에 있는 창을 고창(高窓)이라 하며, 고창을 이용한 채광을 고창채광이라 한다. 고창채광은 바닥면적이 넓은 공간에서도 창의 반대쪽 구석까지 채광이 가능하다.

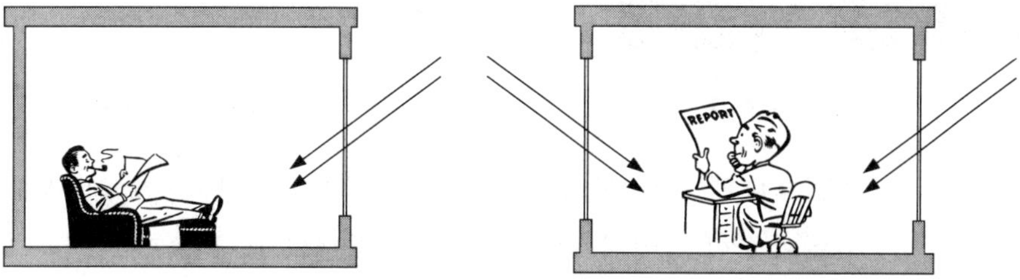

(a) 편측채광 (b) 양측채광

그림 9.9 측창채광

2) 천창채광

수평의 지붕 또는 수평에 가까운 지붕에 설치된 창을 천창이라 하며, 천창을 이용한 채광을 천창채광이라 한다. 천창채광은 측창채광에 비해 실내의 조도가 균일하게 되며 채광효과는 세 배 정도 좋다. 또 인접건물에 의한 채광효과의 감소도 별로 없다. 따라서 인접건물의 영향을 받거나, 바닥면적이 매우 넓어 효율적인 측창을 설치하기 어려울 때 바람직한 방식이다. 한편, 천창채광은 시공 및 유지관리가 불편하고 빗물을 막기가 어려우며, 폐쇄감을 느끼고 실내의 통풍에도 불리하다는 단점이 있다. 그림 9.10에 천창채광이 이루어지고 있는 예를 나타낸다.

그림 9.10 천창채광

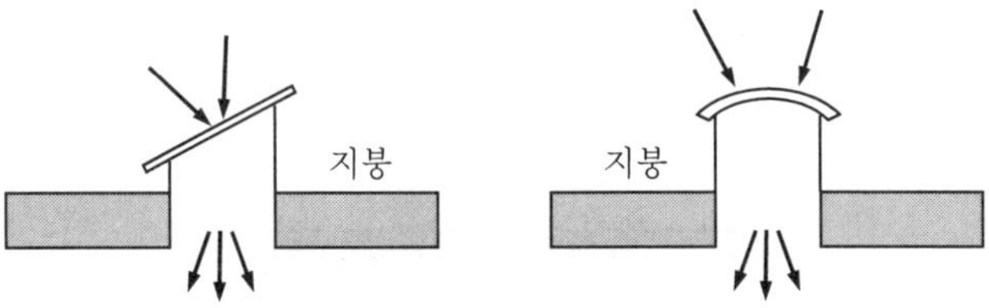

그림 9.11 광정

그림 9.11과 같은 형태로 천창을 만들면 실내에서 창을 바라보았을 때 빛의 우물과 같이 보이게 되는데, 이러한 형태의 천창을 광정(光井, light well)이라 한다. 또 광정을 연속적으로 배치하거나 그림 9.12와 같이 천창으로부터의 빛을 천장면에서 확산시킨 것을 광(光)천장이라 한다. 광천장은 실내조도를 매우 균일하게 할 수 있다.

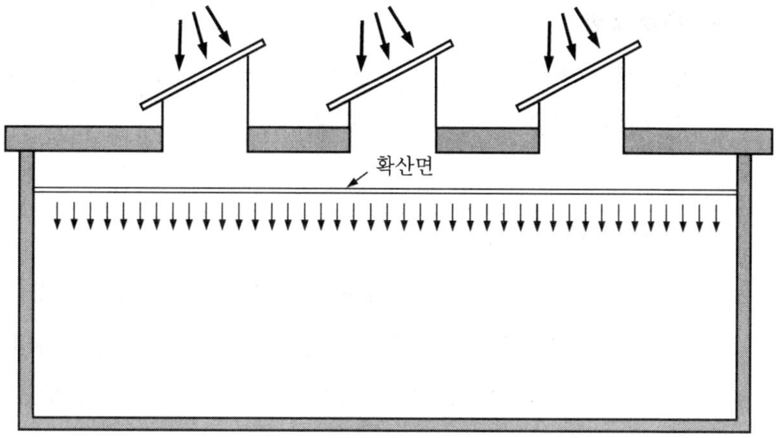

그림 9.12 광천장

3) 정측창채광

천장면보다 높은 위치에 설치된 수직창을 정측창이라 하며, 정측창을 이용한 채광을 정측창채광이라 한다. 면적이 큰 실내의 조도분포를 균일하게 하는 능력은 천창채광에 비해 떨어지지만 측창채광보다는 좋으며, 천창의 단점인 빗물의 침투를 막기가 용이하다. 또 높은 곳에 설치된 수직의 창이기 때문에 실내 벽면의 조도를 높일 수 있는 장점이 있어 미술관의 전시실 등에 특히 적합하다. 정측창채광의 종류로는 창의 설치형태에 따라 그림 9.13(a)의 모니터지붕채광과 (b)의 톱날지붕채광이 있다.

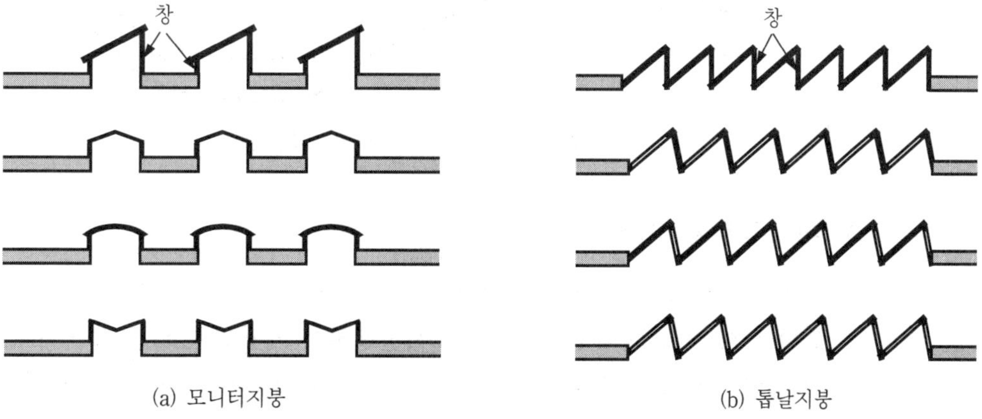

그림 9.13 정측광채광

4) 특수채광

앞에서 설명한 일반적인 채광방식 외에 건축물에서 응용되는 특수한 채광방식으로는 다음과 같은 것들이 있다.

① 반사거울에 의한 방식

건축물의 옥상 등에 반사거울을 설치하고 거울을 통해 태양광을 반사시킴으로써 건축물 내에 필요한 빛이 통하게 하는 방식이다. 반사거울을 고정시키는 형태와 태양의 이동에 따라 반사거울의 방향도 같이 이동하는 형태가 있다. 빛의 반사를 이용한 것이므로 빛의 통로는 직선이 될 수밖에 없어 반사거울을 여러 곳에 설치해야 하는 등 설치에 제약이 많은 편이다.

② 광(光)섬유(광파이버)에 의한 방식

태양광을 반사시켜 건축물 내로 빛을 유도한다는 기본개념은 반사거울방식과 동일하나, 그림 9.14와 같이 광섬유를 통해 빛이 전달되므로 진행방향을 자유롭게 조절할 수 있다. 따라서 직사일광이 미치지 않는 실내에서의 식물재배 등에 유용하게 활용할 수 있다.

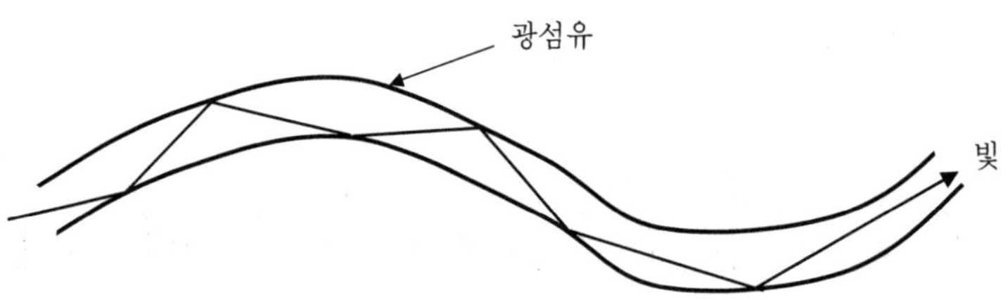

그림 9.14 광섬유에 의한 빛의 전달

③ 광(光)덕트에 의한 방식

채광기에서 받아들인 태양광을 광덕트를 통해 실내로 유도하는 것이다. 덕트의 길이가 길면 빛의 손실이 크게 발생하여 채광의 효과가 없어지므로, 그 길이는 10m 이내가 되도록 해야 한다. 그림 9.15에 채광기 및 광덕트가 설치된 모습의 예를 나타낸다.

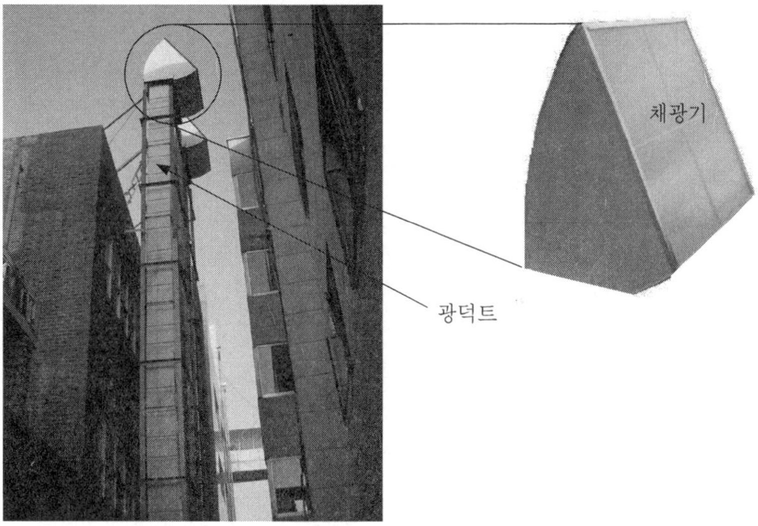

그림 9.15 채광기 및 광덕트 설치모습

(2) 법적 규제

건축물의 거주공간을 밝고 건강한 환경으로 만들기 위해 건축법에서는 최소한의 자연채광을 위한 창의 면적을 규정하고 있으며, 현재 법적으로 이 규정을 지켜야 하는 공간은 단독주택 및 공동주택의 생활공간, 학교의 교실, 병원의 병실, 숙박시설의 객실 등이다.

법규에 의하면 채광용 창의 면적은 해당 공간 바닥면적의 1/10 이상이 되어야 하며, 다만 해당 공간이 별도의 규정에 의한 조도를 만족하는 경우에는 1/10 미만이 되어도 무방하다. 건축법에 규정되어 있는 조도에 대해서는 제10장의 표 10.1에 나타나 있다.

제10장 조 명

1. 조명의 의의
2. 조명기구와 조명방식
3. 조명설계

제10장 조명

1. 조명의 의의

자연의 빛을 이용하여 실내의 밝기를 확보하는 것을 주광(晝光)조명 또는 채광이라 했는데, 이러한 채광은 야간과 같이 햇빛이 없거나 또는 주간이라 해도 흐리거나 눈·비가 오게 되면 실내에서 필요로 하는 만큼의 밝기를 확보할 수 없어 인공적인 조명기구가 필요해진다. 인공적인 조명기구를 이용하여 실내의 밝기를 확보하는 것을 인공조명 또는 간단히 조명이라 한다.

조명의 가장 기본적인 목적은 어두운 곳을 밝게 해주어 우리가 실내에서 활동하는 데 지장이 없게 하는 것이지만, 최근에는 실내 공간의 목적에 따른 실내디자인의 한 요소로서 조명을 활용하기도 하고, 백화점 등에서는 옷이나 귀금속을 보다 화려하게 보이게 하거나 식료품을 보다 싱싱하게 보이게 하는 수단으로 활용하기도 한다. 또한, 야간에 건물 외부에서 그 건물을 비춤으로써 건물의 외관을 보다 화려하게 만드는 등의 방법으로 도시경관을 한층 아름답게 할 수 있으며, 가로등을 이용한 도로조명은 야간의 교통사고를 대폭 감소시키기도 한다.

조명에 대한 최근의 경향은 에너지절약과 쾌적한 환경을 어떻게 조화시키는가에 있으므로 무작정 조도만을 높이던 종래의 방법에서 벗어나 합리적인 조명설계가 요구되고 있다. 합리적인 조명설계를 위해서는 각 실의 목적을 정확히 파악하여 그 목적에 적합한 조도를 설정하고 효율이 좋은 조명기구를 채택함은 물론이지만 그 이전에 자연광을 최대로 활용할 수 있도록 해야 한다.

2. 조명기구와 조명방식

앞서 설명했듯이 실내의 밝기를 확보하는 수단으로는 자연광을 이용한 채광이 바람직하지만, 이러한 자연채광은 건물 외부의 조건에 따라 그 효과를 발휘할 수 없는 경우가 있으므로 각 실내공간의 용도에 따라 필요한 조도를 확보하기 위해서는 인공적인 조명기구를 설치해야 한다.

이와 같이 조명기구는 실내 생활을 기능적으로 원활히 할 수 있도록 해주는 절대적인 요소임과 동시에 중요한 장식적 요소가 된다. 조명기구는 적정 조도를 얻기 위한 목적에 의해 선택되어지지만 그것이 갖는 형태(외형 자체)와 빛이라는 두 가지 요인이 합쳐 매우 인상적인 실내 조형요소가 된다. 한편, 같은 종류의 조명기구라 해도 어떠한 방식으로 실내를 비추는가에 따라 실내의 조도 및 분위기가 다양하게 형성된다.

(1) 조명기구의 특성

1) 광색(光色, 색온도)

광원(光源, 조명기구)이 빛을 발할 때 나타내는 색깔은 조명기구마다 각기 다른데, 조명기구가 빛을 발할 때 나타내는 색깔을 광색이라 한다. 또 색온도란 발광체의 온도를 나타낼 때 이용되는 수치로 광색과 동일한 개념으로 적용되고 있다. 즉, 색온도는 광색의 대표적인 지표라고 생각할 수 있다. 색온도는 절대온도 단위인 K로 표시하고 있으며, 색온도가 높아질수록 광색은 적→황→백→청으로 변한다. 따라서 색온도가 낮을수록 따뜻한 느낌이 들고 높을수록 차가운 느낌이 들게 된다.

백열전구, 백열전구와 같은 색의 형광램프, 고압나트륨램프 등은 색온도가 낮아 따뜻한 느낌을 주고, 주광색 형광램프는 색온도가 높아 시원한 느낌을 준다. 또 백색 형광램프나 메탈핼라이드(metal halide)램프는 중간 정도의 색온도를 나타내고 있다. 따라서 레스토랑이나 커피숍과 같이 편안한 분위기를 연출해야 하는 공간은 색온도가 낮은 조명기구가 적합하다. 대표적 조명기구인 백열전구, 백색 형광등 및 주광색 형광등의 색온도는 각각 2,850K, 4,200K, 6,500K 정도로 알려져 있다.

2) 연색성(演色性)

우리가 인공조명 아래에서 어떤 물체를 볼 때, 그 물체가 보이는 색깔에 대해 조명이 미치는 영향을 연색이라 하며, 연색에 관해 조명기구마다 가지고 있는 특성을 조명기구의 연색성이라 한다. 따라서 우리가 실내에서 어떤 물체를 볼 때 연색성이 좋은 조명기구 아래에서 볼수록 그 물체 원래의 색깔에 가까운 색깔로 인식할 수 있게 된다.

연색성은 물리적 현상과 감각적 현상에 따라 정해지는데, 먼저 물리적으로는 광원(光源, 조명기구)의 분광분포(分光分布)에 따라 연색성이 달라진다. 예를 들어 우리가 일상생활에서 느낄 수 있는 것으로, 백열전구가 켜져 있는 곳은 실내 분위기가 전체적으로 붉은 느낌이 들고, 형광등이 켜져 있는 곳은 전체적으로 하얗거나 푸른 느낌이 들게 되는데, 이러한 느낌이 드는 이유는 백열전구는 푸른 계통의 빛이 부족하고 형광등은 붉은 계통의 빛이 부족하기 때문이다. 감각적인 면에서의 연색성은, 같은 광원이라 해도 그 광원의 색이 달라짐에 따라(예를 들어 백색 형광램프와 주광색 형광램프) 우리의 눈에 대한 색의 자극도 달라지면서 우리 눈에서의 색 감각이 변화되는 것을 의미한다.

광원의 연색성을 평가하는 지표로 연색평가수가 있다. 연색평가수는 주간의 태양광 아래에서 보이는 물체의 색깔을 기준으로 하여, 각 광원(조명기구) 아래에서 보이는 물체의 색깔이 태양광 아래에서 보이는 색깔과 어느 정도의 차이가 있는가를 나타내는 지표로 그 단위는 Ra이다. 태양광 아래에서 보이는 색과 동일한 색을 인식하게 될 경우 그 광원의 연색평가수를 Ra 100으로 하고 있으며, 연색평가수가 높은 조명기구일수록 우리는 물체 고유의 색을 느낄 수 있게 된다.

한편, 앞서 색온도에 대한 설명에서 언급했듯이 실의 용도에 따라서는 인위적으로 차분하고 따뜻한 느낌을 주는 조명이 필요할 수도 있으므로 연색성이 좋은 조명기구가 반드시 바람직한 조명기구라고는 할 수 없다. 또 일반적으로 연색성이 좋은 조명기구일수록 에너지효율이 낮아 전기사용량이 많으므로 물체 고유의 색을 엄밀하게 재현할 필요가 없는 곳에서는 연색성이 낮은 조명기구를 선정하는 것이 바람직할 수도 있다.

(2) 조명기구의 종류

1) 형광등

일상생활에서 널리 사용되는 램프로, 조명을 실내디자인의 한 요소로 사용하는 것과 같은 특별한 용도를 제외한 대부분의 실내에서 이용되고 있다. 그림 10.1에 형광등의 발광원리를 나타낸다. 형광등의 유리관 안에는 소량의 아르곤과 수은이 채워져 있고 유리관 내벽은 형광물질이 칠해져 있다. 또 유리관 양쪽에는 전극(電極)이 설치되어 있으며 이 전극 안에는 열전자(熱電子)를 방출하는 이미터(emitter)가 채워져 있다. 형광등을 가열하면 이미터(emitter)로부터 열전자가 방출되고 이 열전자가 유리관 내의 수은원자와 충돌하는 과정에서 육안으로는 보이지 않는 자외선이 생성되는데, 생성된 자외선이 유리관 내벽에 칠해져 있는 형광물질과 부딪히면서 가시(可視)광선으로 변화되어 빛을 내도록 한 것이 형광등의 원리이다. 형광등의 종류 중 주광색 형광등이라든가 백색 형광등이라든가 하는 차이는 형광등 안에 칠해져 있는 형광물질의 종류가 다르기 때문이다.

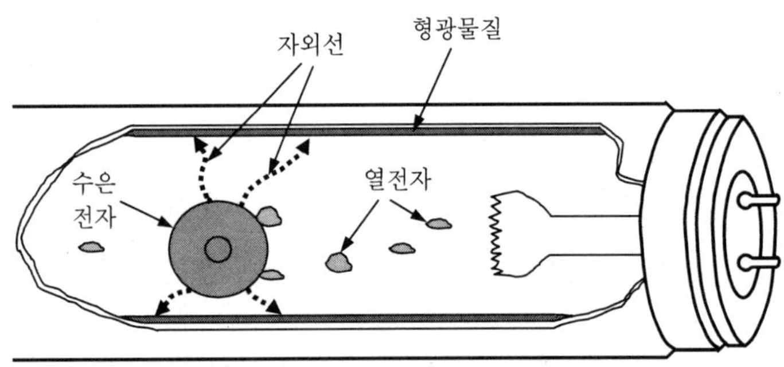

그림 10.1 형광등의 발광원리

형광등은 발광원리 및 내부구조상 전기가 공급되어 빛을 발하기 시작하면 공급되는 전류가 점점 증가하면서 결국에는 전극이 파괴되는 현상이 발생한다. 따라서 공급되는 전류를 일정 한도 이내로 제한할 필요가 있으며, 이 역할을 하는 것이 안정기이다.

형광등의 종류는 분류방법에 따라 여러 가지로 나눌 수 있다. 앞서 언급했듯이 유리관 내면에 칠해져 있는 형광물질의 종류에 따라 백색 형광등, 주광색 형광등 등으로 분류할 수 있고, 안정기의 종류에 따라 재래식과 전자식으로 분류할 수도 있는데, 여기에서는 형상 및 기능에 따른 형광등의 종류를 기술하기로 한다.

그림 10.2에 형광등의 여러 모양을 나타낸다. (a)는 가장 일반적인 직선형태의 형광등으로 사무소건물을 비롯한 대부분의 건물에서 널리 이용되고 있다. (b)는 원형의 형광등으로 기능적으로는 직선형에 비해 떨어지지만 실내의 천장디자인에 원형을 적용하고자 할 때 유용하게 활용된다. (c)는 흔히 말하는 3파장 전구로 정확하게는 전구형 형광등이라고 표현할 수 있다. 이것은 발광원리는 형광등이지만 백열전구를 끼우는 곳과 같은 곳에 끼울 수 있기 때문에 3파장 전구나 전구형 형광등과 같이 '전구'라는 명칭이 붙게 되었다. 형광등의 장점인 전력소비 절감을 이루면서도 형광등의 단점인 크기, 점등시간의 지연 등을 해결하여 주택의 거실이나 화장실 등에의 적용이 늘어나고 있는 추세이다. 또 기존의 형광등은 발광성분이 녹, 청의 두 가지인 관계로 따뜻한 느낌을 주지 못하지만, 3파장 형광등은 적색의 발광성분이 추가되어 거실의 분위기를 향상시키는 데에도 도움을 주고 있다.

(a) (b) (c)

그림 10.2 형광등의 종류

그림 10.2에 나타나 있는 것 외에도 형광등은 기능적으로 많은 종류가 있다. 예를 들어, 저온에서 기능이 저하되는 형광등의 단점을 개선시킨 저온

용 형광등, 파장 300nm 내외의 자외선을 이용하여 지하실 등에서의 일광욕이나 치료, 가축 등의 사육에 이용하는 건강선 형광등, 자외선이 갖고 있는 광화학(光化學) 반응작용을 이용하여 복사기나 사진제판 등에 이용하는 화학램프 등이 현재 여러 분야에서 널리 이용되고 있다.

2) 수은등

수은증기 속에서의 아크방전(放電)에 의한 발광(發光)을 이용한 것이라서 수은등이라는 이름이 붙었다. 아크방전은 유리구 내 발광관의 윗부분과 아랫부분에 있는 주전극(主電極) 사이에서 이루어진다. 점등 중 수은증기의 압력에 따라 저압수은등, 고압수은등, 초고압수은등 등으로 분류하는데, 저압의 상태에서는 가시광선보다 자외선이 많이 발생하기 때문에 수은등이라 하면 일반적으로 고압수은등을 가리키며 조명에 사용되는 것은 대부분 고압수은등이다. 수은등은 껐다가 다시 켤 때 시간이 많이 걸리고 연색성이 떨어지는 단점이 있는 반면, 수명이 길고 출력이 큰 장점으로 인해 가로등과 같은 옥외 조명에 널리 이용되고 있다. 그림 10.3에 수은등의 내부구조 및 외관을 나타낸다.

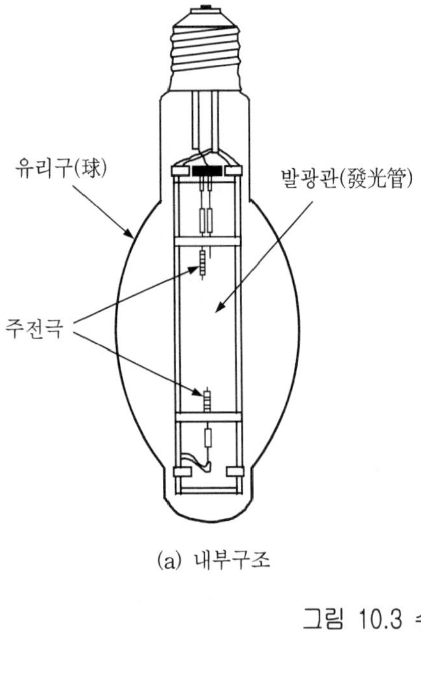

(a) 내부구조

(b) 외관

그림 10.3 수은등의 내부구조 및 외관

3) 메탈핼라이드램프(metal halide lamp)

수은등의 발광관에 금속 할로겐화물을 첨가시켜 광색과 연색성을 크게 향상시킨 것이다. 따라서 발광의 기본원리는 수은등과 동일하며, 첨가하는 할로겐화물의 종류에 따라 특유의 빛을 낼 수 있어 용도에 따라 적절한 것을 선택할 수 있다. 수은등에 비해 광색 및 연색성이 좋아 옥내외 체육시설, 천장이 높은 공장 등의 조명에 이용된다.

4) 나트륨램프

수은증기 속에서의 아크방전을 이용한 수은등과 마찬가지로 나트륨증기 속에서의 아크방전에 의한 발광(發光)을 이용한 것이다. 연색성이 나빠 물체의 원래 색깔을 구별하기 어렵기 때문에 실내조명이나 옥외경기장의 조명으로는 사용할 수 없으나, 수명이 길고 효율이 매우 좋아 색의 구별이 그다지 필요하지 않은 도로 등의 조명에 이용된다. 특히 빛의 투과력이 좋아 안개가 많은 지역이나 해안지역, 그리고 터널 등의 조명에 매우 적합하다.

(3) 조명방식

조명방식은 기구의 배치에 따라 전반조명과 국부조명 등으로, 기구의 배광(配光)에 따라 직접조명과 간접조명 등으로 분류한다.

1) 기구 배치별 방식

① 전반조명

실내 전체를 고르게 조명하는 것으로, 특별한 목적으로 조명을 활용하는 경우를 제외하고는 대부분의 실내에서 적용하는 방식이다. 실내 전체의 조도를 가급적 동일하게 해야 하므로 광원(조명기구)의 높이 및 간격이 일정하게 배치된다.

② 국부조명

실내에서 작업을 할 때의 작업대나 공부를 할 때의 책상과 같이 실제로 조명이 필요한 부분에만 집중적으로 조명을 행하는 것으로, 필요한 곳에만 조명을 하게 되므로 에너지절약이 되는 반면, 실내의 다른 부분과의 밝기의 차이로 인해 눈부심을 일으키고 눈이 쉽게 피로해지는 단점이 있다.

③ 병용조명

그림 10.4와 같이 실내 전체적으로는 비교적 낮은 조도로 전반조명을 실시하고, 작업대, 책상과 같은 곳에는 스탠드 등으로 국부조명을 병행하는 방식으로, 부분적으로 특히 높은 조도가 필요한 곳에 적용한다. 필요한 곳에 특히 높은 조도를 확보하면서도 국부조명에서 나타나는 눈부심, 눈의 피로 등이 크게 완화되므로 에너지절약 및 시력보호 등의 면에서 바람직한 조명방법으로 여겨지고 있다.

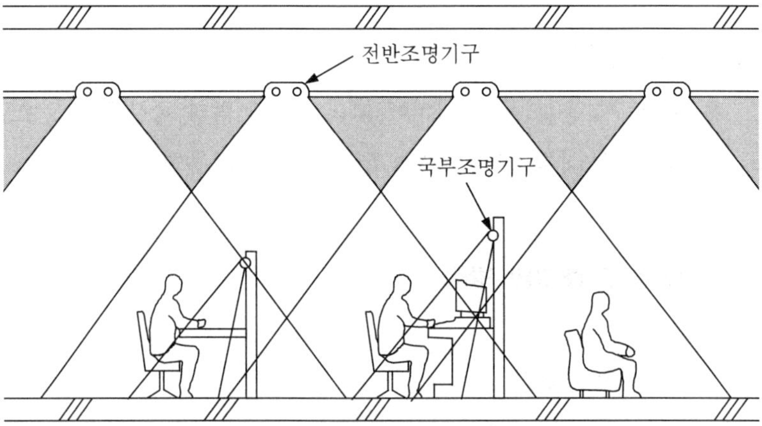

그림 10.4 병용조명

2) 기구 배광별 방식

① 직접조명

사무실, 공장, 교실 등에서 사용되는 조명기구와 같이 광원으로부터의 빛을 대부분 직접 실내에 방출하는 것으로, 천장면은 어두워지나 전체적으로는 조명 효율이 가장 높다.

② 간접조명

광원으로부터의 빛을 천장이나 벽체에 반사시킨 후 실 전체에 확산시키는 방법으로, 전체적으로 은은한 조명감을 부여할 수 있어 실내 분위기를 중시하는 호텔의 로비 등에 적합하다. 이 방법은 일단 반사시켜 광도가 약해진 빛으로 조명을 하기 때문에 직접조명 방법으로 조명하는 것과 같은 조도를 유지하기 위해서는 많은 전력을 소모해야 하는 단점이 있다.
그림 10.5에 직접조명과 간접조명인 경우의 실내 조도분포를 나타낸다.

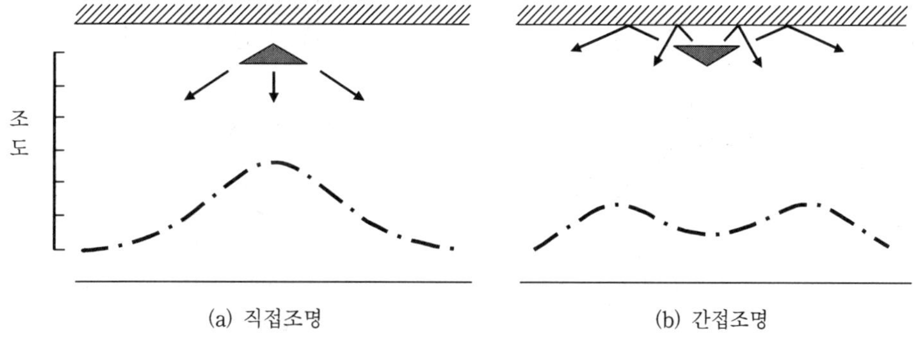

그림 10.5 직접조명과 간접조명의 조도분포

③ 반직접조명, 반간접조명, 전반확산조명

조명기구의 배광방식은 위에서 언급한 직접조명과 간접조명 외에 각 실의 용도 및 분위기 조성을 위해 직접조명과 간접조명을 병용하는 형태인 반직접조명, 반간접조명, 전반확산조명을 채택하는 경우가 있다.
직접조명과 간접조명을 포함하여 조명기구의 배광방식에 따른 조명기구의 형태와 응용방법의 예 및 상하방향으로의 배광비율을 그림 10.6에 나타낸다.

구 분	조명기구의 형태	응용방법의 예	상하 배광비율
직접조명	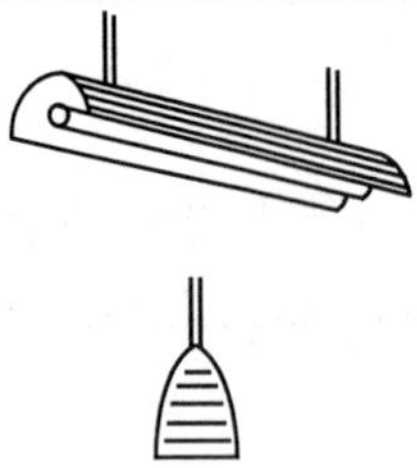	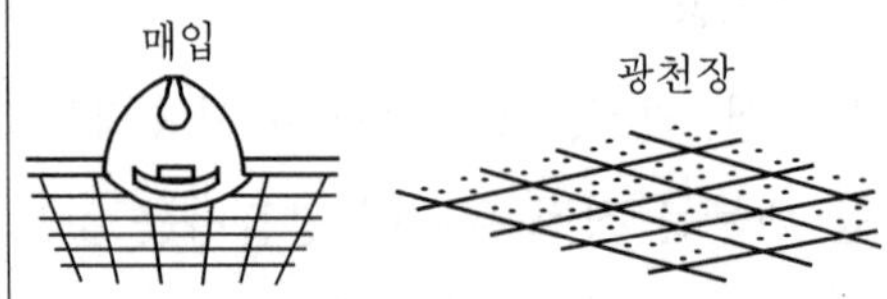	↑ : 0~10% ↓ : 90~100%
반직접조명	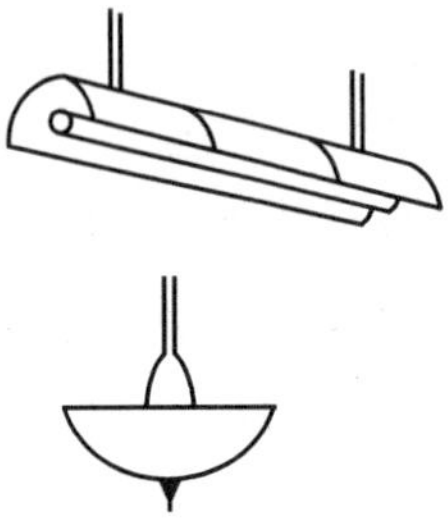	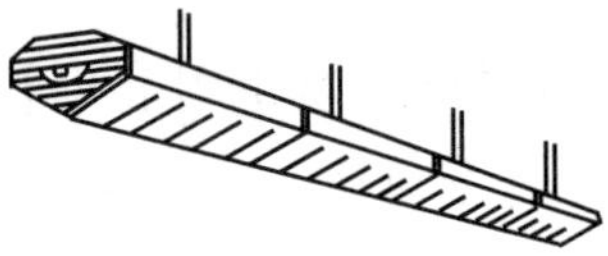	↑ : 10~40% ↓ : 60~90%
전반확산 조명	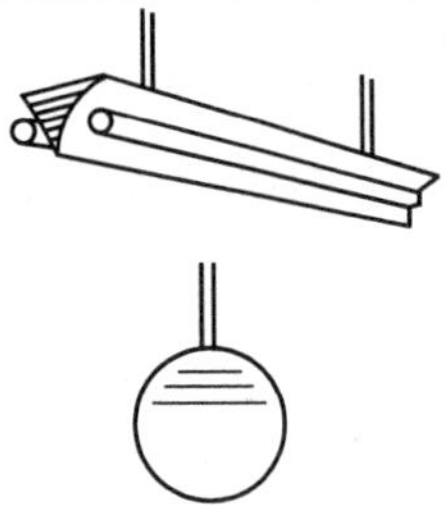	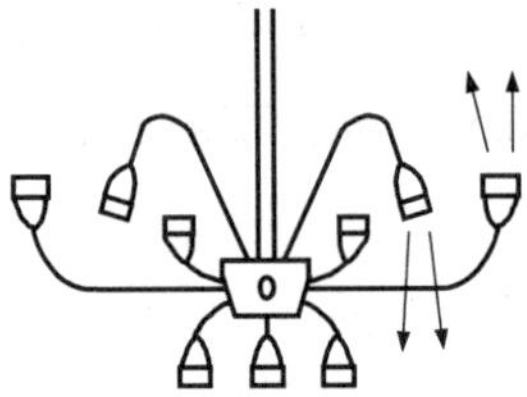	↑ : 40~60% ↓ : 40~60%
반간접조명	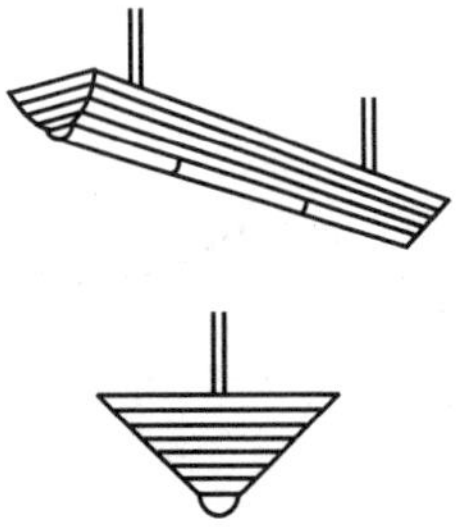	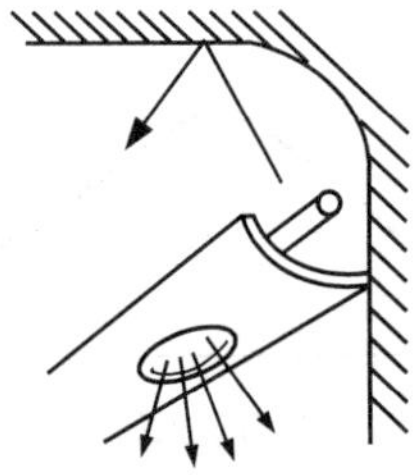	↑ : 60~90% ↓ : 10~40%
간접조명	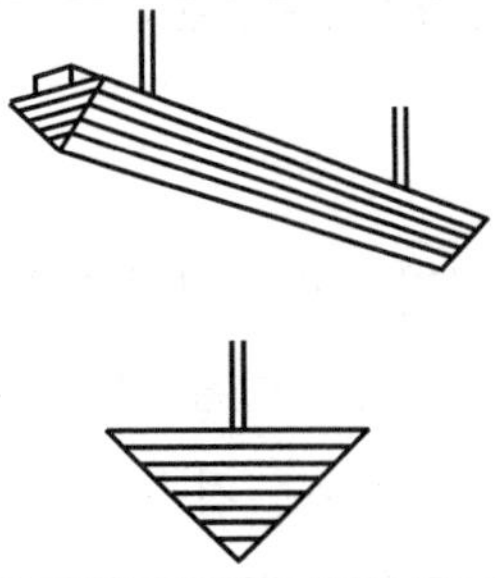	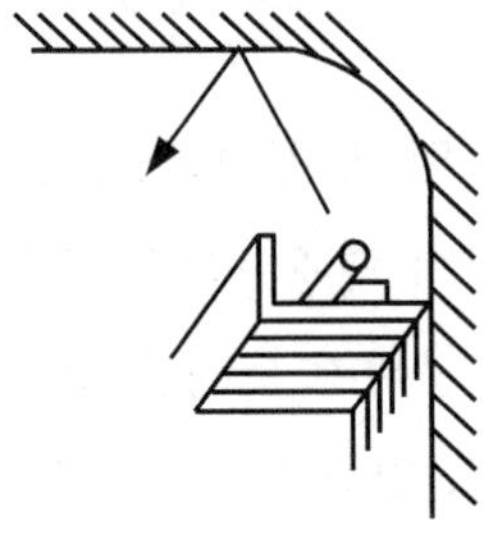	↑ : 90~100% ↓ : 0~10%

그림 10.6 기구 배광별 조명방식

3) 건축화 조명

실내를 밝게 한다는 조명 본연의 기능적 역할과 함께 건축적 디자인과 조화를 이루게 하기 위한 조명을 건축화 조명이라 한다. 그림 10.7에 다양한 건축화 조명의 예를 나타낸다.

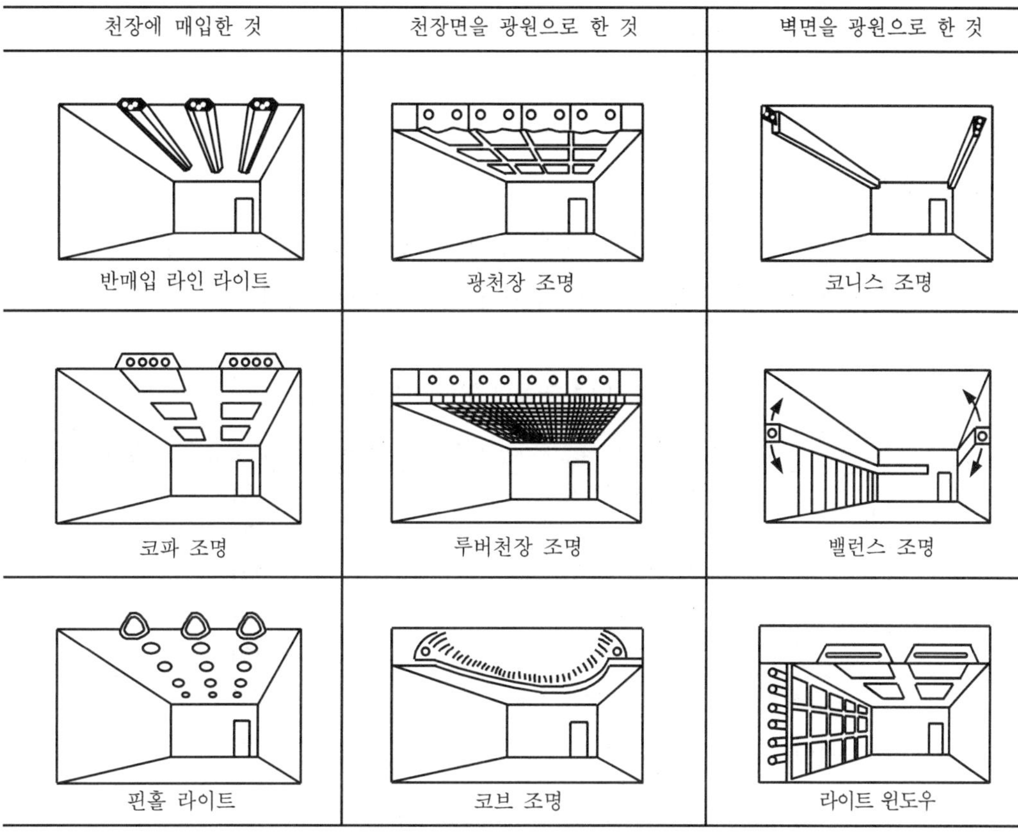

그림 10.7 건축화 조명의 종류

3. 조명설계

어떤 실내의 조명을 설계할 때는 조명설계를 하고자 하는 각 실의 용도에 따라 앞에서 설명한 광원의 종류, 조명방식 및 조도 등을 선정한 후 조명계산에 의해 조명기구의 개수를 결정하게 되는데, 조명기구의 개수는 다음 식으로 계산하게 된다.

$$N = \frac{E \times A}{F \times U \times M} \left(= \frac{E \times A \times C}{F \times U}\right)$$

N : 조명기구 개수 [개]
E : 평균조도 [lx]
A : 실 면적 [m²]
F : 기구 한 개의 광속(光束) [lm]
U : 조명률
M : 보수율
C : 감광보상률

(1) 조도

현재 국내에서는 「건축물의 설계기준 등에 관한 규칙」에서 실 용도별 조도 기준을 제시하고 있으며, 이 기준의 내용은 표 10.1과 같다.

표 10.1 거실의 용도에 따른 조도 기준

실 용도		바닥에서 85cm 높이에 있는 수평면의 조도 [lx]
1. 거주	독서, 식사, 조리	150
	기타	70
2. 집무	설계, 제도, 계산	700
	일반 사무	300
	기타	150
3. 작업	검사, 시험, 정밀검사, 수술	700
	일반 작업	300
	포장, 세척	150
	기타	70
4. 집회	회의	300
	집회	150
	공연, 관람	70
5. 오락	오락 일반	150
	기타	30
기타		1란 내지 5란 중 유사한 용도에 관한 기준을 적용한다.

(2) 조명률

그림 10.8에 나타나 있는 바와 같이 전등에서 나와 작업면에 도달하는 빛의 종류에는

① 전등에서 직접 도달하는 빛
② 천장에서 반사되어 도달하는 빛
③ 벽에서 반사되어 도달하는 빛
④ 바닥에서 반사된 후 다른 벽면을 거쳐 도달하는 빛

등이 있다. 반면, 조명기구의 갓(반사판)에서 흡수되는 빛(그림 10.8의 ⑤)이나 창 밖으로 나가는 빛(그림 10.8의 ⑥) 또는 천장·벽·바닥·가구 등에서 흡수되는 빛 등은 작업면을 밝혀 주는 데는 도움이 되지 않는 빛이다. 조명률이란 전등과 같은 광원(조명기구)에서 나온 빛 가운데 작업면에 도달하는 상기 ①~④의 빛이 어느 정도의 비율을 차지하는가를 의미한다.

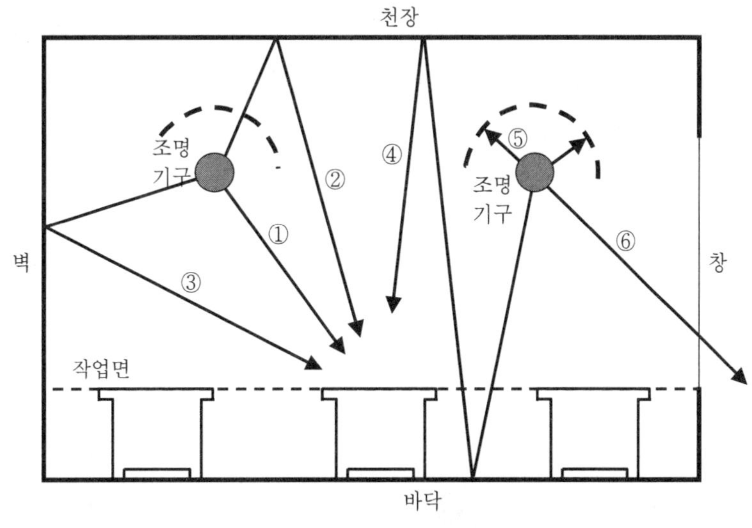

그림 10.8 조명률 개념도

(3) 실지수

위에서 설명한 조명률에 영향을 미치는 요소 중에 실지수(室指數, Room Index)가 있다. 이것은 실내의 면적이나 높이에 따라, 즉 실내의 형태에 따라 실내 조도가

영향을 받는다는 것을 의미한다. 예를 들어, 그림 10.8에서 동일한 밝기의 조명기구를 설치하여 실내를 조명해도 실의 면적에 따라 또 실의 높이(또는 조명기구의 높이)에 따라 작업면에 미치는 조도가 달라지기 때문이다. 실지수(일반적으로 ***RI*** 로 표시함)란 실의 가로, 세로 및 광원의 높이와의 관계를 나타낸 것으로, 다음의 식 10.2에 의해 산정된다.

$$RI = \frac{x \times y}{(x+y) \times H} \quad \cdots\cdots (10.2)$$

RI : 실지수

x : 실의 가로 [m]

y : 실의 세로 [m]

H : 작업면에서 조명기구까지의 거리 [m]

그림 10.9에 실지수의 개념도를 나타낸다. 그림의 왼쪽은 오른쪽에 비해 천장은 낮고 실의 면적은 넓은 경우인데, 왼쪽과 같이 실의 면적이 넓고 천장이 낮으면 조명기구로부터 바닥으로 직접 도달하는 빛이 많아지므로 조명률이 커지게 된다. 반대로 오른쪽과 같이 실의 면적은 작고 천장이 높으면 바닥으로 직접 도달하는 빛은 적어지고 벽면에 반사된 후 도달하는 빛이 많아지므로 조명률은 작아진다.

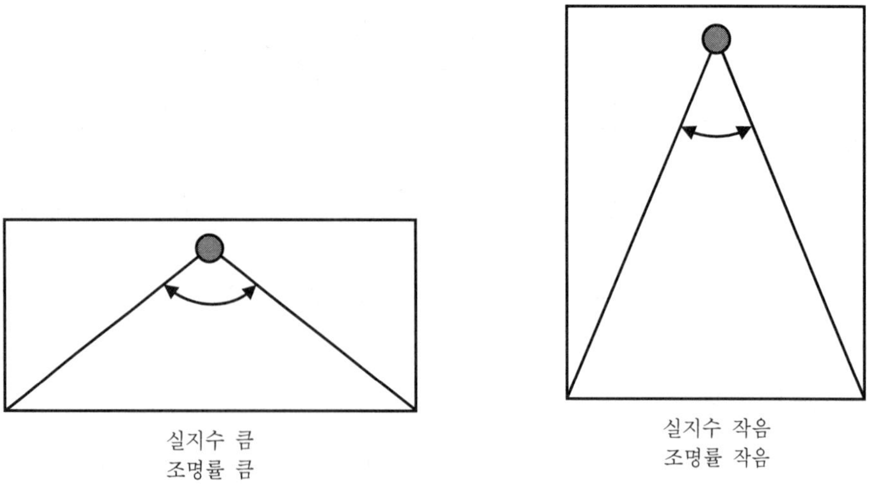

그림 10.9 실지수 개념도

표 10.2에 실지수 및 실내반사율을 고려한 조명률을 나타낸다. 실내반사율은 실내 마감재의 종류에 따라 달라지는 값이므로, 마감재로 쓰이는 벽지 등의 제조업체 카탈로그 등을 통해 각 마감재의 반사 정도를 나타낸 실내면 반사율을 참고로 해야 한다.

표 10.2 형광등 조명률의 예

반사율 [%]	천장	80				70				50				30				0
	벽	70	50	30	10	70	50	30	10	70	50	30	10	70	50	30	10	0
	바닥	10				10				10				10				0
실지수		조명률 [%]																
0.6		46	35	28	24	45	35	28	23	42	34	28	23	41	33	27	23	22
0.8		54	44	37	32	53	43	37	32	50	42	36	32	48	41	36	32	30
1.0		60	50	44	38	58	50	43	38	56	48	43	38	54	47	42	38	36
1.25		65	56	50	45	64	56	50	45	61	54	49	44	58	53	48	44	42
1.5		69	61	55	50	67	60	54	50	65	58	53	49	62	57	52	49	47
2.0		74	67	62	57	72	66	61	57	70	64	60	56	67	63	59	56	54
2.5		77	71	67	63	75	70	66	62	73	68	65	61	70	67	63	61	58
3.0		79	74	70	66	78	73	69	66	75	71	68	65	73	70	67	64	62
4.0		82	78	75	72	81	77	74	71	78	75	72	70	76	73	71	69	67
5.0		84	80	78	75	82	79	77	74	80	78	75	73	78	76	74	72	70
7.0		86	83	81	79	84	82	80	78	82	80	79	77	80	78	77	76	73
10.0		87	85	84	82	86	84	83	81	84	82	81	80	82	81	80	79	76

(4) 보수율, 감광보상률

조명기구를 어느 정도 사용하고 나면 기구 자체의 성능저하, 기구 표면의 더러워짐, 천장·벽·바닥 등 실내면의 반사율 저하 등의 이유로 실내 조도가 떨어진다. 따라서 조명설계를 할 때는 이와 같은 현상을 미리 감안하여 보정계수를 설정함으로써 그 실에 실제로 필요한 조도보다 더 높은 조도로 설계를 하는 것이 일반적이다. 이때 이 보정계수를 보수율 또는 감광보상률이라 하며 각각 다음 식으로 나타내고 있다.

$$M = \frac{E_t}{E_i},\ C = \frac{E_i}{E_t} \quad \cdots\cdots (10.3)$$

M : 보수율
C : 감광보상률
E_t : 그 실에서 확보해야 할 조도[lx]
E_i : 조명설계 시의 설계조도[lx]

위 식에서 알 수 있듯이 보수율과 감광보상률은 역수 관계에 있으며, 보수율은 1보다 작은 값이 되고, 감광보상률은 1보다 큰 값이 된다.

【예제 10.1】

어느 실에 대한 조명설계를 하기 위해 필요한 형광등의 개수를 산정하고자 한다. 이 실에 필요한 조도는 300 lx이고, 사용할 형광등의 광속은 3,000 lm이다. 또 실의 가로 및 세로는 각각 20m, 15m이다. 조명률은 70%로 하고 감광보상률은 1.5라고 가정할 때 이 실에 필요한 형광등은 몇 개인가?

풀이 식 10.1을 이용한다. 형광등 개수는 $N = \frac{E \times A \times D}{F \times U} = \frac{300 \times 20 \times 15 \times 1.5}{3,000 \times 0.7} \fallingdotseq 64.3$ [개]

따라서 적어도 65개의 형광등이 필요하다.

제 5 편

음 환 경

제11장 실내 음환경
제12장 흡음과 차음
제13장 실내음향계획

제11장 실내 음환경

1. 음환경과 음향학
2. 음의 물리적 성질
3. 음의 주관적 성질 및 음향효과
4. 음환경의 측정 및 평가

제 11 장 실내 음환경

1. 음환경과 음향학

소리(sound)는 우리의 주위 환경에서 항상 존재하는 요소 중의 하나로, 어떤 형태의 소리라도 강도(혹은 소리의 세기) · 정보내용 · 반향(反響) · 선명도 등 몇 개의 양으로써 수치화시킬 수 있다. 지식의 전달을 주고받는 학교의 교실(강의실)과 오케스트라의 연주를 감상하는 대형 음악홀은 그 장소의 사용목적이 다르며, 따라서 음향의 종류도 다르게 된다. 특정한 목적에 부합되는 음환경에 관한 상기와 같은 양(강도, 반향 등)의 최적값을 찾고 이를 실제로 구현하기 위한 물리적인 방법을 설계하려는 노력이 음향학자들에 의해 이루어지고 있다.

음향학은 몇 개의 분야로 분류하고 있는데, 우리의 생활과 밀접한 분야는 건축음향학과 환경음향학이다. 또 다른 중요한 분야로는 음악음향학이 있는데, 이 분야는 악기의 작동에 관한 소리와 음악소리가 청취자에게 미치는 영향에 대해 연구하는 것으로, 건축환경과는 성격이 다르므로 본서에서는 음악음향학에 대해서는 다루지 않기로 한다. 건축음향학에서는 건물 및 실의 사용목적에 따른 최적의 음향조건을 결정하는 주요 요소들에 관해 연구가 진행되고 있다. 건축음향학의 응용 중에서 가장 널리 적용되고 있는 것은 콘서트홀이나 강당과 같이 소리의 질이 무엇보다도 중요한 건축물의 설계이다. 소리의 세기와 분포, 반향시간, 직접 전달된 소리와 반사된 소리의 적절한 배합과 같은 특성은 홀의 형태와 크기, 벽이나 천장의 마감재료, 좌석의 배치와 덮개의 재료, 특수한 반사면의 배치, 증폭기의 사용, 커튼이나 휘장과 같은 무대장치 등에 따라 결정된다.

환경음향학에서는 소음의 제어를 가장 우선해서 다룬다. 항공기, 공장, 대형 건설기계, 자동차 등에서 발생하는 소음은 대도시에서 큰 문제로 대두되고 있으며, 이와 같은 소음공해를 제어하는 것은 흡음재를 사용하여 더 조용한 기계를 만드는 노력에서부터 소음을 야기하는 진동을 줄이기 위해 구동부품을 좀 더 정밀하게 만드는 것에까지 이른다. 사무실이나 주거건물 등에서의 소음은 고품질의 차음재료나 칸막이를 사용하여 감소시키고 있는데, 공동주택에서 발생하는 상하층 간의 층간소음 및 급배수소음 그리고 이웃 세대 간의 소음에 대해서는 여전히 많은 문제가 제기되고 있다. 국가에서는 이에 대한 해결책의 일환으로, 공동주택의 품질을 평가하는 '공동주택의 친환경인증 제도'에서 바닥충격음 및 경계벽의 차음구조, 세대 간의 급배수설비 소음에 대한 평가항목을 두고 평가를 시행하고 있다.

2. 음의 물리적 성질

(1) 파동과 음의 전파

잔잔한 연못의 물에 작은 돌이나 빗방울이 떨어지면 물결이 생겨서 돌이나 빗방울이 떨어진 곳을 중심으로 동심원을 그리면서 사방으로 퍼져 나가는 것을 볼 수 있는데, 이때 물 위에 떠 있는 낙엽은 제자리에서 움직일 뿐 물결의 진행 방향으로 나아가지는 않는다. 이와 같이 한 부분에서 생긴 진동이 물질(연못에서는 물)을 따라 차례로 퍼져 나가는 현상을 파동이라 하며, 공기에서의 소리의 전달도 이와 같은 원리에 의해 이루어지고 있다. 따라서 우리가 어떤 소리를 들을 수 있는 것은 소리가 파동의 형태로 공기 속에서 이동되기 때문이며, 이때 이동되는 것을 소리의 파동이라는 뜻에서 음파(音波)라 한다.

1) 횡파와 종파

파동은 그 전달형태에 따라 횡파(橫波)와 종파(縱波)로 구분된다. 파동이 전달되어 가는 공간이나 물질을 매질(媒質)이라 하는데, 횡파는 공기나 물과 같은 매질의 상태변화 방향이 파동의 진행방향에 수직인 것이며, 종파는 매질의 상태변화 방향이 파동의 진행방향과 평행한 것을 말한다. 그림 11.1에 횡파와 종파의 예를 나타낸다. 그림에서는 용수철이 매질에 해당된다. 용수철을 (a)와 같이 위아래로 흔들면 용수철의 움직이는 방향은 상하방향이지만 'S'자 형태가 전달되는 방향은 수평방향이 된다. 한편, 용수철을 (b)와 같이 수평방향으로 당겼다가 놓으면 용수철의 진동은 수평방향으로 이루어지며 동시에 파동의 전달도 수평방향으로 이루어진다. 이와 같이 매질의 상태변화 방향과 파동의 전달방향이 (a)와 같이 수직인 것을 횡파, (b)와 같이 평행인 것을 종파라 하며, 횡파의 대표적인 것으로는 전파가 있고 종파의 대표적인 것으로는 소리가 있다.

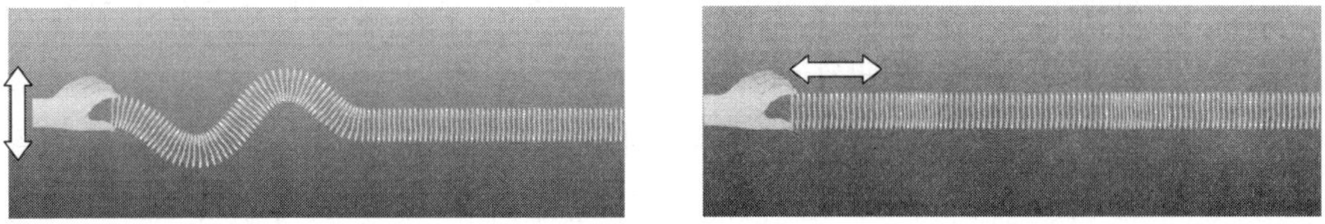

(a) 횡파 (b) 종파

그림 11.1 횡파와 종파

2) 음의 발생, 전파, 인식

음이란 공기와 같은 매질이 압축되고 팽창되는 운동이 주기적으로 반복되는 일종의 압력변화이다. 예를 들어, 북을 치면 북과 그 북을 치는 막대가 부딪치면서 북의 표면에 진동이 발생하고 이 북의 진동이 이번에는 매질인 공기를 진동시키면서 파동의 형태로 공기 중으로 전달되는데, 우리가 북을 치는 곳 근처에 있으면 전달되는 음파가 우리 귀의 고막을 진동시키면서 그 자극이 뇌에 전달되어 소리를 인식하게 되는 것이다. 이 과정을 그림 11.2에 나타낸다. 앞서 횡파와 종파에 대한 설명에서, 음은 종파의 일종이라 했고 또 종파의 개념을 용수철을 예로 들어 나타냈는데, 그림 11.3과 같이 용수철의 한쪽 끝에 연필이 부착되어 있는 추가 달려 있다고 가정하자. 어떤 원통형의 물체에 종이를 붙이고 그 물체를 추에 달려 있는 연필에 접촉시킨 후 서서히 돌리면 종이에는 직선이 나타날 것이다.

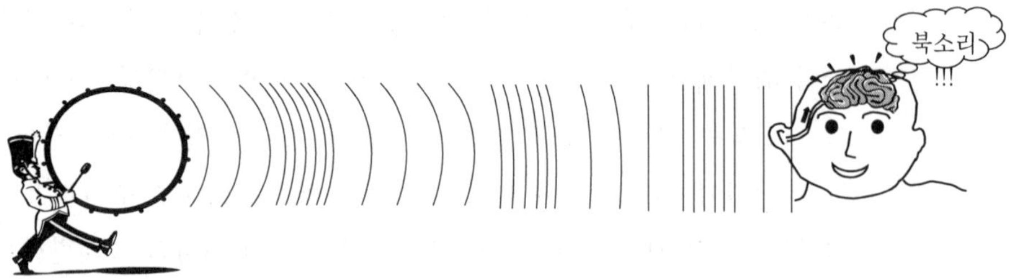

그림 11.2 음의 발생, 전파, 인식

이번에는 종파의 실험에서와 마찬가지로 추를 당겼다가 놓아 용수철에 진동이 발생하도록 한 후, 서서히 돌고 있는 원통형 물체를 연필에 접촉시키면 종이에는 그림과 같은 사인(sine)형태의 곡선이 생길 것이다. 용수철이 여러 개 있고 그에 따라 연필의 개수도 많아지면 종이에 기록되는 곡선의 종류도 그만큼 많아질 것이다. 우리가 일상생활에서 듣는 소리는 이렇게 여러 개의 연필을 서로 다른 속도로 움직였을 때와 같이 복합적으로 존재하며, 따라서 곡선의 형태도 파장과 진폭이 다른 여러 종류의 사인곡선의 복합체로 형성된다.

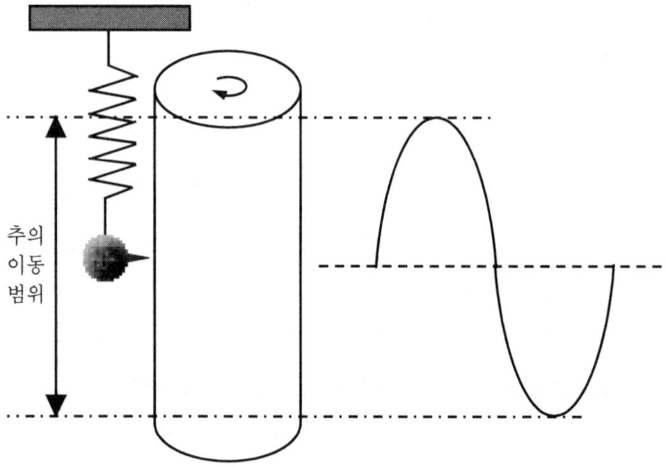

그림 11.3 용수철 진동의 사인곡선으로의 변환

3) 음의 속도

음파가 전달되는 속도를 음속이라 하며, 공기 중의 음속은 다음의 식 11.1에서 구할 수 있다.

$$c = 331.5 + 0.6t \quad \cdots\cdots (11.1)$$

c : 음속 [m/s]

t : 공기의 온도 [℃]

우리는 통상 공기에서의 소리의 속도를 약 340m/s라고 하는데, 엄밀하게는 식 11.1과 같이 공기의 온도에 따라 속도가 달라지며 그 온도가 15℃ 전후에서 340m/s가 된다. 한편, 음의 속도는 그 음이 전달되는 매질의 밀도에 따라 크게 영향을 받는다. 표 11.1에 매질의 종류에 따른 음의 속도를 나타낸다.

표 11.1 매질별 음의 속도의 예

매 질	음 속 [m/s]	매 질	음 속 [m/s]
공기	340	나무	3,350~4,000
물	1,370	철	5,000
고무	35~230	콘크리트	3,500~5,000

4) 음의 회절과 굴절

① 회절

우리가 어느 담장 옆에 서 있고, 그 담장 너머 빛을 내는 물체와 음을 내는 물체가 있다고 가정하자. 그 물체들로부터 빛과 음을 발생시킬 때, 빛은 담장에 의해 진행이 방해되어 우리가 그 빛을 보기가 힘들고 대신 그림자가 생기는 것을 알 수 있다. 반면, 소리는 별 지장 없이 들리는 것을 알 수 있는데, 이와 같이 음과 같은 파동이 장애물을 만났을 때 그 장애물을 돌아서 진행하는 현상을 회절(回折)이라 한다. 회절은 파장이 클수록, 즉 주파수가 낮을수록 쉽게 발생하며, 따라서 음의 경우 그림 11.4와 같이 저음이 고음보다 회절현상이 잘 일어난다.

한편, 빛의 파장은 음의 파장보다 100만분의 1 정도로 매우 작기 때문에 회절현상이 매우 미약하게 나타나 우리가 관찰하기가 용이하지 않다. 또 빛이 닿지 않는 부분을 그림자라 하듯이, 그림의 왼쪽 부분에서와 같이 소리의 전달이 잘 이루어지지 않는 부분을 음의 그림자라 부르고 있다.

그림 11.4 음의 회절

② 굴절

파동은 진행하다가 매질이 달라지면 그 경계면에서 진행 방향이 꺾이게 되는데, 이 현상을 파동의 굴절이라고 한다. 굴절은 두 매질에서 파동의 속력이 다르기 때문에 발생하는 것으로, 음의 경우 그 음이 통과하는 공기의 온도가 달라지면 그에 따라 속도도 달라지므로 서로 다른 온도인 공기층의 경계면에서는 음파의 진행방향이 굴절된다.

그림 11.5는 음이 굴절되어 진행하는 것을 나타낸 것으로, 굴절의 정도는 그림의 입사각과 굴절각을 이용하여 식 11.2와 같이 나타내어진다.

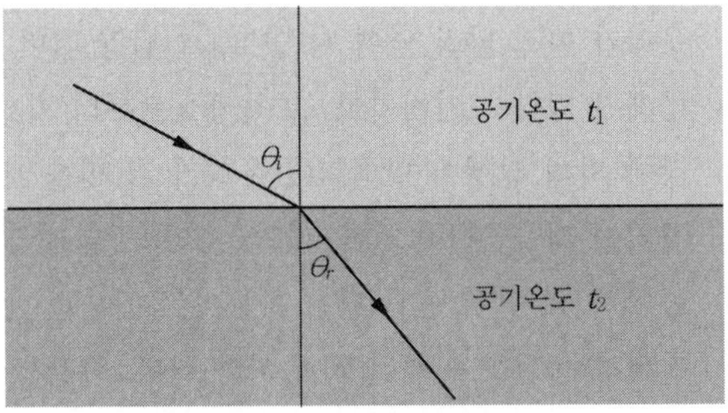

그림 11.5 공기온도에 따른 음의 굴절

$$\frac{\sin\theta_i}{\sin\theta_r} = \frac{t_1}{t_2} \qquad (11.2)$$

θ_i : 입사각 [°]

θ_r : 굴절각 [°]

t_1 : 입사부분의 공기온도[℃]

t_2 : 굴절되는 부분의 공기온도[℃]

밤이 되면 낮에 비해서 기차 소리가 더 잘 들리는데, 이것은 밤이 낮보다 주위가 조용한 이유도 있지만, 음의 굴절에 의한 현상에 더 기인한다. 이 현상을 그림 11.6을 예로 들어 설명한다.

우선 그림 11.5 및 식 11.2에서, 공기온도가 높을수록 음의 굴절각도가 커지는 것을 확인할 수 있다. 그림 11.6의 왼쪽과 같이 주간에는 태양열의 영향을 받아 지면이 따뜻해지면 지면 가까이의 공기 또한 상층부보다 온도가 올라간다. 온도가 높을수록 식 11.2에 의해 각도가 커지므로, 그림과 같이 입사각이 굴절각보다 커지는 형태로 음의 진행이 이루어진다. 반대로 밤이 되면 복사냉각의 효과로 인해 지면이 차가워지고 그에 따라 지면 근처의 공기도 차가워진다. 온도가 낮을수록 각도가 작아지므로 이번에는 그림의 오른쪽과 같이 입사각이 굴절각보다 작아지는 형태로 음의 진행이 이루어진다.

결과적으로 주간에는 그림의 왼쪽과 같이 음이 지상에서 멀어지는 방향으로 전달되는 반면, 야간에는 오른쪽과 같이 지면을 향해 전달이 되므로 멀리 떨어져 있는 곳까지 음의 전달이 이루어지는 것이다.

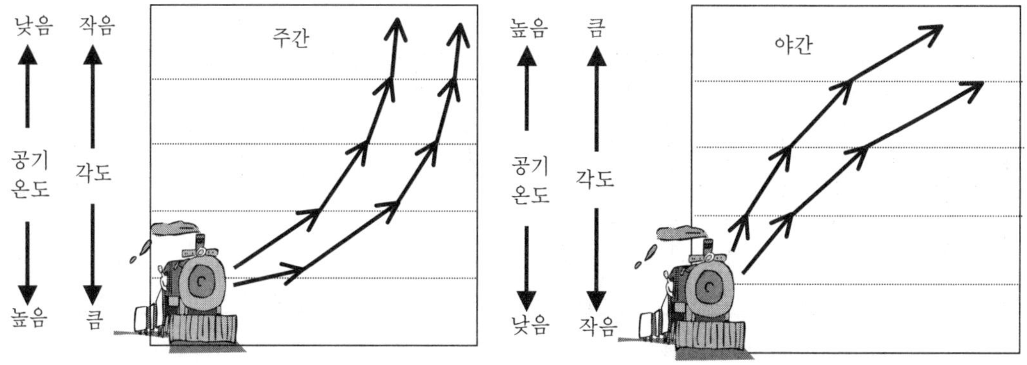

그림 11.6 주간과 야간의 음의 진행방향

(2) 음의 특성

사람이 음의 차이를 느낄 수 있는 것은 음의 높이, 음의 크기, 음색의 미묘한 조합의 차이를 판단하기 때문이며, 음의 특징을 나타내는 이와 같은 음의 높이, 음의 크기, 음색을 음의 3요소라 한다.

1) 음의 높이

음의 높이는 음의 주파수에 따라 달라진다. 주파수란 주기적으로 변동하는 현상에서 같은 상태가 1초 동안 몇 번 돌아오는가를 나타내는 수로, 진동수와 같은 의미이며 단위는 Hz 또는 c/s를 이용한다. 그림 11.7의 (a)는 (b)에 비해 같은 시간에 더 많은 상태가 반복되고 있으며, 따라서 (a)가 (b)보다 주파수가 크다는 것을 알 수 있다. 음의 높이는 이 주파수와 관계가 있으며 주파수가 클수록, 즉 진동수가 많을수록 고음이 된다. 사람이 귀로 들을 수 있는 가청(可聽)한계는 20~20,000Hz로 알려져 있다. 그림 11.7에서 (b)는 (a)에 비해 진동수는 작으면서 파장은 큰 것을 알 수 있다. 즉, 주파수와 파장은 서로 반비례 관계에 있으며, 구체적으로는 다음의 식 11.3으로 나타내어진다.

$$\lambda = \frac{c}{f} \quad \cdots\cdots (11.3)$$

λ : 파장 [m]

c : 음의 속도 [m/s]

f : 주파수 [Hz]

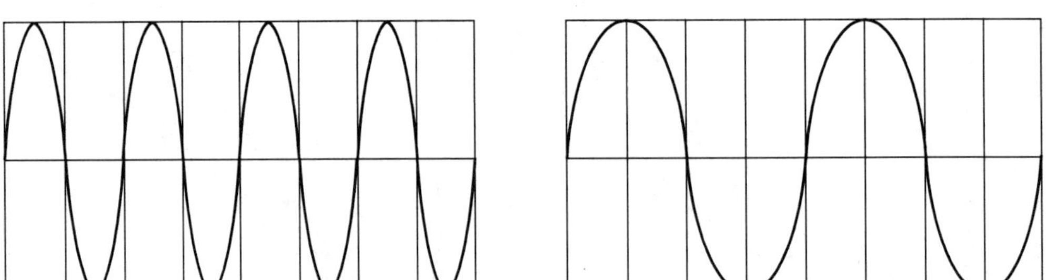

(a) 고음(진동수가 많은 음)　　(b) 저음(진동수가 적은 음)

그림 11.7 음의 고저에 의한 파형의 차이

2) 음의 크기

음의 크기, 즉 강도란 음에너지의 크고 작음을 나타내는 것으로, 그림 11.8의 (a)와 같이 진폭이 큰 음이 (b)와 같이 진폭이 작은 음보다 크게 느껴진다. 또 음의 크기가 클수록 큰 소리로 잘 들리기 때문에 음의 크기가 작은 경우보다 가깝게 들린다. 한편, 일반적으로 진폭이 큰 음일수록 큰 음으로 느껴지지만 주파수가 다르면 들리는 방식도 달라지기 때문에 음의 크기가 진폭의 크기에 비례하지는 않는다. 즉, 음의 세기와 음의 크기를 구별할 필요가 있는데, 음의 세기는 음 본연의 크기로 진폭의 크기에 비례하는 물리적 크기라 할 수 있지만, 실제로 우리가 느끼는 음의 크기는 물리적 크기가 아니고 감각적 크기라 할 수 있다.

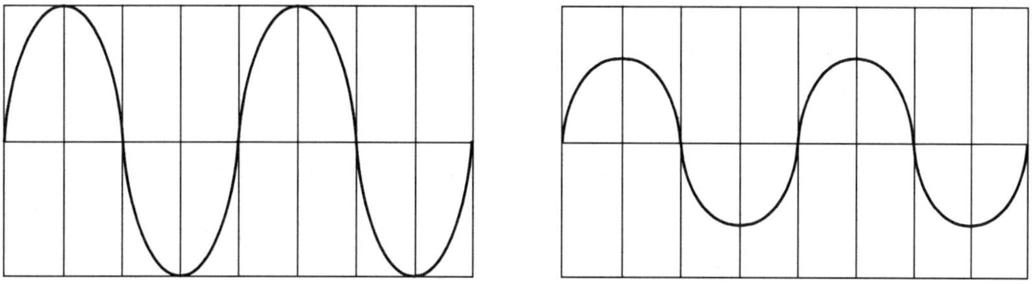

(a) 큰 음(진폭이 큰 음)　　(b) 작은 음(진폭이 작은 음)

그림 11.8 음의 크기에 의한 파형의 차이

3) 음색

같은 높이, 같은 크기를 가진 음이라 해도 악기의 소리와 사람의 목소리가 다르게 들리고, 또 악기들끼리나 사람들끼리의 소리도 모두 다르게 들리는 것은 음색이 다르기 때문이다. 음색은 진동하는 음파의 모양, 발음체의 재료나 구조, 발음방법 등에 따라 각각 독특하게 나타나므로 우리가 악기의 소리나 사람의 목소리를 구별하게 되는 것이다.

4) 주파수대역(周波數帶域, 옥타브밴드(octave band))

주파수대역은 음의 특성과 직접적으로 관련되는 요소는 아니지만, 「1) 음의 높이」에서 주파수가 중요한 요소로 언급되었으므로 이곳에서 주파수대역에 대해 설명하기로 한다.

「1) 음의 높이」에서 사람이 들을 수 있는 주파수범위는 20~20,000Hz라고 했는데, 이것은 대단히 넓은 범위이므로 음의 해석이나 음향설계에서 각각의 주파수를 다루는 것은 거의 불가능하다. 따라서 전체 주파수범위를 몇 개의 영역으로 나누어 이들 주파수 영역에 대해 음향특성 등을 해석하고 연구하는 것이 일반적이다. 이때 분류되는 주파수의 각 영역을 주파수대역 또는 옥타브밴드라 하며, 각 주파수대역마다의 중심이 되는 주파수를 중심주파수라 한다.

주파수대역의 분류범위는 여러 종류가 있으나, 건축음향 분야에서 일반적으로 이용되는 주파수대역에 대한 중심주파수, 하한주파수 및 상한주파수를 표 11.2에 나타낸다.

표 11.2 주파수대역별 중심주파수, 하한주파수, 상한주파수

중심주파수 [Hz]	하한주파수 [Hz]	상한주파수 [Hz]
63	45	90
125	90	180
250	180	355
500	355	710
1,000	710	1,400
2,000	1,400	2,800
4,000	2,800	5,600
8,000	5,600	11,200

주파수대역을 쉽게 이해할 수 있는 것이 음악에서의 '도레미파솔라시도'이다. 우리가 잘 알고 있듯이 제일 앞에 있는 '도'와 가장 뒤에 있는 '도'는 같은 '도'이지만 음의 높이 즉 음정이 다르다. 뒤의 '도'는 그 뒤에 또 다른 음정의 '레미파솔라시'가 따라오면서 반복이 되는데, 이때 반복되는 '도레미파솔라시'를 각각 옥타브라 부른다.

한편, 표 11.2에서 알 수 있듯이 주파수대역이 하나 높아질 때마다 주파수는

2배로 늘어나는 관계가 성립한다. 또 주파수가 커질수록 주파수대역의 범위(하한주파수에서 상한주파수까지의 범위)도 커진다는 것을 알 수 있다.

(3) 음의 크기 지표

음의 크기를 나타내는 방법으로는 음의 물리적 양으로 나타내는 방법과 인간의 감각적 양으로 나타내는 것이 있다. 물리적 양으로 나타내는 방법에는 음의 세기, 음압(音壓) 등이 있으나, 실무적으로는 음의 세기레벨, 음압레벨, 음향파워레벨 등이 이용되고 있다. 이들은 모두 어떤 음의 크기를 음의 크기에 대한 기준량과의 비율로 표현하고 있는 것으로, 이렇게 표현하는 것이 우리가 음의 크기를 이해하는 데 편리하기 때문이다. 음의 세기레벨, 음압레벨, 음향파워레벨의 단위로는 모두 dB을 사용한다.

음의 크기를 감각적 양으로 나타내는 것으로는 폰(phon)과 손(sone)이 있으며, 이들 지표에 대해서는 「3. (2) 음의 크기레벨」에서 설명한다.

1) dB(데시벨)

데시벨은 음의 물리적 양으로 주로 이용되는 음의 세기레벨, 음압레벨, 음향파워레벨의 단위로 널리 이용되는 것으로, 두 개의 값 사이의 대수(로그) 비율로 나타낸다. 즉, 식 11.4와 같이 A와 B 두 개의 자극량이 있을 때 그 비의 상용대수에 10을 곱하여 dB(데시벨)이라는 단위로 표현하고 있다.

$$[\mathrm{dB}] = 10\log\frac{A}{B} \quad \cdots\cdots (11.4)$$

2) 음의 세기레벨(Sound Intensity Level)

음의 세기란 음이 전파되는 방향에 수직인 단위면적을 단위시간(1초) 동안에 통과하는 음에너지를 의미하는 것으로 그 단위는 W/m^2이고, 음의 세기레벨이란 어떤 음의 세기를 음의 세기에 대한 기준값과의 비율로 나타낸 것으로 다음의 식 11.5로 표현된다. 음의 세기에 대한 기준값은 아래에 나타나 있는 바와 같이 정상적인 청력을 가진 사람이 들을 수 있는 가장 작은 음을 가리킨다.

$$SIL = 10\log\frac{I}{I_o} \quad \cdots\cdots (11.5)$$

SIL : 음의 세기레벨 [dB]

I : 대상음의 세기 [W/m²]

I_o : 기준음의 세기(정상적인 청력을 가진 사람이 들을 수 있는 가장 작은 음의 세기 [10^{-12} W/m²])

3) 음압레벨(Sound Pressure Level)

「(1) 2) 음의 발생, 전파, 인식」에서 음이란 공기와 같은 매질이 압축되고 팽창되는 운동이 주기적으로 반복되는 일종의 압력변화라고 했는데, 이와 같이 음이 공기에 부여하는 압력을 음압이라 하며, 음압을 에너지의 양으로 나타낸 것이 앞에서 설명한 음의 세기이다. 따라서 음압과 음의 세기는 서로 관계가 있으며 음압이 클수록 음의 세기도 커진다.

한편, 음압레벨은 음의 세기레벨과 마찬가지로 어떤 음의 음압을 기준이 되는 음압과의 비율로 나타낸 것으로 다음의 식 11.6으로 나타낸다. 식에서 기준음압은 음의 세기에 대한 기준값과 마찬가지로 정상적인 청력을 가진 사람이 들을 수 있는 가장 작은 음의 압력을 가리킨다.

$$SPL = 20\log\frac{P}{P_o} \quad \cdots\cdots (11.6)$$

SPL : 음압레벨 [dB]

P : 대상음의 음압 [N/m², μPa]

P_o : 기준음압(정상 청력을 가진 사람이 들을 수 있는 가장 작은 음의 음압) [2×10^{-5}N/m² = 20μPa]

4) 음향파워레벨(Sound Power Level)

엔진에 출력이 있듯이 음원에도 출력이 있으며, 이 출력을 음향파워레벨 또는 간단히 파워레벨이라 한다. 음향파워레벨도 앞에서 설명한 다른 레벨과 마찬가지로 음향출력에 관한 기준값과의 비율로 식 11.7과 같이 나타내고 있다.

$$PWL = 10\log\frac{W}{W_o} \cdots\cdots (11.7)$$

PWL : 음향파워레벨 [dB]

W : 대상음의 음향출력 [W]

W_o : 기준 음향출력 [10^{-12}W]

(4) 음의 종류

「(2) 1) 음의 높이」에서 주파수에 대한 설명을 하면서 일반적인 사람이 들을 수 있는 가청(可聽) 주파수의 범위는 20~20,000Hz 라고 했는데, 실제로 우리는 음악을 듣거나 다른 사람들과 이야기를 하면서 단일 주파수가 아닌 많은 주파수가 혼재된 소리를 듣는 것이 일반적이다. 음은 주파수에 따라 분류할 수 있으며, 그 종류로는 순음, 복합음, 광대역음, 대역음 등이 있다.

1) 순음(pure tone)

앞에서 설명한 그림 11.3에서와 같이 소리는 사인(sine)곡선의 형태로 표현될 수 있는데, 어떤 소리가 단일 형태의 사인곡선으로 표현될 때 그 소리를 순음(純音, pure tone)이라 한다. 우리가 접할 수 있는 가장 유사한 순음으로는 그림 11.9와 같이 말굽소리쇠를 진동시킬 때 발생되는 소리가 있다. 순음은 그림과 같이 단일 주파수이다.

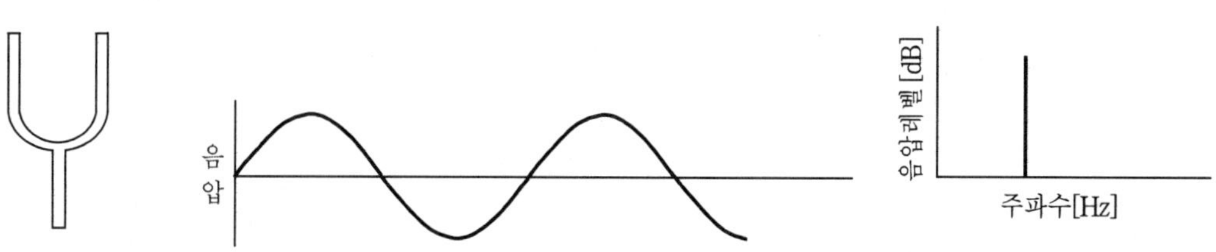

그림 11.9 순음

2) 복합음(complex tone)

앞에서 설명한 순음을 우리의 일상생활에서 경험하는 경우는 거의 없다. 아무리 단순한 음이라 해도 적어도 몇 개의 순음이 복합적으로 작용해서 음이 이루어지는데, 이와 같이 주파수와 진폭이 다른 여러 종류의 순음이 합성되어 있는 음을 복합음(複合音, complex tone)이라 한다. 우리의 일상생활에서 접할 수 있는 복합음의 예로는 바이올린 연주 때의 소리와 같이 단일 악기에서 발생되는 음을 들 수 있다. 그림 11.10에 복합음에 대한 사인(sine) 파형과 주파수 분포의 예를 나타낸다.

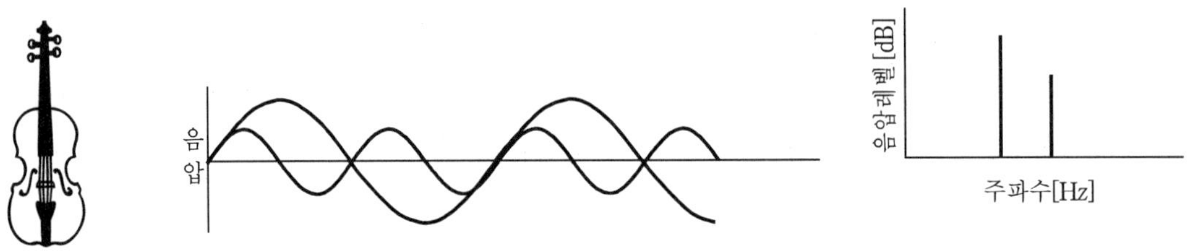

그림 11.10 복합음

3) 광대역음(broadband noise), 대역음(band-pass filtered noise)

앞에서 설명한 복합음의 범위를 넓게 해석하면 자연계의 거의 모든 소리를 복합음이라 할 수 있으나, 일반적으로는 자연계 대부분의 소리를 광대역음(廣帶域音, broadband noise)이라 하고 있다. 광대역음의 의미는 그림 11.11과 같이 가청범위의 모든 주파수 영역에 걸쳐 음에너지가 존재하는 소리로, 대부분의 음악이나 일상적 회화 및 소음 등이 여기에 해당된다.

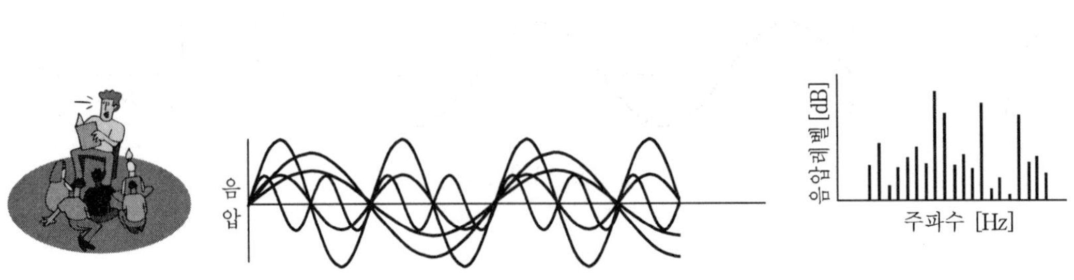

그림 11.11 광대역음

건축물이나 음향장비의 음향성능을 측정하기 위한 목적으로 사용되는 인위적인 광대역음으로 화이트노이즈(white noise)와 핑크노이즈(pink noise)가 있다. 화이트노이즈란 그림 11.12의 (a)와 같이 인간의 가청주파수대 내에 존재하는 모든 주파수에서 동일한 음의 세기, 즉 동일한 음압으로 소리가 발생하는 소음을 뜻한다. 모든 주파수에서 동일한 음의 세기가 발생하기 때문에 음향장비의 주파수 응답특성과 같은 성능측정에 많이 이용된다.

한편, 화이트노이즈는 모든 주파수대에서 동일한 음압이 발생하기 때문에 우리 귀에는 더 높은 소리, 즉 높은 주파수대의 소리가 더 많이 들리게 되어 음의 세기와 우리의 감각이 일치하지 않으며, 이러한 점을 고려한 것이 핑크노이즈이다. 핑크노이즈는 그림 11.12(b)와 같이 주파수대역(옥타브)이 올라갈 때마다 음압레벨을 3dB씩 감소시킨 것을 말한다. 주파수가 큰 고음일수록 음압레벨이 작게 발생되므로 모든 주파수대역에서 동일한 음의 세기를 발생하는 화이트노이즈보다 우리 귀에는 오히려 핑크노이즈가 모든 주파수대에서 동일한 음으로 소리가 나는 것처럼 들린다. 이와 같은 특성 때문에 핑크노이즈는 공연장의 음장(音場)상태를 체크할 때 많이 사용된다. 그림 11.13은 화이트노이즈와 핑크노이즈의 실제 파형을 나타낸 것이다.

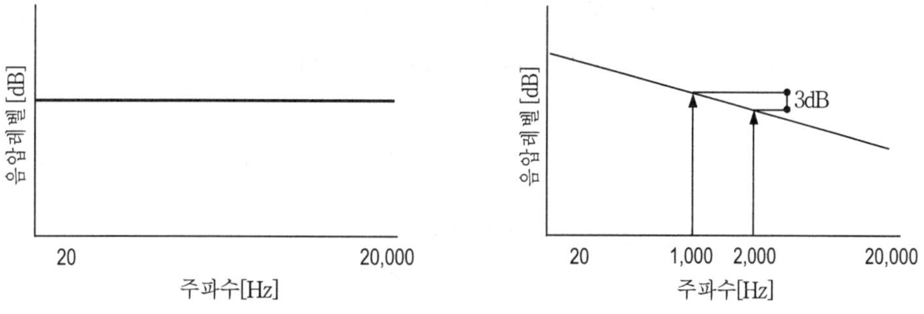

(a) 화이트노이즈　　(b) 핑크노이즈

그림 11.12 화이트노이즈와 핑크노이즈 (1)

한편, 대역음(帶域音, band-pass filtered noise)은 모든 주파수대역이 아닌 일정한 폭의 주파수대역에 대한 소리를 의미하는 것으로, 소리에 관한 일정 대역폭의 필터를 통과시켜 발생시킨다.

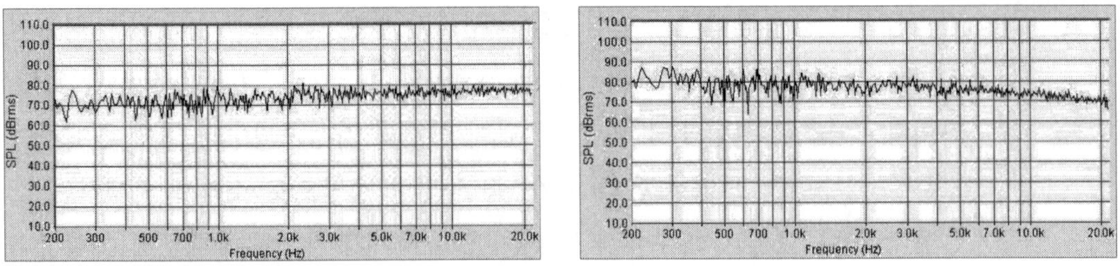

(a) 화이트노이즈 (b) 핑크노이즈

그림 11.13 화이트노이즈와 핑크노이즈 (2)

(5) 음의 합성과 분해

1) 음의 합성

두 종류의 음이 동시에 들릴 때 그 합성음의 레벨(dB)은 각 음의 레벨(dB)의 단순 산술합으로 되지 않는다. 그 이유는 두 종류의 음이 겹칠 때 합성음의 세기는 두 음의 세기의 합으로 되지만, 음의 세기레벨이나 음압레벨은 식 11.5 및 11.6에 나타나 있는 바와 같이 합성음 세기와 기준음 세기의 비의 로그값으로 나타내어지기 때문이다.

음을 발생하는 것이 n개 있고 각각의 음압레벨이 $L_1, L_2, L_3, \cdot\cdot\cdot, L_n$일 때 합성된 음압레벨은 다음의 식 11.8로 구해진다.

$$L = 10\log\left(10^{\frac{L_1}{10}} + 10^{\frac{L_2}{10}} + 10^{\frac{L_3}{10}} + \cdot\cdot\cdot\cdot\cdot + 10^{\frac{L_n}{10}}\right) \quad \cdots\cdots (11.8)$$

L : 합성음의 음압레벨 [dB]

$L_1, L_2, L_3, \cdot\cdot\cdot, L_n$: 각 음원의 음압레벨 [dB]

두 가지 음이 합성된 합성음의 음압레벨은 표 11.3의 계산표로 쉽게 계산할 수 있으며, 셋 이상의 합성음 레벨도 표 11.3을 반복 사용하여 계산할 수 있다.

표 11.3 합성음의 음압레벨

두 가지 음의 음압레벨 차	0	1	2	3	4	5	6	7	8	9	10
큰 쪽에 가산되는 값	3.0	2.5	2.1	1.8	1.5	1.2	1.0	0.8	0.6	0.5	0.4

한편, 실내의 천장에서 냉온풍을 취출시키는 취출구와 같이 동일한 크기의 소음을 발생시키는 요소가 여러 개 있을 때는 다음의 식으로 계산할 수 있다.

$$L = L_o + 10\log n \quad \cdots\cdots (11.9)$$

L : 합성음의 음압레벨 [dB]

L_o : 소음원 1개의 레벨 [dB]

n : 소음원의 개수 [개]

【예제 11.1】

다섯 종류의 소음원의 소음레벨을 측정했더니 다음과 같은 결과가 얻어졌다. 각 소음원이 동시에 음을 발생한다면 합성된 음의 레벨은 어느 정도가 되겠는가?

소 음 원	음압레벨 [dB]
①	20
②	23
③	25
④	30

풀이 식 11.8 및 표 11.3을 각각 이용하여 산정해 보기로 한다.

(1) 식 11.8 이용

$$L = 10\log(10^{\frac{L_1}{10}} + 10^{\frac{L_2}{10}} + 10^{\frac{L_3}{10}} + 10^{\frac{L_4}{10}}) = 10\log(10^{\frac{20}{10}} + 10^{\frac{23}{10}} + 10^{\frac{25}{10}} + 10^{\frac{30}{10}}) \fallingdotseq 32.1[dB]$$

(2) 표 11.3 이용

소음원 ①과 ②는 레벨차가 3이므로 큰 쪽에 1.8을 더하여 24.8dB이 된다. 또 ①과 ②의 합성음과 소음원 ③과의 레벨차는 0.2이므로 0으로 가정하여 큰 쪽에 3을 더한 값인 28dB이 된다. 마지막으로, 합성된 28dB과 소음원 ④와의 레벨차는 2이므로 큰 쪽에 2.1을 더한 값인 32.1dB이 되어, 모든 소음원이 동시에 음을 발생할 때의 합성음의 음압레벨은 32.1dB이 된다.

【예제 11.2】
어느 실내에 냉난방용 취출구가 20개 설치되어 있다. 취출구 한 개로부터 발생하는 소음이 30dB이라면 20개가 모두 가동될 때 취출구로부터 발생하는 소음은 어느 정도가 되겠는가?

풀이 식 11.9를 이용한다.
$L = L_o + 10\log n = 30 + 10\log 20 = 43$[dB]

2) 음의 분해

우리가 어느 실내의 소음을 측정하고자 할 때 그 실내의 외부에서 발생하고 있는 소음이 실내에 영향을 미쳐서 실제로 실내에서 발생하는 소음값보다 더 큰 값을 나타낼 수가 있다. 이렇게 측정 대상이 되는 소음 외의 소음을 암소음(暗騷音, background noise)이라 한다. 실제 측정하고자 하는 음의 레벨을 정확히 알고자 할 때는 이 암소음의 영향을 제거해야 하며, 이러한 경우를 음의 분해라 한다. 암소음의 영향은 식 11.10으로 보정할 수 있으며, 표 11.4를 이용하면 용이하게 구할 수 있다.

$$L = 10\log(10^{\frac{L_1}{10}} - 10^{\frac{L_2}{10}}) \quad \cdots\cdots (11.10)$$

L : 대상음의 음압레벨[dB]
L_1 : 대상음과 암소음이 같이 측정된 음의 음압레벨[dB]
L_2 : 암소음의 음압레벨[dB]

표 11.4 암소음의 영향에 대한 보정값

합성음과 암소음의 음압레벨차	3	4	5	6	7	8	9	10
보정값	−3.0	−2.3	−1.7	−1.3	−1.0	−0.8	−0.6	−0.5

【예제 11.3】
어느 공장의 한 기계에서 소음을 측정한 결과 음압레벨이 85dB이었으며, 이 기계의 가동을 멈추고 측정했더니 78dB이 되었다. 이 기계의 소음레벨은 어느 정도이겠는가?

풀이 표 11.4를 이용한다. 기계의 가동을 멈추고 측정했을 때의 측정값이 암소음이고, 85−78=7이므로 표 11.4에서 합성음과 암소음의 레벨차 7에 대한 보정값은 −1.0이 된다. 따라서 암소음을 배제한 이 기계의 소음레벨은 85−1=84[dB]이 된다.

3. 음의 주관적 성질 및 음향효과

모든 음은 그것이 발생할 때 음으로서의 물리적 성질을 갖게 되며, 그 물리적 성질의 종류 및 특징 등에 대해서는 앞에서 설명하였다. 한편, 우리가 어떤 음을 들을 때는 그 음이 갖고 있는 여러 물리적 성질이 복합적으로 작용해서 우리에게 들리는 것이므로, 음을 평가할 때는 음의 물리적 성질뿐 아니라 감각적 성질, 즉 주관적 성질도 고려하는 것이 합리적일 수 있다. 또 음은 그것이 발생해서 우리 귀에 들리는 과정 중에 음향으로서의 여러 가지 현상, 즉 음향효과가 일어나게 된다.

(1) 청각기구

우리가 소리를 듣는다는 것은 소리를 내는 어떤 물체로부터 생성되는 음에너지가 공기의 압력변화, 즉 음압을 일으키고 그 음압이 우리 귀의 고막을 진동시키면서 이루어지는 기능을 말한다. 사람의 귀는 그림 11.14와 같은 구조로 되어 있으며, 그 기능상 외이(外耳), 중이(中耳,) 내이(內耳)로 구분한다.

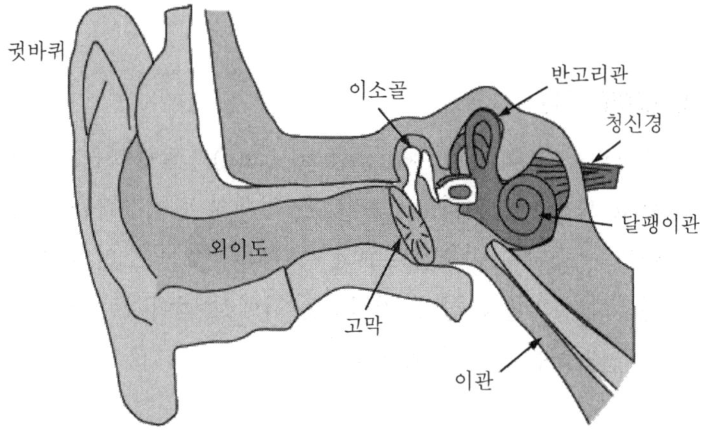

그림 11.14 귀의 구조

1) 외이(外耳)

귓바퀴, 외이도(外耳道), 고막으로 구성된다. 귓바퀴는 이개(耳介) 또는 이각(耳殼)이라고도 하는 것으로, 음파를 모아 귀 안으로 쉽게 들어가도록 하는 역할을 한다. 외이도는 일종의 공명기(共鳴器)로, 음을 증폭시키는 역할을 하며 이 음이 고막을 진동시키면 진동이 내이(內耳)로 전달되어 청각을 발생시킨다.

2) 중이(中耳)

이소골(耳小骨)과 이관(耳管)으로 구성된다. 음이 귀로 들어오면 외이도를 거쳐 고막에서 진동을 일으킨다고 했는데, 고막에서의 진동을 내이로 전달시키는 역할을 하는 것이 이소골이다. 이관은 유스타키오관이라고도 하는 것으로, 중이 안쪽의 압력과 바깥쪽의 압력을 조절하는 역할을 한다. 우리가 차를 타고 높은 산에 오르거나 반대로 내려올 때 또는 비행기를 타고 상승할 때 귀가 멍멍해질 때가 있는데, 이것은 고막 안쪽과 바깥쪽의 압력이 달라 고막의 진동이 원활해지지 않기 때문이다. 이때 하품을 하면 평소에는 닫혀 있던 유스타키오관이 열려 고막 안쪽과 바깥쪽의 압력이 조절되어 어느 정도 회복이 된다.

3) 내이(內耳)

반고리관(半고리管, semicircular canal), 달팽이관, 청신경(聽神經, auditory nerve)으로 구성된다. 반고리관은 인체의 평형감각을 담당하는 기관이며, 달팽이관은 중이의 이소골로부터 전달되어 오는 소리의 진동을 받아 청신경으로 전달하는 역할을 한다. 청신경은 귀에서 얻어지는 청각 및 평형감각정보를 뇌로 전달하는 기능을 수행한다.

(2) 음의 크기레벨(Loudness Level)

「2. (3) 음의 크기 지표」에서, 음의 크기를 나타내는 방법으로는 음의 물리적 양으로 나타내는 방법과 인간의 감각적 양으로 나타내는 것이 있으며, 물리적 양에 대한 지표로는 음의 세기레벨, 음압레벨, 음향파워레벨 등이 이용되고 있다고 했다. 그러나 같은 음의 세기라 해도 그 주파수 등에 따라 실제로 우리가 듣는 음의 크기가 달라지기 때문에 음의 물리적 양이 아닌 인간의 청각에 의한 음의 양으로 나타낼 필요가 있다. 주관적 지표로서의 음의 크기레벨은 폰(phon)과 손(sone)으로 나타낸다.

1) 폰(phon)

폰은 주파수가 1,000Hz인 음을 기준으로 하여 그 크기를 정한 것으로, 예를 들어 주파수 1,000Hz인 음의 세기레벨이 40dB인 음은 40phon, 60dB인 음은 60phon이 된다. 주파수가 다른 음은 세기레벨이 같아도 폰으로는 다른 값이 되며, 반대로 세기레벨이 달라도 폰으로는 같은 값이 될 수 있다.

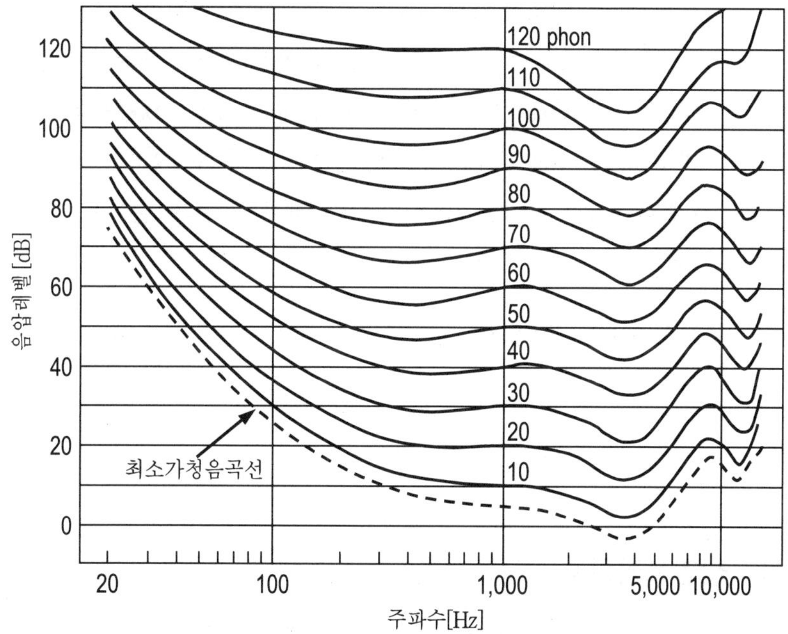

그림 11.15 등청감곡선

폰은 주파수가 1,000Hz인 음을 기준으로 했으므로, 예를 들어 500Hz의 50dB이 1,000Hz의 40dB과 같은 감각으로 들린다면 500Hz 50dB인 음도 40phon이 되는 것이다. 또 2,000Hz의 30dB이 1,000Hz의 35dB과 같은 감각으로 들린다면 2,000Hz의 30dB인 음은 35phon이 되는 것이다. 이와 같이 음의 크기를 인간의 감각을 기준으로 고려한다면 dB보다는 phon이 보다 합리적인 수치라 할 수 있다. 주파수에 따른 음압(음의 세기, dB)과 폰의 관계를 나타낸 것으로 그림 11.15와 같은 등청감(等聽感)곡선이 있다. 이것은 앞에서 설명한 바와 같이 주파수 1,000Hz인 음의 세기, 즉 음압을 기준으로 하여 그때의 dB과 phon을 같은 값으로 정한 후, 각 주파수별로 1,000Hz 음과 동일한 감각을 느끼게 하는 음압(dB)들을 선으로 연결시킨 것이다. 등청감곡선은 등라우드니스(等 loudness)곡선이라고도 한다.

2) 손(sone)

폰이 인간의 감각을 기준으로 한 음의 크기 지표이지만, 예를 들어 80폰의 음이 40폰의 음에 비해 두 배의 크기로 들리는 것은 아니다. 이러한 점을 고려하여, 수치적으로 두 배가 되면 실제 인간의 청각에서 두 배의 소리로 들리도록 한 것이 손(sone)이다. 손의 기준이 되는 음은 1,000Hz 40dB이며 이것을 1손이라고 한다. 따라서 1,000Hz 40dB인 음보다 두 배의 크기로 들리는 소리가 2손, n배로 들리는 소리는 n손이 되는 것이다. 폰과 손과는 다음의 관계식이 성립한다.

$$\log S = 0.03(P-40) \quad \cdots\cdots (11.11)$$

S : 손

P : 폰

(3) 청감보정회로

이미 설명했듯이 같은 세기의 음이라 해도 그 음의 주파수에 따라 우리가 느끼는 음의 크기는 달라진다. 소음계는 인간의 이러한 청감(聽感)을 고려해서 소음을 측정할 필요가 있으며, 따라서 주파수에 따른 인간의 청감을 고려한 보정이 이루어지도록 하는 전자회로가 소음계 내에 내장되어 있는데, 이것을 청감보정회로라 한다. 청감보정회로는 주파수에 따른 보정의 정도에 따라 A특성, B특성, C특성 등이 있으나, A특성의 청감보정회로가 인간의 감각에 가장 적합하여 항공기소음과 같은 특수한 목적을 제외한 일상생활에서의 소음측정에는 A특성의 청감보정회로가 사용되고 있다. 표 11.5에 A특성의 청감보정량을 나타낸다.

표 11.5 A특성의 청감보정량

중심 주파수[Hz]	31.5	63	125	250	500	1k	2k	4k	8k
보정량[dB]	−39.4	−26.2	−16.1	−8.6	−3.2	0	+1.2	+1.0	−1.1

그림 11.15의 등청감곡선에서와 마찬가지로 청감보정회로에서도 기준은 1,000Hz(1kHz)이다. 어떤 음의 각 주파수별 음압레벨이 50dB이라면 표 11.5에서 알 수 있듯이 1kHz의 음은 보정량이 0이므로 그대로 50dB로 느낀다. 그러나 125Hz의 음은 16.1dB을 뺀 33.9dB로, 4kHz의 음은 1dB을 더한 51dB로 느끼게 되며, 소음계는 이러한 청감보정량이 고려된 수치로 측정이 이루어진다. 그림 11.16에 A특성을 비롯해서 B특성과 C특성에 대한 주파수별 상대적인 음압레벨(청감보정량)을 나타낸다. 청감보정이 이루어진 음압레벨의 값은 그것이 이루어져 있다는 의미로 dB에 A, B, C 등을 붙인다. 예를 들어 A특성의 청감보정회로가 사용된 소음측정값에는 dB(A)라 하고 B특성의 청감보정회로가 사용되었다면 dB(B)라고 표현하게 되는 것이다.

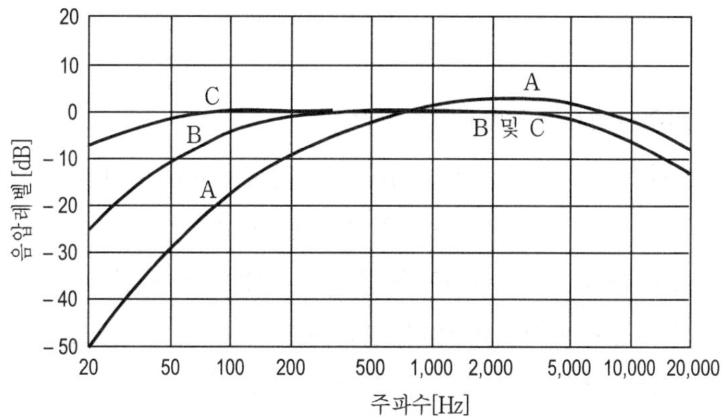

그림 11.16 청감보정특성

(4) 음향효과

어떤 단일의 음이 발생하거나 또는 여러 종류의 음이 동시에 발생되어 그 음들이 우리에게 들리는 과정 중에는 아래와 같은 여러 종류의 음향효과가 발생한다. 이 현상들 중에는 바람직한 것도 있고 그렇지 않은 것도 있어, 바람직하지 않은 것은 가급적 발생하지 않도록 주의해야 하지만 바람직한 것은 그 효과를 인위적으로 발생시키는 경우도 있다.

1) 마스킹효과(masking effect)

큰 소리와 작은 소리를 동시에 들을 때 큰 소리만 들리고 작은 소리는 들리지 않는 현상으로, 음파의 간섭에 의해 발생한다. 마스킹효과는 다음과 같은 특징을 가지고 있다.

① 저음은 고음을 마스킹하지만 고음은 저음을 마스킹하지 못한다.
② 두 음의 주파수가 가까울수록 마스킹 양은 증가한다.
③ 방해가 되는 음의 레벨이 크면 마스킹 양은 증가한다.

마스킹효과는 대화할 때와 같이 우리의 일상생활에 좋지 않은 영향을 미치기는 하지만, 반대로 호텔 로비와 같은 곳에서의 배경음악은 주변의 소음을 차단하는 효과가 있으므로 이러한 곳에서는 마스킹효과를 적극적으로 이용할 필요가 있다.

2) 바이노럴효과(binaural effect)

사람의 두 귀는 음이 발생되는 음원으로부터 방향감과 시간차를 느끼게 하여 음의 입체감을 만드는 역할을 하는데, 이 현상을 바이노럴효과라고 한다. 그리고 이 입체감은 여러 음 중에서 특정한 음을 분리하여 들을 수 있는 명료도의 기능이 부가되어 있다. 한쪽 귀로 듣는 소리가 모노라면 두 귀로 듣는 소리는 스테레오에 비유할 수 있으며, 스테레오 재생은 바이노럴효과를 이용하여 음원의 확산감과 깊이감을 느끼게 하는 기술이다.

3) 하스효과(hass effect)

두 개의 스피커 정 중앙에 서서 두 스피커로부터 나오는 소리를 들으면 소리는 두 스피커의 정 중앙에서 나오는 듯이 느끼게 된다. 그러나 두 스피커 중 하나에서 시간을 약간 지연시켜 소리를 발생시키면 먼저 소리가 나온 스피커에서만 소리가 들리는 것으로 착각하게 된다. 이와 같이 음의 발생이 두 곳에서 이루어져도 두 곳 중 먼저 우리 귀에 닿는 쪽의 음만 들리는 현상을 연구자의 이름을 따서 하스효과 또는 선행음효과라고 한다.

4) 도플러효과(doppler effect)

소리를 내는 음원이 이동하면 그 이동방향과 속도에 따라 음의 주파수가 변화되어 음정(pitch)이 변하는 현상으로, 하스효과와 마찬가지로 연구자의 이름을 따서 도플러효과라 한다. 이 효과는 영화에서 비행기, 총, 자동차, 기차 등의 소리를 실감나게 표현하기 위해 많이 사용하고 있다. 도플러효과는 음에 관해서만 활용되는 것이 아니고, 야구장에서의 투수 공의 속도, 교통경찰의 과속 차량 단속 등에도 이용되고 있다.

5) 칵테일파티효과(cocktail party effect)

여러 음이 존재할 때 자신이 원하는 음을 선별하는 청각능력을 의미하는 것으로, 칵테일파티와 같이 주변환경이 매우 시끄러운 곳에서도 상대방과 원하는 대화를 할 수 있는 것은 이 효과에 의해서이다.

4. 음환경의 측정 및 평가

(1) 측정기기

1) 소음계

음환경을 측정하는 기기로는 소음계(騷音計)가 있으며, 소음계는 정밀도에 따라 정밀소음계, 보통소음계, 간이소음계로 분류하고 있다. 앞에서 설명했듯이 음의 크기를 나타내는 음압레벨은 물리적인 양이지만 그 물리적 양의 크기가 우리의 감각적 크기와 비례하지 않기 때문에 소음계는 인간의 청감에 대한 보정을 하여 음압레벨이 아닌 음의 크기레벨에 근사한 값을 측정할 수 있도록 되어 있다. 소음계의 주요 구성요소 및 그 역할은 다음과 같다.

① 마이크로폰(Microphone)

측정하고자 하는 소음을 받아들여 음에너지를 전기에너지로 변환시킨다.

② 증폭기

마이크로폰이 변환시킨 전기에너지를 증폭시킨다.

③ 청감보정회로

앞에서 설명한 바와 같이 음의 주파수에 따른 인간의 청감을 보정하기 위한 것으로, 일반적으로 A특성을 갖추고 있으며, 자동차 소음측정에 사용되는 C특성도 함께 갖춘 것이 이용되는 경우가 많다.

④ 출력단자(Monitor Out)

소음신호를 기록기 등에 전송한다.

⑤ 지시계기(Meter)

소음의 크기를 우리 눈으로 확인하는 부분으로, 아날로그형식의 지침형 또는 디지털형식의 숫자표시형이 있다.

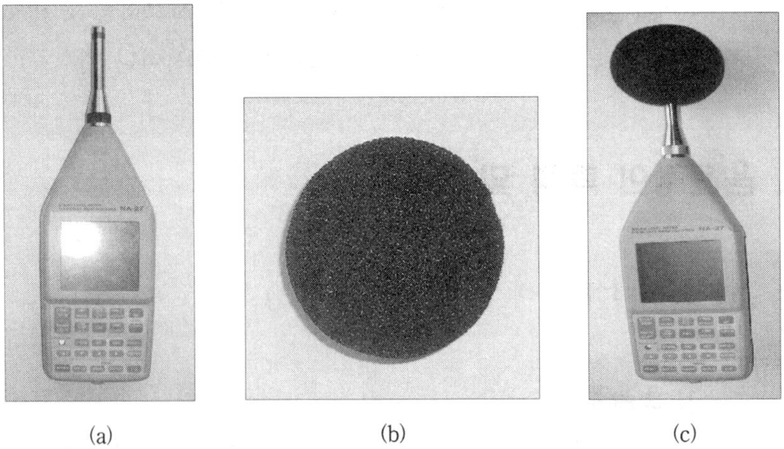

(a) (b) (c)

그림 11.17 소음계

소음계의 본체는 이와 같은 주요 구성요소로 이루어져 있는데, 실외의 소음을 측정할 때는 바람의 영향을 배제할 필요가 있으며 그 역할을 하는 부속기기로 방풍망(방풍 screen)이 있다. 그림 11.17의 (a)에 소음계 본체를, (b)에 방풍망을, 그리고 (c)에 방풍망이 본체에 결합된 모습을 각각 나타낸다.

2) 주파수분석기

소음을 방지하기 위한 대책을 세울 때 소음레벨 측정만으로는 불충분할 수 있다. 소리를 차단시키기 위한 재료나 시스템은 그 종류에 따라 고음 차단에 유리한 것도 있고 저음 차단에 유리한 것도 있기 때문이다. 따라서 어떤 장소에서 발생하는 소음이 주파수별로 어떻게 분포되어 있는가에 대한 주파수특성을 파악할 필요가 있으며, 이를 위해 사용하는 기기를 주파수분석기라 한다. 소음의 주파수분석은 주파수필터를 이용하여 행할 수 있다. 주파수필터란 일정 주파수영역에 대해 대역(帶域)을 설정하고 이 대역 외의 음들은 걸러내고 대역 내의 음에너지만을 산출하는 장치이다. 정밀소음계에 부착된 주파수필터를 사용하면 수동으로 손쉽게 주파수분석이 가능하며, 정밀하게 분석하고자 하면 그림 11.18과 같은 실시간 주파수분석기를 이용하는 것이 바람직하다. 그림의 왼쪽은 분석기의 외형을, 오른쪽은 모니터에 표시되는 형태의 예를 나타내고 있다. 모니터 표시는 가로축에 주파수대역별 중심주파수를 나타내고 세로축에 음압레벨을 나타냄으로써 주파수별 음압레벨을 알 수 있도록 되어 있다.

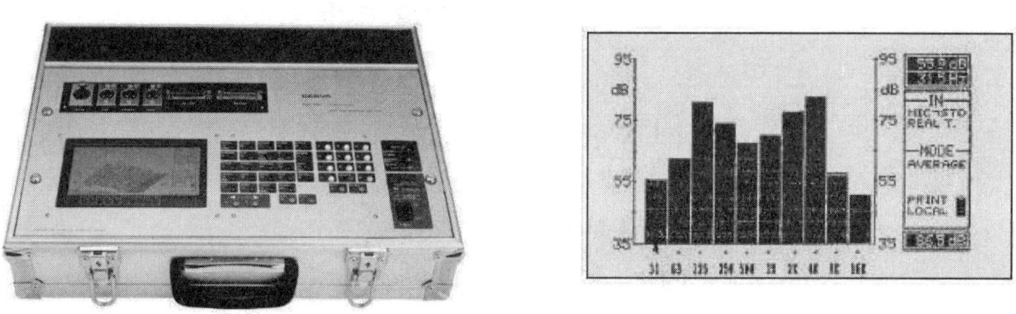

그림 11.18 실시간 주파수분석기의 예

(2) 외부소음의 평가

일상생활에서 흔히 접할 수 있는 외부소음원은 환경소음이라 일컬어지는 도로교통소음, 항공기소음, 그리고 공장과 같은 산업관련소음이다. 이들 소음원들이 우리의 일상생활에 미치는 영향에 대한 평가방법과 평가척도들에 대해 살펴보기로 한다.

1) 등가(等價)소음레벨(equivalent sound level)

어느 장소에서 발생하는 소음의 크기가 일정하지 않으면 한 번의 측정으로 그 장소의 소음레벨을 규정할 수가 없다. 이러한 경우에는 다수의 측정을 통해 평균적인 값을 소음레벨로 정할 필요가 있으며, 이때의 평균적 소음레벨을 등가소음레벨이라 한다. 그림 11.19에 등가소음레벨의 개념을, 식 11.12에 등가소음레벨의 산정식을 각각 나타낸다.

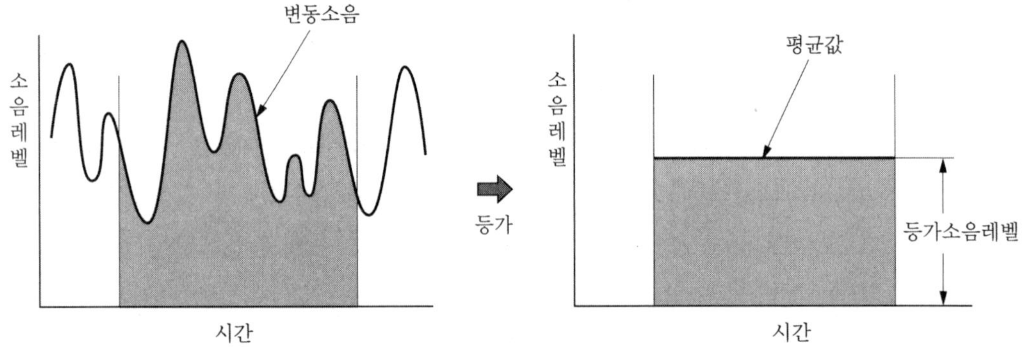

그림 11.19 등가소음레벨 개념도

$$L_{eq} = 10\log\left\{\frac{1}{n}\sum_{i=1}^{n} f_i \times 10^{\frac{L_i}{10}}\right\} \quad \cdots\cdots (11.12)$$

L_{eq} : 등가소음레벨 [dB(A)]

n : 측정시간

f_i : 일정 소음레벨 L_i의 지속시간

L_i : i 번째의 소음레벨 [dB(A)]

일반적인 소음계로 같은 시간간격(소음계 특성에 따라 0.25~2초)으로 많은 횟수의 측정을 하여 각각의 측정값이 얻어졌다면 등가소음레벨은 다음과 같이 계산할 수 있다.

$$L_{eq} = 10\log[\frac{1}{n}(10^{\frac{L_1}{10}} + 10^{\frac{L_2}{10}} + \cdots\cdots + 10^{\frac{L_n}{10}})] \quad \cdots\cdots\cdots\cdots (11.13)$$

n : 측정횟수

L_1 : 첫 번째 측정값[dB(A)]

L_2 : 두 번째 측정값[dB(A)]

L_n : n 번째 측정값[dB(A)]

【예제 11.4】

어느 장소에서 소음을 측정했더니 다음과 같은 결과가 얻어졌다. 이 장소에서의 등가소음레벨을 산정하시오.

측정값[dB(A)]	시간[분]
60	12
65	10
70	16
75	5

풀이 식 11.12를 이용한다.

$$L_{eq} = 10\log[\frac{1}{43}(12\times 10^{\frac{60}{10}} + 10\times 10^{\frac{65}{10}} + 16\times 10^{\frac{70}{10}} + 5\times 10^{\frac{75}{10}})] = 69.2 ≒ 69[\mathrm{dB(A)}]$$

2) 평가(評價)소음레벨(rating sound level)

어느 두 장소의 소음레벨을 측정했더니 같은 값이 나왔다고 해도 우리가 느끼는 소음의 정도는 다를 수 있다. 예를 들어, 소음이 지속적으로 발생할 때와 간헐적으로 발생할 때와는 간헐적일 때가 더 불쾌감을 주고 야간의 소음 또한 주간의 소음보다 더 불쾌하기 때문이다. 이와 같이 우리가 소음으로 인해 느끼는 피해에 영향을 주는 요소들을 측정된 소음레벨에 반영한 값을 평가소음레벨이라 한다. 평가소음레벨을 구하기 위해, 측정된 소음레벨에 더하거나 빼는 보정값을 표 11.6~11.8에 나타낸다.

표 11.6 영향 인자에 따른 보정값

영 향 인 자		보 정 값 [dB(A)]
충 격 성(예 : 말뚝 박는 소리)		+5
순 음 성(예 : 비명 소리)		+5
주간 1시간당 지속시간 저녁 및 야간 30분당 지속시간	50~100%	0
	18~50%	−5
	6~18%	−10
	1.8~6%	−15
	0.6~1.8%	−20
	0.2~0.6%	−25
	0.2% 이하	−30

표 11.7 소음발생시간에 따른 보정값

발 생 시 간	보 정 값 [dB(A)]
주간 (06:00~18:00)	0
저녁 (18:00~24:00)	+5
야간 (24:00~06:00)	+10 ~ +15

표 11.8 소음발생지역에 따른 보정값

발 생 지 역	보 정 값 [dB(A)]
주거전용지역, 병원 및 요양지역	0
교외 주거지, 도로교통이 거의 없는 지역	−5
도시 주택지	−10
공장, 상점 등이 있는 도시 주택지	−15
시가지	−20
공업지역	−25

3) 주야(晝夜)등가소음레벨 (day−night equivalent sound level)

어떤 지역의 소음을 낮과 밤에 관계없이 단일 수치로 표현한 것이다. 이때 같은 크기의 소음이라도 밤에는 낮보다 더 시끄럽게 느껴지므로 야간의 소음레벨은 측정된 값보다 10dB(A)를 가산 보정해서 산정한다. 주간의 시간대는 07:00~22:00의 15시간, 야간의 시간대는 22:00~07:00의 9시간으로 가정하고 있으며, 주야등가소음레벨은 이들 시간대를 적용하여 다음의 식 11.14로 구해진다.

$$L_{dn} = 10\log\frac{1}{24}(15\times 10^{\frac{L_d}{10}} + 9\times 10^{\frac{L_n}{10}}) \cdots\cdots (11.14)$$

L_{dn} : 주야등가소음레벨 [dB(A)]

L_d : 주간의 등가소음레벨 [dB(A)]

L_n : 야간의 등가소음레벨 [dB(A)]

4) 교통소음지수(TNI, Traffic Noise Index)

「1) 등가소음레벨」에서, 등가소음레벨이란 어느 장소에서 발생하는 소음의 크기가 일정하지 않을 때 다수의 측정을 통해 얻어진 평균적인 값이라고 설명했는데, 자동차로 인한 도로교통소음은 특히 소음크기의 변동이 매우 심해 별도로 제안되어 있는 척도가 일반적으로 이용되고 있으며, 이 척도를 교통소음지수라 한다. 식 11.15에 교통소음지수의 산정식을 나타낸다.

$$TNI = 4(L_{10} - L_{90}) + L_{90} - 30 \cdots\cdots (11.15)$$

TNI : 교통소음지수

L_{10} : 측정된 소음레벨 중 시끄러움의 상위 10%에 해당하는 레벨

L_{90} : 측정된 소음레벨 중 시끄러움의 상위 90%, 즉 조용함의 상위 10%에 해당하는 레벨

일반적으로 식 11.15에 의해 산정된 교통소음지수가 74 이상이 되면 주민의 50% 이상이 불쾌감을 느낀다고 일컬어지고 있다.

5) 항공기소음

항공기소음의 평가는 항공기의 이착륙 횟수나 통과 횟수, 항공기소음의 최대

출력 등에 의해 각국별로 여러 가지 평가방법을 채택하고 있는데, 예를 들어 국제민간항공기구(ICAO) 및 일본에서는 WECPNL(Weighted Equivalent Continuous Perceived Noise Level), 미국에서는 NEF(Noise Exposure Forecast), 영국에서는 NNL(Noise and Number Level) 등이 이용되고 있다. 이와 같은 항공기소음의 여러 가지 평가방법에 대해서는 관련문헌을 참고하기 바란다.

(3) 내부소음의 평가

1) NC(Noise Criteria)

실내에 설치된 기기 등에서 발생되는 소음을 평가하고 그 소음이 각 실의 용도별로 적합한가의 여부를 판단하는 기준으로 예로부터 널리 이용되고 있는 기준이다.

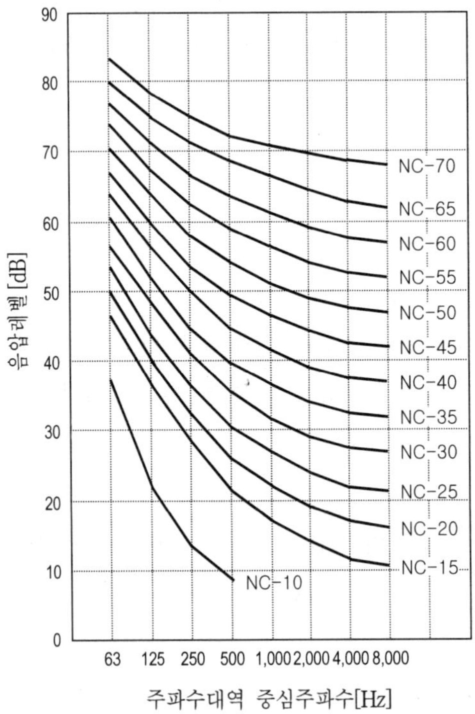

그림 11.20 NC곡선

「3. (2) 음의 크기레벨」에서 설명했듯이, 우리가 느끼는 음의 크기는 음의 세기레벨(또는 음압레벨)뿐 아니고 그 음의 주파수에도 영향을 받게 되는데, NC값에는 음압레벨과 주파수가 동시에 고려되어 있다. NC값의 산정에는 그림 11.20과 같은 NC곡선이 이용된다. NC값의 산정방법은, 실내소음을 각 주파수대역(周波數帶域, Hz단위)별로 분석하여 해당 주파수대역(옥타브밴드)별 소음레벨을 그림 11.20의 NC곡선에 기입한 후, 각 대역의 NC값 중 최대 NC값을 그 소음의 NC값으로 하는 것이다. 그림 11.20에서 알 수 있듯이 동일 음압레벨(dB)일 경우 주파수가 낮을수록 NC값은 작아지며, 따라서 같은 크기의 소음이라 해도 주파수가 낮을수록 우리가 느끼는 불쾌감은 작아진다. 표 11.9에 일반적으로 적용되는 실 용도별 허용소음의 NC값을 나타낸다.

표 11.9 일반적인 실 용도별 허용소음의 NC값

실명	NC값	실명	NC값
방송스튜디오	15~20	주택	25~35
음악홀	20	영화관	30
극장	20~25	병원	30
교실	25	도서관	30
회의실	25	중소규모 사무실	30~35
아파트 · 호텔	25~30	대규모 사무실	45

NC 이후에 PNC(Preferred Noise Criteria), NR(Noise Rating)이 NC의 개량된 형태로 발표되면서 PNC곡선, NR곡선 등이 이용되고 있는데, 기본개념은 NC곡선과 동일하며 PNC값, NR값을 구하는 방법도 NC값을 구하는 방법과 동일하다.

【예제 11.5】

어느 실내의 소음을 측정했더니 주파수대역 중심주파수별로 다음과 같은 결과가 얻어졌다. 이 실내의 NC값은 어떻게 되겠는가?

중심주파수[Hz]	음압레벨[dB]
63	60
125	57
250	50
500	43
1,000	45
2,000	40
4,000	37

풀이 그림 11.20을 이용하여 중심주파수별로 해당하는 음압레벨에 점을 찍으면 다음과 같이 되며, 이 중 가장 높은 NC값을 나타내는 것은 중심주파수 1,000Hz일 때로, 이때의 NC값은 43이 되는 것을 알 수 있다. 따라서 이 실내의 소음레벨은 NC-43이라고 할 수 있다.

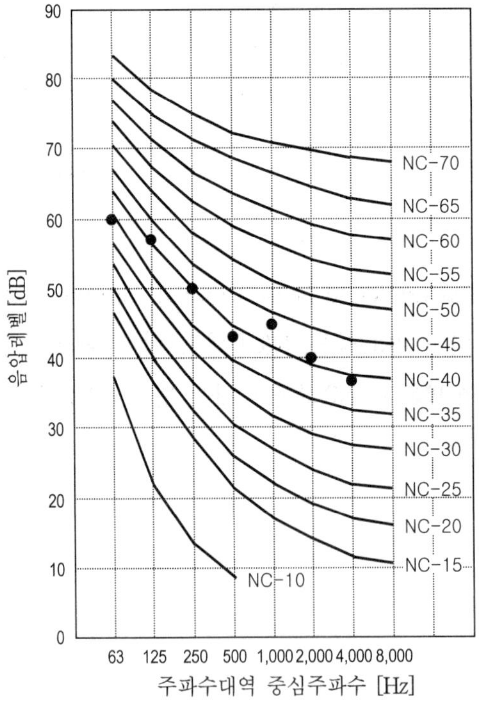

2) 바닥충격음

아파트와 같은 공동주택에서 위층과 아래층 간 분쟁의 한 원인이 되는 것이 바닥충격음이다. 즉, 위층 세대에서 뛰어다니는 등의 행동이 있게 되면 아래층 세대의 천장에서 쿵쿵거리는 소리가 발생하면서 심한 불쾌감을 느끼게 되는 것이다. 바닥충격음에 관한 소음평가는 아직 국제적으로는 널리 인식되지 않고 있어, 정립되어 있는 국제적인 평가기준은 없으며 각국별로 지침을 설정하고 있는 것이 일반적이다. 국내 및 일본에서는 바닥충격음에 대한 기준으로 L값을 적용하고 있는데, L값의 개념은 앞서 설명한 NC값과 동일하여 소리의 크기 및 주파수에 따라 그 값이 정해지며, 따라서 같은 크기의 충격음이라도 그 음의 주파수가 높으면 L값은 커진다.

NC값은 소음원이 있는 세대와 실제로 그 소음을 느끼는 세대가 동일한 상황에서 산정되지만, L값은 소음원이 있는 세대와 그 소음을 느끼는 세대가 다른 상황에서 산정되는 것이므로 이 두 종류의 값은 측정방법이 다르다. 즉, NC값은 산정하고자 하는 세대 내에서 소음계 또는 주파수분석기만을 이용하여 측정할 수 있으나, L값은 산정하고자 하는 세대에는 소음계 또는 주파수분석기를 설치하고, 그 위층 세대에서 바닥을 쿵쿵거리게 하는 장비가 별도로 필요하게 되며 이때 이용되는 것이 뱅머신(bang machine) 및 태핑머신(tapping machine)이다. 뱅머신은 쿵쿵대는 소리와 같은 저주파의 소리가 나게 하는 것이며, 태핑머신은 탕탕대는 소리와 같은 고주파의 소리가 나도록 하는 장비이다. 그림 11.21과 11.22에 뱅머신과 태핑머신을 각각 나타낸다.

그림 11.21 뱅머신

그림 11.22 태핑머신

그림 11.23에 L곡선을 나타낸다. 앞에서 설명한 바와 같이 L곡선에 의해 L값을 구하는 과정은 NC곡선을 이용하여 NC값을 구하는 것과 동일하다. L값에 대한 국내 기준으로는 공동주택에 대해 건설교통부에서 고시한 내용이 있으며, 그 내용은 경량충격음 58dB 이하, 중량충격음 50dB 이하가 되도록 하는 구조를 만들어야 한다는 것이다. 또 표 11.10과 같이 L값에 따른 건물 바닥의 차음성능을 1급, 2급, 3급, 4급으로 구분하고 있으며, 각 급의 의미를 표의 비고에 나타낸 바와 같이 설명하고 있다.

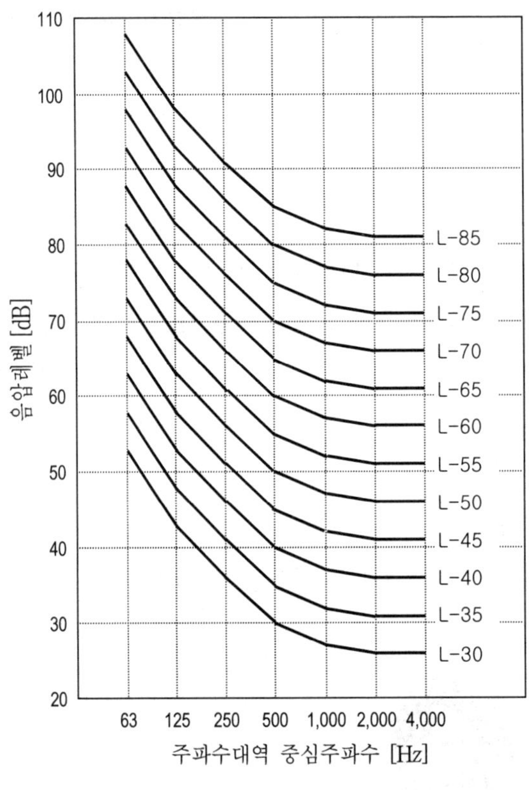

그림 11.23 L곡선

표 11.10 L값에 따른 등급 분류

구분	뱅머신(저주파 음원)에 의한 측정치	태핑머신(고주파 음원)에 의한 측정치	비 고
1급	L-40	L-43	차음성능이 매우 우수하여 특별한 차음성능이 요구되는 곳에 적용함
2급	L-43	L-48	통상의 사용 상태에서 불만이 거의 나오지 않을 정도로 차음성능이 바람직함
3급	L-47	L-53	약간의 불만이 나올 가능성도 있으나 대부분 별 문제가 없을 정도로 양호함
4급	L-50	L-58	거주자로부터 불만이 나올 가능성이 높으나 사회적 및 경제적 면에서 허용되는 범위임

제12장 흡음과 차음

1. 음의 입사, 반사, 흡수, 투과
2. 흡음
3. 차음
4. 진동

제 12 장 흡음과 차음

1. 음의 입사, 반사, 흡수, 투과

어느 장소에서 음이 발생되어 그 음이 벽면에 닿게 되면 그림 12.1에 나타나 있는 바와 같이 음에너지의 일부는 벽면에 반사되어 되돌아오고, 일부는 벽체 내에 흡수되며, 나머지 일부는 벽면을 통과하여 벽면 반대쪽으로 전달이 된다. 건물 밖에서 발생한 음이 건물 안으로 들어오는 것을 방지하거나, 건물 내 기계실 등에서 발생한 음이 기계실 밖으로 전달되는 것을 막기 위해서는 음의 투과가 가급적 작게 되는 것이 바람직하며, 이렇게 음의 투과를 억제하는 것을 차음이라 한다.

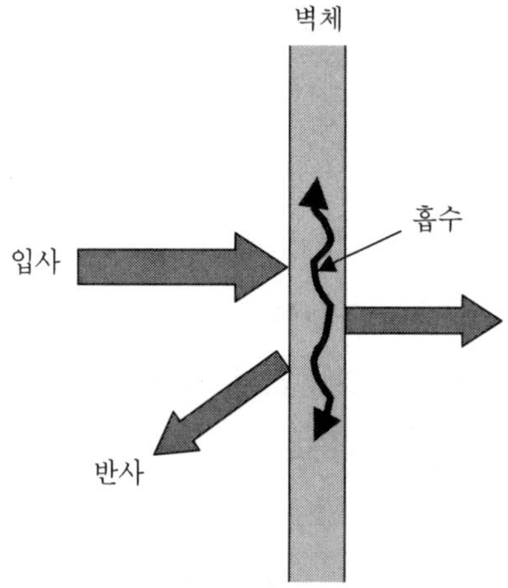

그림 12.1 음의 입사, 반사, 흡수, 투과

한편, 실내의 용도에 따라 적절한 잔향시간(殘響時間)을 확보하기 위해서는 음의 반사를 억제할 필요가 있는데, 이 경우 적절한 음의 흡수나 투과가 필요하며, 이렇게 음의 반사를 억제하는 것을 흡음이라 한다. 실내의 잔향시간에 대해서는 「제13장 실내음향계획」에서 설명하기로 한다.

건물 및 실의 용도에 따라 그 용도에 걸맞은 음향성능을 확보하기 위해서는 이와 같은 흡음 및 차음이 적절히 이루어질 필요가 있다.

2. 흡음

(1) 흡음률(sound absorption coefficient)

흡음률이란 어떤 재료가 어느 정도의 흡음성능을 가지고 있는가를 나타내는 지표로, 그림 12.1에서 나타낸 음의 입사, 반사, 흡수, 투과를 이용하여 다음의 식으로 나타낼 수 있다.

$$\alpha = \frac{I_i - I_r}{I_i} = \frac{I_a + I_t}{I_i} \quad \cdots\cdots (12.1)$$

α : 흡음률

I_i : 입사음의 세기

I_r : 반사음의 세기

I_a : 흡수음의 세기

I_t : 투과음의 세기

흡음률을 나타내는 식에서 주의해야 할 것은, 흡음이라는 용어의 느낌으로 인해 흡음에는 음의 흡수만 해당되고 음의 투과는 포함되지 않을 것 같지만 실제로는 흡수와 투과를 합쳐서 흡음이라고 한다는 점이다.

재료의 흡음률은 0과 1 사이의 값을 갖게 되며, 입사음이 모두 반사가 되면 흡음률은 0, 반사되는 음이 전혀 없으면 1이 된다. 흡음률은 재료 자체가 가지고 있는 성질 이외에도 재료의 두께, 벽체에 공기층이 있는가의 여부, 입사음의 주파수 및 입사각도 등에 영향을 받아 그 값이 모두 달라지기 때문에 그 값을 나타낼 때는 이러한 조건을 함께 나타내는 것이 일반적이다. 표 12.1에 재료의 흡음률의 예를 나타낸다. 표의 분류란에 다공질형, 판진동형, 공명기형 등으로 나타나 있는 것은 흡음재료로 주로 이용되는 재료를 그 특성에 따라 분류한 것으로, 이에 대해서는 다음의 「(2) 흡음재료」에서 설명한다.

표 12.1 각종 재료의 흡음률의 예

분류	재료	재료 두께 [mm]	공기층 두께 [mm]	주파수 [Hz]					
				125	250	500	1,000	2,000	4,000
다공질형	유리면(glass wool)	50	0	0.2	0.65	0.9	0.85	0.85	0.85
	유리면(glass wool)	50	100	0.4	0.9	0.95	0.85	0.85	0.85
	암면(rock wool)	50	0	0.2	0.75	0.95	0.9	0.85	0.85
	암면(rock wool)	50	100	0.55	0.9	0.95	0.9	0.85	0.85
판진동형	석고보드	9~12	45	0.26	0.13	0.08	0.06	0.06	0.06
	유리면이 들어 있는 플렉시블 보드	3~5	90	0.29	0.15	0.08	0.06	0.06	0.06
	합판	9	45	0.11	0.23	0.09	0.07	0.07	0.08
	합판	9	90	0.24	0.15	0.08	0.07	0.07	0.08
공명기형	15mm 간격의 ϕ5 구멍 뚫린 판(뒷면 보강 없음)	5	45	0.02	0.08	0.2	0.35	0.18	0.12
	15mm 간격의 ϕ5 구멍 뚫린 판(50mm 두께의 유리면으로 뒷면 보강)	5	45	0.15	0.36	0.85	0.6	0.31	0.27
	15mm 간격의 ϕ5 구멍 뚫린 판(25mm 두께의 암면으로 뒷면 보강)	5	180	0.32	0.85	0.71	0.61	0.4	0.18
일반재료	유리			0.18	0.06	0.04	0.03	0.02	0.02
	콘크리트에 모르타르			0.01	0.01	0.02	0.02	0.03	0.03
	콘크리트바닥에 플라스틱타일 마감			0.01	0.01	0.02	0.02	0.03	0.03
	10mm 두께의 카펫			0.1	0.1	0.2	0.25	0.3	0.35
	흡음용 커튼		50~100	0.1	0.25	0.55	0.65	0.7	0.7

실내의 벽면이 동일재료로 되어 있지 않고 흡음률이 다른 여러 종류의 재료로 구성되어 있을 때는 각 재료의 흡음률 및 그 재료가 차지하고 있는 면적을 고려하여 다음의 식 12.2로 그 실의 평균흡음률을 산정한다.

$$\overline{\alpha} = \frac{\sum(S_i \times \alpha_i)}{\sum S_i} = \frac{S_1\alpha_1 + S_2\alpha_2 + S_3\alpha_3 \cdots}{S_1 + S_2 + S_3 \cdots} \quad \cdots\cdots (12.2)$$

$\overline{\alpha}$: 평균흡음률

S_i : 실내 각 부분의 재료별 면적[m²]

α_i : 실내 각 부분의 재료별 흡음률

어느 실내의 벽면(천장 및 바닥 포함)이 가지고 있는 흡음성능을 흡음력이라 하는데, 흡음력은 앞에서 구한 흡음률(또는 평균흡음률)이 클수록 또 벽면 면적이 클수록 좋아지며, 따라서 다음의 식 12.3으로 산정할 수 있다.

$$A = S \times \overline{\alpha} = \sum(S_i \times \alpha_i) \quad \cdots\cdots (12.3)$$

A : 실내의 흡음력[m²]

S : 실내 벽면(천장 및 바닥 포함)의 면적[m²]

$\overline{\alpha}$, S_i, α_i : 식 12.2에서와 동일

일반적으로 m²는 면적의 단위로 힘의 단위에는 사용하지 않으나, 식 12.3에서 흡음률에는 단위가 없기 때문에 흡음률과 면적의 곱인 흡음력의 단위는 m²로 되어 있으며, 따라서 단위가 m²로 되어 있어도 면적과는 다른 것임을 주의할 필요가 있다.

(2) 흡음재료

흡음재료라 하면 많은 사람들이 일반건축 자재와 크게 다른 자재로 생각하고 있으나, 재료의 물리적 특성을 이용하고 시공형태를 흡음성 구조로 적절히 조정하면 특수한 건축자재를 제외하고는 모든 건축내장 자재를 흡음재료로 활용할 수가 있다. 「(1) 흡음률」에서 흡음은 흡수와 투과를 더한 개념이라고 했는데, 투과는 결국 벽체를 통과해 지나가는 것이므로 흡음재료의 종류를 나타낼 때는 음의 흡수형태에 따라 분류하는 것이 일반적이다.

흡수란 벽면에 들어온 음에너지가 열에너지로 바뀌는 현상으로, 음에너지가 열

에너지로 변화할 때 관계되는 요소는 재료의 종류에 따라 달라진다. 흡음재료는 흡음원리에 따라 다공질(多孔質)형, 판(막)진동형, 공명기(共鳴器)형으로 대별하고 있으며, 건물의 내장재료로 흡음재를 사용하고자 할 때는 재료에 따른 이러한 흡음원리 및 특성을 충분히 검토하여 적용할 필요가 있다.

1) 다공질형

매우 작은 크기의 구멍이 다수 있거나 기포(氣泡)가 많이 포함된 재질로, 유리면(glass wool), 암면(rock wool), 식물섬유류, 발포수지 등이 있다. 재료 표면에 입사한 음파는 좁은 틈 사이의 공기를 통과하면서 주위 벽과의 마찰이나 점성저항 및 섬유의 진동 등에 의해 음에너지의 일부가 열에너지로 변화하면서 흡음이 이루어진다.

다공질형 흡음재는 그림 12.2(a)와 같이 저음역보다는 중·고음역에서 흡음률이 높으며 재료가 두꺼울수록 저음역에서의 흡음성이 좋다. 또 재료의 두께가 같다면 그림 12.2(b)에 나타나 있는 바와 같이 벽체와 흡음재 사이의 공기층이 두꺼울수록 저음역에서의 흡음성이 좋다.

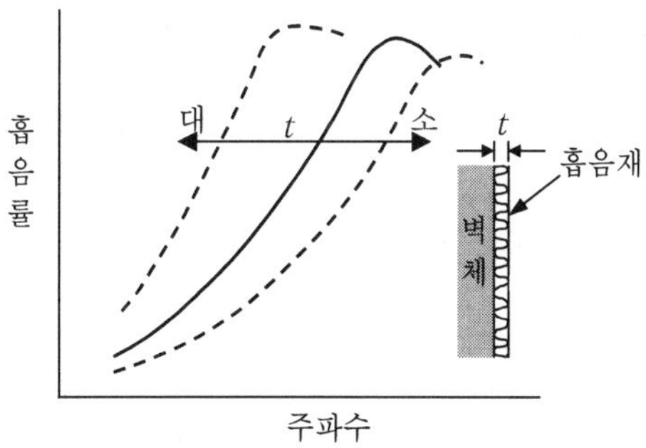

(a) 흡음재의 두께에 따른 변화

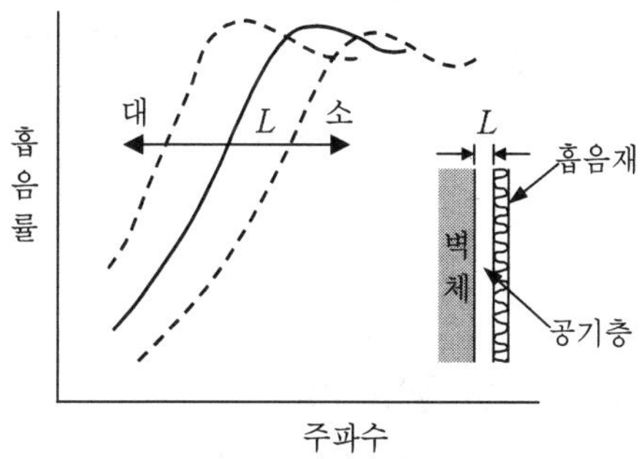

(b) 공기층의 두께에 따른 변화

그림 12.2 다공질형 흡음재의 흡음특성

2) 판(막)진동형

합판, 섬유판, 석고보드, 플라스틱판과 같은 얇은 판에 음이 입사되면 판(막)진동이 일어나면서 그 내부마찰에 의해 음에너지의 일부가 흡수되는 형태로 흡음이 이루어지는 것이 판진동형 흡음재이다. 판진동형은 판의 진동을 이용하는 것이므로 흡음재가 벽체에 부착되어 있지 않으며 그림 12.3과 같이 벽체와 흡음재 사이에는 공기층이 형성되어 있다.

판진동형 흡음재는 다공질형에 비해 흡음률이 크지 않으나 저음역에서의 흡음성이 좋은 편이다. 또 그림 12.3(a)에서 알 수 있듯이, 흡음판은 진동이 일어나기 쉬운 얇은 것일수록 흡음률이 커짐과 동시에 고음역에서의 흡음성이 좋아지며, (b)에 나타나 있듯이 공기층을 증가시키면 저음역에서 최대의 흡음성을 기대할 수 있다. 한편, 앞에서 설명한 다공질형 흡음재를 판의 뒷면에 부착시키면 판진동형 흡음특성과 다공질형 흡음특성을 조합한 흡음특성을 갖게 되어 흡음률이 커지고 더 넓은 주파수에 걸쳐서 흡음특성이 나타나는 효과가 있다.

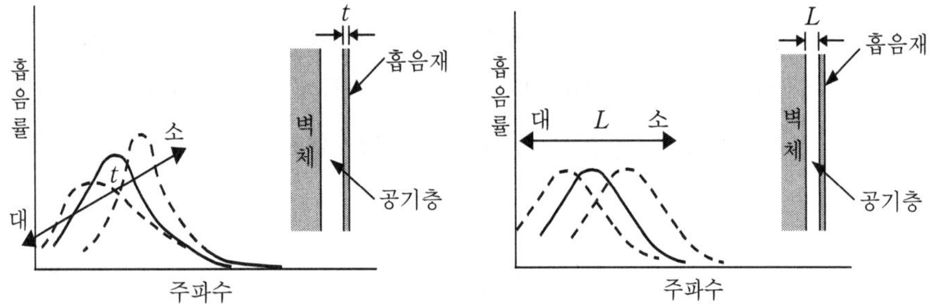

(a) 흡음재의 두께에 따른 변화 (b) 공기층의 두께에 따른 변화

그림 12.3 판진동형 흡음재의 흡음특성

3) 공명기형

판면에 적당한 크기의 구멍을 일정한 간격으로 뚫은 다공판(多孔板)을 이용하는 것으로, 그 종류로는 합판, 석고판, 알루미늄 등이 있다. 판으로 음이 입사되면 판 구멍부분의 공기는 입사음과 일체가 되어 음과 함께 앞뒤로 진동하게 되는데, 이때 판 뒤쪽 공기층의 공기도 판 앞쪽 공기와 마찬가지로 압축과 팽창을 반복하게 되며, 압축과 팽창이 반복되는 진동에 의해 생성되는 마찰저항으로 음에너지가 열에너지로 변하면서 흡음이 일어나게 된다. 특히 공명주파수 부근의 음이 들어오면 공기의 진동이 매우 커져 흡음률도 최대가 된다.

다공판의 종류나 두께, 공기층의 두께 등에 따라 공명주파수가 달라지므로 실내에서 발생하는 소음의 주파수에 따라 적절한 흡음재를 계획할 필요가 있다. 공명주파수의 의미 및 산정방법에 대해서는 관련문헌을 참고하기 바란다. 판진동형에 비해 높은 주파수에서 흡음률이 크게 되며, 판진동형과 마찬가지로 다공질형 흡음재와 함께 이용하면 더 높은 흡음률을 얻을 수 있다(그림 12.4(a)의 점선). 또 공기층의 두께에 따른 특성도 판진동형과 동일하다.

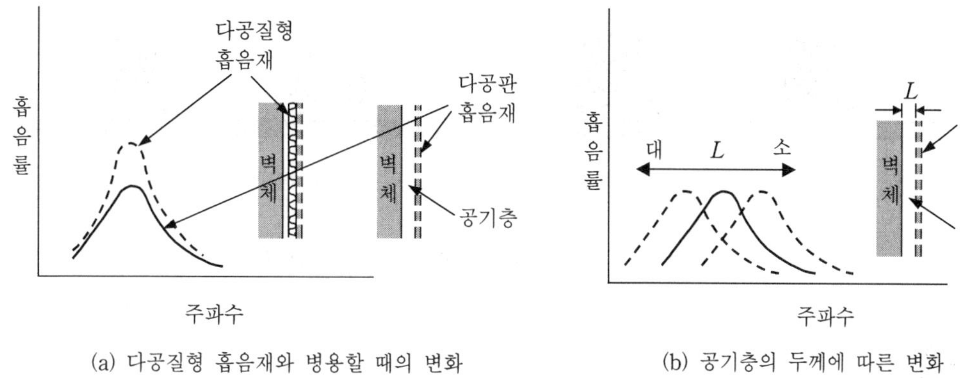

그림 12.4 공명기형 흡음재의 흡음특성

(3) 특수 흡음구조

벽이나 천장 등을 통상의 흡음처리로 했을 때 흡음면적이 충분하지 않으면 계획했던 흡음성능을 발휘할 수 없게 되는데, 이러한 경우에는 현수형(懸垂型, 매다는 형) 흡음체를 이용한다. 현수형 흡음체는 일반적으로 구멍이 있는 알루미늄, 하드보드, 금속재 등을 원통, 원추, 구 등의 형태로 만들고 그 내부에 유리면, 암면 등의 다공질형 흡음재를 넣어 천장에 매다는 구조로 되어 있다.

현수형 흡음체는 신축건물뿐 아니라 기존의 건물에서도 새롭게 흡음성능이 필요해질 때 기존의 천장형태 및 설비내용에 관계없이 쉽게 부착할 수 있는 장점이 있으며, 특히 실내체육관 및 공장건물과 같이 천장이 높고 벽면의 흡음처리가 용이하지 않은 곳에서 그 효과가 크다. 또 현수형 흡음체를 비롯한 흡음면을 움직일 수 있는 가동(可動)형식으로 하면 흡음력을 변화시켜 실내 잔향시간을 조절할 수 있기 때문에 다목적용 오디토리움이나 방송스튜디오 등에 유용하게 활용할 수 있다. 천장에 흡음재를 부착시킨 형상과 현수형 흡음체를 설치한 형상의 예를 그림 12.5에 나타낸다.

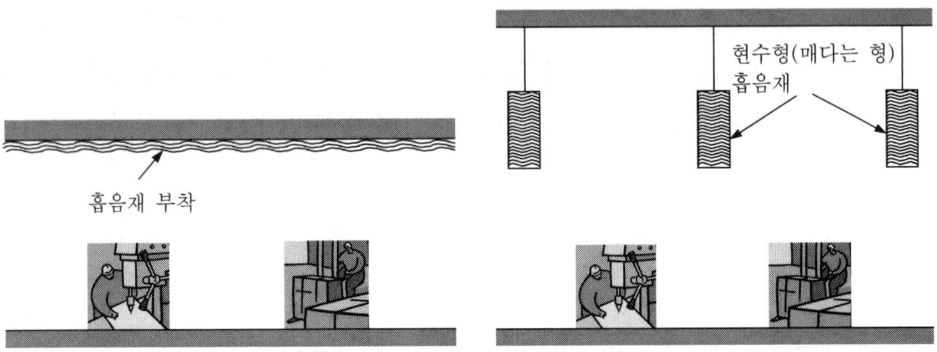

(a) 일반적인 천장높이인 경우 (b) 천장이 높은 경우

그림 12.5 천장부착 흡음재와 현수형 흡음체

3. 차음

(1) 투과율(transmission coefficient)

투과율이란 어떤 재료에 음이 입사할 때 입사음 중 어느 정도가 그 재료를 통과하여 반대편으로 전달되는가를 나타내는 지표로, 그림 12.1에서 나타낸 음의 입사와 투과를 이용하여 다음의 식으로 나타낼 수 있다.

$$\tau = \frac{I_t}{I_i} \quad \cdots\cdots (12.4)$$

τ : 투과율

I_i : 입사음의 세기

I_t : 투과음의 세기

흡음률과 마찬가지로 재료의 투과율도 0과 1 사이의 범위에 있게 되며, 같은 재료라 해도 그 두께나 입사하는 음의 주파수에 따라 값이 달라진다.

(2) 투과손실

1) 투과손실(transmission loss)

투과율과 반대로 어떤 재료의 차음성능을 나타내는 것으로는 투과손실(transmission loss)이 있으며, 투과손실은 투과율의 역수에 상용로그를 취한 다음의 식 12.5로 나타내어진다.

$$TL = 10\log\frac{I_i}{I_t} = 10\log\frac{1}{\tau} \qquad (12.5)$$

TL : 투과손실 [dB]

I_i, I_t. τ : 식 12.4에서와 동일

2) 단일벽체의 투과손실

무거운 재료는 밀도가 높아 가벼운 재료에 비해 그 내부가 꽉 차 있으므로 음이 통과하기가 힘들어 투과손실이 커진다. 또 같은 재질이라 해도 두께가 두꺼울수록 음이 통과하기가 힘들어지므로 이때도 투과손실이 커진다. 이와 같이 재료의 무게 즉 질량이 클수록 투과손실이 커지는 것을 차음에 관한 질량법칙이라 하는데, 실제로 벽체의 투과손실을 계산할 때는 벽체의 면밀도(벽체 표면적 $1m^2$당의 무게, kg/m^2)를 질량으로 이용하며, 또 벽체의 투과손실은 질량뿐 아니라 주파수에도 관계가 있으므로 차음에 관한 질량법칙은 다음의 식 12.6으로 산정하고 있다. 식 12.6은 벽체에 수직으로 음이 입사할 때의 투과손실 산정식으로, 이 식에 의하면 벽 중량 또는 주파수가 두 배가 되면 투과손실은 6dB 증가하는 것을 알 수 있다.

$$TL_o = 20\log(f \times m) - 43 \qquad (12.6)$$

TL_o : 수직 입사각에 대한 단일벽체의 투과손실 [dB]

f : 입사음의 주파수 [Hz]

m : 재료의 질량(면밀도) [kg/m^2]

한편, 앞에서 언급한 바와 같이 식 12.6은 벽체에 수직으로 음이 입사할 때의 산정식이며, 일반적인 실내에서 벽체에 음이 입사할 때는 입사각이 매우 다양하게 존재하므로 평균적인 값의 산정식으로 다음의 식 12.7이 실용적으로 이용된다.

$$TL_r = TL_o - 5 \quad \cdots\cdots (12.7)$$

TL_r : 모든 입사각에 대한 단일벽체의 평균적 투과손실 [dB]

TL_o : 수직 입사각에 대한 단일벽체의 투과손실 [dB]

또한, 식 12.6 및 12.7이 모든 주파수의 음에 공통적으로 적용되지는 않는다. 재료의 종류 및 두께에 따라 어느 주파수 이상의 음이 되면 코인시던스효과(coincidence effect, 일치효과)에 의해 투과손실이 감소되기 때문이다. 코인시던스효과란 어느 주파수의 음이 벽체에 입사할 때 그 벽체 재료의 굴곡진동과 입사음의 진동이 일치하면서 일종의 공진(共振)상태를 일으켜 투과손실이 질량법칙에 의한 것보다 작아지는 현상을 말한다.

3) 이중벽의 투과손실

재료 사이에 공기층이 있는 이중벽 구조의 투과손실은 일반적으로 그림 12.6에 나타나 있는 바와 같이 두 벽을 겹쳐 놓은 상태에서의 질량법칙에 의한 투과손실보다 크다. 그러나 그림에 나타나 있는 바와 같이 저음역의 음에 대해서는 공기의 역할로 인한 공명투과현상 때문에 오히려 투과손실이 저하될 수 있으며, 또 두 재료 사이를 부분적으로 연결하고 있는 재료가 일종의 음의 다리(sound bridge)를 형성하여 차음의 효과가 크게 감소하는 경우도 있으므로 주의할 필요가 있다. 차음에 장애가 되는 이러한 요소를 억제하여 이중벽 본연의 차음특성을 최대로 활용하는 방법의 예를 그림 12.7에 나타낸다.

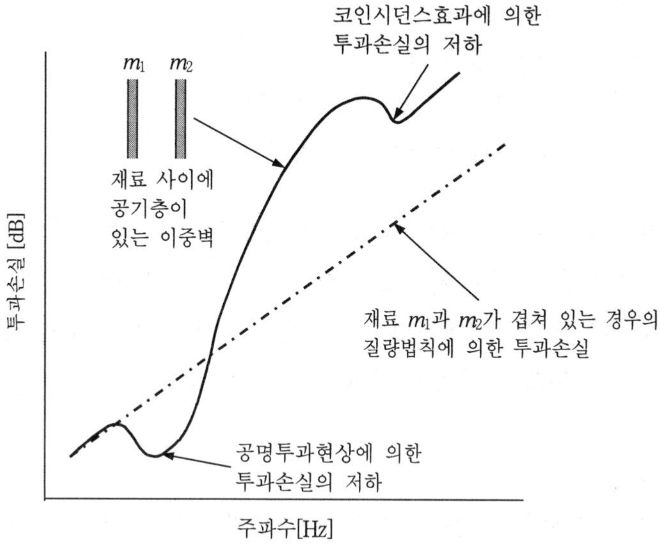

그림 12.6 이중벽에서의 투과손실

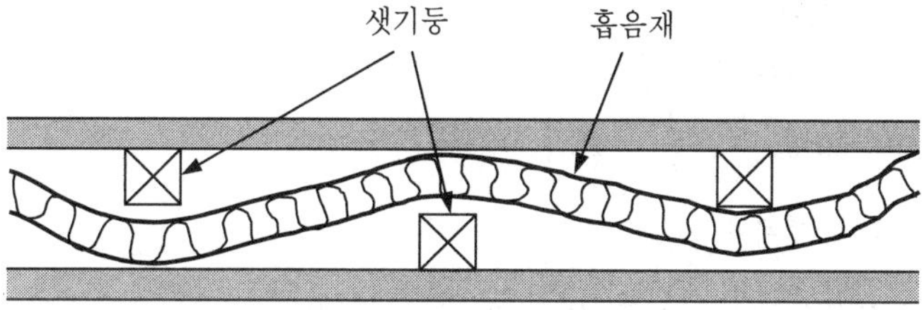

그림 12.7 이중벽에 의한 효과적 차음의 예

4) 종합투과손실

벽에 창, 출입문, 틈새 등이 있으면 이러한 부분에서의 재료의 종류나 두께가 다르게 되며, 이 경우 각 부분의 투과손실이 모두 달라지므로 각각의 투과손실을 종합적으로 고려해야 하는데, 이때의 투과손실을 종합투과손실이라 한다. 종합투과손실은 흡음에서의 평균흡음률과 같은 개념이며, 다음의 식으로 산정된다.

$$\overline{TL} = 10\log\frac{1}{\overline{\tau}} = 10\log\frac{\sum(S_i)}{\sum(\tau_i \times S_i)} = 10\log\frac{S_1+S_2+S_3\cdot\ \cdot\ \cdot}{\tau_1 S_1+\tau_2 S_2+\tau_3 S_3\cdot\ \cdot\ \cdot} \quad \cdots\cdots (12.8)$$

$\overline{TL}$: 종합투과손실

$\bar{\tau}$: 종합투과율

S_i : 벽체 각 구성부분의 면적 [m²]

τ_i : 벽체 각 구성부분의 투과율

차음성능이 좋은 재료로 벽체를 설계해도 벽체의 일부에 개구부나 틈새와 같이 투과율이 매우 커지는 요소가 있으면 종합투과손실은 크게 저하되어 차음성능이 현저히 떨어진다. 차음성능이 매우 좋아야 하는 곳에 대해서는 이러한 점을 충분히 고려하여 벽체를 구성할 필요가 있다.

【예제 12.1】

철근콘크리트구조의 벽체 30m² 중에 10m²의 유리창이 있다. 철근콘크리트의 투과손실이 50dB이고 유리창의 투과손실이 20dB이라면 이 벽체의 종합투과손실은 어느 정도가 되겠는가?

풀이 먼저 식 12.5를 이용하여 투과손실로부터 투과율을 구한 후, 식 12.8을 이용하여 종합투과손실을 산정한다.

(1) 철근콘크리트의 투과율

$$50 = 10\log\frac{1}{\tau_1},\ \frac{1}{\tau_1} = 10^5,\ \text{따라서}\ \tau_1 = 10^{-5}$$

(2) 유리의 투과율

$$20 = 10\log\frac{1}{\tau_2},\ \frac{1}{\tau_2} = 10^2,\ \text{따라서}\ \tau_2 = 10^{-2}$$

(3) 종합투과손실

문제에서 전체 벽면적이 30m²이고, 유리 부분은 10m²라고 되어 있으므로 벽면적 중 철근콘크리트 부분의 면적은 20m²이다. 따라서 종합투과손실은

$$\overline{TL} = 10\log\frac{S_1 + S_2}{\tau_1 S_1 + \tau_2 S_2} = 10\log\frac{30}{10^{-5}\times 20 + 10^{-2}\times 10} \fallingdotseq 24.8\ \text{[dB]}$$

5) 설비소음

앞서 「4) 종합투과손실」에서 설명한 바와 같이, 차음성능이 좋은 재료로 벽체를 설계해도 벽체의 일부에 개구부나 틈새가 있으면 종합투과손실이 크게 저하되어 차음성능이 현저히 떨어지는데, 건물 내에서 배관이나 덕트가 벽체를 관통할 때는 벽체와 배관·덕트 사이에 틈새가 생기기 쉬우므로 이러한 문제점이 발생하는 경우가 많다.

또한, 배관을 흐르는 물이나 덕트를 통과하는 공기는 그 자체가 움직이면서 소음을 발생시키기도 하고, 배관이나 덕트가 연결되어 있는 장비의 진동이나 소음이 배관·덕트를 통해 건물의 구석구석까지 전달되는 경우가 있다. 이러한 경우의 소음을 특히 설비소음이라 한다.

설비소음은 장비가 가동되는 한 완전히 없앨 수는 없으므로 가급적 작게 하는 것이 필요하다. 배관·덕트에 대한 대표적인 차음방법으로, 덕트 및 배관이 벽을 통과하는 곳에서는 통과하는 부분에 빈틈이 생기지 않도록 암면(rock wool) 등으로 벽체와 배관·덕트 사이를 채우는 것이 있다. 또 덕트 내면에 흡음재를 바르거나 덕트의 종류 자체를 흡음성이 있는 유리면(glass wool) 덕트로 선정하는 것도 바람직한 방법이다. 장비의 진동은 설비소음의 주된 원인 중 하나이므로 아래의 「4. 진동」에 설명되어 있는 진동방지 방법을 적극적으로 적용할 필요가 있다.

호텔과 같은 곳은 평면계획상 그림 12.8과 같이 화장실용 배관 및 환기덕트가 통과하는 샤프트가 객실에 인접해 있는 경우가 많다. 이 경우 그림과 같이 화장실 소음이 인접실의 화장실을 통해 거실까지 전달되는 크로스 토크(cross talk) 현상이 발생될 수 있으므로 주의해야 한다.

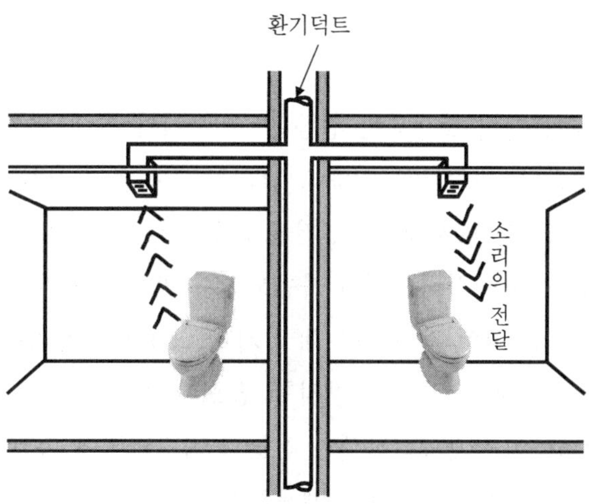

그림 12.8 크로스 토크 개념도

평면계획이 그림 12.8과 같이 구성되어 있으면 크로스 토크는 피할 수 없으나, 그림 12.9와 같이 양 인접실에서의 가지덕트를 주덕트와 연결시킬 때 동일한 높이가 아니고 약간의 높이차를 두고 접속이 되도록 하면 어느 정도는 크로스 토크를 방지할 수 있다.

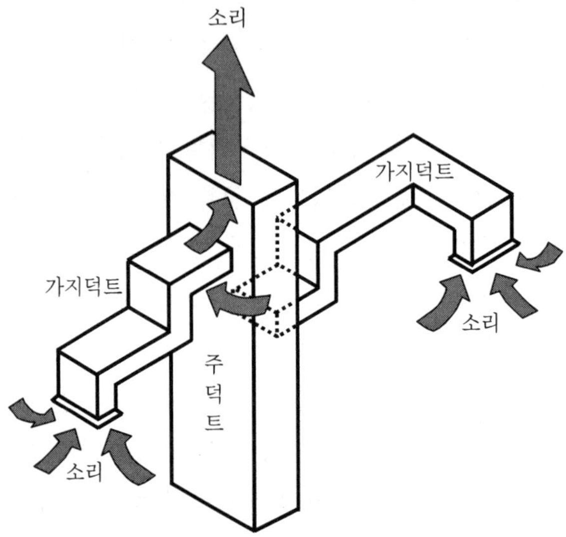

그림 12.9 크로스 토크 방지의 예

4. 진동

일반적인 건물에서 발생되는 진동은 그 자체가 실내 거주환경에 미치는 영향은 그다지 크지 않으나, 진동으로 인해 전달되는 소음은 무시할 수 없을 정도로 거주환경에 좋지 않은 영향을 미치게 된다. 건물에서의 진동에는 여러 가지가 있을 수 있으나, 가장 큰 요소는 각종 설비기기가 가동되면서 발생하는 진동이다. 따라서 건물의 냉난방 및 급배수 등을 위해 작동되는 각 기기에 대해 방진장치를 부착시켜 궁극적으로 소음으로 인한 거주환경 악화를 방지할 필요가 있다.

앞서 언급했듯이 진동 그 자체가 건물의 거주환경에 미치는 영향은 그다지 크지 않기 때문에, 본 절에서는 건물에서 발생하는 진동의 평가방법 및 기기의 방진구조에 대해서만 간단히 설명하기로 한다. 진동의 이론적 수식을 비롯한 상세한 내용은 관련문헌을 참고하기 바란다.

(1) 진동평가

건물에서의 진동평가 방법으로는 그림 12.10에 제시되어 있는 진동평가 제안값을 이용하는 것이 일반적이다. 이 그래프의 사용방법은 소음평가에 사용한 제11장 그림 11.20의 NC곡선과 동일하다. 즉, 진동의 각 주파수대역(옥타브밴드)마다 예측 또는 측정한 진동가속도를 그림 12.10의 해당 위치에 기입한 후 각 주파수 대역별 값 중 최대값을 그 진동의 계수(곡선의 수치)로 하는 것이다.

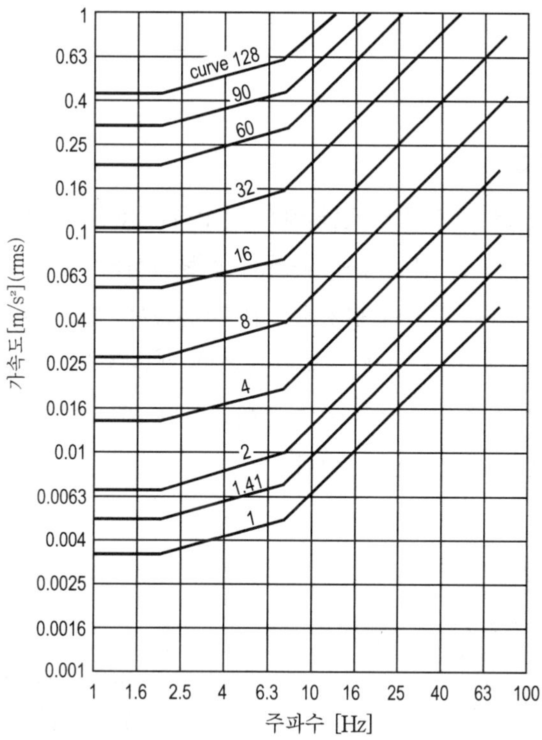

그림 12.10 진동평가 제안값

그림 12.10의 곡선값에 의거한 각 건물별의 일반적인 진동 허용값을 표 12.2에 나타낸다.

표 12.2 그림 12.10에 의거한 건물 및 실 용도별의 일반적 진동 허용값

건물 및 실의 종류	시간대	연속 또는 간헐적 진동	1일 1~3회 정도 발생하는 진동
병원 수술실, 정밀 작업실	주간	1	1
	야간	1	1
주택	주간	2	16
	야간	1.4	1.4
사무소	주간	4	128
	야간	4	128
공장	주간	8	128
	야간	8	128

(2) 기기의 방진

앞서 설명했듯이 일반적인 건물에서 발생하는 진동 중 가장 큰 요소는 각종 설비기기에서 발생하는 진동이며, 따라서 건물에서의 방진이라 함은 대부분 기기의 방진을 의미한다. 기기의 방진용으로 사용되는 재료로는 고무와 스프링이 있으며, 기기를 이들 재료 위에 설치함으로써 진동을 흡수하는 구조로 되어 있는 것이 일반적이다. 스프링 하부에 고무를 부착시켜 보다 큰 방진효과가 나타나도록 한 스프링병용 방진고무도 있다.

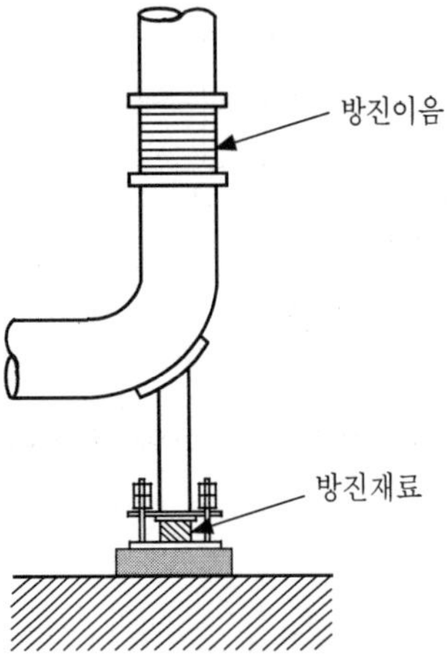

그림 12.11 펌프 등 기기 토출구의 방진

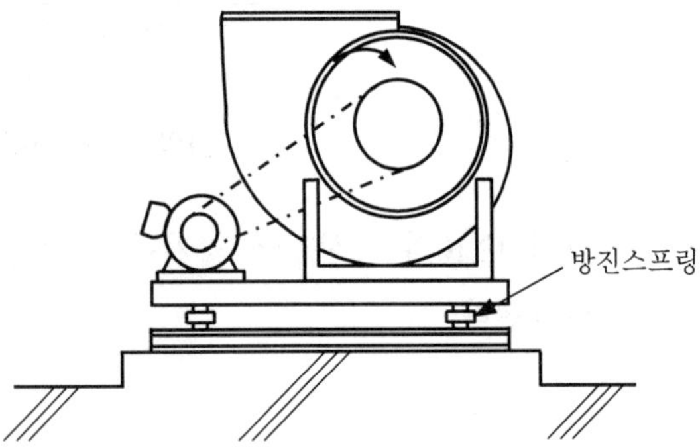

그림 12.12 송풍기의 방진

한편, 펌프를 비롯한 각종 기기와 배관, 송풍기와 덕트를 연결하는 부위에는 고무 등으로 제작한 플렉시블조인트(flexible joint)를 사용하여 펌프 · 송풍기 등의 진동이 배관과 덕트에 전달되는 것을 방지하고 있다. 그림 12.11~12.15에 기기, 배관 및 덕트의 방진구조의 예를 나타낸다.

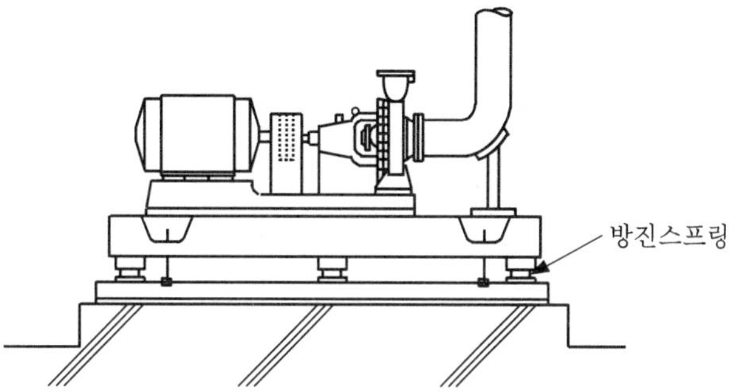

그림 12.13 펌프의 방진

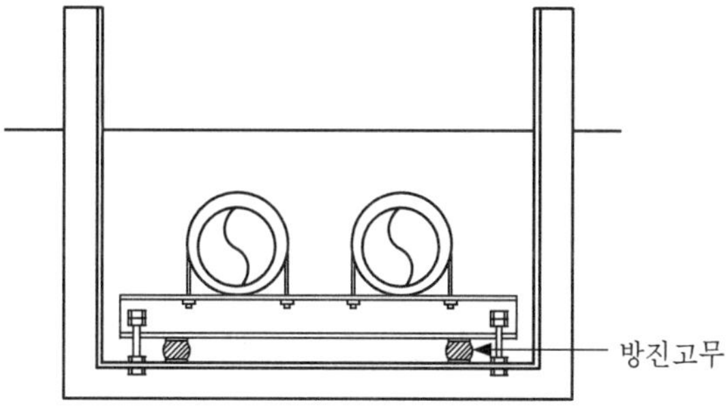

그림 12.14 배관의 방진

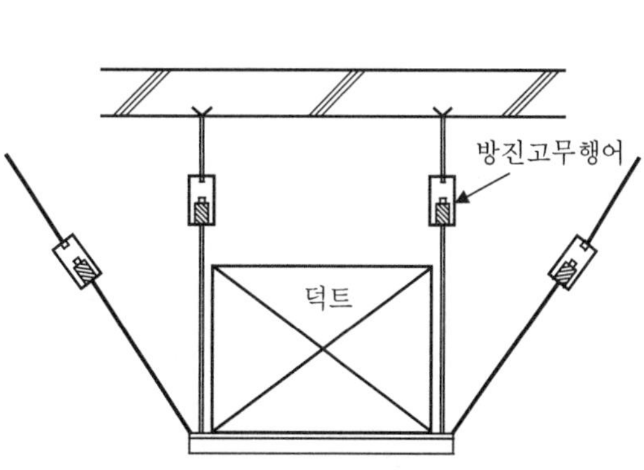

그림 12.15 덕트의 방진

제13장 실내음향계획

1. 실내음향계획의 의미
2. 실내음향의 특징
3. 실내음향계획

제 13 장 실내음향계획

1. 실내음향계획의 의미

바닥을 비롯해서 벽이나 천장이 아무런 마감재도 없는 콘크리트만으로 되어 있고, 장식물은 물론 창에 커튼도 없는 상태의 실내에서 이야기를 하면 그 소리가 울려서 대화가 원활히 이루어지지 않는다. 반대로 흡음성능이 매우 좋은 흡음재를 실내 벽면에 충분히 부착한 실내에서는 소리의 반사가 거의 없어서 귀가 멍멍한 상태에서 대화를 하는 것과 같은 느낌을 갖게 된다. 이렇듯 우리가 실내에서 대화를 하거나 음악을 들을 때는 그 소리가 발생해서 소멸될 때까지의 시간이 적절히 이루어져야 하는데, 소리의 발생에서 소멸까지의 시간을 잔향시간(殘響時間)이라 하며, 실내음향계획이란 각 실내의 용도에 가장 적합한 잔향시간이 이루어지도록 그 실내를 음향적으로 구성하는 것을 말한다. 잔향시간에 대해서는 「2. (3) 1) 잔향시간」에서 자세히 설명하기로 한다.

음에 관한 실내환경으로서의 조건으로는 크게 다음과 같은 것들을 들 수 있다.

① 전달하고자 하는 말의 내용이 명료하게 들려야 한다. 특히 대강당과 같이 공간이 넓고 사람이 많이 모여 있어 웅성거림이 있을 수 있는 공간에서는 매우 중요한 요소이다.

② 음악으로서의 소리는 적절한 울림이 있어야 한다. 우리가 음악을 충분히 즐기기 위해서는 일상적인 대화를 나눌 때보다 발생음의 잔향시간이 길 필요가 있기 때문에 상기 ①번과는 또 다른 의미의 음향조건을 만족시켜야 한다.

일반적인 용도 및 규모의 건물에서는 실내음향계획을 크게 의식할 필요가 없으나, 앞에서 언급한 대강당이나 콘서트홀과 같은 곳에서는 해당 실의 사용목적이 충분히 달성되도록 하기 위해서 건물의 계획 초기부터 음향설계자와 건축설계자와의 밀접한 협의가 이루어지는 것이 바람직하다.

2. 실내음향의 특징

(1) 직접음과 반사음

실내에서 발생되어 우리의 귀에 도달하는 음의 종류로는 직접음과 반사음이 있다. 직접음은 음원으로부터 우리의 귀로 직접 전달되는 음을 뜻하며, 반사음은 한 번 이상 실내 어딘가에 반사된 후 우리 귀에 도달하는 음을 말한다. 반사음은 직접음보다 긴 경로를 거쳐 우리 귀에 도달하는 것이기 때문에 그 경로의 길고 짧음에 따라 우리 귀에 도달하는 시간도 달라진다. 반사가 한 번 이루어진 후 우리 귀에 도달한 음을 1차반사음(초기반사음이라고도 한다), 두 번 이루어진 것을 2차반사음이라 하며, 마찬가지로 세 번, 네 번 이루어지면 각각 3차반사음, 4차반사음이라 부른다. 반사 횟수가 많아질수록 음의 세기는 약해진다.

반사음은 그 종류에 따라 우리에게 쾌적감과 안정감을 주기도 하고 부자연감 및 불쾌감을 주기도 한다. 따라서 실내음향계획을 수립할 때는 이러한 직접음과 반사음의 음향현상을 충분히 이해하고 이 현상이 실내음향에 바람직한 방향으로 이루어지도록 해야 한다.

(2) 음향장애

실내음향에 관한 현상 중 음향에 장애를 주는 것으로는 에코, 플러터에코, 음의 초점 등이 있으며, 이러한 음향장애는 앞에서 설명한 반사음의 크기 및 방향에 의해 발생되므로 실의 형태 및 내부마감재의 결정에 관해 계획초기부터 면밀한 검토를 할 필요가 있다.

1) 에코(echo)

에코는 음원으로부터 발생한 직접음과 벽면에서 반사된 1차반사음과의 시간차가 0.05초(50ms) 이상이 될 경우 음이 이중으로 들리게 되는 현상으로 반향(反響)이라고도 한다. 음속을 340m/s라 할 때 0.05초는 17m에 해당되므로 음원과 벽체와의 거리가 8.5m 이상이 되면 에코가 발생할 수 있다. 음악음의 경우에는 에코가 발생하는 시간차를 0.08초(80ms)로 고려하는 것이 일반적이다.
에코를 방지하기 위해서는 음원과 벽체와의 거리를 8.5m 이내로 하거나, 또는 8.5m 이상이 되는 벽체에 대해서는 흡음성 재료를 부착시키는 방법 등을 고려할 필요가 있다.

2) 플러터에코(flutter echo)

실내의 어느 벽면끼리 또는 천장과 바닥이 서로 평행하게 있으면서 그 평행면이 모두 반사성 재질로 이루어져 있으면 두 면 사이에서 발생된 음이 양면을 오고 가는 반사를 반복하면서 '징징'과 같은 소리가 나게 되는데, 이 현상을 플러터에코라 한다. 플러터에코는 반향(echo)의 반복이라고 할 수 있기 때문에 다중반향(多重反響)이라고도 한다.
플러터에코는 마주 보는 면이 평행인 경우에 생기는 것이므로 평행한 면이 없도록 하면 방지할 수 있으나, 이러한 실을 구성하는 것이 현실적으로 어려우면 평행한 양면 또는 한쪽 면을 흡음처리하거나 벽면을 울퉁불퉁하게 하여 음이 반사하면서 분산되도록 하는 방법을 적용할 수 있다.

3) 음의 초점

강당이나 음악홀과 같은 실내의 내부형태가 그림 13.1과 같을 경우, 음원에서 발생하는 음은 천장의 오목한 면에 반사되면서 그림과 같이 한 점으로 모일 수가 있는데, 이때 음이 모이는 점을 음의 초점이라 한다. 음의 초점은 그림과 같이 천장이나 벽면이 오목한 면에서 발생하며, 음의 초점이 발생하게 되면 음의 초점 위치에 있는 청중은 매우 크게 들리는 반면 그 외의 위치에 있는 청중은 잘 들리지 않게 될 수 있다. 따라서 어느 한 점에 의도적으로 음을 모으는 경우가 아니라면, 천장이나 벽면을 볼록한 면으로 구성해서 음의 초점을 방지하는 것은 물론, 오히려 음의 확산이 발생하여 음의 분포가 양호하게 되도록 하는 것이 바람직하다.

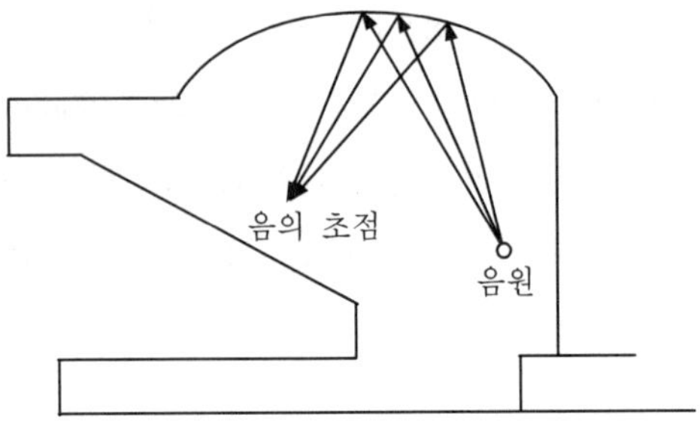

그림 13.1 음의 초점

4) 속삭이는 회랑(whispering gallery)

반사성이 크고 곡률(曲率)이 큰 오목면으로 이루어진 벽은 그 곡면을 따라 음의 반사가 반복되어 작은 소리라 해도 멀리까지 전달되는데, 이것을 속삭이는 회랑(回廊)(whispering gallery)이라 한다. 그림 13.2에 속삭이는 회랑의 개념도를 나타낸다.

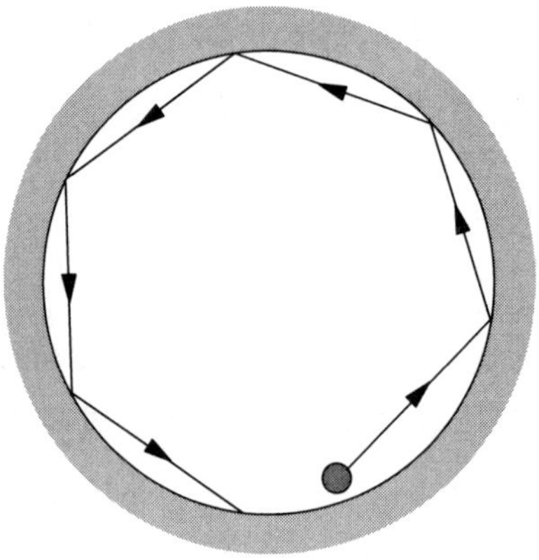

그림 13.2 속삭이는 회랑의 개념도

속삭이는 회랑이 발생하는 대표적인 건축물로서 그림 13.3에 나타내는 런던 세인트폴 성당의 대규모 돔이 있다. 속삭이는 회랑 현상이 발생하는 곳은 일반적으로 시끄러운 상태가 되므로 실내 형태로서는 가급적 피하는 것이 바람직하다.

그림 13.3 런던 세인트폴 성당의 대규모 돔

(3) 실내음향의 평가요소

1) 잔향시간(殘響時間, reverberation time)

콘서트홀에서 들리는 음악이 아름답게 들리는 것은 악기에서 나온 음이 벽에 몇 번씩이나 반사하면서 그 여운이 남기 때문이다. 이와 같이 실내의 음원에서 음의 발생이 중지된 후에도 음이 실내에 남는 현상을 잔향(殘響)이라 하며, 잔향의 정도를 나타내는 것이 잔향시간이다.

잔향시간이란 실내 음원으로부터의 소리가 끝난 후, 실내의 음에너지 밀도가 원래의 백만분의 일이 될 때까지의 시간을 나타내는 것으로, 구체적으로는 그림 13.4와 같이 실내의 음압레벨이 초기값보다 60dB 감쇠하는 데 소요된 시간을 말한다. 잔향시간은 실의 용적 및 벽면의 흡음력에 따라 결정되는데, 동일한 실내에서도 음의 주파수에 따라 그 값이 변화하기 때문에 500Hz를 기준으로 하여 산정하는 것이 일반적이다.

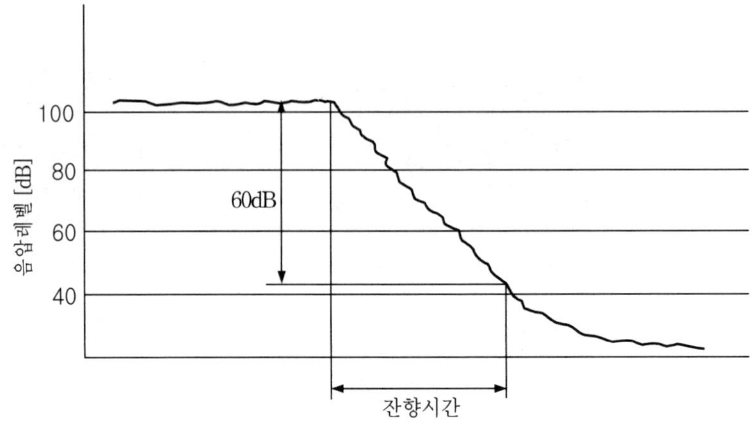

그림 13.4 잔향시간의 의미

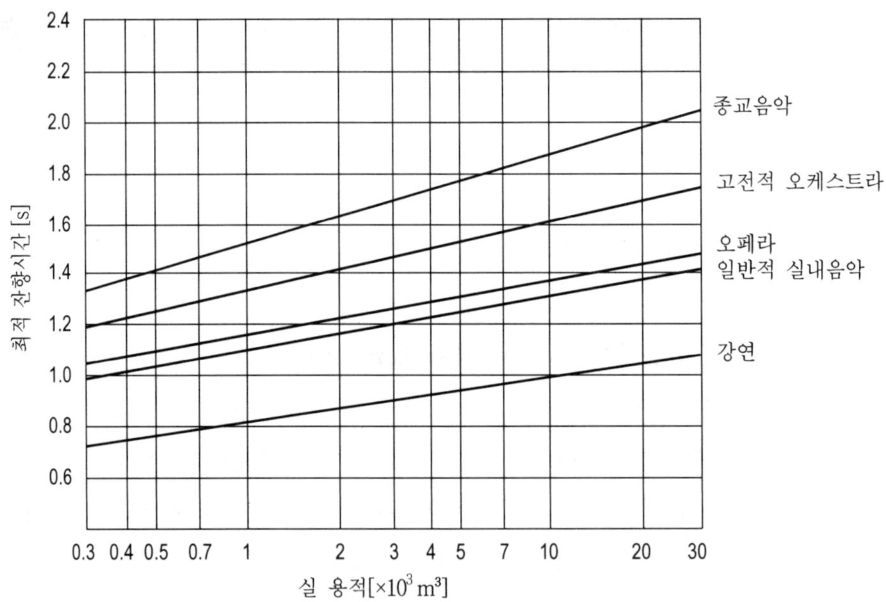

그림 13.5 실의 용도 및 용적에 따른 최적 잔향시간(500Hz 기준)

실의 사용목적 및 용적에 맞는 적당한 크기의 잔향시간을 최적 잔향시간 또는 설계목적 잔향시간이라고 하는데, 실의 용도에 따른 최적 잔향시간과 실 용적과의 관계에 대해서는 여러 연구결과가 발표되어 있으며, 그 하나의 예를 그림 13.5에 나타낸다.

그림 13.5는 잔향시간 산정에 널리 쓰이는 것 중 하나로, 주파수 **500Hz**인 음에 대해 실의 용도 및 크기에 따른 최적 잔향시간을 나타내고 있다. 한편, **500Hz**가 아닌 다른 주파수의 음에 대한 최적 잔향시간은 각 주파수와 **500Hz**와의 관계를 이용하여 다음의 식으로 산정한다.

$$T_f = T_{500} \times R \quad \cdots\cdots (13.1)$$

T_f : 각 주파수에 대한 최적 잔향시간 [초]

T_{500} : 500Hz 음에 대한 잔향시간 [초]

R : 각 주파수와 500Hz와의 비율

식 13.1에서 각 주파수와 **500Hz**에 대한 비율 ***R***은 그림 13.6에서 구할 수 있다. 그림에서 알 수 있듯이, **500Hz** 이상의 주파수에 대해서는 그 비율이 모두 1이므로 **500Hz**에서와 동일한 값을 최적 잔향시간으로 산정할 수 있다. 한편, **500Hz** 이하의 부분에서는 빗금 친 부분이 ***R***값의 범위가 되는데, 일반적으로 대규모 실내일수록 상부의 값이 된다. 즉, 소규모 강당이라면 **500Hz** 이하에서도 그 비율은 1이 되며, 따라서 **500Hz** 이하의 모든 주파수에 대해서도 **500Hz**에 대한 최적 잔향시간과 동일하게 생각할 수 있다. 반면, 규모가 매우 큰 대규모 콘서트홀이라면 빗금 친 부분의 상단부의 값을 취할 필요가 있다.

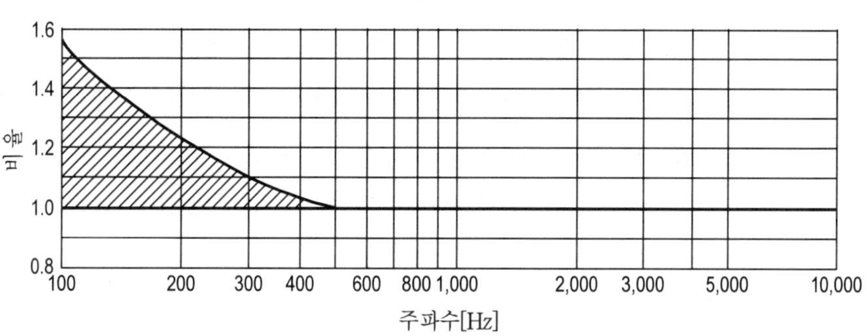

그림 13.6 잔향시간의 주파수특성

따라서 예를 들어 200Hz 음의 최적 잔향시간은 500Hz의 음에 비해 1.23배 정도 길게 된다는 것을 알 수 있다.

그림 13.5 및 식 13.1 등을 이용하여 실의 용도 및 크기에 따른 최적 잔향시간을 알 수 있는데, 실제로 어느 실에서 어느 정도의 잔향시간이 이루어지는가를 계산하는 식으로는 다음과 같은 것들이 있다.

① Sabine(세이빈)의 잔향식

Sabine은 실험을 통해 잔향시간이 다음의 식 13.2로 나타내어진다는 것을 도출했으며, 이 식을 Sabine의 잔향식이라 한다. Sabine의 잔향식은 잔향시간에 관한 최초의 수식으로 지금까지도 널리 이용되고 있다.

$$RT = \frac{0.161 \times V}{A} = \frac{0.161 \times V}{\overline{\alpha} \times S} \qquad (13.2)$$

RT : 잔향시간(Reverberation Time) [s]

V : 실 용적 [m^3]

A : 실내 흡음력 [m^2]

$\overline{\alpha}$: 평균흡음률

S : 실내 표면적 [m^2]

② Eyring(아이링)의 잔향식

Sabine의 잔향식은 실내에서 음의 확산이 매우 잘 이루어진다는 가정하에 이루어진 것이므로 실내의 흡음력이 비교적 작은 강당, 음악홀 등에는 적합하지만, 흡음력이 좋은 실에 대해서는 오차가 많이 발생한다. 이와 같이 흡음력이 큰 실에 대해서는 Eyring의 잔향식이 적합하다. Eyring의 잔향식은 기본적으로는 Sabine의 잔향식과 동일한 개념이지만 흡음력이 작은 곳뿐 아니라 큰 곳에서도 적용할 수 있는 장점이 있다.

$$RT = \frac{0.161 \times V}{-S \times \ln(1 - \overline{\alpha})} \qquad (13.3)$$

$RT, V, S, \overline{\alpha}$: 식 13.2에서와 동일

③ Knudsen(누트센)의 잔향식

대공간에 고주파의 음파가 발생할 때는 공기의 흡음작용을 무시할 수 없으며, 이와 같은 경우에는 **Eyring**의 식을 변형시킨 식 **13.4**와 같은 **Knudsen**의 잔향식을 적용하는 것이 바람직하다. **Knudsen**의 잔향식은 **Eyring**의 식을 변형시킨 것이므로 **Eyring-Knudsen**의 잔향식이라고도 한다.

$$RT = \frac{0.161 \times V}{-S \times \ln(1-\overline{\alpha}) + 4mV} \quad \cdots\cdots (13.4)$$

m : 단위길이(1m)당 공기의 흡음에 의한 음의 감쇠율(감쇠계수) [1/m]

$RT, V, S, \overline{\alpha}$: 식 13.2에서와 동일

식 **13.4**에서 음의 감쇠율은 공기의 온습도 및 음의 주파수에 따라 달라지는 값이지만, 온도의 영향은 비교적 작고 습도 및 주파수에 주로 영향을 받는다. 그림 **13.7**에 공기온도 **20℃**일 때의 습도 및 주파수에 따른 음의 감쇠율을 나타낸다.

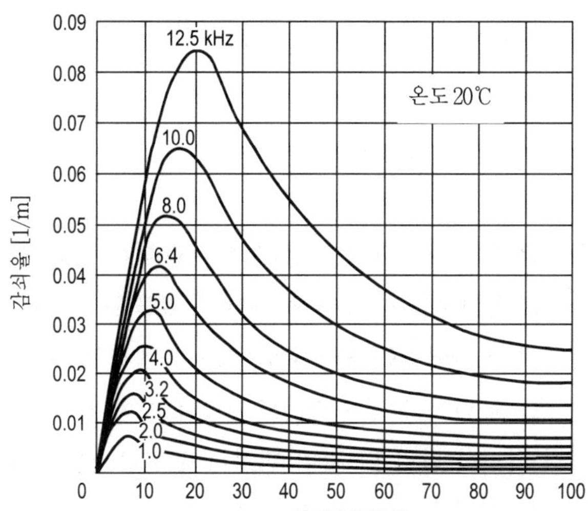

그림 13.7 공기의 흡음에 의한 음의 감쇠율

2) 명료도(distinctness, clarity)

명료도란 실내에서 말을 들을 때 또는 음악을 들을 때 어느 정도 정확하게 들을 수 있는가를 나타내는 지표를 뜻한다. 초기 음에너지가 클수록, 즉 말하는 사람의 목소리나 음악소리가 클수록 명료도가 높아지는 것은 당연하며, 또한 「(1) 직접음과 반사음」에서 설명한 반사음이 아주 짧은 시간에 우리 귀에 도달하는 상태가 되면 명료도가 높아진다. 「(2) 1) 에코」에서 설명했듯이, 반사음이 우리 귀에 도달하는 시간이 50ms(0.05초)(음악음에 대해서는 80ms) 이상이 되면 에코가 되어 소리가 이중으로 들리므로 오히려 명료도를 떨어뜨리게 된다.

이와 같은 50ms 또는 80ms라는 시간 범위가 명료도를 좌우하기 때문에 명료도는 이 수치들을 이용하여 산정하고 있는데, 회화음의 경우는 D_{50}, 음악음의 경우는 C_{80}이라는 평가지표가 널리 이용되고 있으며, 이들 평가지표는 다음과 같은 식으로 정의하고 있다.

$$D_{50} = \frac{\int_{0\,ms}^{50\,ms} P(t)^2 dt}{\int_{0\,ms}^{\infty} P(t)^2 dt} \ [\%] \quad \cdots\cdots (13.5)$$

$$C_{80} = 10 \log \frac{\int_{0\,ms}^{80\,ms} P(t)^2 dt}{\int_{80\,ms}^{\infty} P(t)^2 dt} [\mathrm{dB}] \quad \cdots\cdots (13.6)$$

$P(t)$: 음압(음의 세기)

식 13.5에 나타내고 있는 D값은 잔향시간이 짧고 비교적 실의 체적이 작을수록, 또 청취자들이 음원에 가까이 있을수록 높아진다. D값에 대한 적정값은 다목적 공간에서는 55~60%, 음악홀에서는 30~40%를 제안하고 있다.

식 13.6에 나타나 있는 C값도 D값과 마찬가지로 잔향시간, 실의 크기 및 음원과의 거리에 따라 그 값이 변화하게 된다. C_{80}의 값에 따라 우리가 일반적으로 느끼는 감각을 표 13.1에 나타낸다.

표 13.1 C_{80} 값에 따른 일반적인 감각의 내용

C_{80} 값	평 가 내 용
0±2dB	오르간과 같은 느린 템포의 악기 연주에 이상적이다.
2±2dB	악기 연주 및 클래식 또는 심포니 악기 음악에 이상적이며, 전통교회음악에도 적합하다. 조금 빠른 음악에서도 명료도가 얻어진다.
4±2dB	속도가 빠른 현대음악에 적합하다. 포크음악이나 현대교회음악, 대중음악, 재즈에서도 음악적 명료도가 얻어진다.
6±2dB	타악기에 이상적이다. 빠른 Rock공연에서도 명료하게 감상할 수 있는 값이다.

3. 실내음향계획

(1) 계획에서 완성까지의 흐름

효과적인 실내음향의 계획 및 설계에 대해서는 설계자 개인의 경험과 아이디어에 따라 그 방법이 약간씩 다를 수 있으나, 기본적으로는 음향설계자가 기본계획의 단계부터 완성 후 음향측정, 검토에 이르기까지 건축설계자와 긴밀한 협력을 하는 것이 중요하다. 계획 및 설계의 단계별 구체적인 진행순서에 대해서는 건물의 용도나 입지조건 등에 따라 여러 가지 방법이 있을 수 있으나, 일반적인 순서의 예를 그림 13.8에 나타낸다.

기본계획에서 실시설계까지 계획 및 설계단계가 완료되면 건축물 시공 시 음향 관련 시공도 함께 이루어지는데, 건물이 완성되면 각 용도별 실내에서 음향측정 및 측정결과의 검토를 행한 후 원래 의도한 바의 음향성능이 확보되지 않으면 시공상의 변경을 통해 설계한 내용대로의 음향성능이 확보되도록 해야 한다.

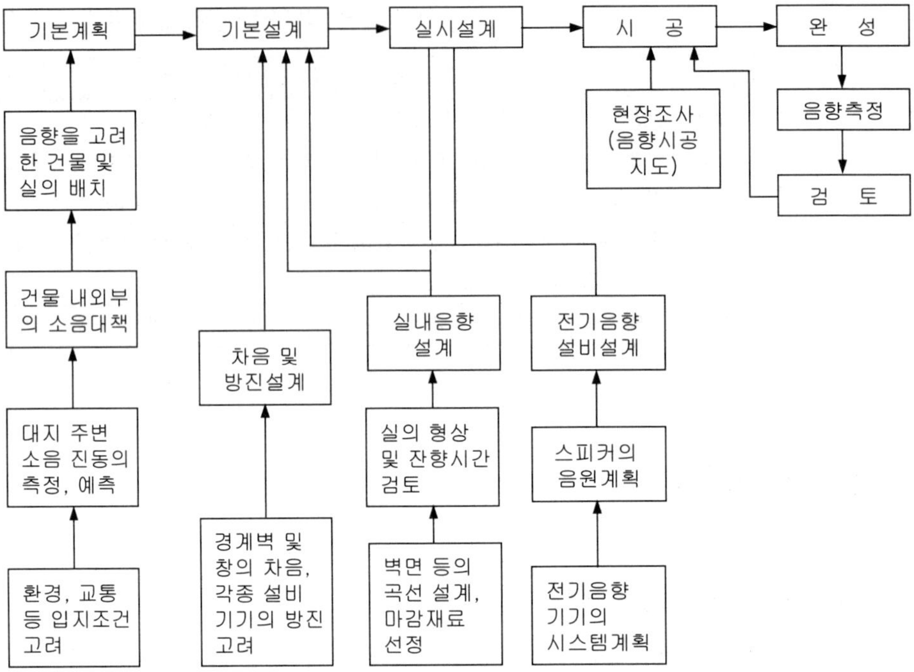

그림 13.8 실내음향의 계획 및 설계순서의 예

(2) 실의 계획 및 설계

실 형태의 설계는 실의 사용목적에 대해서 경제성, 시공성, 음향특성 등을 고려하여 음향적으로 가장 좋은 모양과 크기를 결정해 가는 과정이다. 그림 13.9에 음악홀을 가정하여 실 형태의 결정과정에 대한 일반적인 순서를 나타낸다. 그림에도 나타나 있지만, 실 형태의 기본적이고도 중요한 과정은 다음과 같이 요약할 수 있다.

① 사용목적에 맞는 크기인가에 대한 종합적인 검토를 한다.

② 객석 내에서 반사음이 가급적 일정하게 분포되도록 천장, 벽면의 형태 및 객석 바닥의 기울기 등의 검토를 하면서 실 평면형태와 단면형태의 윤곽을 결정한다.

③ 에코(echo)에 관여하는 벽면이 존재할 가능성이 있는 경우에는 그 벽면에 대해서 내장재료의 선정과 동시에 확산벽을 사용할 것인가에 관한 검토를 한 후 건축상의 여러 조건을 포함해서 종합적인 실 형태를 결정한다.

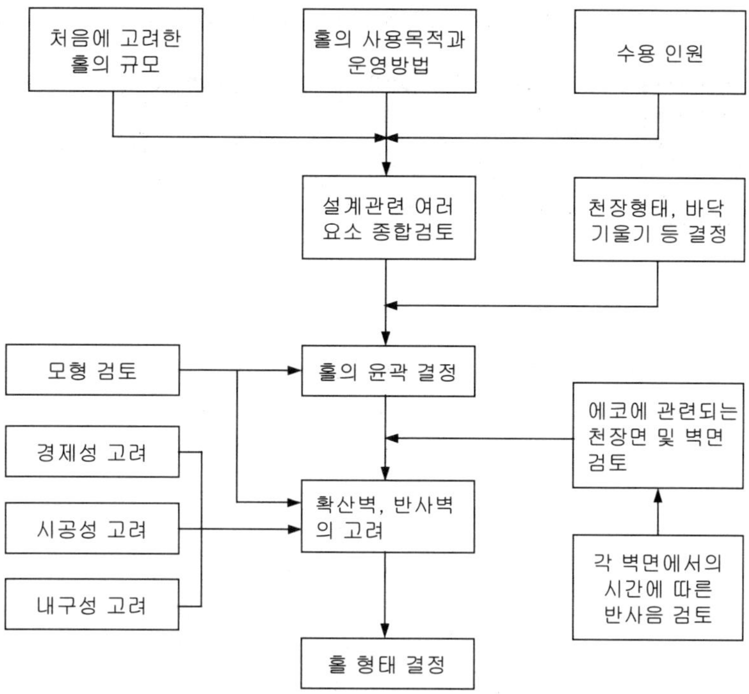

그림 13.9 실 형태 결정순서의 예

1) 평면계획

관객과 공연자(또는 연주자)와의 거리감을 중요한 요소로 설계를 하는 경우와, 바람직한 반사음이 형성되어 음향효과가 최대로 발휘되도록 설계를 하는 경우와는 실의 평면형태가 다르게 된다. 콘서트홀과 같은 대공간에서는 평면형태에 따라 음향적 특징이 달라지므로 이러한 점을 면밀히 검토하여 음향계획 및 설계를 진행할 필요가 있다. 표 13.2에 콘서트홀 등에 일반적으로 적용하는 평면형태의 종류에 따른 음향적 특징과 계획상의 유의점을 나타낸다.

표 13.2 평면형태의 종류와 음향계획상의 특징(건축환경공학용 교재, 일본건축학회)

기본적 형태	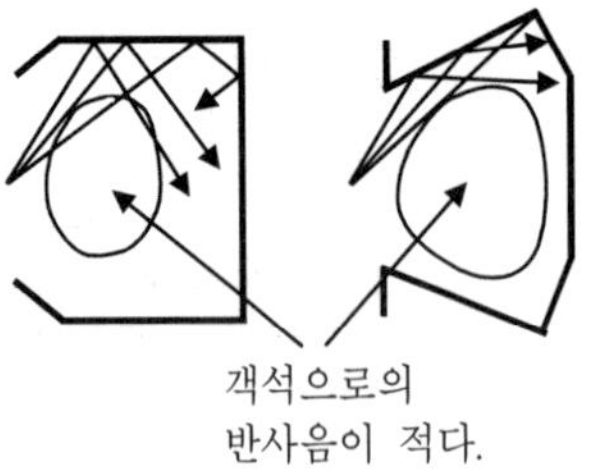	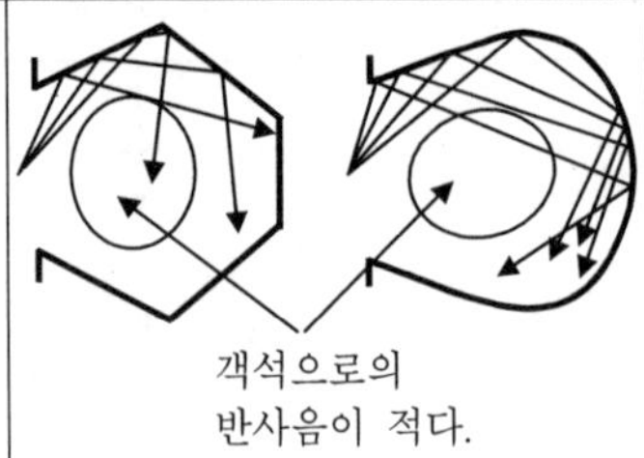	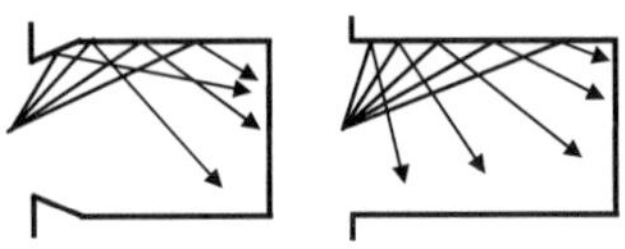
음향적 특징 및 계획상 유의점	· 거리감을 중시한 평면형이다. 위의 그림에 나타낸 바와 같이 양쪽 벽으로부터 초기반사음을 얻기 어려우므로 천장의 단면형태를 적절히 구성하여 객석 중앙부의 음향성능을 보강할 필요가 있다. · 뒤쪽 벽면은 상대적으로 거리가 가깝고 면적이 크므로, 흡음재의 분산배치 및 확산처리를 병용하여 잔향시간을 조정함과 동시에 뒤쪽 벽면으로부터의 반사음을 적절히 이용한다.	· 실의 폭과 길이를 거의 비슷하게 확보하고 있는 다각형 또는 원형에 가까운 평면형태이다. 이러한 형상의 평면형에서는 그림과 같이 벽면을 따라 음이 회전하는 경향이 있기 때문에 음향장애가 발생하기 쉽다. 따라서 양 옆이나 뒤쪽 벽면에는 확산성 물체나 발코니 등을 설치해서 음을 충분히 확산시킬 필요가 있다. · 왼쪽의 평면형태와 마찬가지로 객석의 전방 및 중앙부에는 반사음이 부족하게 되므로 천장의 단면형태나 양쪽 벽면 등의 형상을 적절히 선정해서 객석으로 초기반사음이 도달되도록 할 필요가 있다.	· 실의 폭이 좁고 길이는 긴 평면형태로, 관객과 무대와의 거리가 길게 되는 단점이 있으나, 양쪽 벽면으로부터의 초기반사음이 객석에 잘 전달되므로 음악홀로서는 매우 바람직한 형태이다. · 뒤쪽 벽면으로부터의 반사음은 에코가 될 가능성이 있으므로 이것을 상쇄하기 위해 양 옆의 벽면을 확산처리한다. 양 옆의 벽면을 확산처리하게 되면 플러터에코를 방지하는 이중의 효과도 얻을 수 있다.

2) 단면계획

설계의 주안점을 어디에 두는가에 따라 평면형태가 달라지듯이 단면형태 또한 다르게 된다. 일반적으로는 무대부가 홀의 앞부분에 있는 형태가 많으나, 객석이 무대부를 에워싸는 형태 또한 경기장을 겸한 다목적 홀에는 많이 적용되고 있다. 따라서 평면계획에서와 마찬가지로 단면형태의 종류에 따른 음향적 특징을 면밀히 검토하여 음향계획 및 설계를 진행해야 한다. 표 13.3에 콘서트홀 등에 일반적으로 적용하는 단면형태의 종류에 따른 음향적 특징 및 계획상 유의점을 나타낸다.

표 13.3 단면형태의 종류와 음향계획상의 특징(건축환경공학용 교재, 일본건축학회)

기본적 형태	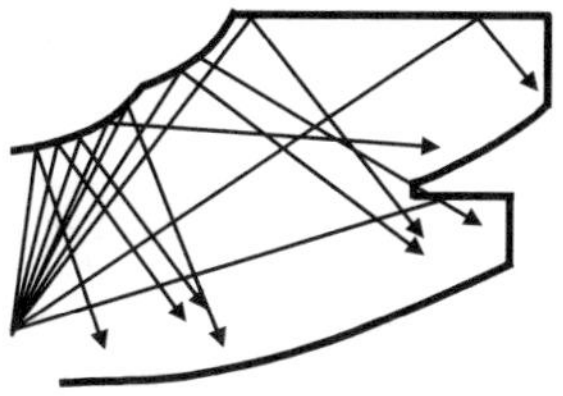	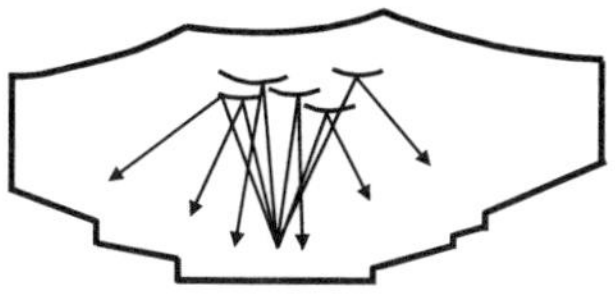	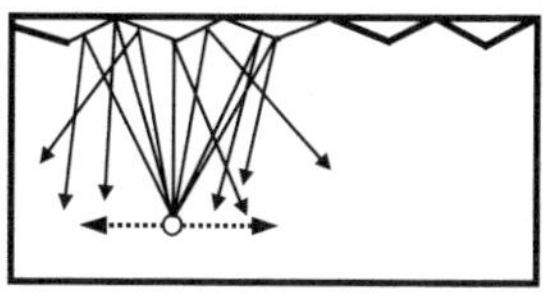
음향적 특징 및 계획상 유의점	· 객석의 앞쪽에 음원이 고정되어 있는 일반적 형태이다. · 시선 확보 및 직접음이 확실히 얻어지도록 바닥의 기울기를 확보해야 한다. · 발코니석의 돌출은 최소한으로 하고 모든 객석에서 천장이 1/2 이상은 보이도록 한다. · 초기반사음이 객석 중앙 및 발코니 아랫부분에 도달하기 어려우므로 그 부분에도 반사음이 도달할 수 있도록 반사면 방향에 대해 면밀한 검토를 한다.	· 고정되어 있는 음원을 객석이 에워싸고 있는 형태로, 많은 사람을 수용할 필요가 있거나 방향성이 그다지 중요하지 않은 용도의 건물에 적용한다. · 음원의 상부에 반사면과 확산면을 설치하여 초기반사음이 음원 측 및 객석으로 돌아가도록 한다. 단, 반사음과 직접음과의 시간차가 커서 에코가 되지 않도록 반사면 및 확산면은 그림에 나타낸 바와 같이 천장에 매다는 형태로 하는 것을 고려할 필요가 있다.	· 바닥을 평탄하게 한 다목적 홀에 많이 적용하는 것으로, 음원의 위치는 이동식으로 되는 것이 일반적이다. · 실의 사용용도에 따라 음원의 위치가 변동되므로 반사음의 방향이 일정방향으로 되지 않도록 하는 것이 바람직하다. · 바닥이 평탄하여 천장과의 사이에서 플러터에코가 발생하기 쉬우므로 천장면은 그림과 같이 확산성이 있도록 하는 것이 좋다. · 양 옆의 벽면 또한 천장면과 일체화시켜 적절한 확산성이 확보되도록 할 필요가 있다.

찾아보기

【ㄱ】

가시광선 ······ 148
간접조명 ······ 309
간접주광률 ······ 289
감광보상률 ······ 315
건공기 ······ 116
건구온도 ······ 122
건습구온도계 ······ 79
건축화 조명 ······ 311
결로 ······ 124
계속대비 ······ 265
고창채광 ······ 293
공기선도 ······ 120
광대역음 ······ 334
광덕트 ······ 296
광도 ······ 241
광색 ······ 302
광속(光束) ······ 239
광속발산도 ······ 245
광정 ······ 294
광천장 ······ 294
교통소음지수 ······ 351
국부조명 ······ 308
국소환기 ······ 223
굴절 ······ 326
균시차 ······ 154
균제도 ······ 254
글레어 ······ 252
글로브온도계 ······ 76
기계환기 ······ 219
기조색 ······ 266
기준주광률 ······ 279
기초대사량 ······ 66

【ㄴ】

나트륨램프 ······ 307
난색 ······ 261
내단열 ······ 109
내부결로 ······ 129
냉교 ······ 111
노점온도 ······ 120
뉴턴의 냉각법칙 ······ 96

【ㄷ】

단열 ······ 105
단위입체각 ······ 240
대기외 일광법선조도 ······ 277
대기투과율 ······ 168
대사량 ······ 66
대역음 ······ 335
더블스킨 ······ 38
도플러효과 ······ 345
동시대비 ······ 265
등가소음레벨 ······ 348

【ㄹ】

로비치일사계 ……… 184

【ㅁ】

마스킹효과 ……… 344
먼셀색입체 ……… 257
먼셀표색계 ……… 256
메탈핼라이드램프 ……… 307
면적효과 ……… 266
명도대비 ……… 264
명료도 ……… 390
명순응 ……… 248
모발습도계 ……… 81

【ㅂ】

바닥충격음 ……… 355
바이노럴효과 ……… 344
반사글레어 ……… 253
반사음 ……… 382
반사형 단열 ……… 106
뱅머신 ……… 355
법선면 일사량 ……… 169
병용조명 ……… 308
보색대비 ……… 264
보색잔상 ……… 265
복사 ……… 98
복사속(輻射束) ……… 239
복사율 ……… 99
복합음 ……… 334
불능글레어 ……… 253
불쾌글레어 ……… 253
불쾌지수 ……… 72
비교습도 ……… 119
비엔탈피 ……… 123
비오톱 ……… 35
비용적 ……… 123

【ㅅ】

사막화 ……… 32
산란일사 ……… 168
산성비 ……… 30
상대습도 ……… 117
새집증후군 ……… 200
색상대비 ……… 263
색상환 ……… 257
색온도 ……… 302
색의 3속성 ……… 256
색입체 ……… 256
생태건축 ……… 33
설비소음 ……… 372
소음계 ……… 345
속삭이는 회랑 ……… 384
손(sone) ……… 342
수은등 ……… 306
수정유효온도 ……… 70
수증기분압 ……… 117
순음 ……… 333
순응 ……… 248
스테판-볼츠만의 법칙 ……… 99
습공기 ……… 116
습공기선도 ……… 120
습구온도 ……… 120
습기관류율 ……… 129
습기전달률 ……… 129
습기전도율 ……… 129
습기전도저항 ……… 130
시간지연 ……… 108
시감도 ……… 251

시감도곡선 ··· 251
신월드램 태양궤적도 ··· 158
신유효온도 ··· 71
신표준유효온도 ··· 72
실지수 ··· 313

【ㅇ】

암소음 ··· 338
암순응 ··· 248
액센트색 ··· 267
양측채광 ··· 293
에코 ··· 383
에플리일사계 ··· 184
엔탈피 ··· 123
연색성 ··· 303
연색평가수 ··· 303
열관류 ··· 102
열관류율 ··· 103
열교 ··· 111
열선풍속계 ··· 83
열용량 ··· 107
열전달 ··· 95
열전달률 ··· 96
열전대온도계 ··· 75
열전도 ··· 88
열전도율 ··· 89
열전도저항 ··· 94
영구음영 ··· 164
예상불만족률 ··· 53
예상평균신고 ··· 53, 73
오존층 파괴 ··· 26
온실효과 ··· 28
옹스트롬일사계 ··· 182
완전흑체 ··· 99
외단열 ··· 109
용량형 단열 ··· 107
유량계수 ··· 210
유효온도 ··· 69
은반일사계 ··· 183
음색 ··· 329
음압레벨 ··· 332
음의 3요소 ··· 328
음의 높이 ··· 328
음의 분해 ··· 327
음의 세기레벨 ··· 331
음의 초점 ··· 383
음의 크기 ··· 329
음의 크기레벨 ··· 340
음의 합성 ··· 336
음향파워레벨 ··· 332
이산화탄소 ··· 196
인동간격 ··· 165
일사 ··· 148
일산화탄소 ··· 197
일영곡선 ··· 161
일영곡선도 ··· 161
일영도 ··· 163
일적위 ··· 151
일조 ··· 148
입체각투사율 ··· 280

【ㅈ】

자기습도계 ··· 81
자기온도계 ··· 74
자연환기 ··· 208
자외선 ··· 147
작용온도 ··· 72
잔향 ··· 385

잔향시간 ······ 385
저항형 단열 ······ 106
적외선 ······ 148
적외선 열화상장치 ······ 79
적외선온도계 ······ 78
적위 ······ 151
전기저항습도계 ······ 82
전기저항온도계 ······ 75
전반조명 ······ 307
전반환기 ······ 222
전천공조도 ······ 278
전천일사 ······ 167
전천일사계 ······ 183
절대습도 ······ 117
정측창채광 ······ 295
제1종환기 ······ 220
제2종환기 ······ 220
제3종환기 ······ 220
조도 ······ 242
조도계 ······ 269
조르단일조계 ······ 181
조명률 ······ 313
종일음영 ······ 164
종합투과손실 ······ 371
주광 ······ 275
주광률 ······ 278
주야등가소음레벨 ······ 351
주파수대역 ······ 330
주파수분석기 ······ 347
중단열 ······ 109
중력환기 ······ 214
중성대 ······ 215
중앙표준시 ······ 155
지구온난화 ······ 28
직달일사 ······ 167
직달일사계 ······ 182
직달일사량 ······ 168
직사일광조도 ······ 277
직접글레어 ······ 253
직접음 ······ 382
직접조명 ······ 309
직접주광률 ······ 280, 286
진태양시 ······ 154
진태양일 ······ 153

【ㅊ】

창면적유효율 ······ 287
창면주광률 ······ 291
채광기 ······ 296
채도대비 ······ 265
천공복사 ······ 167
천공일사 ······ 167
천공일사량 ······ 173
천구 ······ 149
천창채광 ······ 294
청감보정회로 ······ 342
측창채광 ······ 293
치환환기 ······ 221
친환경건축 ······ 34

【ㅋ】

칵테일파티효과 ······ 345
캠벨-스토크스일조계 ······ 181
코인시던스효과 ······ 370
크로스 토크 ······ 373
클라이모그래프 ······ 55

【ㅌ】

타임래그 ········ 108
태양고도 ········ 150
태양방위각 ········ 152
태양위치도 ········ 156
태양적위 ········ 151
태양전지 ········ 48
태양정수 ········ 168
태핑머신 ········ 355
투과손실 ········ 369
투과율 ········ 368
투습계수 ········ 130
투습률 ········ 130
투습비저항 ········ 130
특수채광 ········ 296

【ㅍ】

편측채광 ········ 293
평가소음레벨 ········ 349
평균복사온도 ········ 73
평균태양시 ········ 154
평균태양일 ········ 154
평균흡음률 ········ 363
포름알데히드 ········ 199
포화공기 ········ 116
포화도 ········ 119
포화수증기량 ········ 116
폰(phon) ········ 341
표면결로 ········ 125
표색 ········ 255
표색계 ········ 255
표준비시감도곡선 ········ 251
푸르키네현상 ········ 252
푸리에 식 ········ 89
풍력환기 ········ 209
풍압계수 ········ 211
플러터에코 ········ 383
필요환기량 ········ 227
핑크노이즈 ········ 335

【ㅎ】

하스효과 ········ 345
한색 ········ 261
현휘 ········ 252
형광등 ········ 304
형태계수 ········ 101
화이트노이즈 ········ 335
환경친화건축 ········ 34
황도 ········ 151
회절 ········ 325
휘도 ········ 246
휘도계 ········ 270
휘발성 유기화합물 ········ 200
흑구(黑球)온도계 ········ 77
흡음률 ········ 362

【영문】

CET ········ 70
clo ········ 67
DI ········ 72
ET ········ 69
ET* ········ 71
L곡선 ········ 356
met ········ 66
MRT ········ 73
NC ········ 352
NC곡선 ········ 352
OT ········ 72

PMV ······ 53, 73
PPD ······ 53
SBS ······ 200
SET* ······ 72
TNI ······ 351
VOC ······ 200

참고문헌

- 건축환경계획, 대한건축학회 편, 기문당, 1995
- 건축환경계획, 임만택, 보문당, 1999
- 건축환경계획론, 이상우 외, 태림문화사, 1998
- 건축환경공학, 금종수 외 역, 시그마프레스, 1998
- 건축환경공학, 박동진, 세진사, 2003
- 건축환경공학, 박병전, 기문당, 1999
- 건축환경학, 김강수 외, 문운당, 2004
- 건축환경공학개론, 정광섭, 아진, 2005
- 건축환경과학, 이경회 외 역, 기문당, 1998
- 건축환경실험, 이언구 외, 태림문화사, 2003
- 건축환경실험, 윤동원 외, 기문당, 1996
- 알기쉬운 건축환경, 김유숙 외 역, 기문당, 2005
- 건축환경음향학개론, 건축환경음향연구회, 한미, 1992
- 건축설비입문, 이철구 외, 세진사, 2001
- 건축설비시스템, 김정태 외, 기문당, 2002
- 건축설비계획, 이철구 외, 세진사, 2004
- 소음진동 이론과 실무, 정일록 외, 신광문화사, 2004
- 그린빌딩과 설비시스템, 그린빌딩, 한국그린빌딩협의회, 2005.3
- 현 시점에서 바라본 우리나라 환경친화건축의 위상, 그린빌딩, 한국그린빌딩협의회, 2005.6
- 그린빌딩과 환경친화적 물 이용, 그린빌딩, 한국그린빌딩협의회, 2005.12
- 친환경 공동주택 계획, 그린빌딩, 한국그린빌딩협의회, 2006.3
- 그린빌딩과 신재생에너지기술, 그린빌딩, 한국그린빌딩협의회, 2006.6
- 환경친화적 건축재료, 건축, 대한건축학회, 2003.5
- 커튼월의 효율적 설계와 시공, 건축, 대한건축학회, 2003.9
- 웰빙과 건축환경, 건축, 대한건축학회, 2005.5
- 친환경 정책의 시행과정의 제 문제점, 사후 평가, 건축, 대한건축학회, 2006.3

- 지구환경시대에 대응한 건축설비기술, 설비, 한국설비기술협회, 2000.1
- 미활용에너지 이용기술, 설비, 한국설비기술협회, 2002.3
- 실내공기질(IAQ), 설비, 한국설비기술협회, 2004.1
- 친환경 건축과 건축설비, 설비, 한국설비기술협회, 2004.11
- 신재생에너지의 건물 적용기술, 설비, 한국설비기술협회, 2005.5
- 태양열・태양광에너지 시스템, 설비, 한국설비기술협회, 2006.1
- 지열에너지 시스템, 설비, 한국설비기술협회, 2006.3
- 공동주택의 환기시스템, 설비, 한국설비기술협회, 2006.6
- 친환경 건축물 인증제도와 설비, 설비, 한국설비기술협회, 2006.7
- 생태건축, 설비저널, 공기조화냉동공학회, 2000.8
- 자연에너지, 설비저널, 대한설비공학회, 2001.1
- 조명설비계획의 신동향, 설비저널, 대한설비공학회, 2004.11
- 실내 열환경 및 쾌적성, 설비저널, 대한설비공학회, 2005.4
- 공동주택의 환기설비, 설비저널, 대한설비공학회, 2006.5
- 환경부 홈페이지
- 기상청 홈페이지
- 법제처 홈페이지
- 建築環境工學概論, 金谷英一 외, 明現社, 1984
- エース建築環境工學 I, 松浦邦男 외, 朝倉書店, 2003
- エース建築環境工學 II, 松浦邦男 외, 朝倉書店, 2004
- 圖說テキスト建築環境工學, 加藤信介 외, 彰國社, 2002
- 建築環境マネジメント, 日本建築學會 編, 彰國社, 2004
- 建築環境工學, 伊藤克三衛 외, オーム社, 1980
- 建築の斷熱, 山田雅士, 井上書院, 1984
- 建築の結露, 山田雅士, 井上書院, 1988
- 建築氣候, 齋藤平藏, 共立出版株式會社, 1988
- 建築設備基礎理論演習, 木村建一, 學獻社, 1984
- 建築計劃原論 I, 渡邊要 編, 丸善株式會社, 1983
- 建築計劃原論 II, 渡邊要 編, 丸善株式會社, 1979

- 建築計劃原論Ⅲ, 渡邊要 編, 丸善株式會社, 1978
- 空氣調和衛生工學便覽 1, 空氣調和・衛生工學會, オーム社, 1995
- 建築環境工學用教材-環境編, 日本建築學會, 1988
- 建築環境工學用教材-設備編, 日本建築學會, 1989
- 換氣, 空氣調和・衛生工學會, オーム社, 1999
- 建築設備入門, 吉田あきら 외, 理工圖書, 1992
- 建築環境・設備における環境性能評價, 空氣調和衛生工學, 空氣調和衛生工學會, 2004.11
- 日比谷綜合設備株式會社 カタログ
- CONCEPTS IN THERMAL COMFORT, M.David Egan, PRENTICE-HALL INC., 1975

저 자 약 력

▪ 이철구

(日) 豊橋技術科學大學 공학박사

현 세명대학교 건축공학과 교수

▪ 김정중

한양대학교 공학박사

현 환경음향연구소 소장

▪ 이응직

(독) Dortmund 대학교 공학박사

현 세명대학교 건축공학과 교수

▪ 방승기

한양대학교 공학박사

현 경민대학교 건축과 교수

▪ 함흥돈

한양대학교 공학박사

현 대원대학교 소방안전관리과 교수

SI단위

건축환경의 이해

값 22,000원

저 자	이	철	구
	김	정	중
	이	응	직
	방	승	기
	함	흥	돈
발행인	문	형	진

2007년 2월 10일 제1판 제1쇄 발행
2009년 7월 13일 제2판 제1쇄 발행
2017년 3월 22일 제2판 제2쇄 발행
2019년 2월 21일 제3판 제1쇄 발행

발행처 **세 진 사**

㊄ 02859 서울특별시 성북구 보문로 38 세진빌딩

TEL : 02)922-6371~3, 923-3422 / FAX : 02)927-2462

Homepage : www.sejinbook.com

〈등록. 1976. 9. 21 / 서울 제307-2009-22호〉